FÍSICA UNIVERSITARIA

FERNANDO CARLOS ARENAS

INGENIERO MECANICO ELECTRICISTA
INGENIERO MECANICO INDUSTRIAL
Catedrático en la Facultad de Ingeniería
Universidad Nacional de Cordoba

FÍSICA

UNIVERSITARIA

Pje España 1467. Te/Fax: 5980913. (5000) Córdoba. Argentina – editorialuniversitas@yahoo.com.ar

Diseño de Tapa: Marcelo A. Tejerina
Diseño de Interior: Marcelo A. Tejerina
Gráficos: Marcelo A. Tejerina
Producción Gráfica: Universitas

www.universitaseditorial.com.ar

Hecho el depósito que marca la ley 11.723.

Prólogo

La Física como ciencia fundamental está involucrada no solo en el estudio de la ingeniería sino que también interviene en otras ciencias como lo son: las matemáticas, la química, la biología, etc.

El presente texto tiene como propósito dar una visión unificada de los conceptos físicos, analizando para ello los principios básicos, sus limitaciones y aplicaciones. En cursos más avanzados el lector verá una aplicación específica de los conocimientos adquiridos.

He tratado de hacer llegar a los estudiantes el material bibliográfico que se utiliza en las clases de acuerdo al programa que se desarrolla en la asignatura Física I de las carreras de ingeniería en la Facultad de Ciencias Exactas, Físicas y Naturales de la Universidad Nacional de Córdoba. En algunos casos, en la preparación del material han participado docentes que se desempeñan o se han desempeñado en dicha cátedra. La matemáticas que se usa se supone ya incorporada al lector y puede encontrarse en cualquier texto de Análisis Matemático.

Quiero expresar mi agradecimiento a los Ings. Mirta S Roitman y Gustavo Bustos por su colaboración en la preparación de los capítulos, *Dinámica de un sistema de partículas* y *Movimiento oscilatorio armónico simple* respectivamente y a todos mis colegas que, con su estímulo hicieron posible este trabajo.

F. C. Arenas

UNIVERSITAS
Editorial
Científica
Universitaria
CÓRDOBA

ÍNDICE

CAPÍTULO 1: Introducción...15
   1.1. Cuerpo - Espacio - Tiempo 15
   1.2. Fenómenos 15
   1.3. Objeto de la Física 16
   1.4. Método de la Física 16
   1.5. Sistema de Unidades. Nomenclatura y símbolos 17
      1.5.1. Introducción 17
      1.5.2. Sistema C.G.S. 17
      1.5.3. Sistema M.K.S. 20
      1.5.4. El Sistema Técnico (métrico) 21
      1.5.5. Expresiones de la masa 23
      1.5.6. Presión 23
      1.5.7. Múltiplos y submúltiplos del *METRO* 24
      1.5.8. Velocidad 24
      1.5.9. Unidades de calor 26
      1.5.10. El *SISTEMA INGLÉS* 26
      1.5.11. Análisis dimesional 27
      1.5.12. Nomenclatura y símbolos 29

CAPÍTULO 2: Magnitudes y Fuerzas..................................31
   2.1. Magnitudes escalares y vectoriales 31
   2.2. Equilibrio del Cuerpo Sólido (estática)............................32
      2.2.1. Introducción 32
   2.3. Fuerza y Peso 33
      2.3.1. Composición y descomposición de fuerzas 35
      2.3.2. Suma 36
      2.3.3. Resta 38
   2.4. Polígono funicular 38
      2.4.1. Determinación analítica de la resultante 44
      2.4.2. Componentes de una fuerza 45
      2.4.3. Torque de una fuerza 46
      2.4.4. Torque de varias fuerzas concurrentes (*Teorema de Varignon*)....47
      2.4.5. Caso de fuerzas paralelas que actúan en la misma dirección....48
      2.4.6. Composición de las fuerzas aplicadas a un cuerpo rígido 49
   2.5. Descomposición de una fuerza en otra y un par 50
   2.6. Centro de gravedad 51
      2.6.1. Determinación analítica 51
      2.6.2. Determinación experimental 53
      2.6.3. Determinación gráfica 53
   2.7. Equilibrio de cuerpos rígidos 54

CAPÍTULO 3: Cinemática 59
  3.1. Movimiento rectilíneo 61
  3.2. Movimiento rectilineo uniforme 62
    3.2.1. Movimiento rectilíneo uniformemente variado 63
    3.2.2. Caída Libre 66
  3.3. Velocidad como ente vectorial 67
  3.4. Aceleración como ente vectorial 68
  3.5. Velocidad angular 71
    3.5.1. Movimiento circular uniforme 72
    3.5.2. Aceleración angular 74
  3.6. Movimiento relativo 76
  3.7. Movimiento bajo aceleración constante (tiro Oblicuo) 81
    3.7.1. Ecuación de la *trayectoria* 82
    3.7.2. Altura máxima 83
    3.7.3. Alcance máximo 83
    3.7.4. Ángulo para una distancia prefijada 84
    3.7.5. Parábola de seguridad 84
  3.8. Movimiento de un cuerpo lanzado horizontalmente 85
  3.9. Cinemática del cuerpo rígido 87
    3.9.1. Movimiento de traslación y rotación 88
    3.9.2. Composición de movimientos 89
  3.10. Consecuencias de las ecuaciones de Fitzgerald-Lorentz 90
  3.11. Transformadas de Lorentz 93
    3.11.1. Veamos que sucede con la masa 96

CAPÍTULO 4: Dinámica de una Partícula 99
  4.1. Ley de inercia 99
  4.2. Cantidad de movimiento o momentum lineal 100
  4.3. Principio de conservación de la cantidad de movimiento 101
  4.4. Definición dinámica de la masa 104
  4.5. Segunda y tercera ley de Newton; concepto de fuerza 104
  4.6. Fuerzas de Inercia 107
    4.6.1. Método de Newton (observador fijo) 109
    4.6.2. Método de D'Alambert (observador en movimiento) 109
  4.7. Impulso 110
  4.8. Sistemas de masa variable (caso del movimiento de un cohete) 111
  4.9. Rozamiento por deslizamiento o adherencia 116
  4.10. Rozamiento de rodadura (resistencia a la rodadura) 120

CAPÍTULO 5: Trabajo y Energía 123
  5.1. Trabajo 123
  5.2. Potencia 127
  5.3. Trabajo de una cupla 128
  5.4. Energía (concepto) 129
  5.5. Energía Cinética 130
  5.6. Energía Cinética y Cantidad de Movimiento 131
  5.7. Trabajo de una fuerza de magnitud y dirección constante 131
  5.8. Energía Potencial 132
  5.9. Energía Potencial Elástica 135
  5.10. Transformación de la Energía 136
    5.10.1. Transformación de energía potencial en cinética 136

5.11. Teorema de las Fuerzas Vivas 138
5.12. Fuerzas no conservativas 139
5.13. Colisiones Elásticas y Plásticas 140
5.14. Colisión o choque 142
    5.14.1. Colisión elástica...143
    5.14.2. Colisión inelástica...144
5.15. Péndulo balístico 145
5.16. Coeficiente de Restitución 146

CAPÍTULO 6: Dinámica del Cuerpo Rígido.. 149
6.1. Primera Ley... 149
6.2. Segunda Ley.. 149
6.3. Tercera Ley 149
6.4. Energía Cinética de Rotación... 150
6.5. Momento de Inercia 151
6.6. Radio de giro 152
6.7. Teorema de Steiner 152
6.8. Segunda Ley aplicada a la rotación 154
6.9. Impulso angular 155
6.10. Teorema del momento cinético 157
6.11. Momento cinético y velocidad angular 158
6.12. Efecto Giroscópico.. 159
6.13. Aplicación al caso del trompo y el giroscopio 160
6.14. Análisis dinámico de movimientos característicos 163
6.15. Comparación entre las dinámicas de traslación y rotación...................... 164

CAPÍTULO 7: Dinámica de un Sistema de Partículas 165
7.1. Introduccion 165
7.2. Centro de Masa 165
7.3. Velocidad, Impulso, Fuerzas internas y externas...................................... 166
    7.3.1. Fuerzas interiores y exteriores 167
7.4. Masa reducida 168
7.5. Energia cinética 172
7.6. Conservación de la energía de un sistema de partículas........................... 173
7.7. Mecánica estadística (Sistemas con un gran número de partículas)........... 175
    7.7.1. Temperatura...175
    7.7.2. Trabajo...176

CAPÍTULO 8: Movimiento oscilatorio armónico simple (M.O.A.S.) 179
8.1. Fuerza y energía en el Movimiento Armónico Simple............................... 184
8.2. Péndulo Simple 186
8.3. Péndulo Físico... 188
    8.3.1. Longitud de un péndulo ideal sincrónico......................................189
8.4. Péndulo De Torsión 189
8.5. Composición de movimientos armónicos simples...................................... 190
8.6. Movimientos paralelos de igual período 191
8.7. Regla de Fresnel.. 192
8.8. Movimientos paralelos de diferente periodo.. 194
8.9. Movimientos perpendiculares de igual periodo.. 195
    8.9.1. Igual fase...196

8.9.2. Diferente fase 196
8.10. Movimientos perpendicul ares de distinto periodo 197
8.11. Oscilaciones amortiguadas 198
8.12. Oscilaciones Forzadas 200

CAPÍTULO 9: Gravitación 205
9.1. Leyes de Kepler 205
9.2. Significado de la Leyes de Kepler 205
9.3. Ley de gravitación universal 208
9.4. Determinación de "G": Balanza de Cavendish 211
9.5. Masa de la Tierra 212
9.6. Velocidad orbital de un cuerpo. (velocidad de satelización) 213
9.6.1. Determinación de V_0 214
9.7. Campos Gravitacionales 216
9.8. Energía potencial gravitacional. Potencial Gravitatorio 218
9.9. Velocidad de escape 221

CAPÍTULO 10: Elasticidad 225
10.1. Ley de Hooke 225

CAPÍTULO 11: Hidrostática 229
11.1. Clasificación de los fluídos 229
11.2. Propiedades generales de los fluidos 229
11.2.1. Densidad 229
11.2.2. Peso específico 230
11.2.3. Presión 231
11.3. Ecuación general de la hidrostática 233
11.4. Principio de Pascal 236
11.4.1. Prensa Hidráulica 236
11.4.2. Vasos comunicantes 238
11.5. Principio de Arquímides 239
11.5.1. Metacentro 240
11.6. Medida de la Presión 244
11.6.1. Manómetro 244
11.6.2. Manómetro de Tubo en U 244
11.7. Barómetros 245
11.7.1. Experiencia de Torricelli 245
11.7.2. Barómetros metálicos 246
11.8. Tensión superficial 247
11.9. Capilaridad 249
11.10. Ley de Jurin 251
11.11. Paradoja Hidrostática 253
11.12. Fórmula de Laplace 254
11.12.1. Diferencia de presiones entre ambas caras de una lámina líquida 255

CAPÍTULO 12: Hidrodinámica 259
12.1. Trayectorias 259
12.2. Líneas de corrientes 259
12.3. Movimiento permanente o estacionario 260
12.4. Gasto o caudal 261

12.5. Teorema de Bernoulli 262
12.6. Tubo de Pitot..264
12.7. Teorema de Torricelli 265
12.8. Viscosidad...268
    12.8.1. Unidades de viscosidad..269
    12.8.2. Viscosidad cinemática 270
    12.8.3. Viscosidad relativa...270
12.9. Ley de Poiseuille 270
12.10. Ley de Stokes...274
12.11. La Tobera de Venturi 276

CAPÍTULO 13: Termometría y Dilatación **279**
13.1. Concepto de temperatura 279
13.2. Calor. Su naturaleza 280
    13.2.1. Fuentes de calor 280
    13.2.2. Efectos del calor 280
13.3. Escalas termométricas...280
    13.3.1. Escala centígrada:...280
    13.3.2. Escala Fahranheit 282
    13.3.3. Escala Reamur 282
    13.3.4. Reducción de escalas..282
13.4. Termómetro de Mercurio 283
    13.4.1. Construcción 283
13.5. Dilatación lineal 284
    13.5.1. Determinación experimental del coeficiente α 286
    13.5.2. Aplicaciones 287
13.6. Dilatación cúbica. Coeficientes 287
13.7. Dilatación de los líquidos..288
    13.7.1. Dilatación absoluta del Hg. Método de Dulong y Petit 290
13.8. Dilatación y estudio de los gases 291
    13.8.1. Variables de estado y transformaciones................................292
    13.8.2. Primeras consideraciones fenomenológicas 293
13.9. Ley de Boyle Mariotte 294
    13.9.1. Representación gráfica...294
    13.9.2. Significado de la constante 295
    13.9.3. Densidad y presión 296
13.10. Dilatación de los gases. Ley de Gay-Lussac.................................297
    13.10.1. Dilatación a presión constante 297
    13.10.2. Ley de Gay-Lussac 298
    13.10.3. Transformación a volumen constante 299
13.11. Aplicación al termómetro de gas 300
13.12. Gases ideales 302
    13.12.1. Temperatura absoluta..303
13.13. Ecuaciones de transformación 304
    13.13.1. Ecuación general de estado...306
    13.13.2. Otros valores de R' 307
13.14. Teoría Cinética de los Gases..308

CAPÍTULO 14: Calorimetría...**313**
14.1. Cantidad de calor. Capacidad calorífica. Calor específico medio y verdadero 313
14.2. Métodos de medición..315

14.3. Calor específico de los gases 316

    14.3.1. Determinación del calor específico a presión constante c_p 316

CAPÍTULO 15: Acústica 319

15.1. Concepto de Onda 319

15.2. Naturaleza de las Ondas 320

15.3. Tipos de Ondas 321

15.4. Propagación de un pulso en un medio unidimensional 321

15.5. Ondas sonoras 323

15.6. Velocidad del sonido 324

15.7. Cualidades del sonido 326

    15.7.1. Altura 327

    15.7.2. Intensidad 327

    15.7.3. Timbre 328

15.8. Propiedades de las ondas sonoras 328

15.9. Efecto Doppler 329

BIBLIOGRAFÍA CONSULTADA 331

Michael Faraday (1791-1867)

Gran físico y químico inglés . De origen modesto, hijo de un herrero. Comenzó sus estudios con la lectura de libros que le llegaban para encuadernar, a los 13 años de edad, en que empezó a trabajar como aprendiz de encuadernador. A partir de 1813 contó con la ayuda de Davy, a cuyo lado trabajó muchos años, acompañándolo en sus viajes por Europa. Llegó a ocupar su puesto de director del laboratorio de la Real Institución. Genial investigador y habilísimo experimentador, descubrió leyes fundamentales como las de electrólisis y la inducción electromagnética. Construyó la primera máquina dínamo. Su interpretación de los fenómenos electrostáticos abrieron el camino a la teoría de Maxwell.

La unidad *Farad* o *Faradio*, recuerda su nombre.

UNIVERSITAS
Editorial Científica Universitaria
CÓRDOBA

CAPÍTULO 1

INTRODUCCIÓN

1.1. CUERPO - ESPACIO - TIEMPO

El contacto con el mundo que nos rodea, por intermedio de nuestros sentidos, la facultad que poseemos de desplazarnos (cambiar de lugar) y las modificaciones que se verifican a nuestro alrededor, crean en nuestro espíritu las nociones de espacio y tiempo.

Con estos conceptos decimos que: los cuerpos están formados por materia, que ocupa porciones limitadas del espacio.

En realidad, el proceso mental es el siguiente: el contacto con nuestros sentidos (contacto en su acepción más amplia, directo o indirecto: táctil, visual, etc.) nos conduce a la noción de cuerpo. Luego, decimos: todos los cuerpos están formados por algo que adquiere muy diversas formas y características, pero que en conjunto llamamos *materia*, y finalmente, decimos: todos los cuerpos o toda materia, están distribuidos en el *espacio*, que medimos y caracterizamos por la materia que en él está colocada.

1.2. FENÓMENOS

A todo cambio que se verifica en el mundo que nos rodea lo llamamos *fenómeno*.

La caída de un cuerpo, la combustión de un fósforo, el latir del corazón, constituyen fenómenos. Se suelen hacer clasificaciones, más o menos arbitrarias, de los fenómenos en: biológicos, químicos, físicos, etc., aunque no es posible fijar criterios rigurosos que permitan clasificaciones estrictas y excluyentes. Así, por ejemplo: en el desarrollo de la vida de los organismos animados se produce un conjunto de fenómenos cuyo estudio incluyen las ciencias biológicas, pero muchos de los cuales figuran también en el cuadro correspondiente a las ciencias del mundo inanimado (fenómenos químicos, físicos, etc.).

Entre estas últimas figuran la física y la química. Aquí es donde resulta más difícil llegar a definiciones estrictas, ya que existe un grupo de fenómenos cuyo estudio está dentro del campo de ambas ciencias (por ejemplo, el estudio de la estructura de la materia), y otros en que cada una de ellas estudia un aspecto particular. Si frotamos un fósforo sobre una superficie rugosa, se produce calor por el frotamiento (fenómeno físico) y con ello llega a iniciarse la combustión, o sea una reacción en que intervienen la materia de que está hecho el fósforo y la atmósfera que lo rodea (fenómeno químico).

De un modo grosero, puede admitirse la definición clásica según según la cual son fenómenos químicos aquellos en que se modifica la constitución de los cuerpos que intervienen y fenómenos físicos aquellos en que no se modifica; dejando aclarado que no es una definición excluyente.

El estudio de ambas ciencias proporcionará el mejor criterio para diferenciar ambos tipos de fenómenos.

1.3. OBJETO DE LA FÍSICA

La física estudia los fenómenos y la determinación de las leyes que los rigen. Entendemos por leyes, las relaciones cuantitativas que vinculan los distintos fenómenos.

Encontramos, por ejemplo: las leyes de la caída de los cuerpos, o relaciones entre los caminos recorridos por un cuerpo que cae y los intervalos de tiempo transcurridos; leyes de la dilatación, o sea relaciones entre las variaciones de volumen que experimentan los cuerpos y las variaciones de temperatura correspondientes; etc.

Las leyes fundamentales, que no admiten demostración en base a otras más simples y sólo se justifican por la comprobación de sus consecuencias, se denominan *principios* (el principio de masa, el de conservación de la energía, etc.).

El conjunto de leyes relativas a fenómenos de igual naturaleza conduce a la *teoría*, conjunto de leyes, suposiciones y explicaciones que constituyen un único cuerpo de doctrina aplicable a dicho grupo de fenómenos. Por ejemplo: teoría de la gravitación, teoría electromagnética.

El lenguaje de la física es la *matemática*, la cual le da a las leyes y teoría expresión simple y concreta, permitiendo *calcular* y *prever* resultados, objeto de la ciencia en último análisis. Las teorías meramente descriptivas no tienen cabida dentro de la física, ya que sólo las leyes cuantitativas son útiles a su finalidad. Al mismo tiempo, cabe la observación opuesta: las expresiones matemáticas de las leyes de la física *describen fenómenos*, de modo que por encima de su valor intrínseco como fórmulas matemáticas, está su significado físico.

1.4. MÉTODO DE LA FÍSICA

Como ciencia de la naturaleza, la física se basa en la observación y la experimentación. El principio básico sin el cual pierde sentido toda ciencia natural es el *principio de causalidad*: "***todo fenómeno se repite íntegramente en todas sus fases si se repiten exactamente las condiciones iniciales***".

Observando, pues un fenómeno, se determina la influencia de cada uno de estos factores que interviene.

Esto lleva de inmediato a la explicación o formulación de una *hipótesis* explicativa. Para confirmar o desechar la hipótesis se realiza la experimentación, que consiste en provocar la repetición del fenómeno, variar las circunstancias que lo acompañan y efectuar nuevas y meticulosas observaciones.

Si la experimentación confirma la hipótesis, se acepta y se generaliza el resultado obtenido.

La inducción se basa en la *observación, hipótesis, experimentación* y *generalización* y constituye las fases del método de la física. Por el cual se llega a establecer las leyes y teoría de los fenómenos. Veamos una aplicación de este método.

Observando que los cuerpos abandonados a sí mismos caen hacia la superficie terrestre siguiendo el camino más corto (la dirección de la plomada), se formuló la *hipótesis* explicativa diciendo:

> *Los cuerpos caen porque la Tierra ejerce sobre ellos una fuerza de atracción.*

Galileo dejó caer cuerpos diversos desde la célebre torre de Pisa, observando los tiempos de caída y la influencia de la forma; más tarde , con el tubo de Newton se eliminó la acción perturbadora del aire. Establecidos por este último los principios fundamentales de la mecánica, se comparó el efecto de esa supuesta atracción con el de otras fuerzas, así se estableció la ley de acuerdo con la cual debía producirse la caída, de ser exacta la hipótesis de la existencia de esa fuerza de atracción. La experimentación comprobó la ley, confirmando así la hipótesis.

1.5. SISTEMA DE UNIDADES. NOMENCLATURA Y SÍMBOLOS

1.5.1. Introducción

Se considerarán dos clases de sistemas de unidades:

a) El sistema absoluto, establecido por el *Congreso de Electricidad de París* en 1881, que tiene como unidades fundamentales el *centímetro*, el *gramo masa* y el *segundo* de tiempo. Se lo llama también *sistema cegesimal* y *c.g.s.*

b) Los sistemas técnicos que tienen como unidades: el *metro*, el *kilogramo peso* (o kilogramo fuerza) y el *segundo*. Se lo llama también sistema métrico. El sistema *m.k.s.* tiene como unidad de masa la del *kilogramo patrón* (igual a 1000 gramos masa). El sistema inglés es un sistema técnico.

Todos los sistemas tiene sus ventajas y sus inconvenientes. Además de las unidades fundamentales, en todos los sistemas existen los múltiplos, submúltiplos; y los unidades derivadas que se obtienen por combinaciones entre las fundamentales.

1.5.2. Sistema C.G.S.

El ***CENTÍMETRO*** es la centésima parte del "*metro patrón*"; éste debió ser la cuarenta millonésima parte del meridiano terrestre, pero hay una diferencia en memos de ~ 0,187 *mm*. Para asegurar su invariabilidad y reproductibilidad, se lo ha relacionado con la longitud de onda λ de una raya espectral "*roja de cadmio*" que mide $\lambda = 6438,472 \ \overset{\circ}{A} \ \left[angstrom \right]$ siendo $1 \ \overset{\circ}{A}$ la diez milésima parte del micrón, es decir

$$1 \ \overset{\circ}{A} = 10^{-8} \ cm$$

El ***GRAMO MASA*** es la masa de 1 cm^3 de agua destilada, a la temperatura de $4°\ C$. Es invariable, pues por definición de masa

$$m = \frac{F}{a}$$

es el cociente de la intensidad de una fuerza cualquiera aplicada a un cuerpo, sobre la aceleración que esta fuerza le produce. Como caso particular

$$m = \frac{W}{g}$$

es decir, el cociente del peso de un cuerpo sobre la aceleración de la gravedad en el lugar donde se encuentra. En ambos casos, la *fuerza* y el *peso* deben tomarse en "*dinas*" y las *aceleraciones* en *centímetros por segundo por segundo* para que la masa resulte expresada en *gramos masa*. El segundo de tiempo es la 86.400ª parte del día solar medio, que es el promedio de duración de todos los días de un año solar.

La unidad *SEGUNDO* se materializa mediante el péndulo (péndulo que bate el segundo).

Unidades derivadas

De *SUPERFICIE* el cm^2 y de *VOLUMEN* el cm^3. Combinando los conceptos de longitud y de tiempo, se obtiene el de "*VELOCIDAD*". La unidad es el "*centímetro por segundo*" que se expresa

$$\frac{cm}{s} \qquad cm/s \qquad cm \cdot s^{-1}$$

si el movimiento es uniforme

$$v = \frac{e}{t}$$

cociente de espacio sobre el tiempo. Si el movimiento es variado: la velocidad media es

$$v_m = \frac{x_1 - x_0}{t_1 - t_0}$$

y en este caso, la velocidad en un instante cualquiera (variable) es

$$v = \frac{dx}{dt} \qquad \text{la derivada del espacio con respecto al tiempo}$$

Combinando los conceptos de velocidad y de tiempo, se obtiene el de *ACELERACIÓN* que es la variación de velocidad en la unidad de tiempo. La unidad de aceleración es el "*centímetro por segundo por segundo*"ó *centímetro por segundo al cuadrado*. Se expresa

$$\frac{cm}{s^2} \qquad cm/s^2 \qquad cm \cdot s^{-2}$$

Si el movimiento es uniforme, no hay aceleraicón $\left(a = 0\right)$; si es variado, la *aceleración media* es

$$a_m = \frac{v_1 - v_0}{t_1 - t_0}$$

y la aceleraicón (variable), en un instante cualquiera es

$$a = \frac{dv}{dt} = \frac{d^2 x}{d^2 t}$$

es decir, la derivada de la velocidad con respecto al teimpo o bien la derivada segunda del espacio con respecto al tiempo. Si el movimiento es *"uniformente variado"* la aceleración es constante y en cualquier instante se confunde con la aceleración media

$$a = a_m = cte.$$

Un ejemplo de movimiento uniformemente variado es el de la caída de los cuerpos (v variable y a constante). De movimiento variado, el del péndulo (v y a variables).

La combinación de los conceptos de masa y de aceleración dan

$$m = \frac{F}{a} \qquad\qquad F = m \cdot a$$

es decir que la intensidad de una fuerza se mide por el producto de la masa de un cuerpo pore la aceleración que esta fuerza produce. La unidad *c.g.s.* de fuerza será la fuerza que aplicada a la unidad de masa le produce la unidad de aceleración; se denomina *"dina"*. Una dina es la fuerza que aplicada a la masa de un gramo le produce una aceleración de 1 *cm por segundo por segundo*.

$$1 \; dina = 1 \;\; g \cdot cm \cdot s^{-2}$$

Como múltiplo se emplea la *"megadina"* $\left(10^6 \; d\right)$

Combinando los conceptos de fuerza y de espacio se obtiene el de *"trabajo"*. La unidad *C.G.S.* de **TRABAJO** el el trabajo de una fuerza de 1 *dina* que desplaza su punto de aplicación 1 *cm* en la dirección de la fuerza (con independencia del tiempo empleado). Se llama *"erg"* y se tiene

$$W = F \cdot x \qquad 1 \; ergio = 1 \; dina \cdot 1 \; cm$$

por lo que se lo llama también *"dina centímetro"*. Se emplea un múltiplo del *ergio* demonimado *"joule"* ó *"julio"*, que vale

$$1 \; julio = 10.000.000 \; erg = 10^7 \; erg$$

Estas unidades se emplean también para medir la *"**ENERGÍA**"* en cualquiera de sus formas, pues esta es *"la capacidad de producir trabajo"*. Pero no se debe confundir el *"trabajo de una fuerza"* que es el producto de la *"intensidad de la fuerza* por el *camino recorrido"* con el **MOMENTO DE UNA FUERZA**, que es el producto de la intensidad de la fuerza por una *"distancia"* a un punto.

El primero exige un desplazamiento para que exista; el segundo existe aunque nada se mueva.

Los momentos de las fuerzas se miden también en el sistema *C.G.S.* en *"dina centímetro"* pero no en ergios.

La combinación de los conceptos de trabajo y de tiempo da lugar al concepto de **POTENCIA**, que es el trabajo (producido o absorbido) en la unidad de tiempo. La unidad *C.G.S.* de potencia es el *"ergio por segundo"* y no tiene nombre especial. Se expresa también

$$P = \frac{W}{t}$$

o sea que *la potencia es el cociente del trabajo sobre el tiempo empleado en realizarlo*. Puede calcularse entonces el trabajo, multiplicando la potencia por el tiempo durante el cual actua

$$L = N \cdot t$$

La **PRESIÓN**, (cociente de una fuerza sobre una superficie) en el sistema *C.G.S.* tiene por unidad la *"dina por centímetro cuadrado"*, llamada *baria*

$$1 \; baria = 1 \; \frac{dina}{cm^2}$$

y su múltiplo la *"megabaria"*, igual a 10^6 *barias*

1.5.3. Sistema M.K.S.

La unidad de **MASA** es la masa del *kilogramo patrón* (1000 gramos masa) y la de **ACELERACIÓN** es el *metro por segundo por segundo*. La unidad de **FUERZA** se denomina *Newton* y es el producto de 1 *kilogramo por* 1 *metro por segundo por segundo*

$$1 \; Newton = 1 \; \frac{Kg \cdot m}{s^2}$$

Por lo tanto, relacionándolo con la unidad *C.G.S.* de fuerza se tiene

$$1 \; Newton = 1000 \; g \cdot 100 \; \frac{cm}{s^2} = 10^5 \; Dina$$

$$1 \; Dina = 10^{-5} \; Newton$$

La unidad de **PRESIÓN** es el Newton por metro cuadrado, equivalente a:

$$\frac{10^5}{10^4} = 10 \; baria$$

De la unidad de **TRABAJO** *"julio"* se deriva la de *"POTENCIA"* el *"julio por segundo"*, que se designa con el nombre de *"vatio"*

$$1 \; vatio = 1 \; \frac{julio}{segundo} = 1 \; J \cdot s^{-1} = 10^7 \; erg \cdot s^{-1}$$

los múltiplos son el kilovatio, hectovatio y megavatio.

De las unidades de potencia se derivan las de trabajo o energía, multiplicándolas por la unidad de tiempo. Así

$$1 \ Julio = 1 \ Vatio \cdot seg$$

y sus múltiplos más empleados son

$$1 \ Kilovatio \cdot seg = 1000 \ Julio$$

$$1 \ Kilovatio \cdot hora \ \left(KW \cdot h\right) = 3.600.000 \ Julio$$

Modernamente se emplean el *megavatio* $\left(MW\right) = 10^{3} \ KW$ para medir la potencia de las grandes máquinas eléctricas; y el *megavatio hora* $\left(MW \cdot h\right)$ para medir la energía producida en las centrales.

1.5.4. El Sistema Técnico (métrico)

El mismo tiene como unidade fundamentales el **METRO**, el **KILOGRAMO FUERZA**, y el **SEGUNDO**. Su relación con el sistema *C.G.S.* se establece partiendo del hecho de que una fuerza constante aplicada a un cuerpo le produce un moovimiento uniformemnte acelerado y que existe para cada cuerpo, la proporcionalidad entre las aceleraciones obtenidas y las intensidades de las fuerzas aplicadas. Por lo tanto, si se supone aislada la masa unidatia *c.g.s.* (1 *g*) y se le aplica en cualquier dirección una fuerza de 1 *dina*, tomará una *aceleración* de 1 $cm \cdot s^{-2}$; si a esa misma masa se la abandona a la sola acción de su peso (fuerza igual a 1 *g*) tomará una *aceleración* que, a la latitud de 45° vale

$$g \cong 981 \ \frac{cm}{s^{2}}$$

Por esta razón se dice que la fuerza de 1 *gramo* es 981 veces mayor que 1 dina. Luego

$$1 \ g = 981 \ dina$$

$$1 \ dina = \frac{1}{981} \ g = 0,00102 \ g$$

De esta relación fundamental se deducen todas las demás. La unidad práctica de **TRABAJO** o **ENERGÍA** es el *kilográmetro* $\left(\overline{Kg}\,m\right)$ (trabajo de una fuerza de 1 $\overline{Kg}$ que desplaza su punto de aplicación 1 *metro*). Entonces

$$1 \ \overline{Kg}\,m = 1000 \ gr \cdot 100 \ cm \cdot 981 \ \frac{dina}{gramo}$$

$$1 \ \overline{Kg}\,m = 98.100.000 \ dina \cdot cm = 98.100.000 \ ergio$$

$$1 \ \overline{Kg}\,m = 9,81 \ Julio \qquad 1 \ Julio = \frac{1}{9,81} \ Kgm$$

$$1 \ Julio = 0,102 \ Kgm$$

La unidad práctica de **POTENCIA** sería el *"kilográmetro por segundo por segundo"*, equivalente a

$$1 \ \frac{Kgm}{seg} = 9,81 \ \frac{Julio}{seg} = 9,81 \ Vatio$$

pero se emplea un múltiplo denominado *caballo vapor* (*CV*)

$$1 \ CV = 75 \ \frac{\overline{Kg}\,m}{seg}$$

o también el *caballo fuerza* (*HP horse power*), equivalente a

$$1 \ HP = 76 \ \frac{\overline{Kg}\,m}{seg}$$

Por lo tanto

$$1 \ CV = 75 \cdot 9,81 = 736 \ \frac{Julios}{seg} = 736 \ Vatio = 0,736 \ KW$$

$$1 \ KW = \frac{1}{0,736} \ CV = 1,36 \ CV$$

$$1 \ HP = 76 \cdot 9,81 = 746 \ \frac{Julio}{seg} = 746 \ Vatio = 0,746 \ KW$$

$$1 \ KW = \frac{1}{0,746} = 1,34 \ HP$$

De modo que las potencias de los motores o generadores mecánicos o eléctricos pueden expresarse indistintamente en *HP* ó en *KW*, teniendo en cuenta las equivalencias.

También se emplean las unidades prácticas de **TRABAJO** o **ENERGÍA** deducidas de las de potencia, multiplicándolas por el tiempo. Un *"caballo hora"* $(CV \cdot h)$ es el trabajo desarrollado por la potencia de 1 *CV actuando durante una hora*, luego

$$1 \ CV \cdot h = 75 \ \overline{Kg}\,m \cdot s^{-1} \cdot 3600 \ s = 270.000 \ \overline{Kg}\,m$$

$$1 \ KW \cdot h = 1,36 \cdot 270.000 = 367.200 \ \overline{Kg}\,m$$

Relacionado al sistema *M.K.S.* resulta

$$1 \ \overline{Kg} = 1000 \cdot 9,81 \ dina = 981.000 \ dina$$

pero como

$$1 \ Newton = 10^{5} \ dina$$

$$1 \ \overline{Kg} = 9,81 \ Newton \qquad 1 \ Newton = 0,102 \ Kg$$

1.5.5. Expresiones de la masa

En el sistema *C.G.S.* el mismo número que expresa el *peso* de un cuerpo en *gramos*, indica la *masa* en *gramos masa*, ya que el *peso* en *dinas* se obtiene multilpicando el peso en gramos por 981 y la aceleración producida es de 981 $cm \cdot s^{-2}$.

En el sistema *M.K.S.*; por la misma razón, el número que expresa el peso en $\overline{Kg}$ indica la masa en *Kg masa*, ya que el peso en *Newton* se obtiene multiplicando el peso en *Kg* por 9,81 y la aceleración producida es 9,81 $m \cdot s^{-2}$.

En el *Sistema Técnico* (métrico) no sucede igual porque la unidad de fuerza es el $\overline{Kg}$ *peso* y la de *aceleración* el $m \cdot s^{-2}$; luego, la unidad técnica de masa (que no tiene nombre especial) es el cociente

$$1 \ u.t.m. = 1 \ \frac{\overline{Kg} \cdot s^2}{m}$$

Se deduce que cuando la aceleración sea la de la gravedad (9,81 $m \cdot s^{-2}$), para que el cociente sea la unidad, la fuerza tiene que ser 9,81 *Kg*. Luego, la unidad técnica de masa es la masa de una cuerpo cuyo peso en *Kg* es igual a la aceleración de la gravedad en el lugar en que se encuentra. Y por lo tanto, para determinar la masa de un cuerpo, en el sistema métrico, se toma su peso en *Kg* y se lo divide por 9,81

$$m = \frac{W \ \left[\overline{Kg} \right]}{9,81 \ \left[\dfrac{m}{s^2} \right]} = 1 \ \left[u.t.m. \right]$$

La *u.t.m.* está representada por la masa de una cuerpo que, para el valor medio de "g" pesa 9,81 *Kg* o sea 9810 *gr*.

1.5.6. Presión

En el *Sistema Métrico*, la unidad de presión es el *kilogramo por metro cuadrado* y tiene un múltiplo, el *Kilogramo por centímetro cuadrado*

$$1 \ \frac{\overline{Kg}}{cm^2} = 10.000 \ \frac{\overline{Kg}}{m^2}$$

Relacionado con el sistema *C.G.S.* resulta

$$1 \ \frac{\overline{Kg}}{cm^2} = 1000 \cdot 981 \ \frac{dina}{cm^2} = 9,81 \cdot 10^5 \ baria$$

También

$$1 \ \frac{Newton}{m^2} = 10^5 \ \frac{dina}{m^2} = 10 \ \frac{dina}{cm^2} = 10 \ baria$$

$$1 \; baria = 0,1 \; \frac{Newton}{m^2}$$

La *megabaria* se llama también "*bar*" y por lo tanto

$$1 \; Mbaria = 10^6 \; baria = 10^5 \; \frac{Newton}{m^2} = 10 \; \frac{Newton}{cm^2}$$

En barometría se miden las presiones en *mm* de altura de columnas de mercurio o de agua. La presión atmosférica normal equivale a 760 *mm* de altura de culumna de mercurio y a 10,33 *m* de columna de agua, por lo que

$$1 \; at = 10.330 \; \frac{\overline{Kg}}{m^2} = 1,033 \; \frac{\overline{Kg}}{cm^2}$$

$$1 \; at = 1,033 \cdot 981.000 \; baria = 1,0136 \; bar$$

En las aplicaciones industriales hay que distinguir la presión absoluta medida en atmósferas (*ata*) que se cuentan desde cero, o sea desde el vacío absoluto; de la presión efectiva (*ate*) que se cuenta desde la presión atmosférica tomada como cero. Por lo tanto, una presión efectiva es

$$n \; (ate) = (n + 1) \; (ata)$$

1.5.7. Múltiplos y submúltiplos del *METRO*

Como *MÚLTIPLOS* se emplean el *Decámetro* (*Dm*), el *Hectómetro* (*Hm*) y el *Kilómetro* (*Km*).

En astronomía se usa la "*unidad astronómica*" que es la distancia media de la tierra al sol, equivalente a $150 \cdot 10^6$ *Km*. El "*año luz*" es la distancia recorrida en un año a razón de 300.000 $Km \cdot s^{-1}$. Para distancias aún mayores, se emplea el "*parsec*" que corresponde a la distancia a una estrella desde la cual se vería el radio de la órbita de la tierra bajo el ángulo de 1 *segundo sexagesimal* (paralaje = 1''). 1 *parsec* equivale a 3,258 *año luz* y 1 *Megaparsec* = 10^6 *parsec*.

Los *SUBMÚLTIPLOS* son el *decímetro* (*dm*), el *centímetro* (*cm*), el *milímetro* (*mm*), el *micrón o micra* (μ). Le siguen el ($m\mu = 10^{-7}$ *cm*) y el *angstrom* ($\overset{\circ}{A}$) diez milésima parte del *micrón* (1 $\overset{\circ}{A} = 10^{-8}$ *cm*)

1.5.8. Velocidad

Para las *VELOCIDADES LINEALES* o *TANGENCIALES* se emplean el $cm \cdot s^{-1}$, el $m \cdot s^{-1}$ y el *Kilómetro por hora*

$$1 \; \frac{Km}{h} = 0,2778 \; \frac{m}{s}$$

$$1 \; \frac{m}{s} = 3,6 \; \frac{Km}{h}$$

Para **VELOCIDADES** de **ROTACIÓN**, se miden los ángulos en "*radianes*"; 1 *radián* es el ángulo abarcado por un arco cuya longitud es igual a la del radio con que ha sido trazado. El ángulo de una circunferencia completa mide $\alpha = 2\pi$ *radianes*; en el sistema *sexagesimal*

$$1 \ radian = \frac{360°}{2\pi} = 57°17'44,8'' \cong 57,3°$$

$$1 \ radian = 206.264,8''$$

La velocidad angula se mide en "*radianes por segundo*" y se designa con la letra ω. No tiene múltiplos ni submúltiplos. También se acostumbra, en mecánica, a medir la velocidad de rotacicón en "*número de vueltas por minuto*" (*r.p.m.*) que se designa con la letra *n*. La relación con la velocidad angular es

$$\omega = \frac{2\pi n}{60} = \frac{\pi n}{30} \ \left[\frac{rad}{seg} \right]$$

$$n = 30 \ \frac{\omega}{\pi} \cong 10 \ \omega \ [r.p.m.]$$

Para convertir la velocidad angular (ω) en velocidad tangencial (v) en *metros por segundo*, se multiplica la primera por el radio en metros

$$v = \omega \cdot r$$

y también

$$v = \frac{2\pi n r}{60} = \frac{\pi n r}{30} \ \left[\frac{m}{s} \right]$$

En aeronáutica se emplea para mediciones comparativas de velocidad lineal, el "*número de Mach*" que es la relación entre la velocidad de un nmóvil en un fluido y la velocidad del sonido en ese fluido en el mismo estado. En el aire a 15° *C* y 760 *mm Hg* la velocidad del sonido es

$$V = 341 \ \frac{m}{s}$$

y por lo tanto

$$Mach \ 1 = 1227 \ \frac{Km}{h}$$

pero debe recordarse que la velocidad del sonido varía con la temperatura absoluta

$$v = 72,2 \ \sqrt{T} \ \frac{Km}{h}$$

por lo tanto el *número de Mach* debe ser referido a un estado determinado.

1.5.9. Unidades de calor

Siendo el calor, una de las formas de la energía, existe una equivalencia entre la unidad de calor (*caloría grande* ó *Kcal*) y la unidad de *trabajo* (*Kgm*) que es

$$1\ Kcal = 427\ \overline{Kg}\,m$$

y la relación

$$1\ J = 427\ \frac{\overline{Kg}\,m}{Kcal}$$

se llama "***EQUIVALENTE MECÁNICO DEL CALOR***". Su inversa se designa con

$$A = \frac{1}{427} = 0,00234\ \frac{Kcal}{\overline{Kg}\,m} = \frac{1}{J}$$

y se llama "***EQUIVALENTE TÉRMICO DEL TRABAJO***". Por lo tanto

$$1\ CV \cdot h = \frac{270.000}{427} = 632\ Kcal$$

$$1\ KW \cdot h = 1,36 \cdot 632 = 860\ Kcal$$

Una *caloría pequeña* ó *caloría gramo* (*cal*) equivale a 0,001 *Kcal* ó sea $1\ cal = 0,427\ Kgm$ pero $1\ Kgm = 9,81\ Julio$, luego

$$1\ cal = 0,427 \cdot 9,81 = 4,17\ Julio$$

$$1\ Julio = \frac{1}{4,19} = 0,24\ cal$$

1.5.10. El *SISTEMA INGLÉS*

Conviene conocer y retener algunas equivalencias entre este sistema y el métrico, pues su empleo es muy frecuente:

$$1\ pulgada = 2,54\ cm$$
$$1\ milla\ ter = 1,609\ Km$$
$$1\ milla\ mar = 1,852\ Km$$

$$1\ libra = 0,453\ \overline{Kg}$$

$$1\ short\ ton = 907,2\ \overline{Kg}$$

$$1\ long\ ton = 1016\ \overline{Kg}$$

$$1\ libra\,/\,pulg^{2} = 0,0703\ \overline{Kg}\,/\,cm^{2}$$

$$1\ \overline{Kg}\,/\,cm^2 = 14{,}3\ libra\,/\,pulg^2$$

$$1\ at = 14{,}7\ libra\,/\,pulg^2$$

$$1\ galon\ U.\ S. = 3{,}785\ dm^3$$

$$1\ galon\ Imp. = 4{,}546\ dm^3$$

$$1\ pie^2 = 0{,}093\ m^2$$

$$1\ pie^3 = 0{,}0283\ m^3$$

Para unidad de **MASA** se toma la masa que bajo la acción de una fuerza de 1 libra toma la aceleración de 1 *pie por segundo por segundo*, y se denomina *"slug"*

$$1\ slug = 1\ \frac{libra \cdot s^2}{pie}$$

Relacionada con el sistema *C.G.S.* resulta

$$1\ slug = \frac{453 \cdot 981}{30{,}5} = 14.570\ g = 14{,}57\ Kg\ (masa)$$

Como la **ACELERACIÓN** normal de la gravedad en el sistema inglés es de

$$g = 32\ \frac{pie}{s^2}$$

para encontrar la masa de un cuerpo se toma su peso en libras y se lo divide por 32, quedando expresada en *slug*.

Para la medida del **CALOR** se emplea la *"British Thermal Unity"* (*B.T.U.*)

$$1\ B.T.U. = 0{,}252\ Kcal$$

$$1\ Kcal = 3{,}968\ B.T.U.$$

$$1\ KW\ h = 3413\ B.T.U.$$

1.5.11. Análisis dimesional

En todos los sistemas, las unidades se forman derivándolas de las 3 unidades fundamentales, cuyas dimensiones son **LONGITUD** (*L*); **MASA** (*M*) y **TIEMPO** (*T*). Por lño tanto, las unidades derivadas tendrán como dimensiones, en general, un número que será

$$C = L^m\ M^n\ T^p$$

en el que los exponentes podrán ser números positivos negativos o nulos. Se dice que *C* es de grado *m* respecto a la *longitud*, de grado *n* respecto a la *masa*, etc.

Así la *"dimensión"* de una *superficie*, que es una longitud por otra, es

$$A = L^2$$

y la de *volumen*

$$V = L^3$$

La *velocidad*, que es el cociente de una lñongitud "espacio recorrido) sobre un tiempo, tiene por dimensión

$$v = L \cdot T^{-1}$$

y la *aceleración*

$$a = L \cdot T^{-2}$$

Ahora será fácil determinar la dimensión de cualquier otra magnitud física

Fuerza (o Peso)	$F = L \cdot M \cdot T^{-2}$
Peso específico	$\rho = L^{-2} \cdot M \cdot T^{-2}$
Densidad	$\delta = L^{-3} \cdot M$
Presión	$p = L^{-1} \cdot M \cdot T^{-2}$
Trabajo, Energía, Calor	$W = L^2 \cdot M \cdot T^{-2}$
Potencia	$P = L^2 \cdot M \cdot T^{-3}$

y así sucesivamente se podrán obtener las dimensiones de todos los conceptos.

Cuando se resuelve un problema de física, debe hacerse el análisis dimensional del resultando, sumando ó restando, con sus signos, los exponentes de las unidades fundamentales y derivadas que se han empleado. La dimensión resultante debe corresponder a la de la unidad que expresa el resultando. Por ejemplo: si se calcula la velocidad de caída libre de un cuerpo en el vacío, esta viene expresada por la fórmula

$$v = \sqrt{2 \cdot g \cdot h}$$

en la que los coeficientes, los números abstractos y las *"relaciones"* no tienen dimensión (2 no tiene dimensión).

g es una aceleración	$L \cdot T^{-2}$
h es una altura	L

La dimensión del resultando debe ser

$$v = \left[L \cdot T^{-2}\ L \right]^{\frac{1}{2}} = L^{\frac{1}{2}} \cdot T^{-1} \cdot L^{\frac{1}{2}} = L \cdot T^{-1}$$

que es la dimensión de una velocidad.

Más complicado aparece el períododo oscilación de un resorte

$$T = 2\pi\sqrt{\frac{m}{k}}$$

en la que: 2 no tiene dimensión; k es el cociente de una fuerza sobre un alargamiento

$$k = M \cdot L \cdot T^{-2} \cdot L^{-1} = M \cdot T^{-2}$$

y queda

$$t = \left[M \cdot M^{-1} T^{2} \right]^{\frac{1}{2}} = T$$

1.5.12. Nomenclatura y símbolos

En la literatura técnica se ha hecho *"obligatorio"* el empleo de una cierta uniformidad en los nombres de las magnitudes físicas y sus símbolos, como única manera de evitar las confusiones y hacer posible su entendimiento. Por esta razón debe observarse lo siguiente:

a) Ningún símbolo o abreviatura técnica debe llevar punto final.

b) No se debe añadir una *"s"* para indica el plural.

c) La inteligibilidad de los símbolos depende del uso correcto de las mayúsculas y minúsculas, por lo que se deberá observar rigurosamente que las primeras corresponden a los múltiplos y las segundas a los submúltiplos.

d) Las fracciones decimales se separarán por medio de una coma y nunca por un punto; las cifras correspondientes se escribirán del mismo tamaño que las de los números enteros, y nunca imitando exponentes,

e) Los períodos de tres cifras de los números grandes no deberán separarse por puntos, sino por espacios.

Prefijos que indican potencias de 10:

T (tera)	10^{12}
G (giga)	10^{9}
M (mega)	10^{6}
K (kilo)	10^{3}
H (hecto)	10^{2}
D (deca)	10
d (deci)	10^{-1}
c (centi)	10^{-2}
m (mili)	10^{-3}
μ (micro)	10^{-6}
n (nano)	10^{-9}
p (pico)	10^{-12}

Unidades de tiempo y ángulo

Hora	h
Minuto de tiempo cuando acompaña a otra unidad de tiempo	m
Minuto de tiempo, si está aislado	min
Segundo de tiempo	s
Radián	r ó rad
Grados, Minutos y **Segundos** de ángulo	º ' ''

Los grados centesimales de ángulo se indicarán co g y la fracción decimal que le siga.

Los signos h - m - s - g (grados) deberán escribirse como exponentes, en las cantidades complejas.

Otras unidades Físicas

lumen	lm
lumen hora	lm · h
HK	bujía Hefner
lux	lx
phot	ph
stilb	sb
caloría	cal
kilocaloría	Kcal
clausio	clau
bel	B
decibel	dB

Valores de algunas constantes

Símbolo	Explicación	Valor
G	Aceleración normal de la gravedad	980,665
E	Base de logaritmos naturales	2,71828
π	Relación de circulo a diámetro	3,14159
H	Constante de Plank	$6,6242 \cdot 10^{-27}$
C	Velocidad de la luz	$2,9977 \cdot 10^{10}$
K	Constante de Boltzman	$1,3805 \cdot 10^{16}$
R	Constante de los gases	1,9869
N	Número de Avogadro	$6,0227 \cdot 10^{23}$
J	Equivalente mecánico del calor	$4,269 \cdot 10^{2}$

CAPÍTULO 2

MAGNITUDES Y FUERZAS

2.1. MAGNITUDES ESCALARES Y VECTORIALES

Hemos dicho que el objeto de la física es establecer leyes, es decir, relaciones cuantitativas entre los fenómenos del mundo físico.

Para ello es necesario medir, y medir significa, en esencia, establecer coincidencias. Cuando decimos que un segmento tiene *tal* longitud, queremos significar que, si uno de sus extremos coincide con la división cero de una regla graduada, el otro coincide con *tal* división; y si decimos que un tren ha tardado tres horas en recorrer un determinado camino, queremos decir que comparando las posiciones de las agujas de un reloj los instantes de la partida y la llegada, encontramos una diferencia correspondiente a tres vueltas del minutero (tiempo-espacio).

Son objeto de medida todas las magnitudes.

> *Llamamos magnitudes a ciertos entes abstractos para los cuales se pueden definir la igualdad y la suma (*ej.: volumen, longitud, peso, etc.

Todas las magnitudes son, pues medibles, es decir, admiten una comparación con la magnitud unidad y el establecimiento de un número que indique cuantas veces la magnitud unidad está contenida en la magnitud dada. Podemos saber las veces que la longitud de nuestro lápiz tomada como unidad, está contenida en la longitud de nuestro escritorio, pero no podemos saber cuantas veces la sensación luminosa que percibimos mirando un fósforo encendido, está contenida en la que percibimos mirando una lámpara incandescente. Por eso decimos que son magnitudes los entes abstractos entre los cuales se puede establecer la *igualdad* y la *suma*. Con ello podremos fijar la unidad, tomar varias unidades iguales y sumarlas hasta obtener la magnitud dada.

Así, por ejemplo: podemos tomar dos volúmenes iguales (quiere decir esto: dos cuerpos de igual volumen) y podemos tener otro cuerpo cuyo volumen sea igual al de aquellos dos reunidos (*suma*); diremos entonces que el *volumen es una magnitud.*

En el conjunto de las magnitudes de la física que encontraremos en nuestro estudio, cabe todavía la posibilidad de otra clasificación: algunas de ellas quedan determinadas por un número y su unidad correspondiente (longitudes, volúmenes). Se las llama ***magnitudes escalares***, y al representarlas con números se opera con ellas de acuerdo con las reglas del álgebra.

Otras, llamadas ***magnitudes vectoriales***, se caracterizan por un número y su unidad, pero además debe fijarse su dirección, sentido y punto de aplicación, sin los cuales no quedan perfectamente determinadas; se las representa por **vectores**. El valor numérico de la magnitud está representado en una cierta escala por la longitud del vector (fig.1-1) y se denomina módulo del mismo.

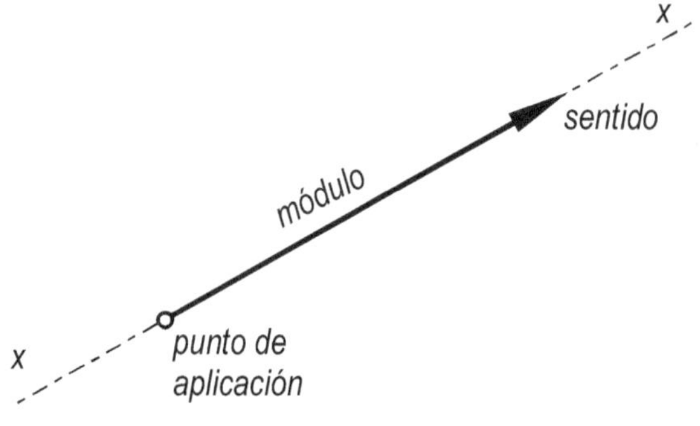

FIGURA 1-1

Más aún: fijada la magnitud correspondiente a una dirección determinada, podemos hallar sus *componentes* en otras direcciones por una descomposición geométrica. Realizamos con ellas *operaciones geométricas* que constituyen el *álgebra vectorial*.

Son ejemplos de estas magnitudes las fuerzas, velocidades y otras que iremos estudiando paulativamente.

2.2. EQUILIBRIO DEL CUERPO SÓLIDO (ESTÁTICA)

2.2.1. Introducción

La Estática se ocupa de las condiciones de equilibrio de los cuerpos sometidos a la acción de fuerzas. Constituye una rama muy antigua de la ciencia, ya que algunos de sus principios fundamentales datan de la época de los egipcios y babilonios, quienes los utilizaron en la solución de los problemas que se originaron con motivo de la construcción de las famosas pirámides y de sus vetustos templos. Entre los escritos más antiguos referentes a este tema, son dignos de mención los que nos legó *Arquímedes* (287-212 A.C.) quien formuló las leyes del equilibrio de las fuerzas que actúan sobre una palanca, como asimismo algunos principios de hidrostática. Sin embargo, los principios en base a los cuales se ha desarrollado esta materia hasta alcanzar su forma actual se deben, principalmente a *Stivinus* (1548-1620) que fue el primero que empleó el principio del paralelogramo de las fuerzas.

En esta obra nos ocuparemos principalmente de los problemas del equilibrio de los *cuerpos rígidos*. Los cuerpos físicos, que son con los que debemos tratar al proyectar estructuras de ingeniería y partes de máquinas, nunca son absolutamente rígidos, pues se deforman ligeramente bajo la acción de las cargas que soportan. Sin embargo, dicha deformación es muy pequeña y, en muchos casos, puede ser completamente despreciada en la investigación de las condiciones de equilibrio. Así, en estática, suponemos que estamos tratando con cuerpos absolutamente rígidos en los cuales, las distancias entre sus partículas, no se modifican por la acción de las fuerzas aplicadas.

Los problemas en los cuales debe tenerse en cuenta el efecto de las pequeñas deformaciones de los cuerpos físicos son tratados, por lo general, en los libros sobre *resistencia de materiales* y *teoría de la elasticidad*. En cambio, los problemas referentes a las condiciones de equilibrio de los cuerpos no rígidos, tales como los líquidos y los gases, son estudiados, habitualmente, en libros sobre *hidrostática* y *aerostática*, por cuyo motivo no los consideraremos aquí.

2.3. FUERZA Y PESO

Para el estudio de los problemas que se presentan en la estática, debemos introducir la noción de *fuerza*, que podemos definir como toda acción que tiende a alterar el estado de reposo de un cuerpo al cual se aplique. Hay muchas clases de fuerza, como la fuerza de gravedad con la cual todos estamos familiarizados y el simple empuje que podemos ejercer sobre un cuerpo.

La atracción que ejerce la gravedad es uno de los ejemplos de fuerza más comunes con los que tendremos que tratar. Dada una esfera que cuelga sostenida por una cuerda (fig.2-2(a)), decimos que la esfera tira de la cuerda con una fuerza W igual a su peso. Esta fuerza se aplica a la cuerda en el punto B y actúa verticalmente hacia abajo.

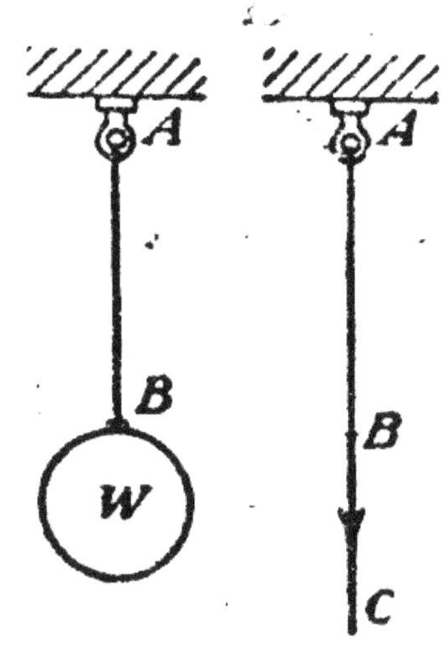

FIGURA 2-2

Hemos deducido que, para la definición completa de una fuerza debemos conocer: (1) su *magnitud*, (2) su *punto de aplicación* y (3) su *dirección*. Estas tres cantidades, que definen completamente a una fuerza, se denominan sus *características* o *especificaciones*.

Las magnitudes o intensidades de la fuerzas se miden, comúnmente, empleando el dinamómetro. La parte principal de dicho instrumento la constituye un resorte elástico, que puede calibrarse colgando de él varios pesos conocidos y, marcando los alargamientos correspondientes. Una vez que el dinamómetro ha sido calibrado, se lo puede utilizar para medir cualquier otra clase de fuerza.

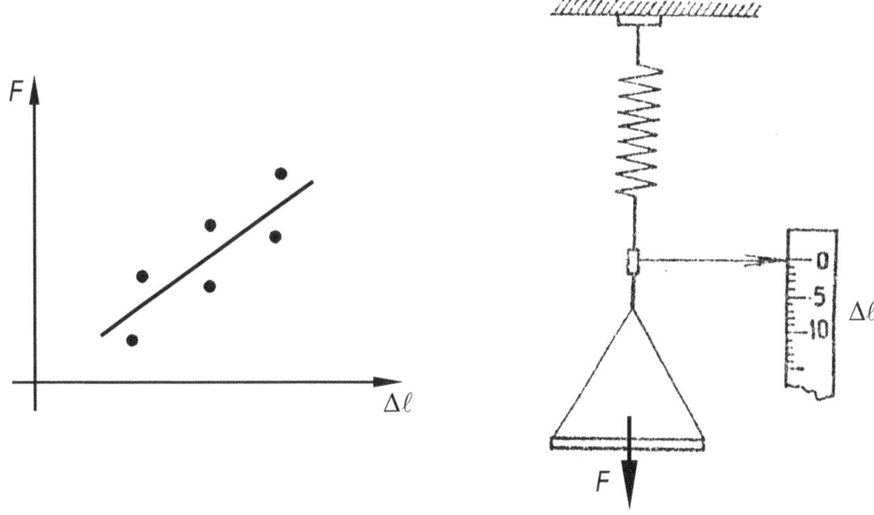

FIGURA 2-3

Los dinamómetros se calibran con pesos conocidos, determinando sobre una escala, las deformaciones $\Delta\ell$ provocadas en el resorte por los pesos colocados en su extremo (fig.2-3). Esto nos está indicando que mediremos fuerzas por comparación con los pesos. Ya que "*g*" es diferente en distintos lugares de la tierra (es mayor en el Polo, disminuye en el Ecuador) y disminuye con la altura (es decir, a medida que nos alejamos del centro de la tierra) un dinamómetro calibrado a una altitud de 45°, hará que allí, un litro de agua pese 1000 *gr*, en el polo 1002 y sólo 997 *gr* en el ecuador.

Con el mismo razonamiento, como "*g*" es menor en le luna $\left(g_L = 1,67 \ \dfrac{m}{seg^2} \right)$ los cuerpos próximos a su superficie pesarán aproximadamente la sexta parte de lo que pesan en la tierra.

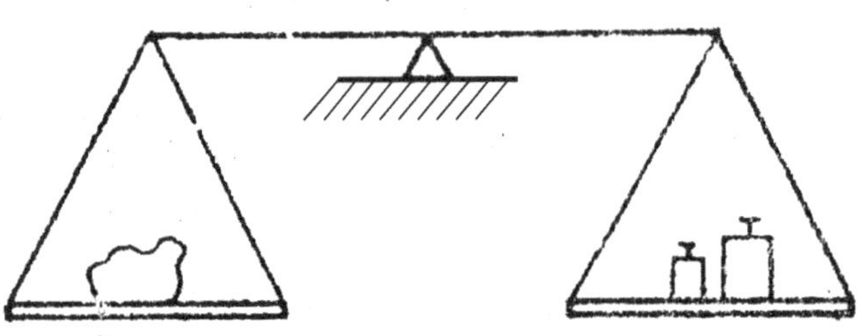

FIGURA 2-4

Las masas se miden por medio de balanzas de brazos iguales (fig.2-4). La masa desconocida se compara con las masas del conjunto de "*pesas*" que equilibran la balanza. La operación comúnmente conocida como "*pesar*", no es otra cosa que comparar masas, o pesos, ya que actúa en ambos platillos el mismo valor de "*g*". Esto nos permite determinar la masa de un cuerpo, independientemente del lugar en que se realiza la operación (el polo, el Ecuador, o la Luna).

El punto de aplicación de una fuerza que actúa sobre un cuerpo, es aquel punto del cuerpo en el que puede suponerse concentrada la fuerza. Físicamente sería imposible concentrar una fuerza en un solo punto, es decir, toda la fuerza debe tener cierta superficie o volumen finitos en los cuales se distribuye su acción. Por ejemplo, la fuerza *W* que ejerce la esfera sobre la cuerda *AB* en la fig.2-2 se distribuye, en realidad, sobre la pequeña superficie de la sección transversal de la cuerda. Análogamente, la fuerza que la tierra, por efecto de la gravedad, ejerce sobre la esfera, se distribuye por todo el volumen de ésta. Sin embargo, veremos que, a menudo, es conveniente suponer que dicha fuerza distribuida está concentrada en un solo punto de aplicación, siempre que esto pueda hacerse sin alterar sensiblemente el efecto de la fuerza de gravedad distribuida por todo el volumen del cuerpo, el punto de aplicación en el cual puede suponerse concentrado el peso total se denomina *centro de gravedad* del cuerpo.

La dirección de una fuerza es la misma que la de una línea recta que pase por su punto de aplicación y a lo largo de la cual la fuerza tienda a mover el cuerpo sobre el que se aplica.

Esta línea se denomina *recta de acción* de la fuerza. La fuerza de gravedad, por ejemplo, está dirigida siempre verticalmente y hacia abajo. Asimismo, en el caso de una fuerza ejercida sobre un cuerpo por una cuerda flexible, la recta de acción de la fuerza está determinada por la cuerda. Así, la cuerda *AB* en la fig.2-1 tira verticalmente, hacia abajo, del gancho colocado en *A*.

Toda cantidad que, como una fuerza, posee dirección y magnitud, se denomina *cantidad vectorial* y puede representarse gráficamente por medio de un segmento de línea recta llamado vector. La fuerza es una magnitud vectorial, deslizante.

2.3.1. Composición y descomposición de fuerzas

a) La resultante o suma vectorial de un sistema o conjunto de varias fuerzas en el espacio, es

$$|\overline{R}| = \sum |\overline{F}| \qquad\qquad [2\text{-}1]$$

y tiene por componentes según los ejes 0-x; 0-y; 0-z

$$|\overline{R}_x| = \sum |\overline{F}_x| \qquad |\overline{R}_y| = \sum |\overline{F}_y| \qquad |\overline{R}_z| = \sum |\overline{F}_z| \qquad [2\text{-}2]$$

siendo $\overline{F}_x$; $\overline{F}_y$; $\overline{F}_z$ las componentes de cada una de las fuerzas dadas, sobre los ejes respectivos.

El módulo o intensidad de la fuerza resultante es

$$R = \sqrt{R_x^2 + R_y^2 + R_z^2} \qquad\qquad [2\text{-}3]$$

La posición de la resultante en el espacio, queda fijada con relación a los ejes de referencia, por los cosenos directores (fig.2-5)

$$\sum |\overline{F}_x| = \overline{R} \cdot \cos\alpha \qquad \sum |\overline{F}_y| = \overline{R} \cdot \cos\beta \qquad \sum |\overline{F}_z| = \overline{R} \cdot \cos\gamma$$

$$\cos\alpha = \frac{\sum |\overline{F}_x|}{\overline{R}} = \frac{\sum |F_x|}{\sqrt{R_x^2 + R_y^2 + R_z^2}} \qquad\qquad [2\text{-}4]$$

e igualmente para los otros dos cosenos

Como las fuerzas son magnitudes vectoriales, las operaciones a realizar con ellas deberán considerar que, además de su magnitud, existen dirección y sentido que impiden sumarlas o restarlas algebraicamente.

En todos los casos las operaciones tendrán dos caminos para resolverse.

1) Al método *gráfico*

2) El método *analítico*.

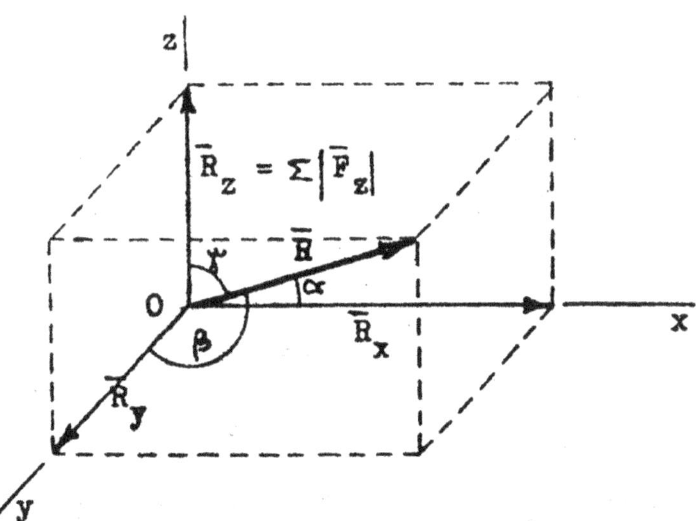

FIGURA 2-5

2.3.2. Suma

Componer dos o más fuerzas aplicadas sobre un cuerpo implica hallar una fuerza llamada resultante, que reemplace con su acción sobre el cuerpo, a todas las fuerzas dadas.

Se presentan diversos casos según las fuerzas dadas:

- Estén sobre una misma recta de acción.
- Sean concurrentes.
- Tengan el o los puntos de concurrencia fuera de los límites del dibujo.
- Sean paralelas

Los dos primeros casos los veremos inmediatamente. Los dos últimos, los resolveremos al enunciar el *polígono funicular*.

Misma recta de acción (colineales)

El módulo de la resultante es la suma algebraica de los módulos de cada una de las fuerzas que están en la misma recta de acción. La resolución gráfica y analítica es similar.

Concurrentes

Gráficamente se resuelven por la regla del paralelogramo o del polígono de fuerzas. Se componen dos fuerzas F_1 y F_2. El caso más sencillo es cuando ambas son *perpendiculares* (fig.2-6).

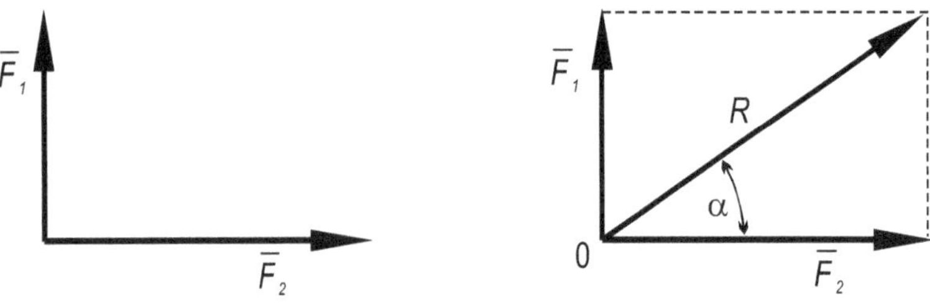

FIGURA 2-6

El paralelogramo (en este caso rectángulo) permite hallar gráficamente el valor de R.

Analíticamente, su módulo se calcula con el Teorema de Pitágoras.

$$R = \sqrt{F_1^2 + F_2^2}$$

La dirección queda definida calculando el ángulo α

$$\operatorname{tg}\alpha = \frac{F_1}{F_2} \qquad \Rightarrow \qquad \alpha = ar\operatorname{tg}\frac{F_1}{F_2}$$

Cuando las fuerzas dadas son oblicuas

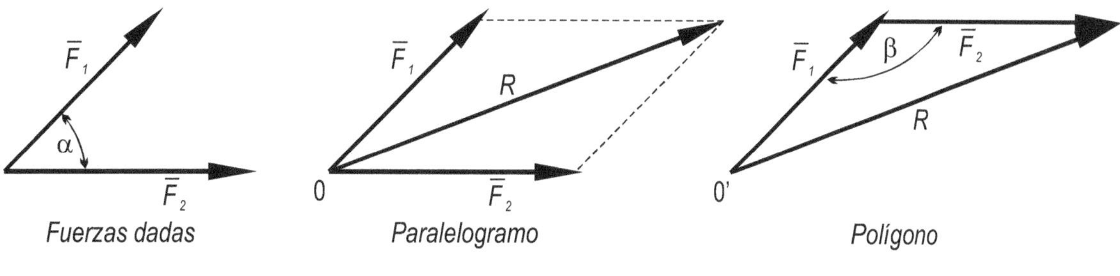

FIGURA 2-7

Con las fuerzas dadas (fig.2-7) se construye un paralelogramo. La resultante es la diagonal del mismo.

A igual resultado llegamos si por el extremo libre de F_1 trazamos un vector equipolente a F_2. Uniendo el origen del primero y el extremo libre el último tendremos la resultante.

La resolución analítica implica conocer el ángulo α que forman las fuerzas F_1 y F_2 dadas que será suplementario del β que forman tales fuerzas en el polígono. El valor de R se calcula por el teorema del coseno.

$$R^2 = F_1^2 + F_2^2 - 2\,F_1\,F_2 \cdot \cos\beta$$

Cuando las fuerzas dadas son más de dos, el problema tiene solución gráfica adecuada a través del polígono de fuerzas (fig.2-8)

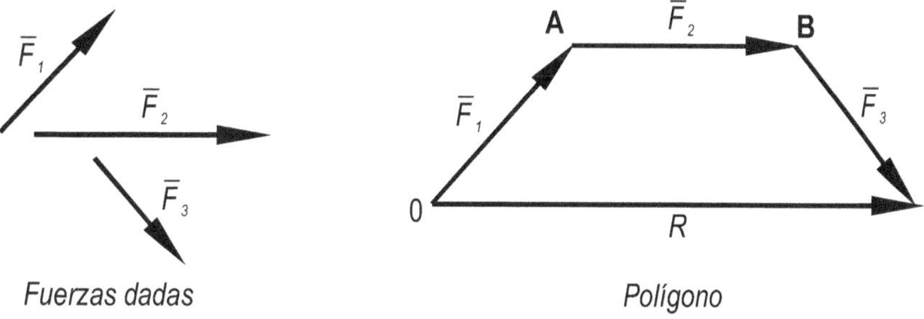

FIGURA 2-8

Aunque hubiésemos llegado al mismo valor de R, hallando primeramente la resultante de F_1 y F_2 y luego componiendo esta con F_3, es decir componiendo dos a dos..

La resolución analítica es complicada y se complica aún más si aumenta el número de fuerzas y se pretendemos aplicar el método de resolver los triángulos que se van formando con las resultantes parciales.

Si conocemos β, calculamos analíticamente R_{12} por el teorema del coseno, luego suponiendo conocer γ (para lo cual necesitamos calcular los ángulos del primer triángulo) y dados los lados R_{12} y F_3, se puede calcular R (fig.2-9).

Como veremos después, existe un método analítico sencillo para el caso de sumar varias fuerzas concurrentes: el de las componentes ortogonales.

El polígono de fuerzas se deberá construir siempre en la forma indicada, es decir, con vectores equipolentes cuyo origen esté en el extremo libre del otro. El orden no tiene importancia ya que la suma geométrica tiene las mismas propiedades de la algebraica: es conmutativa.

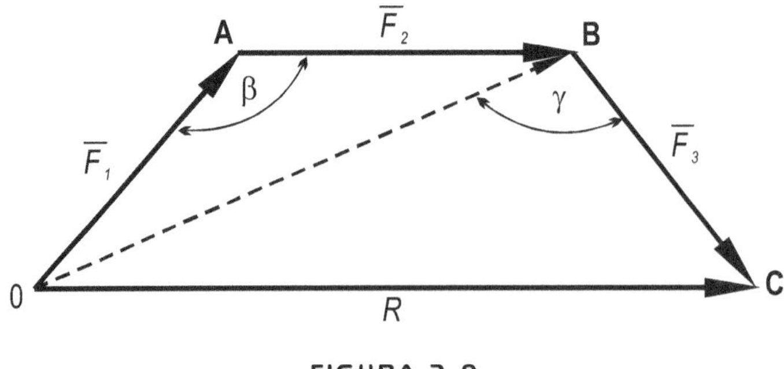

FIGURA 2-9

En caso de coincidir el extremo libre del último con el origen del primero, la resultante es nula. En este caso, una cualquiera de las fuerzas, con sentido cambiado, sería resultante de todas las demás.

2.3.3. Resta

Consiste en encontrar un vector $\overline{\Delta F}$ que sumado a uno de los vectores dados $\overline{F}_2$ (sustraendo) nos reproduzca el otro $\overline{F}_1$ (minuendo).

La forma gráfica de efectuar la diferencia es sumar geométricamente al vector minuendo, un vector igual y de signo contrario al sustraendo (fig.2-10).

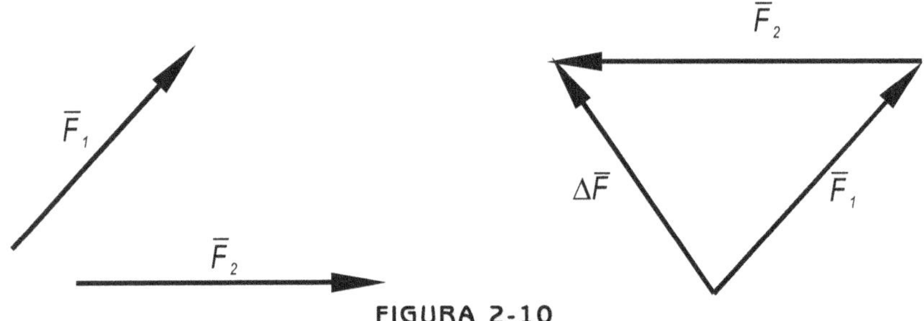

FIGURA 2-10

En el caso de la figura

$$\overline{F}_1 + \left(-\overline{F}_2\right) = \overline{\Delta F} \qquad\qquad [2\text{-}5]$$

2.4. POLÍGONO FUNICULAR

Es un método gráfico que se usa para encontrar la resultante de un sistema de fuerzas coplanares. Es especialmente indicado en los casos en que el punto de concurrencia está fuera de los límites del dibujo y consecuentemente, para componer fuerzas paralelas. Vemos como se procede (fig.2-11).

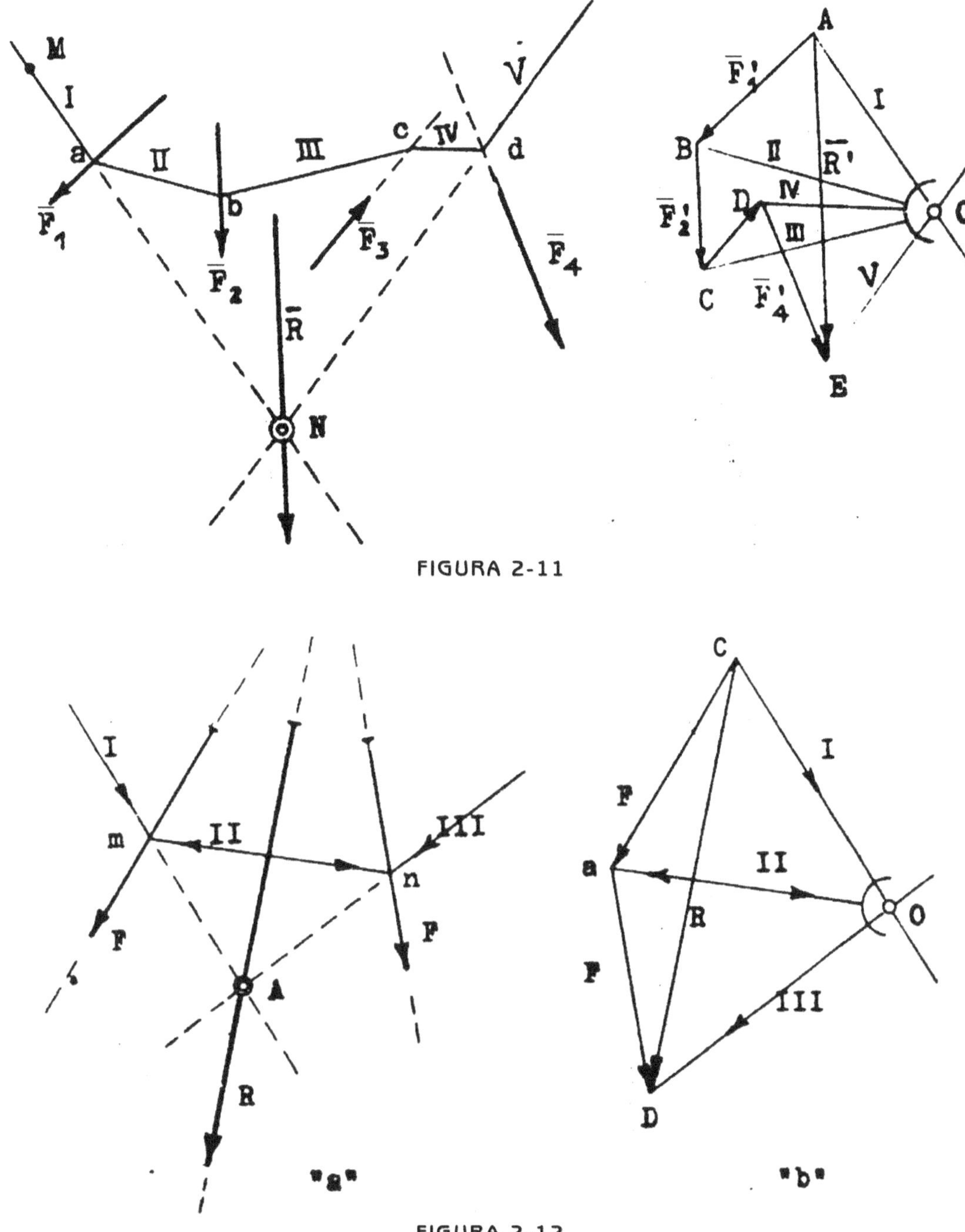

FIGURA 2-11

FIGURA 2-12

A partir de *A* trazamos un polígono de fuerzas con vectores equipolentes a los dados, sin interesar el orden. El vector que tiene el origen *A* en el origen de la primera de las fuerzas y su extremo *E* en el extremo de la última (vector $\overline{R}$) es equipolente al que representa la resultante $\overline{R}$ del sistema dado.

Se toma ahora un punto 0 llamado polo, en cualquier punto del plano y se trazan los radios polares *I* - *II* - *III* - *IV* y *V*. Por un punto cualquiera *M* se traza una paralela al radio polar *I* que encontrará a la línea de acción de la fuerza $\overline{F}_1$ en un punto como el *a*; desde éste , una paralela al radio polar *II* hasta encontrar a la línea de acción de la fuerza $\overline{F}_2$ (punto *b*) y así sucesivamente desde los puntos *b*, *c* y *d* se trazan las paralelas a los radios polares *III*, *IV*, y *V*. Si la resultante no es nula, los radios polares *I* y *V* prolongados, se cortarán en un punto como el *N* y por éste pasará la línea de acción de la resultante $\overline{R}$, paralela a la $\overline{R}'$ o sea a la *A-B*.

Demostración

Sea el caso de las dos fuerzas $\overline{F}_1$ y $\overline{F}_2$ y tracemos el polígono de las fuerzas *C-a-D* y el funicular *I-II-III* como se ha explicado (fig.2-12). En el lado (b) de la figura, la fuerza $\overline{F}_1$ se puede considerar como la resultante de dos fuerzas cuyos módulos fueran las longitudes de los rayos polares *I* y *II* pués forman un polígono de fuerzas *C-0-a*; los sentidos de *I* y *II* resultan los indicados por las flechas (para el *II* vale la de la izquierda). Por lo tanto, en el punto *m* (lado "*a*" de la figura) se puede suprimir la fuerza $\overline{F}_1$ y reemplazando por sus componentes *I* y *II*.

Análogamente, la fuerza $\overline{F}_2$ es la resultante de dos fuerzas cuyos módulos son *II* y *III* pues forman el polígono *a-0-D* y sus sentidos resultan los indicados (para el *II* ahora la flecha de la derecha). En el punto *n* se puede suprimir la fuerza $\overline{F}_2$ y reemplazarla por sus componentes *II* y *III* pues la *II* se anula por estar repetida con igual dirección y módulo, pero con sentidos contrarios.

Pero como la $\overline{R}$ es (parte (b) de la figura) la resultante de *I* y *III* porque con ellas forma el polígono *C-0-D*, puede reemplazar a estas en el punto *A* de convergencia.

Lo mismo se demuestra para cualquier número de fuerzas. La construcción del polígono funicular es absolutamente general y se aplica lo mismo si hay fuerzas paralelas, para el caso de un polígono funicular complicado, que los elementos que en la parte (b) de la figura forman un triángulo, en la parte (a) forman un vértice.

Si, en cualquier caso, el polígono de las fuerzas resultara cerrado (o sea que el extremo de la última coincidiera con el orígen de la primera), el sistema no tendría resultante y estaría equilibrado. En este caso, una cualquiera de las fuerzas, con sentido cambiado sería la resultante de todas las demás.

Descomposición de fuerzas

Consiste esto en encontrar un sistema de fuerzas cuya resultante es la fuerza dada. Este problema no siempre tiene solución; solamente lo tiene en algunos casos, y en otros es imposible o indeterminada.

Descomponer una fuerza en otras dos de direcciones dadas

Para esto, basta trazar por cada extremo del vector que representa la fuerza dada (fig.2-13) una paralela a cada una de las direcciones establecidas, el punto de corte de estas dos rectas determina las intensidades de las nuevas nuevas fuerzas en que ha quedado descompuesta la primera. El sentido de estas fuerzas se fija teniendo en cuenta que la fuerza dada, que es la resultante de las otras dos, debe tener su origen en el orígen de una y su extremo en el extremo de la otra. Así, en la fig.2-13, si $\overline{R}$ es una fuerza dada, que se la quiere descomponer en otras dos de direcciones *AB* y *CD*, basta trazar por cada extremo de $\overline{R}$ las paralelas a esas direcciones (en cualquier orden) y estas se cortarán en el punto *M* (en la figura se ha trazado la misma construcción de las dos maneras posibles y el resultado es el mismo).

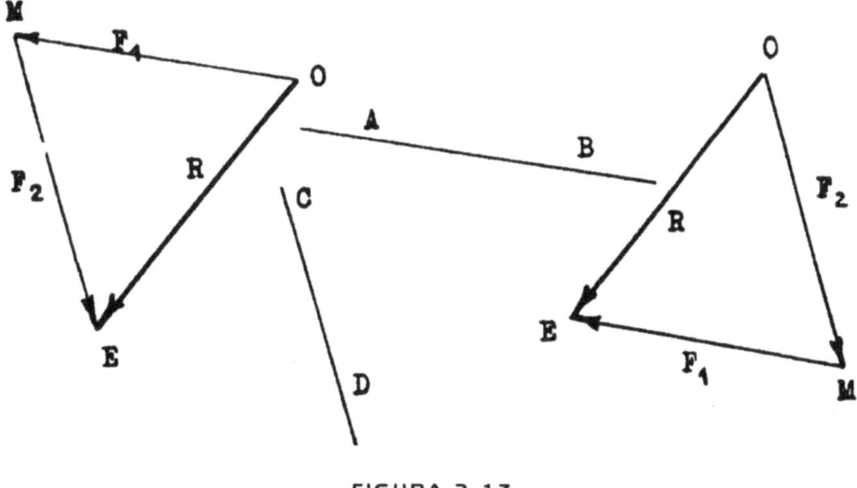

FIGURA 2-13

Las longitudes *0-M* y *M-E* en la figura de la izquierda, mide en la misma escala con que se rtazó la fuerza $\overline{R}$, las intensidades de las fuerzas $\overline{F}_1$ y $\overline{F}_2$ en que se la ha descompuesto y que tienen respectivamente las direcciones *AB* y *CD*. Pueden por lo tanto, dibujarse sobre las rectas dadas en escala. En la figura de la derecha, *E-M* representa a $\overline{F}_1$ y *0-M* a $\overline{F}_2$, con idéntico resultado.

Este problema no tiene solución en los siguientes casos

1) Si una de las direcciones dadas es paralela a la fuerza dada, pues la resultante de dos fuerzas concurrentes no puede ser paralela a ninguna de ellas.

2) Si las dos direcciones dadas son paralelas, pero oblicuas con respecto a la fuerza dada, pues la resultante de dos fuerzas paralelas es paralela a ellas.

Descomponer una fuerza en tres, cuyas rectas de acción no son concurrentes.

Dada la fuerza *R* y las direcciones *AB, CD,* y *EF* (fig.2-14).

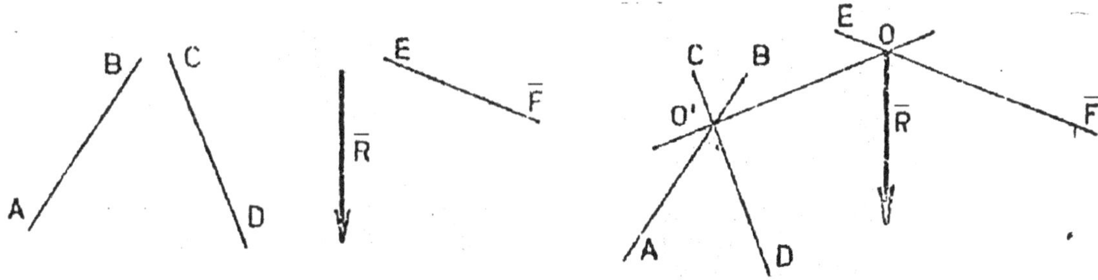

FIGURA 2-14

Se halla primeramente el punto 0, como intersección de *R* con la dirección *EF*, y luego podemos descomponer *R* en dos direcciones: una la *EF* y otra que pase por 0, punto de intersección de las rectas *AB* y *CD*. La fuerza de dirección 00' puede a su vez descomponerse en otras dos, de direcciones *AB* y *CD*. Se tendrán así tres fuerzas, según las direcciones *AB, CD* y *EF* cuya resultante es la fuerza dada *R*.

Descomponer una fuerza en otras dos, paralelas a la primera

Este problema es siempre posible, cualquiera que sea la posición de las líneas de acción de las fuerzas que se buscan. Se resuelve por medio del polígono funicular (fig.2-15). Sea la fuerza R que se quiere descomponer en otras dos, cuyas rectas de acción sean P-Q y S-T paralelas a la de R.

Se toma desde un punto cualquiera C un vector equipolente al que representa $\overline{R}$, tal como el C-D. Luego con un polo arbitrario 0 se trazan los rayos polares I y III que unen 0 con C y con D. Ahora, desde un punto cualquiera A de la línea de acción de $\overline{R}$ se trazan las paralelas I y III a los respectivos rayos polares, las que cortan a las direcciones dadas en los puntos m y n.Se une m con n y se traza el rayo polar II paralelo a este último, el que cortará a C-D en un punto como el a. Los vectores C-a y a-D representan en intensidad y sentido a las fuerzas $\overline{F}_1$ y $\overline{F}_2$ buscadas, pues su suma es:

$$CD = \overline{R}$$

Por lo tanto, se las puede trazar en escala sobre las líneas de acción dadas P-Q y S-T.

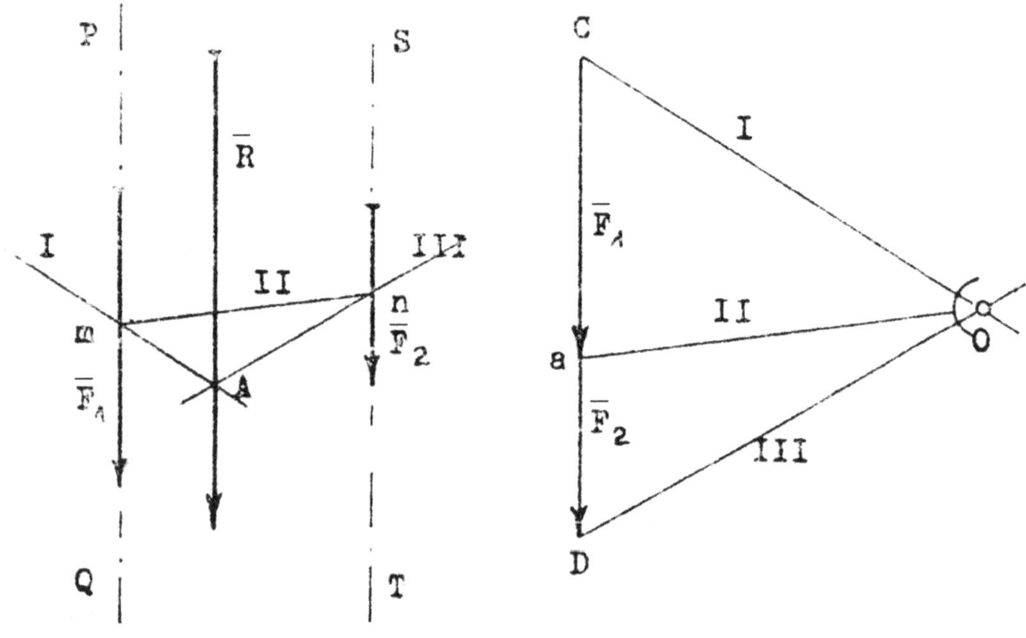

FIGURA 2-15

Si las dos direcciones dadas estuviesen a un mismo lado de la fuerza que se quiere descomponer

Se procede de las misma manera, pero cuidando la posición de los rayos polares. Sea (fig.2-16) la fuerza $\overline{R}$ y las dos rectas de acción de las que se busca, P-Q y S-T. Se traza la C-D equipolenmte de R el polo 0 y los rayos I III .

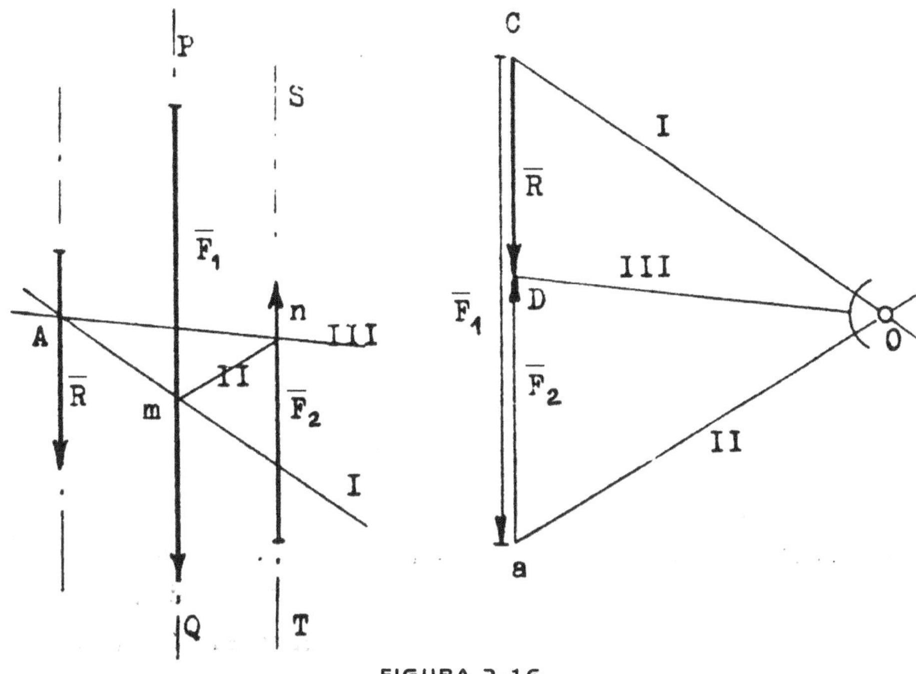

FIGURA 2-16

Desde unn punto A sobre $\overline{R}$ se trazan las paralellas a los rayos *I* y *III* que cortarán a las direccinoes *P-Q* y *S-T* en *m* y *n*. Uniendo *m* con *n* y trazando desde 0 el rayo polar *II* paralelo a *m-n* se obtiene el punto *a* que determina las fuerzas

$$\overline{F}_1 = C - a \qquad y \qquad \overline{F}_2 = a - D$$

Que sumadas dan el valor de $\overline{R}$. Se nota que en este cvaso, una de las fuerzas componentes tiene sentido contrario al de la dada.

Descomposición de una fuerza dada, en más de dos componentes

Se presenta como un problema con infinidad de soluciones, a menos de que se fijen condiciones espeicales. Uno de estos casos, es el de descomponer una fuerza dada, en tres fuerzas de direcciones perpendiculares concurrentes en el espacio, se resuelve teniendo en cuenta que la fuerza dada es la diagonal del paralepípedo formado por las tres direcciones dadas, como aristas.

Descomposición de una fuerza en otras dos, de las cuales una es conocida

Esta operación equivale a restar de la fuerza dada, la otra conocida, la diferencia geométrica será la fuerza buscada. Por lo tanto, si R es la fuerza a descomponer en dos, de las cuales una, la F_1 se conoce en intensidad, dirección y sentido, se tendrá que la otra debe ser

$$\overline{F}_2 = \overline{R} - \overline{F}_1$$

y

$$\overline{R} = \overline{F}_1 + \overline{F}_2$$

Por lo tanto, el problema se reduce a encontrar una fuerza $\overline{F}_2$, que sumada a $\overline{F}_1$, reproduce la $\overline{R}$.

Sea la fuerza dada $\overline{R}$ que se quiere descomponer en dos, de las cuales una es la $\overline{F}_1$ (fig.2-17(a)).

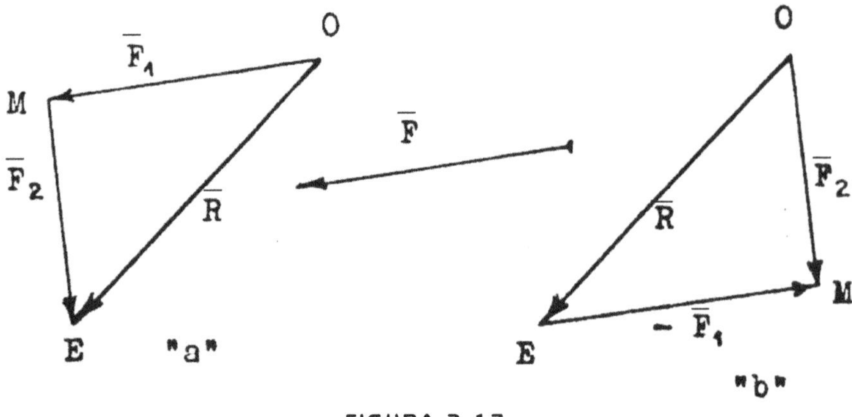

FIGURA 2-17

Por el origen de la $\overline{R}$, se traza O-M equipolente de la $\overline{F}_1$ y uniendo M con el extremo E se tiene la fuerza $\overline{F}_2$ que cumple con la condición impuesta en la expresión anterior. También, de acuerdo con lo expuesto, bastaría sumarle a la $\overline{R}$ la $\overline{F}_1$ con sentido contrario y el resultando es el mismo.

2.4.1. Determinación analítica de la resultante

La resultante de dos fuerzas cualesquiera puede calcularse analíticamente cuando se conoce el valor del ángulo que forman sus direcciones. Sean las fuerzas $\overline{F}_1$ y $\overline{F}_2$ que forman el ángulo α (fig.2-18). Formando el polígono 0-A-B añadiendo a continuación de $\overline{F}_1$ la $\overline{F}_2$ se tiene la resultante R. De acuerdo al teorema del coseno, resulta

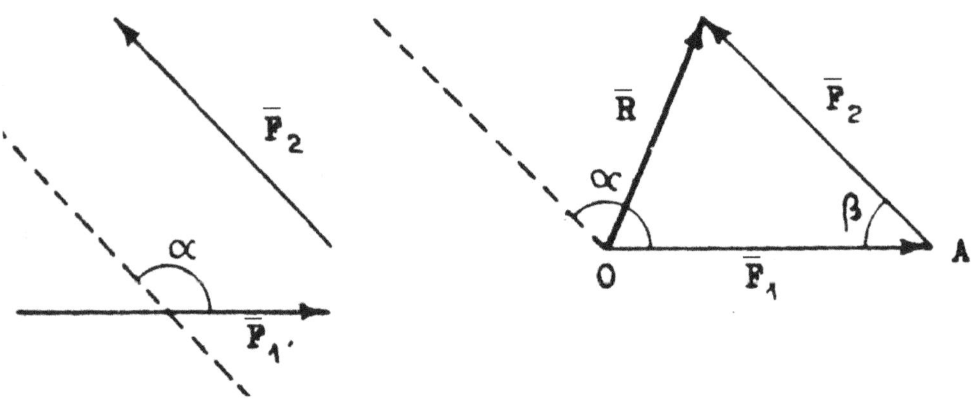

FIGURA 2-18

$$R^2 = F_1^2 + F_2^2 - 2 \cdot F_1 \cdot F_2 \, \cos\beta \qquad\qquad [2\text{-}6]$$

Pero $\beta = 180° - \alpha$ y $\cos\beta = -\cos\alpha$

$$R^2 = F_1^2 + F_2^2 + 2 \cdot F_1 \cdot F_2 \, \cos\alpha \qquad\qquad [2\text{-}7]$$

Si las fuerzas dadas son rectangulares: $\alpha = 90°$ y $\cos\alpha = 0$

$$R = \sqrt{F_1^2 + F_2^2}$$

Si son paralelas: $\alpha = 0$ y $\cos\alpha = 1$

$$R = F_1 + F_2$$

Si las fuerzas son más de dos, se procede por grupos de dos.

2.4.2. Componentes de una fuerza

Se llama componente de una fuerza según un eje, a la pryección de la fuerza sobre ese eje (fig.2-19(a)). Para trazarla, basta bajar desde ambos extremos del vector que representa a la fuerza, dos perpendiculares al eje dado. La intensidad de la componente se mide a escala, o bien, si se conoce el ángulo α que forma la dirección de la fuerza con el eje, es

$$\overline{F}_x = a - b = \overline{F} \cdot \cos\alpha$$

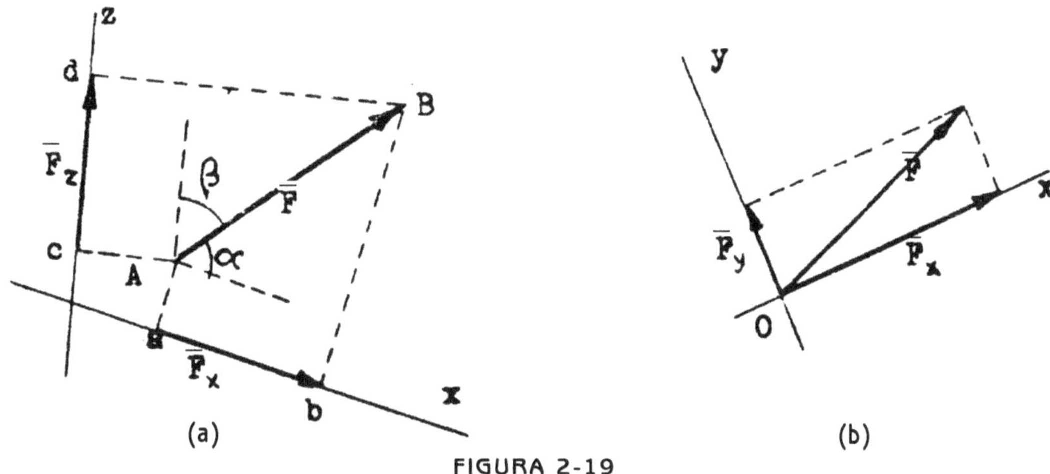

FIGURA 2-19

Análogamente

$$\overline{F}_z = c - d = \overline{F} \cdot \cos\beta$$

Si una de la direcciones dadas es perpendicular a la fuerza, su componente según esa dirección es nula; si es paralela, su componente tiene la misma intensidad que la fuerza dada.

Debe tenerse en cuenta que la suma de las componentes según direccicónes cualesquiera, no es igual a la fuerza dada, solamente al suma de dos (o de tres) componentes rectangulares es igual a la fuerza dada.

Siendo los ejes $0\text{-}y$ y $0\text{-}x$ rectangulares (fig.2-19(b)) y las componentes de $\overline{F}$ según estos ejes: $\overline{F}_y$ y $\overline{F}_x$; se tiene

$$\overline{F}_y + \overline{F}_x = \overline{F}$$

2.4.3. Torque de una fuerza

Consideremos una fuerza $\overline{F}$ que actúa en un cuerpo C que puede rotar alrededor del punto O (fig.2-20). Si la fuerza no pasa por O, el efecto neto será la rotación del cuerpo alrededor de O.

De nuestra experiencia diaria surge que la efectividad en la rotación de $\overline{F}$ aumenta con la distancia perpendicular $b = OB$ desde la línea de acción de la fuerza.

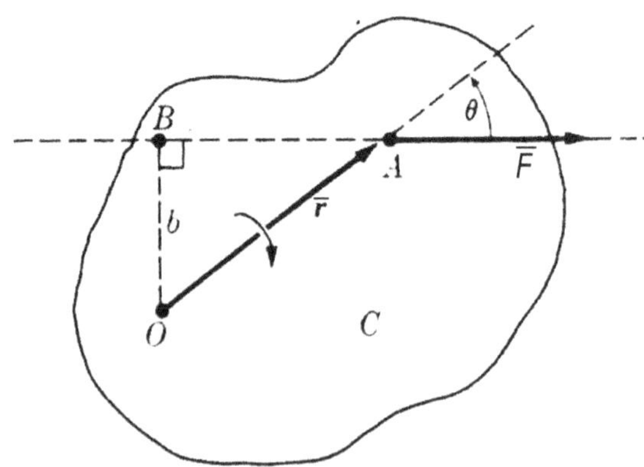

FIGURA 2-20

Cuando abrimos una puerta, siempre aplicamos la fuerza lo más lejos de las bisagras e intentamos conservar la dirección de nuestro empuje o acción perpendicular a la puerta. Esta experiencia nos sugiere la conveniencia de definir una cantidad física τ que llamaremos *torque de una fuerza*, de acuerdo a la relación

$$\tau = F\,b$$

o torque de una fuerza = fuerza × brazo de palanca. El torque de una fuerza se expresara como el producto de una fuerza por una distancia. Así, en el sistema *MKSC*, el torque de una fuerza se mide en *Newton-metro* ó *Nm*. Sin embargo, también se usan otras unidades tales como $\overline{Kg}\ m$

Notando de la figura que $b = r\ \text{sen}\,\theta$

$$\tau = F\,r\ \text{sen}\,\theta$$

de acuerdo a esta ecuación, llegamos a la conclusión que el torque de una fuerza puede considerarse como una cantidad vectorial dada por el producto vectorial

$$\overline{\tau} = \overline{r} \times \overline{F} \tag{2-8}$$

en el cual r es el vector posición, con respecto al punto O, del punto A en le cual actúa la fuerza. De acuerdo a las propiedades del producto vectorial, el torque de una fuerza está representado por un vector perpendicular tanto a $\overline{r}$ como a $\overline{F}$; esto es, perpendicular al plano que forman $\overline{r}$ y $\overline{F}$, y dirigido en el sentido de avance de un tornillo de rosca derecha rotado en el mismo sentido que la rotación producida por F alrededor de O. Esto se indica en la fig.2-21. Recordando que

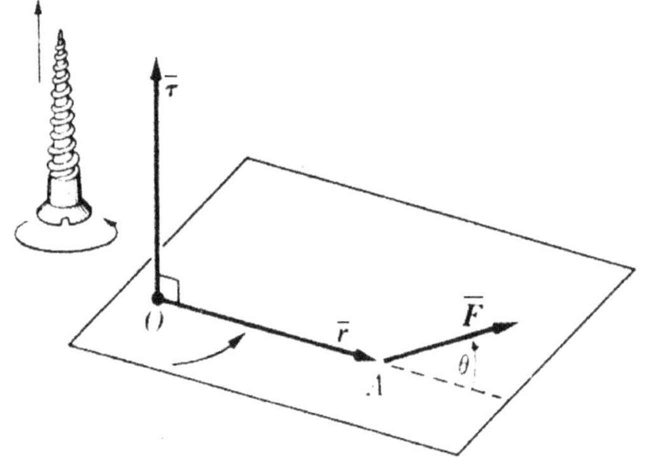

FIGURA 2-21

$$\overline{r} = \overline{u}_x\, x + \overline{u}_y\, y + \overline{u}_z\, z$$

y que

$$\overline{F} = \overline{u}_x\, F_x + \overline{u}_y\, F_y + \overline{u}_z\, F_z$$

obtenemos aplicando la ecuación [2-8]

$$\overline{\tau} = \begin{vmatrix} \overline{u}_x & \overline{u}_y & \overline{u}_z \\ x & y & z \\ u_x F_x & u_y F_y & u_z F_z \end{vmatrix} = \overline{u}_x\left(yF_z - zF_y\right) + \overline{u}_y\left(zF_x - xF_z\right) + \overline{u}_z\left(xF_y - yF_x\right) \qquad [2\text{-}9]$$

ó

$$\tau_x = yF_z - zF_y \qquad \tau_y = zF_x - xF_z \qquad y \qquad \tau_z = xF_y - yF_x$$

En particular, si tanto $\overline{r}$ como $\overline{F}$ se encuentran en el plano XY, $z = 0$ y $F_z = 0$, entonces

$$\overline{\tau} = \overline{u}_z\left(xF_y - yF_x\right)$$

y este torque de la fuerza es paralelo al eje Z, como se ilustra en la figura. En magnitud, tenemos

$$\tau = xF_y - yF_x \qquad\qquad\qquad [2\text{-}10]$$

Nótese que una fuerza puede desplazarse a lo largo de su línea de acción sin cambiar el valor de su torque ya que la distancia b permanece invariable. De este modo cuando x e y son arbitrarios, la ec.[2-10] expresa la ecuación de la línea de acción de la fuerza cuyo torque es τ.

2.4.4. Torque de varias fuerzas concurrentes (*Teorema de Varignon*)

Consideremos ahora el caso de varias fuerzas concurrentes, $\overline{F}_1$, $\overline{F}_2$, $\overline{F}_3$, ... que tienen como punto de aplicación el punto A (fig.2-22). El Torque de cada fuerza $\overline{F}_i$ con respecto a O es

$$\overline{\tau}_i = \overline{r} \times \overline{F}_i$$

nótese que escribimos $\overline{r}$ y no $\overline{r}_i$, ya que todas las fuerzas se aplican al mismo punto. El momento de la resultante $\overline{R}$ es

$$\overline{\tau} = \overline{r} \times \overline{R}$$

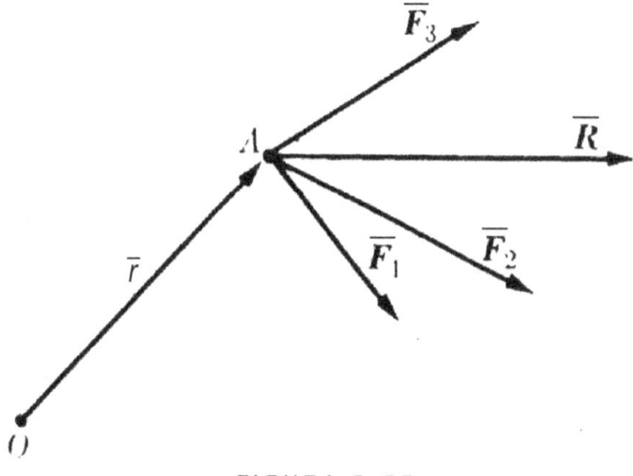

FIGURA 2-22

donde $\overline{R} = \overline{F}_1 + \overline{F}_2 + \overline{F}_3 + ...$ y r es nuevamente el vector posición común. Aplicando la propiedad distributiva del producto vectorial, tenemos

$$\overline{r} \times \overline{R} = \overline{r} \times \left(\overline{F}_1 + \overline{F}_2 + \overline{F}_3 + ... \right)$$

$$\overline{r} \times \overline{R} = \overline{r} \times \overline{F}_1 + \overline{r} \times \overline{F}_2 + \overline{r} \times \overline{F}_3 + ...$$

entonces

$$\overline{\tau} = \overline{\tau}_1 + \overline{\tau}_2 + \overline{\tau}_3 + ... = \sum \overline{\tau}_i \qquad\qquad [2\text{-}11]$$

Luego, "*el torque de la resultante es igual a la suma vectorial de los torques de las fuerzas componentes si éstas son concurrentes*".

Si todas las fuerzas son coplanares, y O se encuentra en el mismo plano, todos los torques que aparecen en la ecuación [2-46546] tienen la misma dirección perpendicular al plano y la relación [2-65465] puede escribirse

$$\overline{\tau} = \sum \overline{\tau}_i \qquad\qquad [2\text{-}12]$$

o sea que *un sistema de fuerzas concurrentes puede reemplazarse por su resultante*, la que es equivalente al sistema en lo que respecta a efectos de traslación y rotación.

2.4.5. Caso de fuerzas paralelas que actúan en la misma dirección

Sea el caso de dos fuerzas paralelas, $\overline{F}_1$ y $\overline{F}_2$; aplicadas en puntos A y B de un cuerpo, como se ve en la figura. De acuerdo al tercer principio de la estática, la acción de estas fuerzas no sufrirá alteración alguna si agregamos dos fuerzas iguales opuestas $\overline{S}$, que actúen sobre la recta AB, según se indica en la fig.2-23.

Componiendo las fuerzas $\overline{S}$ y $\overline{F}_1$, aplicadas en A, obtenemos su resultante $\overline{R}_1$. De la misma manera, las fuerzas $\overline{S}$ y $\overline{F}_2$, que actúan en B, son reemplazadas por su resultante $\overline{R}_2$. Así, en lugar de dos fuerzas paralelas $\overline{F}_1$ y $\overline{F}_2$, tenemos ahora dos fuerzas no paralelas $\overline{R}_1$ y $\overline{R}_2$, cuya resultante es la misma que la de las fuerzas dadas $\overline{R}_1$ y $\overline{R}_2$.

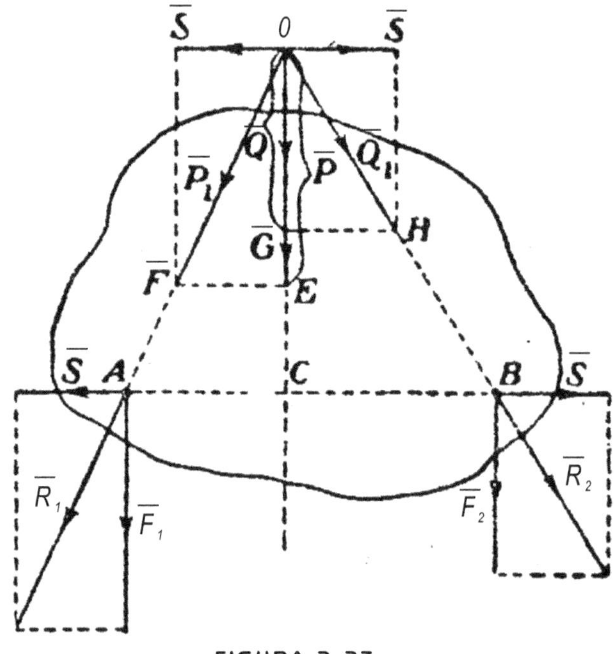

FIGURA 2-23

A continuación, traslademos los puntos de aplicación de las resultantes al punto de intersección O de sus rectas de acción y las descomponemos allí en sus componentes $\overline{S}$, $\overline{P}$ y $\overline{S}$, $\overline{Q}$, respectivamente, tal como muestra la figura. Las dos fuerzas $\overline{S}$ se equilibran mutuamente y, en consecuencia, pueden eliminarse, quedando así únicamente dos fuerzas $\overline{P}$ y $\overline{Q}$, que actúan a lo largo de la misma recta OC. La resultante de estas fuerzas colineales es, la misma que la resultante de las fuerzas aplicadas en A y en B,

$$\overline{R} = \overline{F}_1 + \overline{F}_2 \qquad\qquad [2\text{-}13]$$

y actúa a lo largo de la recta OC, paralela a las recta de acción de las fuerzas dadas $\overline{F}_1$ y $\overline{F}_2$ y divide a la distancia AB, entre sus puntos de aplicación, en una relación inversamente proporcional a sus magnitudes.

Pero como para fuerzas concurrentes el teorema de Varignon, establecía que la suma de los momentos de la fuerzas componentes $\overline{R}_1$ y $\overline{R}_1$ es igual al momento de su resultante $\overline{R}$ y si para cualquier centro de momentos, la suma de los momentos de las dos fuerzas agregadas $\overline{S}$ es siempre cero, llegamos a la conclusión de que la suma de los momentos de las fuerzas paralelas $\overline{F}_1$ y $\overline{F}_2$, es igual a la suma de los momentos de las fuerzas que se cortan $\overline{R}_1$ y $\overline{R}_2$; que también es igual al momento de la resultante R. De esto se deduce que el teorema de Varignon también es válido para fuerzas paralelas.

2.4.6. Composición de las fuerzas aplicadas a un cuerpo rígido

Cuando las fuerzas no se aplican al mismo punto sino que actúan en un cuerpo rígido, es necesario distinguir dos efectos: traslación y rotación. La traslación del cuerpo está determinada por el vector suma de las fuerzas,

$$\overline{R} = \overline{F}_1 + \overline{F}_2 + \overline{F}_3 + \overline{F}_4 + ... = \sum \overline{F}_i \qquad\qquad [2\text{-}14]$$

En este caso queda aún por determinar el punto de aplicación de $\overline{R}$. El efecto de rotación sobre el cuerpo está determinado por el vector suma de los torques de las fuerzas, con respecto al mismo punto

$$\overline{\tau} = \overline{\tau}_1 + \overline{\tau}_2 + \overline{\tau}_3 + ... = \sum \overline{\tau}_i \qquad\qquad [2\text{-}15]$$

Es lógico suponer, que el punto de aplicación de la fuerza $\overline{R}$ debe ser tal que el torque debido a $\overline{R}$ sea igual a $\overline{\tau}$, situación que siempre se cumple en el caso de fuerzas concurrentes. Si esto es posible, la fuerza R así aplicada es equivalente al sistema, tanto en traslación como en rotación.

Sin embargo, generalmente, esto no es posible, ya que el torque de $\overline{R}$ es un vector perpendicular a $\overline{R}$ y en muchos casos $\overline{R}$ y $\overline{\tau}$, obtenidos por las ecuaciones [2-14] y [2-15] no son perpendiculares. Por lo tanto, en general, un sistema de fuerzas que actúan sobre un cuerpo rígido no puede reducirse a una sola fuerza o resultante igual a la suma vectorial de las fuerzas.

Consideremos como ejemplo sencillo, una el caso de una *cupla* o *par*, la cual se define como un sistema de dos fuerzas de igual magnitud pero de direcciones opuestas que actúan a lo largo de líneas paralelas (fig.2-24). La resultante o vector suma de las dos fuerzas es obviamente cero,

$$\overline{R} = \overline{F}_1 + \overline{F}_2 = 0$$

indicando que la cupla no produce efecto de traslación. Por otro lado, la suma vectorial de los torques, teniendo en cuenta que $F_2 = -F_1$, es

$$\overline{\tau} = \overline{\tau}_1 + \overline{\tau}_2 = \overline{r}_1 \times \overline{F}_1 + \overline{r}_2 \times \overline{F}_2 = \overline{r}_1 \times \overline{F}_1 - \overline{r}_2 \times \overline{F}_1$$

$$\overline{\tau} = \overline{\tau}_1 + \overline{\tau}_2 = \left(\overline{r}_1 - \overline{r}_2\right)\overline{F}_1 = \overline{b} \times \overline{F}_1 \qquad\qquad [2\text{-}16]$$

donde $\overline{b} = \overline{r}_1 - \overline{r}_2$ se denomina brazo de palanca de la cupla. Por consiguiente, $\overline{\tau} \neq 0$, y la cupla produce un efecto de rotación. Nótese que b es independiente de la posición de O, por lo que el torque del sistema es independiente del origen con respecto al cual se el calculó. Además es imposible que una sola fuerza satisfaga todas estas condiciones.

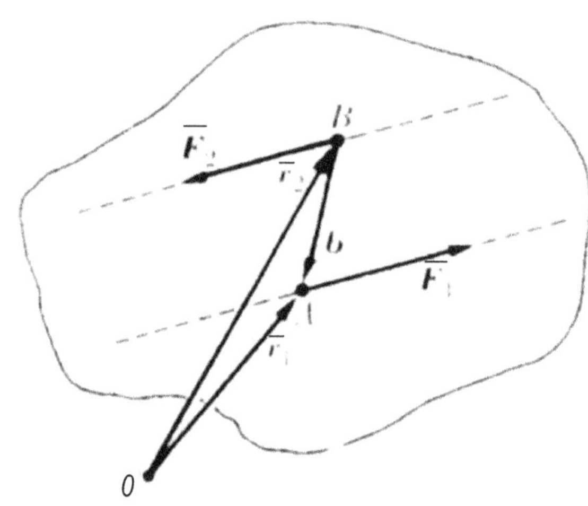

FIGURA 2-24

2.5. DESCOMPOSICIÓN DE UNA FUERZA EN OTRA Y UN PAR

En general, el efecto de una fuerza es doble. Tiende a ejercer sobre el cuerpo un desplazamiento en su dirección y hacerlo girar alrededor de un eje, que no corte su línea de acción ni sea paralelo a ella.

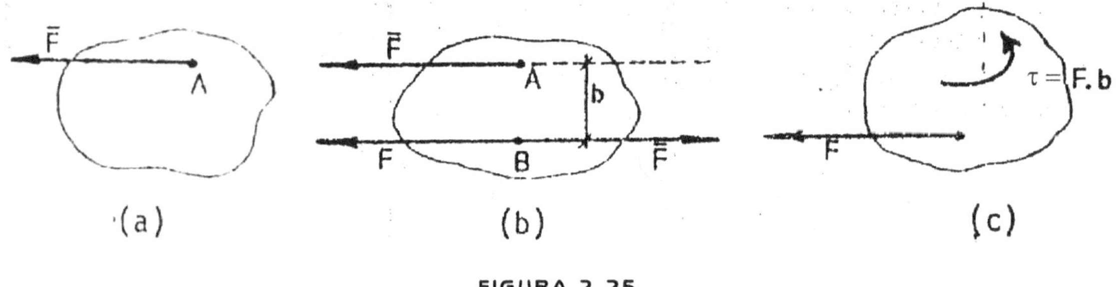

FIGURA 2-25

Supongamos (fig.2-25(a)) un cuerpo sobre el cual actúa una fuerza $\overline{F}$. Si aplicamos en B, dos fuerzas iguales y opuestas del mismo valor $\overline{F}$ que la propuesta (fig.2-25(b)) no se altera el estado primitivo del cuerpo, ya que las fuerzas que se agregan tienen resultante nula.

Pero si observamos atentamente, vemos que las tres fuerzas constituyen un sistema formado por una fuerza $\overline{F}$ aplicada en B (hacia la izquierda) y una cupla $\tau = F \cdot b$, quedando como indica la fig.2-25(c).

Toda fuerza puede sustituirse siempre por otra fuerza igual, que tenga su línea de acción paralela y por el par correspondiente.

En las máquinas rotativas interviene constantemente la acción de la cupla. Sea el caso representado en el fig.2-26. Una biela B transmite un esfuerzo $\overline{F}$ al botón de la manivela M. En este punto, la fuerza $\overline{F}$ se descompone en una componente radial N paralela al brazo de la manivela, y una tangencial T según la tangente al movimiento. La primera no ejerce ningún trabajo puesto que no desplaza su punto de aplicación en su dirección. La segunda T, solamente forma una cupla con $-T$ igual y de sentido contrario en el apoyo del centro de manivela. (De otra manera, el conjunto se desplazaría hacia abajo). El valor de la cupla es

$$\tau = T \cdot b \qquad\qquad [2\text{-}17]$$

y se llama "*cupla motriz*", es constantemente variable a lo largo de una vuelta de la manivela siendo nula en los puntos A y B, llamados *puntos muertos*.

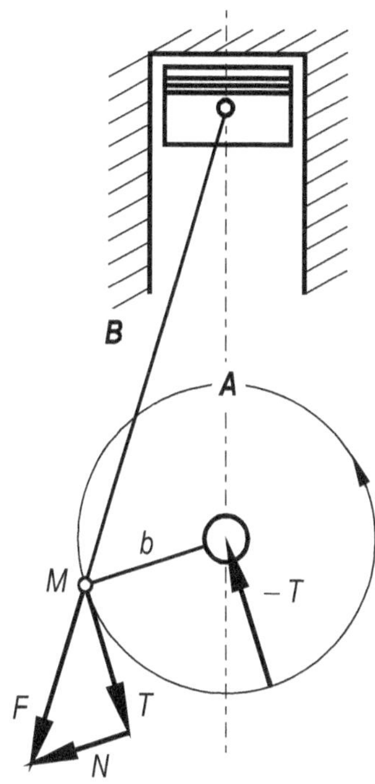

FIGURA 2-26

2.6. Centro de gravedad

2.6.1. Determinación analítica

Cuerpo rígido, es el espacio geométrico formado por partículas materiales que mantienen sus distancias relativas, cualquiera sea el movimiento que se imponga al cuerpo.

Sobre cada partícula material actúa la atracción gravitatoria con una fuerza $\overline{W}_1$, $\overline{W}_2$, $\overline{W}_3$, ..., $\overline{W}_n$ que son los pesos de tales partículas. El sentido de estas fuerzas es dirigido al centro de la tierra pero esta es suficientemente grande como para que podamos considerar las fuerzas paralelas entre sí. De este modo el peso W del cuerpo, será la resultante de un gran número de fuerzas paralelas

$$\overline{W}_1 = m_1\, g \qquad\qquad \overline{W}_2 = m_2\, g \qquad\qquad \overline{W}_3 = m_3\, g$$

$$\overline{W} = \overline{W}_1 + \overline{W}_2 + \overline{W}_3 + ... + \overline{W}_n = \sum \overline{W}$$

Nos proponemos encontrar la posición de la línea de acción del peso W del cuerpo en diversas posiciones de este.

Representamos al cuerpo por un corte sobre el plano del dibujo, subdividido en gran número de pequeñas partículas de peso $\overline{W}_1$, $\overline{W}_2$, $\overline{W}_3$, ..., etc., y sean x_1 e y_1, x_2 e y_2, ..., etc., las coordenadas de estas partículas.

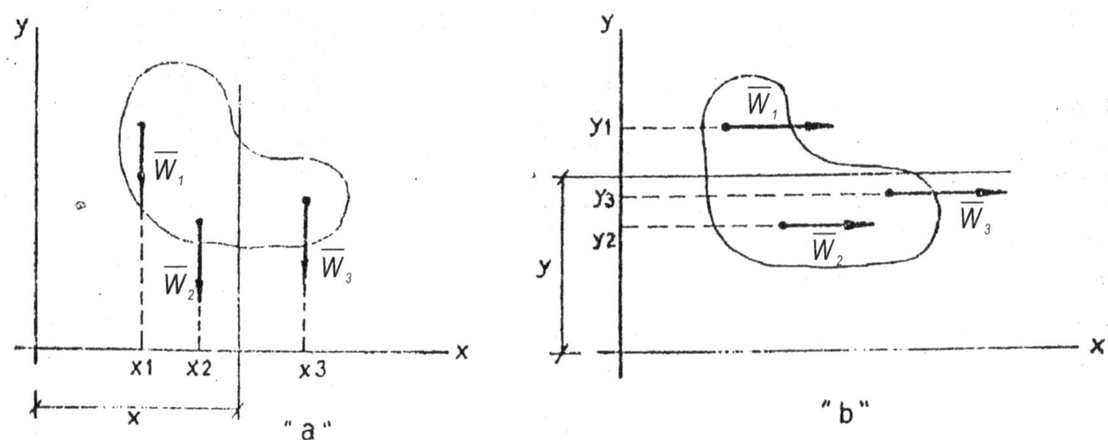

FIGURA 2-27

La coordenada de la línea de acción de la resultante de un conjunto de fuerzas paralelas es

$$X = \frac{\sum\left(\overline{F}_i\, x\right)}{\overline{R}} \qquad\qquad [2\text{-}18]$$

aplicada al caso de la fig.1-27(a)

$$X_G = \frac{\sum \overline{W}_i \cdot x}{\overline{W}}$$

$$X_G = \frac{\overline{W}_1\, x_1 + \overline{W}_2\, x_2 + \overline{W}_3\, x_3 + ...}{\overline{W}_1 + \overline{W}_2 + \overline{W}_3 + ...} = \frac{\sum \overline{W}_i\, x}{\overline{W}}$$

supongamos ahora que el cuerpo y los ejes de referencia han girado 90° o lo que es igual, conside-ramos (fig.2-27) que las fuerzas gravitatorias han girado 90°. El peso total P permanece invariable pero tendrá una nueva línea de acción de coordenada "y"

$$y_G = \frac{\overline{W}_1\, y_1 + \overline{W}_2\, y_2 + \overline{W}_3\, y_3 + ...}{\overline{W}_1 + \overline{W}_2 + \overline{W}_3} = \frac{\sum \overline{W}_i \cdot y}{\sum \overline{W}_i} = \frac{\sum \overline{W}_i \cdot y}{\overline{W}_i}$$

La intersección de las líneas de acción del peso W, es un punto de coordenadas "x_G" e "y_G" que se denomina centro de gravedad del cuerpo.

Podría demostrarse que en cualquier otra orientación que se diera al objeto, la línea de acción del peso pasa siempre por el centro de gravedad.

En los cuerpos homogéneos que tienen simetría el centro de gravedad se ubica siempre en el centro de simetría del cuerpo. Así los de una esfera, cubo, disco circular o placa rectangular estarán en su respectivo centro de simetría. Así mismo en el caso que los cuerpos presenten ejes o planos de si-metría el centro de gravedad se encontrará sobre estos.

2.6.2. Determinación experimental

El centro de gravedad de un objeto plano puede determinarse experimentalmente colgando el objeto desde distintos puntos de suspensión y trazando sobre el mismo en cada caso la vertical que pasa por esos puntos. El punto donde se cortan es el centro de gravedad G.

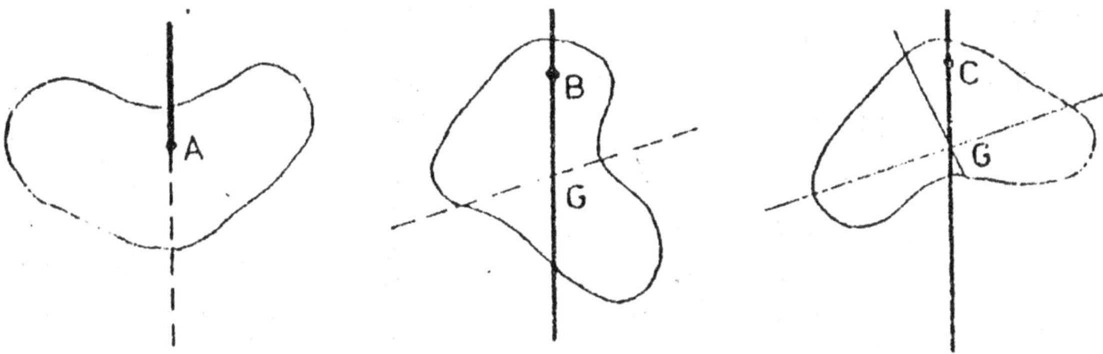

FIGURA 2-28

2.6.3. Determinación gráfica

La posición de la línea de acción de la resultante de fuerzas paralelas se resuelve aplicando el polígono funicular. El caso planteado para su resolución analítica en la fig.2-18 el de un conjunto de fuerzas paralelas para cuya resultante es preciso encontrar la línea de acción de dos direcciones perpendiculares (fig.2-29).

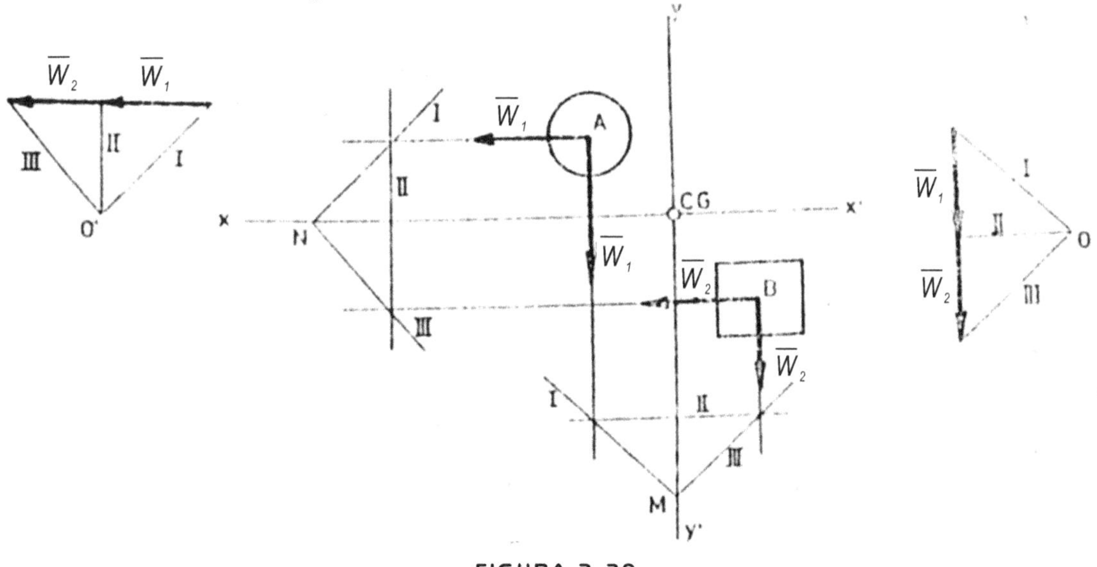

FIGURA 2-29

Con el primer polígono funicular se halla la línea de acción y-y' de la resultante y con el segundo , girando a 90°, la línea de acción x-x' normal a la primera. El centro de gravedad G estará en la intersección de ambas.

El centro de gravedad es, como se ha visto, el punto donde se puede considerar concentrado la totalidad del peso del cuerpo, también es llamado centro de masas, lugar donde se puede considerar concentrada toda la masa de ese cuerpo, cuyas coordenadas serían:

$$x_{cm} = \frac{\sum m_i x_i}{M} \qquad y_{cm} = \frac{\sum m_i y_i}{M} \qquad\qquad [2\text{-}19]$$

Asumiremos que estas coordenadas del *C.M.* y las de *G* coinciden a todos los fines prácticos, aunque rigurosamente no sea así. Ya que la fuerza de la gravedad disminuye con la altura y por ende, las partículas superiores de un cuerpo tendrían menos peso que las inferiores aunque la masa se distribuyera uniformemente.

2.7. EQUILIBRIO DE CUERPOS RÍGIDOS

Una fuerza, o la resultante de un conjunto de fuerzas que actúan sobre un cuerpo tiene como efecto:

1) Modificar su forma, es decir deformarlo. Pero como trataremos de cuerpos rígidos, este efecto no lo consideramos por el momento.

2) Modificar su estado de reposo o de movimiento. Es decir que: si está en reposo, lo pone en movimiento y si está en movimiento rectilíneo y uniforme, modifica su velocidad, acelerándolo o retardándolo.

Cuando las fuerzas que actúan simultáneamente son varias, sus efectos pueden compensarse entre sí dando como resultado que no haya cambios en su estado de reposo o de movimiento.

En tal caso diremos que si el cuerpo:

- No se mueve
- O mantiene su movimiento rectilíneo uniforme

Esto es así porque la resultante $\overline{R}$ de todas la fuerzas es nula. Decimos que el cuerpo está en equilibrio $\sum F_i = 0$

a) Primera condición de Equilibrio:

Para que un cuerpo esté en equilibrio es necesario que la resultante de todas las fuerzas que actúan sobre él sea igual a cero.

$$\overline{R} = 0 \qquad \text{o bien} \qquad \sum \overline{F}_i = 0$$

Proyectando R sobre un sistema coordenado cartesiano plano, la primera condición se expresa

$$\overline{R}_x = 0 \qquad \overline{R}_y = 0$$

o bien

$$\sum \overline{X} = 0 \qquad \sum \overline{Y} = 0 \qquad \text{Primera Condición} \qquad [2\text{-}20]$$

Esta condición , como veremos enseguida, es necesaria pero no suficiente para que el cuerpo esté en equilibrio ya que la primera condición asegura solamente el equilibrio de traslación.

Cuando las fuerzas actuantes sobre un cuerpo en reposo se reduce a una única fuerza $\overline{F}_1$ (fig.2-30), este se moverá con movimiento de traslación en la dirección de la fuerza. Para mantenerlo en reposo, es decir, restituir el equilibrio, es preciso aplicar una fuerza $\overline{F}_2$ que sea, de

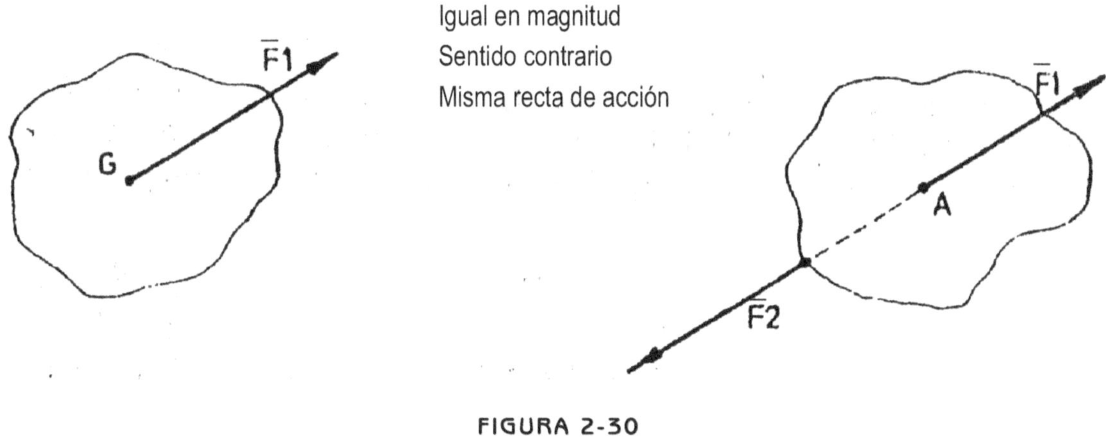

FIGURA 2-30

De la misma forma diremos que si además de la $\overline{F}_1$ actúan sobre el cuerpo varias fuerzas, debe cumplirse para mantener el equilibrio, que la resultante de todas las fuerzas, menos una sea respecto de $\overline{F}_1$, igual en magnitud y de sentido contrario (fig.2-31)

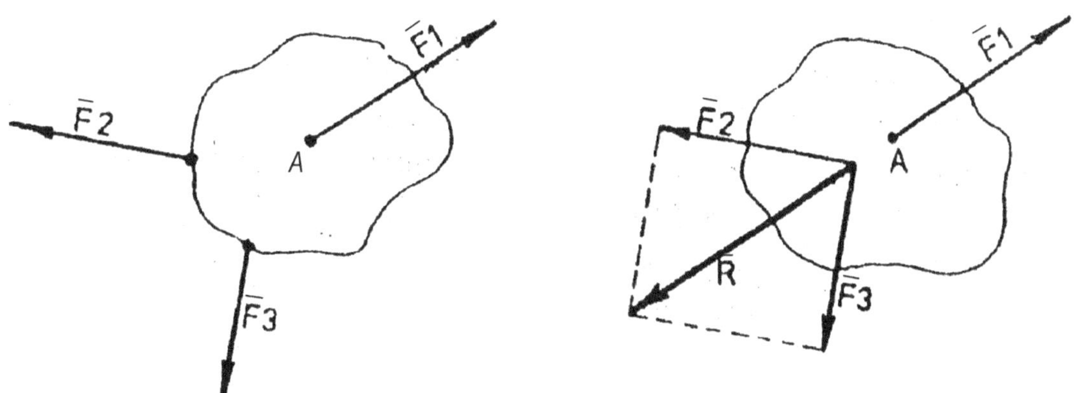

FIGURA 2-31

De lo dicho se desprende que las tres fuerzas de dibujo deben ser concurrentes.

La *primera condición* es un auxiliar sumamente útil para la solución de problemas de la estática.

Veamos un ejemplo de la fig.2-32(a) el cual consiste en hallar la tensión a que estarán sometidos los cables OA y OB si de ellos cuelga un peso conocido $\overline{W}$.

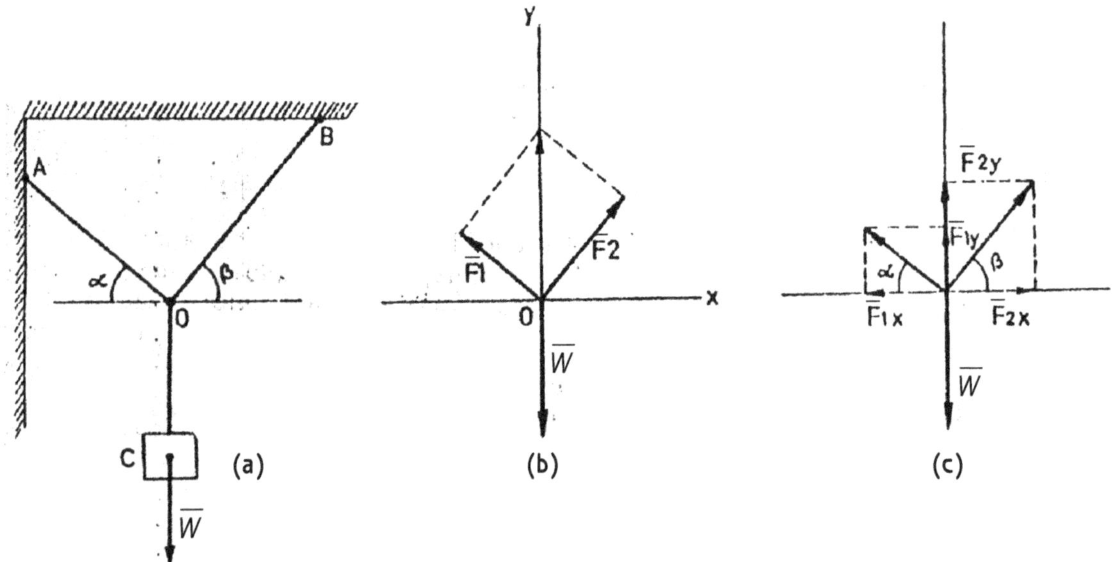

FIGURA 2-32

Aplicamos esta regla sencilla

1) Dibujar un esquema del aparato o estructura.

2) Elegimos un punto en equilibrio tal como el 0 y representamos sobre él las fuerzas que actúan: $\overline{W}$, $\overline{F}_1$ y $\overline{F}_2$.

3) Dibujamos un sistema de ejes cartesianos cuidando su elección de manera que coincidan con una o más fuerzas, a fina de anular proyecciones.

4) Proyectamos las fuerzas sobre los ejes y calculamos el valor de las proyecciones

$$\overline{F}_{1x} = \overline{F}_1 \cdot \cos\alpha \qquad \overline{F}_{1y} = \overline{F}_1 \cdot \operatorname{sen}\alpha$$

$$\overline{F}_{2x} = \overline{F}_{1y} \cdot \cos\beta \qquad \overline{F}_{2y} = F_2 \cdot \operatorname{sen}\beta$$

5) Planteamos las ecuaciones de equilibrio $\sum X = 0$; $\sum Y = 0$ en nuestro ejemplo

$$\sum \overline{X} = -\overline{F}_{1x} + \overline{F}_{2x} = 0$$

$$\sum \overline{Y} = \overline{F}_{1y} - \overline{F}_{2y} = 0$$

Las incógnitas $\overline{F}_1$ y $\overline{F}_2$ se encuentran resolviendo el sistema de dos ecuaciones planteado.

Segunda condición de equilibrio

Dos fuerzas opuestas e iguales dan resultante nula y cumplen la primera condición de equilibrio.

En el ejemplo de la fig.2-30, las fuerzas $\overline{F}_1$ y $\overline{F}_2$ tienen resultante nula, igual que en el ejemplo de la fig.2-31. Cumplen la condición

$$\sum \overline{X} = 0 ; \qquad \sum \overline{Y} = 0 \qquad \left(\overline{F}_1 = \overline{F}_2 \right)$$

que garantiza el equilibrio de traslación. Pero si las fuerzas $\overline{F}_1$ y $\overline{F}_2$, tienen sus rectas de acción paralelas no coincidentes, como en la fig.2-25(b), esto da lugar a la existencia de una cupla de momento $\overline{\tau}_1 = \overline{F}_1 \cdot b$, que producirá o alterará el movimiento de rotación.

Luego

> *"para que un cuerpo esté en equilibrio de rotación es necesario que no actúe ninguna cupla sobre él o que en caso de actuar varias cuplas, la resultante de estas sea igual a cero"* **(segunda condición de equilibrio)**.

Como la cupla resultante se expresa por su momento, la expresión de esta segunda condición de equilibrio sería

$$\sum \overline{\tau}_i = 0 \qquad\qquad\qquad [2\text{-}21]$$

En los ejemplos de las figs.2-35, se verifica el equilibrio total de los cuerpos, ya que ambos cumplen con las dos condiciones de equilibrio.

$$\begin{aligned} \sum \overline{X} &= 0 \\ \sum \overline{Y} &= 0 \end{aligned} \qquad \sum \overline{\tau}_i = 0 \qquad\qquad [2\text{-}22]$$

Ello es así porque además de actuar fuerzas iguales y opuestas de resultante nula, estas tienen la misma línea de acción.

Además, en el caso de fuerzas concurrentes, la condición $\sum \overline{\tau}_i = 0$ está cumplida, por lo que $\sum \overline{X}_i = 0$, $\sum \overline{Y}_i = 0$ son necesarias y suficientes.

En el caso de que el polígono de fuerzas resultara cerrado (o sea que el extremo de la última coincidiera con el origen de la primera), el sistema no tendría resultante y estaría equilibrado. En este caso, una cualquiera de la fuerzas, con sentido cambiado, sería la resultante de todas las demás.

CAPÍTULO 3

CINEMÁTICA

En este capítulo nos referiremos al movimiento de los cuerpos sin tener en cuenta las causas que lo provocan. Es necesario introducir un nuevo parámetro llamado *tiempo* que nos permita establecer la relación *espacio-tiempo* mediante la ecuación horaria

$$\bar{r} = \bar{r}\,(t) \qquad \text{que indica} \qquad \begin{cases} x = x(t) \\ y = y(t) \\ z = z(t) \end{cases}$$

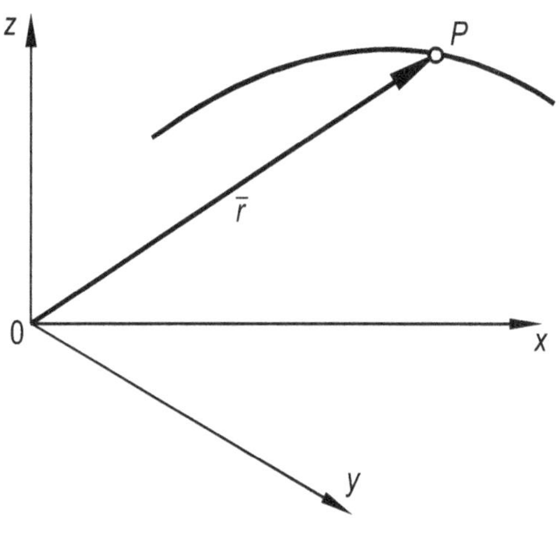

FIGURA 3-1

El tiempo que utilizaremos es el que se conoce como *tiempo-espacio* y que se toma mediante la medición del movimiento de las agujas de un reloj en un cuadrante. Este tiempo es uniforme e igual para todos: minutos, horas, días, años, etc.; y es un tiempo *matemático-geométrico*. Sin embargo, existe otro tiempo, quizás el real, que hace a nuestra existencia y es el subjetivo, el de la vivencia diaria y que no se puede medir en el espacio.

Para decir que un cuerpo se encuentra en movimiento, debemos tomar un sistema de referencia al cual lo suponemos fijo respecto al mismo, en realidad, este sistema no esta en *"reposo absoluto"*, porque todos los sistemas están en *"reposo relativo"*, por tanto el movimiento como el reposo, son conceptos relativos.

Un ejemplo de lo anterior, es el caso del movimiento de la luna como se observa en la fig.3-2. Para un observador que usa como sistema de referencia la tierra, la luna describe una órbita circular alrededor del mismo, pero para otro situado en (x, y, z) en el Sol, sigue una trayectoria ondulante.

Se define como *"trayectoria"*, la línea determinada por las sucesivas posiciones que toma el móvil respecto al sistema de referencia. La trayectoria podrá ser rectilínea o curvilínea y será abierta cuando las coordenadas del origen P_1 sean distintas a las de P_2. En caso de que sea una trayectoria cerrada, las coordenadas del punto de origen coinciden con las del final. La trayectoria, es una función de línea

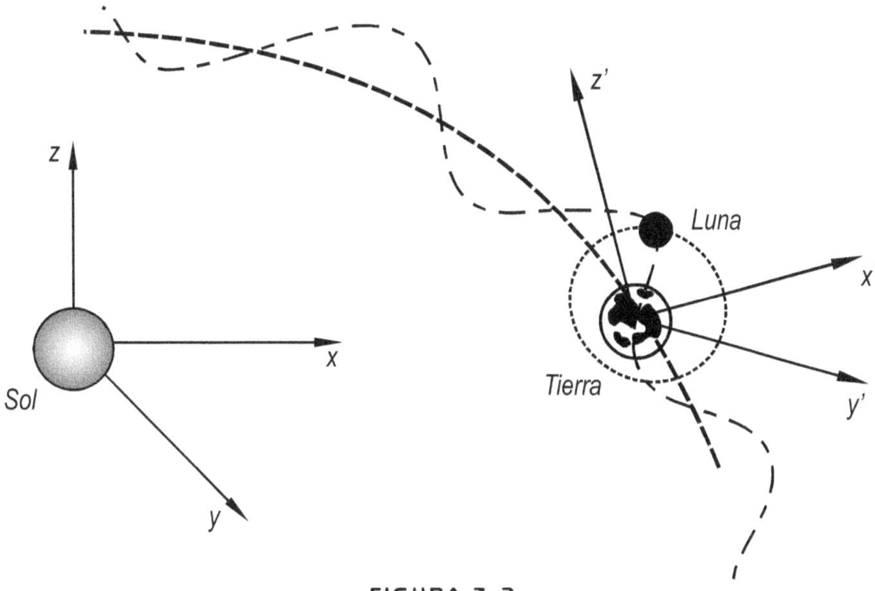

FIGURA 3-2

Además la trayectoria es una magnitud escalar que define al distancia pero no la dirección, esta última queda determinada por el vector *desplazamiento* que une la posición inicial y final del movimiento (fig.3-3). Si la trayectoria es cerrada, el desplazamiento será nulo. El desplazamiento, es una función de punto.

Según la trayectoria y ecuación horaria, los movimientos se pueden clasificar como *lineales* y *curvilíneos*, como se muestra en el siguiente cuadro.

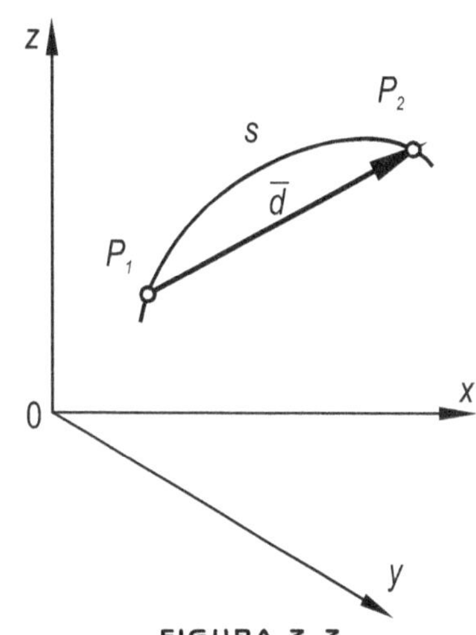

FIGURA 3-3

Veamos a continuación en detalle cada uno de los movimientos anteriores.

3.1. MOVIMIENTO RECTILÍNEO

En el caso de que la trayectoria sea una recta, el movimiento es ***rectilíneo*** y entonces no se necesitan tres ecuaciones para describir la posición ya que solamente con dar la distancia a un punto fijo y fijar el sentido, el movimiento queda determinado.

Si consideramos el eje OX de la fig.3-4 el cual coincide con la trayectoria, vemos que la posición del objeto esta definida por el ***desplazamiento*** medido desde un punto arbitrario O. En este caso $x = f(t)$, y suponiendo que en el instante t el objeto se encuentra en la posición A, siendo $OA = x$. Transcurrido un tiempo $\Delta t = t' - t$, la partícula recorre la trayectoria AB y su desplazamiento es $\Delta x = x' - x_0$. La velocidad promedio entre A y B es

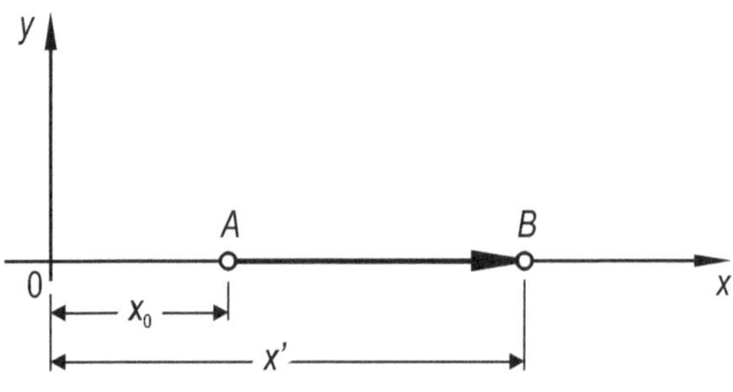

FIGURA 3-4

$$v_m = \frac{x - x_0}{t' - t} = \frac{\Delta x}{\Delta t} \qquad [3\text{-}1]$$

Para determinar la velocidad instantánea, debemos hacer que $\Delta t \to 0$, para que de ese modo no ocurran cambios en el movimiento,

$$v = \lim_{\Delta t \to 0} v = \lim_{\Delta t \to 0} \frac{\Delta x}{\Delta t} = \frac{dx}{dt}$$

o sea

$$v = \frac{dx}{dt} \qquad [3\text{-}2]$$

Como la velocidad es una función del tiempo, podemos estudiar su comportamiento mediante el concepto de ***aceleración***, llamando aceleración media a

$$a_m = \frac{v' - v_0}{t' - t} = \frac{\Delta v}{\Delta t} \qquad [3\text{-}3]$$

y siendo la aceleración instantánea

$$a = \lim_{\Delta t \to 0} \frac{\Delta v}{\Delta t} = \frac{dv}{dt} = \frac{d^2 x}{dt^2}$$

de este modo

$$a = \frac{dv}{dt} \qquad [3\text{-}4]$$

En el estudio de los movimientos desde una óptica cinemática debemos plantear las ecuaciones siguientes

a) Ecuación de aceleración instantánea

b) Ecuación de la velocidad instantánea

c) Ecuación horaria de espacios

3.2. MOVIMIENTO RECTILINEO UNIFORME

Se llama así a aquel movimiento en el cual se recorren espacios iguales en tiempo iguales o lo que es lo mismo decir que

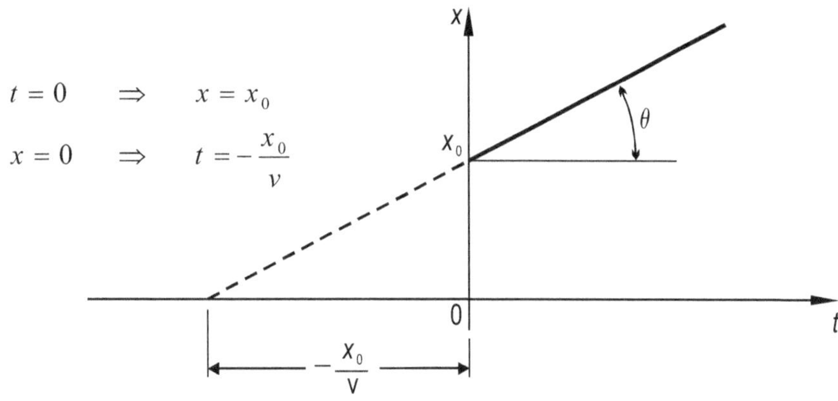

FIGURA 3-5

$$\frac{x_1}{t_1} = \frac{x_2}{t_2} = \ldots = \frac{x_n}{t_n} = cte.$$

de ese modo se cumple que $\dfrac{dv}{dt} = 0$ por tratarse de un movimiento con $v = cte.$, quiere decir que la aceleración $a = 0$ y recordando que

$$v = \frac{dx}{dt}$$

podemos encontrar la ecuación horaria haciendo

$$dx = v \, dt$$

integrando entre los límites x_0 y x será

$$\int_{x_0}^{x} dx = v \int_{t=0}^{t} dt$$

luego, si $t = 0$

$$x - x_0 = v \cdot t$$

por lo tanto

$$x = x_0 + v\,t \qquad\qquad [3\text{-}5]$$

Hemos obtenido $x = f(t)$, mediante una ecuación lineal en cuya representación, como se puede apreciar en la fig.3-5, la $\operatorname{tg}\theta = \dfrac{\Delta x}{\Delta t}$ es la velocidad.

Además, por ser $v = cte.$ el área elemental será dx. Luego, entre t_0 y t el área encerrada por la curva, las dos ordenadas extremas y el eje de abcisas nos representa el espacio recorrido en ese tiempo.

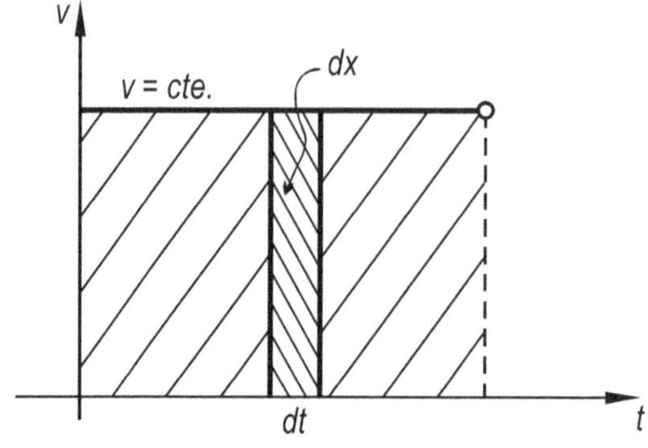

FIGURA 3-6

3.2.1. Movimiento rectilíneo uniformemente variado

Para este movimiento, la aceleración $a = cte.$, luego

$$a = \frac{dv}{dt} = cte.$$

quiere decir que para un mismo incremento de tiempo, corresponderá igual incremento de velocidad. De la expresión anterior obtenemos que

$$dv = a\,dt$$

e integrando

$$\int_{v_0}^{v} dv = a \int_{t_0=0}^{t} dt$$

de donde

$$v - v_0 = a\,t$$

por lo que

$$v = v_0 + a\,t \qquad\qquad [3\text{-}6]$$

Ecuación de primer grado en la que $v = f(t)$, siendo a el coeficiente angular positivo o negativo, según sea la aceleración. En el caso de un móvil que se desacelera como $v < v_0$, a será negativa.

La representación de la expresión [3-6] es

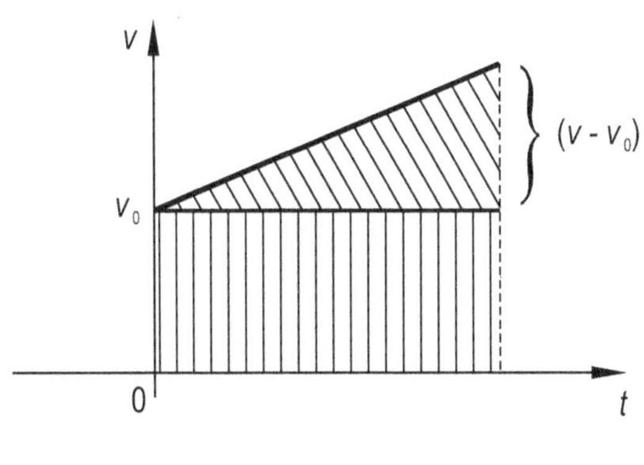

FIGURA 3-7(A)

FIGURA 3-7(B)

Para el caso de la fig.3-7(a), el movimiento es acelerado y para la fig.3-7(b) desacelerado con velocidad final $v = 0$. Si tenemos en cuenta que el área encerrada en el diagrama (v-t) nos representa el espacio, podemos obtener sumando áreas que

$$x = v_0 t + \frac{1}{2}\left(v - v_0\right) t$$

y si tenemos en cuenta que $\left(v - v_0\right) = a\,t$; reemplazando en la anterior, nos quedará

$$x = v_0 t + \frac{1}{2} a\, t^2 \qquad\qquad [3\text{-}7]$$

Ecuación de 2do grado cuya representación es una parábola que pasa por el origen de coordenadas, por ser $x_0 = 0$ tal como se aprecia en el fig.3-8.

El signo de a fijará el sentido de la pendiente a la curva y define si el movimiento es acelerado o desacelerado.

La ecuación $x = f\left(t\right)$, también se podría obtener si hacemos

$$v = \frac{dx}{dt} \qquad \therefore \qquad dx = v\, dt$$

reemplazando v por su valor obtenido anteriormente, nos quedará

$$dx = \left(v_0 + a\,t\right) dt = v_0\, dt + a\,t\, dt$$

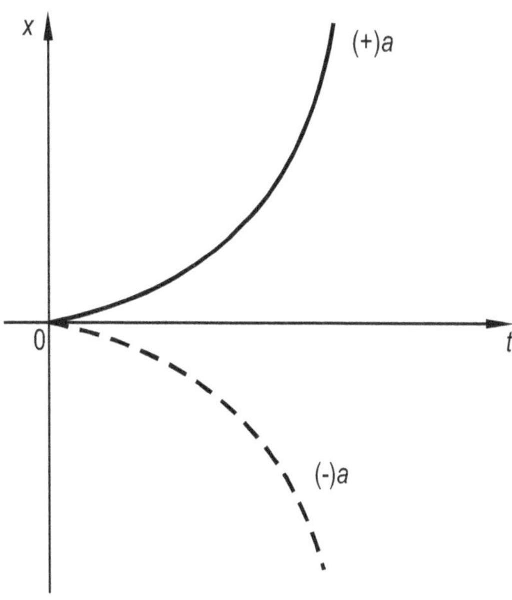

FIGURA 3-8

e integrando por partes entre $t_0 = 0$ y t;

$$\int_{x_0}^{x} dx = \int_{t_0}^{t} dt + a \int_{t_0}^{t} t \, dt$$

y resolviendo

$$x - x_0 = v_0 t + \frac{1}{2} a t^2$$

luego

$$x = x_0 + v_0 t + \frac{1}{2} a t^2 \qquad\qquad [3\text{-}8]$$

En este caso, por ser $x_0 = 0$ las representaciones serán

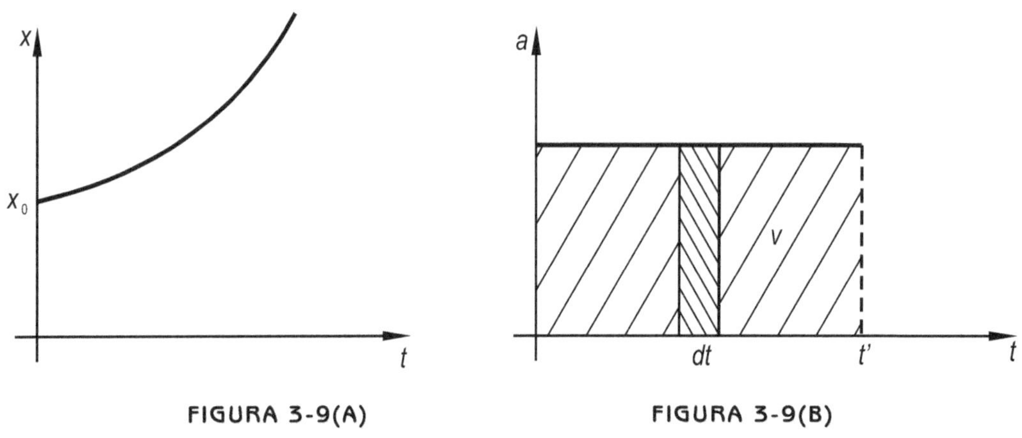

FIGURA 3-9(A)   **FIGURA 3-9(B)**

La fig.3-9(b) muestra que el área del diagrama $(a\text{-}t)$ representa la velocidad v, al ser $v = a \, dt$.

Veamos ahora la relación que liga a v, x y a.

Tratándose de un movimiento con $v_0 = 0$; será

$$v = a t \qquad \therefore \qquad t = \frac{v}{a}$$

si reemplazamos en la fórmula del espacio

$$x = \frac{1}{2} a t^2 = \frac{1}{2} a \frac{v^2}{a^2}$$

luego

$$x = \frac{1}{2} \frac{v^2}{a} \qquad\qquad \text{siendo} \qquad v = \sqrt{2 a x}$$

3.2.2. Caída Libre

Se dice que un cuerpo esta en caída libre solamente cuando cae en el vacío. Sin embargo, en algunos casos se puede considerar que las ecuaciones de caída libre son válidas, cuando la fuerza de sustentación del fluido es despreciable.

El movimiento de caída libre es uniformemente variado, y por lo tanto son válidas todas la expresiones vistas anteriormente con la salvedad de que la aceleración debe ser la de la gravedad "g" la que por ser una magnitud vectorial tiene dirección y sentido hacia el centro de la tierra. Si se trata de un tiro vertical como se muestra en la (fig.3-10), durante el ascenso el movimiento será desacelerado hasta alcanzar su altura máxima en la que $v = 0$, en ese instante el vector velocidad cambia de sentido y el movimiento pasa a ser acelerado.

Lo anterior, se aprecia claramente en el diagrama (v-t) donde los espacios son iguales y la velocidad como se ve, cambia de signo. Las ecuaciones de movimiento son

$$v = v_0 - g\, t$$

$$y = v_0 t - \frac{1}{2}\, g\, t^2$$

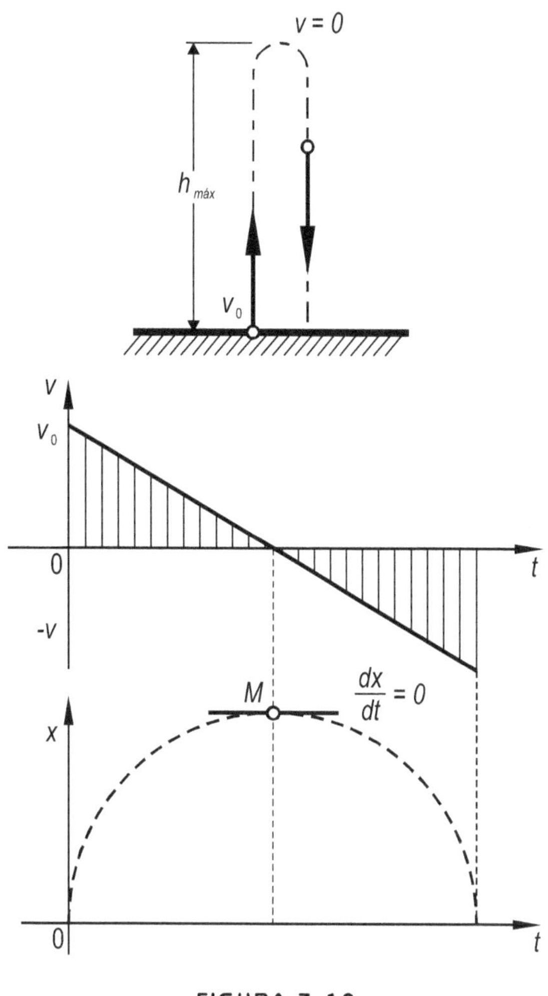

FIGURA 3-10

ordenando esta última, e igualando a cero

$$\frac{1}{2}\, g\, t^2 - v_0 t + y = 0$$

y los dos valores de t corresponderán al ascenso y descenso respectivamente.

Cuando se alcanza la altura h máxima, la velocidad es nula, luego

$$v_0 - g\, t = 0 \qquad \therefore \qquad t = \frac{v_0}{g}$$

y reemplazando en la ecuación del espacio

$$h = v_0\, \frac{v_0}{g} - \frac{1}{2}\, g\, \frac{v_0^2}{g^2} \qquad \text{luego} \qquad h = \frac{v_0^2}{g} - \frac{1}{2}\, \frac{v_0^2}{g}$$

finalmente

$$h = \frac{1}{2} \frac{v_0^2}{g}$$

[3-9]

luego la velocidad de caída libre desde una altura h es

$$v = \sqrt{2\,g\,h}$$

[3-10]

3.3. VELOCIDAD COMO ENTE VECTORIAL

En el caso de un movimiento en el espacio, la posición del punto P puede venir dada por

$$\bar{r} = r(t) \qquad \text{siendo } \bar{r} \text{ el vector posición de } P$$

lo que significa que

$$x = x(t)$$

$$y = y(t)$$

$$z = z(t)$$

En el caso de dos posiciones sucesivas P y P' correspondientes a los instantes t y t' determinados por los vectores posición $\bar{r}$ y $\bar{r}'$ (fig.3-11). El vector $\Delta\bar{r} = \bar{r}' - \bar{r}$ será el vector **desplazamiento** del punto y sus componentes son

$$\Delta r_x = x' - x = \Delta x$$

$$\Delta r_y = y' - y = \Delta y$$

$$\Delta r_z = z' - z = \Delta z$$

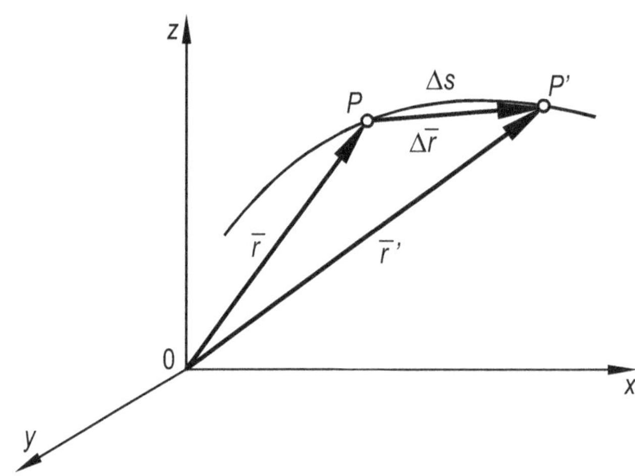

FIGURA 3-11

Como el vector desplazamiento no nos da ninguna información sobre el movimiento entre t y t' hacemos que P' se vaya aproximando a P. O sea que si $P' \to P$ el módulo de $\overrightarrow{\Delta r}$ tiende a confundirse con Δs (elemento de arco) que es la verdadera distancia recorrida entre t y t', de tal forma que

$$\bar{V} = \lim_{\Delta t \to 0} \frac{\overline{\Delta r}}{\Delta t} = \frac{d\bar{r}}{d\ell}$$

[3-11]

Siendo

$$\bar{r} = \overline{OP} = \bar{u}_x\, x + \bar{u}_y\, y + \bar{u}_z\, z$$

y

$$\overline{r}\,' = \overline{OP} = \overline{u}_x\, x' + \overline{u}_y\, y' + \overline{u}_z\, z'$$

y luego el desplazamiento $\Delta \overline{r} = \overline{r}\,' - \overline{r} = \overline{u}_x\left(x' - x\right) + \overline{u}_y\left(y' - y\right) + \overline{u}_z\left(z' - z\right)$

En el límite

$$\overline{V} = \frac{d\overline{r}}{dt} = \overline{u}_x\, \frac{dx}{dt} + \overline{u}_y\, \frac{dy}{dt} + \overline{u}_z\, \frac{dz}{dt}$$

lo cual muestra que

$$\overline{V} = \overline{V}_x + \overline{V}_y + \overline{V}_z \qquad\qquad [3\text{-}12]$$

La dirección de $\overline{v}$ es la de la tangente a la trayectoria y nos define al "*dirección del movimiento*" o sea que, $\overline{v}$ representa el sentido del movimiento sobre la trayectoria.

Lo anterior nos hace ver que al ser la velocidad un ente vectorial, debemos conocer además de su módulo, también hacia donde se dirige el punto.

De acuerdo a la expresión [3-12], $\overline{v}$ representa la continuidad del movimiento en el espacio y sus componentes son

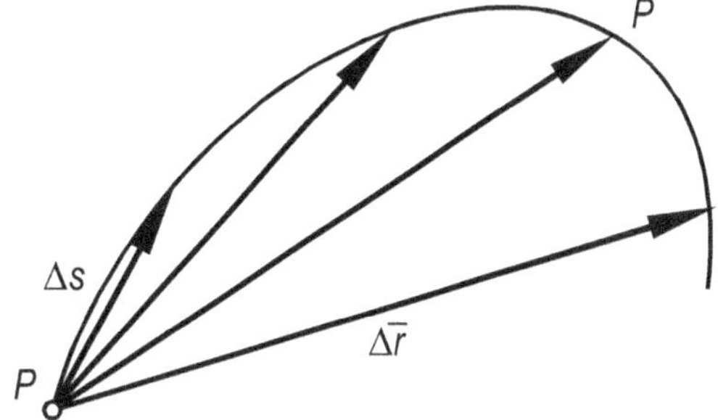

FIGURA 3-12

$$v_x = \lim_{\Delta t \to 0} \frac{\Delta x}{\Delta t} = \frac{dx}{dt}$$

$$v_y = \lim_{\Delta t \to 0} \frac{\Delta y}{\Delta t} = \frac{dy}{dt}$$

$$v_z = \lim_{\Delta t \to 0} \frac{\Delta z}{\Delta t} = \frac{dz}{dt}$$

El módulo de la velocidad será

$$v = \sqrt{v_x^2 + v_y^2 + v_z^2} \qquad\qquad [3\text{-}13]$$

3.4. ACELERACIÓN COMO ENTE VECTORIAL

Se puede definir al vector aceleración como

$$\overline{a} = \lim_{\Delta t \to 0} \frac{\Delta \overline{V}}{\Delta t} = \frac{d\overline{V}}{dt} = \frac{d^2\overline{r}}{dt}$$

donde $\Delta \overline{V} = \overline{V}' - \overline{V}$

además

$$\overline{a} = \overline{u}_x \frac{dv_x}{dt} + \overline{u}_y \frac{dv_y}{dt} + \overline{u}_z \frac{dv_z}{dt} \tag{3-14}$$

luego $\overline{a} = \overline{a}_x + \overline{a}_y + \overline{a}_z$; siendo

$$a_x = \frac{d^2x}{dt^2} \qquad a_y = \frac{d^2y}{dt^2} \qquad a_z = \frac{d^2z}{dt^2}$$

y el **módulo** de la aceleración es

$$a = \sqrt{a_x^2 + a_y^2 + a_z^2} \tag{3-15}$$

Hay una diferencia fundamental de éste concepto con respecto al del movimiento rectilíneo, ya que $\Delta\overline{v}$, en el caso de que el módulo sea constante, puede ser distinto de cero siempre que varíe la dirección, o sea que, un movimiento puede ser acelerado aunque si la "*rapidez*" se mantenga constante, si se modifica la dirección del movimiento.

Así según la fig.3-13

$$\Delta\overline{V} = \overline{V}_2 - \overline{V}_1$$

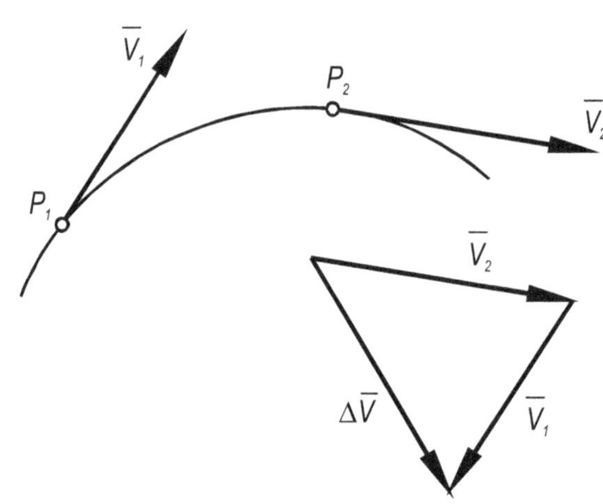

FIGURA 3-13

En el movimiento plano de la fig.3-13, si consideramos las posiciones P_1 y P_2 en los instantes t_1 y t_2. $\overline{a}$ tendrá la misma dirección y sentido que $\Delta\overline{V}$, en el límite en que el punto P_2 se encuentra próximo a P_1. En este caso (en que V no es constante) como se vio anteriormente $\Delta\overline{V}$ se puede descomponer en una dirección normal a t y otra paralela, obteniéndose los vectores $\Delta\overline{V}_n$ y $\Delta\overline{V}_t$ (fig.3-14).

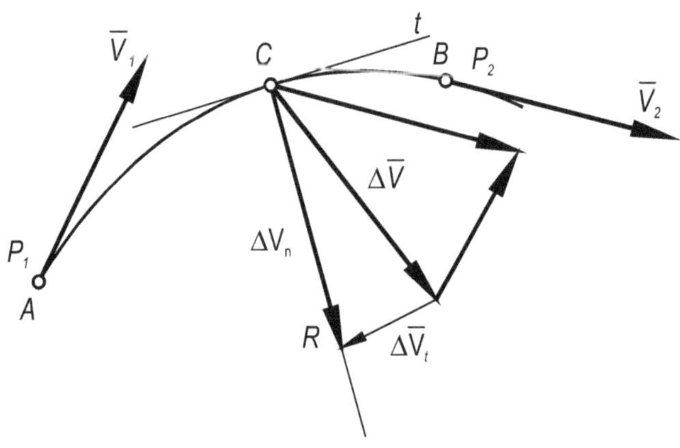

FIGURA 3-14

Así la aceleración $\bar{a}$ es la suma de dos vectores,

$$\bar{a} = \lim_{\Delta t \to 0} \frac{\Delta \bar{V}}{\Delta t} = \lim_{\Delta t \to 0} \frac{\Delta \bar{V}_t}{\Delta t} + \lim_{\Delta t \to 0} \frac{\Delta \bar{V}_n}{\Delta t}$$

luego

$$\bar{a} = \bar{a}_t + \bar{a}_n \qquad\qquad\qquad [3\text{-}16]$$

El primero es la **aceleración tangencial** y su módulo es $\left| a_t \right| = \dfrac{dV_t}{dt}$ y representa la rapidez del movimiento sobre la curva, en cambio $\bar{a}_c$ tiene la dirección del normal y sentido hacia la parte cóncava de la curvatura y módulo $\left| a_c \right| = \dfrac{V^2}{R}$.

Siendo a_c la aceleración centrípeta

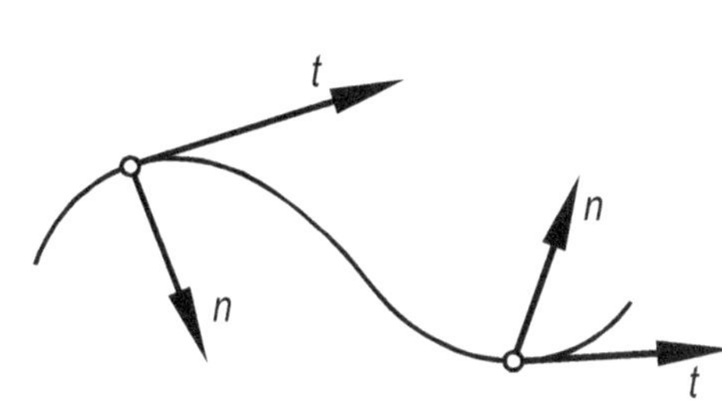

FIGURA 3-15

Veamos esto último para el caso en que $\left| V_1 \right| = \left| V_2 \right|$ y $\Delta\theta$ lo suficientemente pequeño.

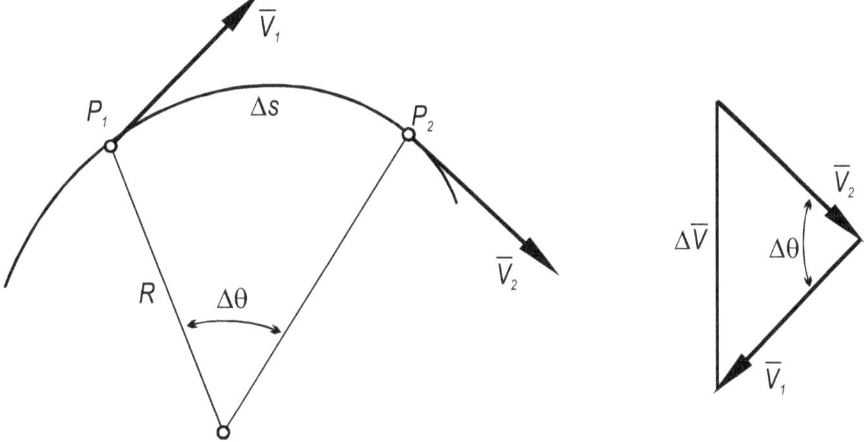

FIGURA 3-16

De acuerdo a la fig.3-16, tenemos que

$$\Delta V = V \cdot \Delta\theta$$

dividiendo por Δt, será

$$a = \frac{\Delta V}{\Delta t} = V \frac{\Delta\theta}{\Delta t}$$

además

$$\Delta s = V \,\Delta t \qquad \therefore \qquad \Delta t = \frac{\Delta s}{V} = \frac{R \cdot \Delta\theta}{V}$$

luego

$$a = V \ \frac{\Delta\theta}{R \dfrac{\Delta\theta}{V}} = \frac{V^2}{R}$$

Resumiendo

$$\bar{a} = \frac{V^2}{R} \cdot \bar{n} + \frac{dV}{dt}\,\bar{t} \qquad\qquad [3\text{-}17]$$

Siendo $\bar{n}$ el vector unitario dirigido en dirección de la normal y $\bar{t}$ en dirección del movimiento, si

$$R \to \infty, \qquad \text{solo hay aceleración tangencial}$$

y si

$$R = cte. \qquad \text{el movimiento es circular}$$

3.5. VELOCIDAD ANGULAR

Si consideramos un móvil puntual que en un intervalo Δt se desplaza de P a P', el radio vector barre en ese tiempo un ángulo $\Delta\theta$

Se define como ***velocidad angular instantánea*** a

$$\omega = \lim_{\Delta t \to 0} \frac{\Delta\theta}{\Delta t} = \frac{d\theta}{dt}$$

La existencia de este límite esta relacionada con la continuidad del movimiento y siendo $\Delta s = r \cdot \Delta\theta$, podemos hacer

$$\omega = \lim_{\Delta t \to 0} \frac{\Delta s}{r\,\Delta t} = \frac{v}{r}$$

ya que

$$V = \lim_{\Delta t \to 0} \frac{\Delta s}{\Delta t}$$

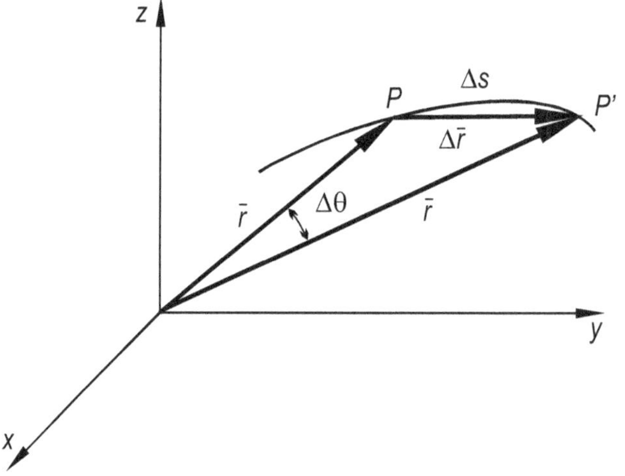

FIGURA 3-17

luego entre la velocidad angular y tangencial, existe la relación

$$V = \omega \cdot r \qquad\qquad [3\text{-}18]$$

Si se tratara de un movimiento circular en el que R es el radio y $\bar{V}$ la velocidad tangencial, veremos que la velocidad angular $\bar{\omega}$ es un vector perpendicular al plano de movimiento, con sentido de avance de un tornillo de rosca derecha, que gira igual que el punto A (fig.3-18).

En este caso,

$$R = r \cdot \text{sen } \gamma$$

y además como

$$V = \omega \cdot R \qquad [3\text{-}19]$$

reemplazando obtenemos

$$V = \omega r \text{ sen } \gamma$$

lo que indica que se trata de una relación vectorial que cumple con

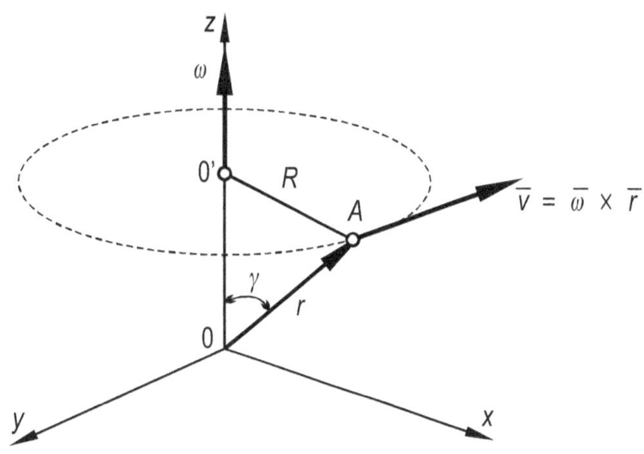

FIGURA 3-18

$$\overline{V} = \overline{\omega} \times \overline{r} \qquad [3\text{-}20]$$

La última relación solamente es válida si $\overline{r}$ y γ son constantes.

En el caso de la aceleración centrípeta, se puede hacer

$$a_c = \frac{V^2}{R} = \omega^2 R$$

Debe notarse que cuando $R \to \infty$, $a_c = 0$ y solamente puede existir en este caso a_T, y estamos frente a un movimiento rectilíneo. De acuerdo a esto, todos los movimientos son curvilíneos, ya que todo depende del radio que se tome. Según la fig.3-19 desde un punto de vista vectorial y tratándose de un movimiento circular uniforme, la aceleración centrípeta será

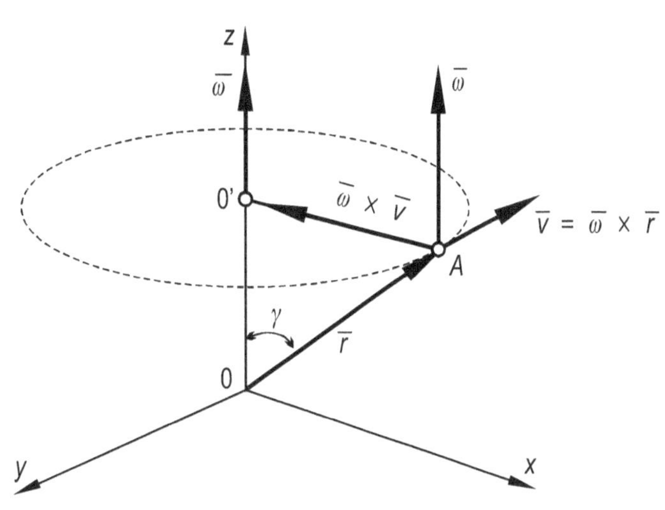

FIGURA 3-19

$$\overline{a}_c = \frac{d\overline{V}}{dt} = \overline{\omega} \times \overline{V} = \overline{\omega} \times \left(\overline{\omega} \times \overline{r} \right) \qquad [3\text{-}21]$$

y la aceleración es perpendicular al plano formado por $\overline{\omega}$ y $\overline{V}$ (fig.3-19).

3.5.1. Movimiento circular uniforme

En este caso $\omega = cte.$ y se trata de un movimiento periódico en el cual la partícula pasa por cada punto del círculo con intervalos de tiempo iguales a T.

Se define el ***período*** como el ***tiempo T que tarda en repetirse el fenómeno en iguales condiciones***, siendo la ***frecuencia f las veces que se repite el período en la unidad de tiempo***, estando ambas cantidades relacionadas por

$$f = \frac{1}{T} \qquad [f] = \left[\frac{1}{s}\right] \qquad \text{ó } Hertz \ [Hz]$$

de la expresión $\omega = \dfrac{d\theta}{dt}$ podemos concluir que, al tratarse de una revolución: $\theta = 2\pi$ y $t = T$. Luego

$$\omega = \frac{2\pi}{T} \left[\frac{rad}{seg}\right]$$

o también se puede poner

$$\omega = 2\pi f$$

en la práctica es muy común referirse al número de *revoluciones por minuto n* (*r.p.m.*), y en ese caso

$$\omega = 2\pi f = 2\pi \frac{n}{60}$$

de donde

$$\omega = \frac{\pi n}{30} \qquad\qquad\qquad [3\text{-}22]$$

En el movimiento circular uniforme con $\omega = cte.$ partiendo de

$$\omega = \frac{d\theta}{dt}$$

podemos obtener la ecuación horaria

$$d\theta = \omega \, dt$$

integrando

$$\int_{\theta_0}^{\theta} d\theta = \omega \int_{t_0}^{t} dt$$

resolviendo $\theta - \theta_0 = \omega(t - t_0)$, y finalmente

$$\theta = \theta_0 + \omega(t - t_0)$$

Si $t_0 = 0$, nos queda

$$\boxed{\theta = \theta_0 + \omega \, t \qquad\qquad\qquad [3\text{-}23]}$$

Pasando al gráfico de la fig.3-20, tenemos

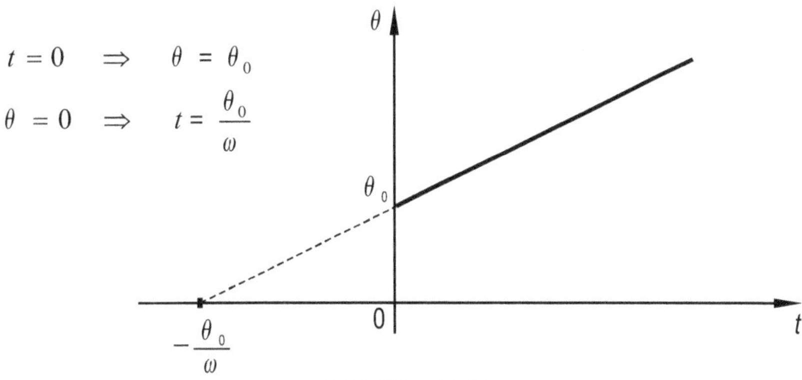

$$t = 0 \quad \Rightarrow \quad \theta = \theta_0$$

$$\theta = 0 \quad \Rightarrow \quad t = \frac{\theta_0}{\omega}$$

FIGURA 3-20

En el caso de la velocidad, como

$$d\theta = \omega\, dt \qquad y \qquad \theta = \omega \int_0^t dt$$

según la fig.3-21, vemos que el área encerrada por la curva, las dos ordenadas extremas y el eje de abcisas, nos representa al igual que en el movimiento rectilíneo, el espacio que en este caso corresponde a ángulos barridos.

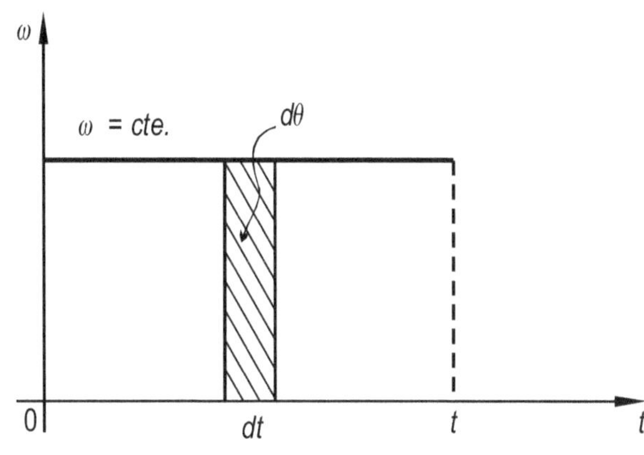

FIGURA 3-21

3.5.2. Aceleración angular

Si el movimiento es circular, la aceleración angular será

$$\gamma = \frac{d\omega}{dt} = \frac{d^2\theta}{dt^2} \qquad\qquad [3\text{-}24]$$

y tratándose de un movimiento circular con aceleración constante, o sea ***uniformemente acelerado.***

$$d\omega = \gamma \cdot dt \qquad \text{luego,} \qquad \int_{\omega_0}^{\omega} d\omega = \gamma \int_0^t dt \quad \text{o sea}$$

$$\omega = \omega_0 + \gamma t \qquad\qquad [3\text{-}25]$$

luego representamos $\omega = f(t)$, fig.3-22

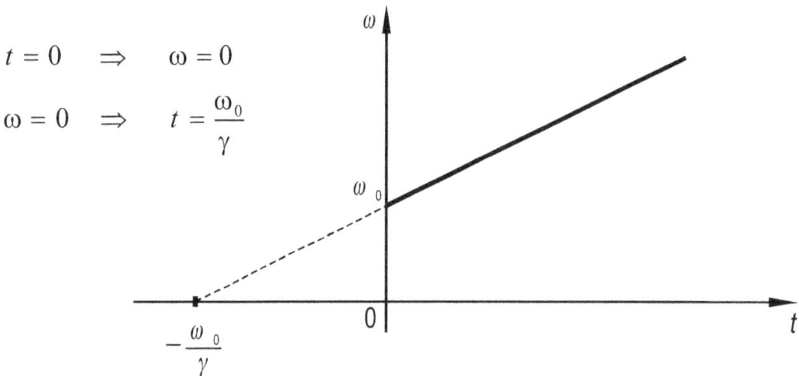

$$t = 0 \quad \Rightarrow \quad \omega = 0$$

$$\omega = 0 \quad \Rightarrow \quad t = \frac{\omega_0}{\gamma}$$

FIGURA 3-22

Además $\omega = \dfrac{d\theta}{dt}$

$$d\theta = \omega \; dt = \left(\omega_0 + \gamma t\right)dt$$

de donde

$$d\theta = \omega_0 \; dt + \gamma \; t \; dt$$

integrando por partes

$$\int_{\theta_0}^{\theta} d\theta = \omega_0 \int_0^t dt + f \int_0^t t \; dt$$

y resolviendo

$$\theta - \theta_0 = \omega_0 t + \frac{1}{2}\gamma t^2$$

luego

$$\theta = \theta_0 + \omega_0 t + \frac{1}{2}\gamma t^2 \qquad\qquad [3\text{-}26]$$

Esta expresión que corresponde a una parábola de 2do grado de ramas ascendentes o descendentes, según sea γ, positivo o negativo (fig.3-23)

La aceleración angular se puede relacionar a la tangencial que es de fácil determinación, haciendo

$$a = \frac{dv}{dt} = R \frac{d\omega}{dt} = R \gamma$$

de donde

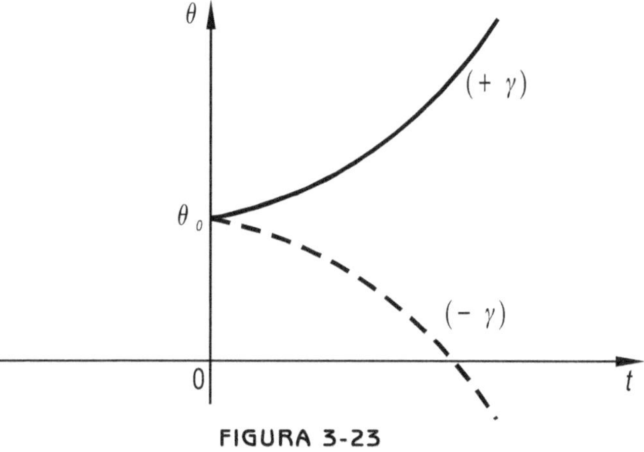

FIGURA 3-23

$$\gamma = \frac{a}{R} \qquad\qquad [3\text{-}27]$$

3.6. MOVIMIENTO RELATIVO

Al iniciar el estudio capítulo de cinemática, hicimos referencia a que el movimiento es un concepto relativo. Supongamos (fig.3-24), un cuerpo que se mueve respecto a un sistema $x\, y\, z$, el cual a su vez lo hace respecto a otro $x'\, y'\, z'$ considerado fijo (inercial), se hace necesario encontrar la relación que vincula la descripción del movimiento de ese cuerpo respecto a $x'\, y'\, z'$.

Siendo $\bar{r}$ el vector posición del cuerpo respecto a un sistema $(x,\, y,\, z)$ y además $\bar{r}'$ el vector posición respecto a otro sistema $x',\, y'\, z'$, de ejes paralelos al anterior.

Según podemos apreciar, se cumple que

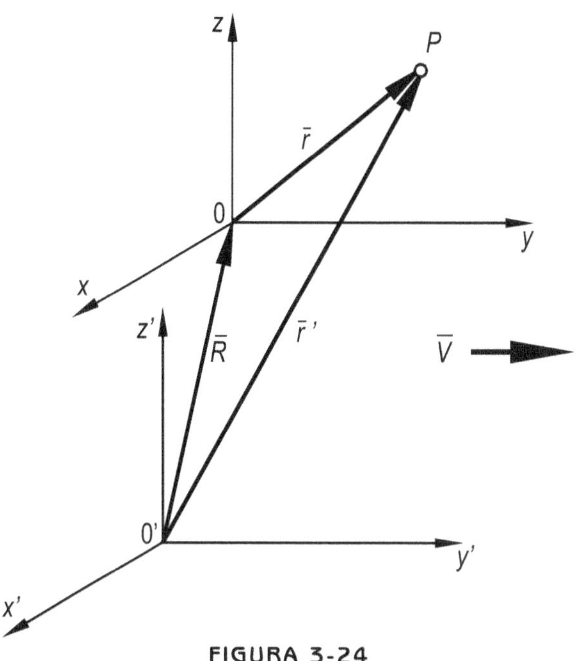

FIGURA 3-24

$$\bar{r}' = \bar{r} + \bar{R} \qquad\qquad [3\text{-}28]$$

Si ambos sistemas están en reposo mutuo, Luego derivando [3-28]

$$\bar{v}' = \frac{d\bar{r}'}{dt} = \frac{d\bar{r}}{dt} + \frac{d\bar{R}}{dt}$$

Si R es constante, como $\dfrac{d\bar{R}}{dt} = 0$; vemos que

$$\bar{v}' = \frac{d\bar{r}'}{dt} = \bar{v}$$

O sea que la velocidad del punto P es la misma vista desde ambos sistemas a pesar de que se trata de coordenadas distintas.

En el caso de que $(x,\, y,\, z)$, se traslade respecto de $(x',\, y',\, z')$ manteniendo sus ejes paralelos $\dfrac{d\bar{R}}{dt} = \bar{V}$; siendo $\bar{V}$ la que se conoce como ***velocidad de arrastre,*** luego

$$\bar{v}' = \bar{v} + \bar{V} \qquad\qquad [3\text{-}29]$$

$\bar{v}'$ es lo que se suele llamar **velocidad absoluta** y es la velocidad de P respecto del sistema (x', y', z') (fijo) y $\bar{v}$ es la velocidad de P, respecto al sistema (x, y, z) (móvil), llamada **velocidad relativa.**

De acuerdo a lo anterior, así como se puede componer un movimiento dado, también puede descomponerse en dos o más movimientos independientes superpuestos.

Si el sistema (x, y, z) se traslada con movimiento rectilíneo uniforme, constituye lo que se llama un **sistema inercial** como veremos al tratar el capítulo de dinámica.

Según la relación de los vectores posición,

$$\bar{r}' = \overline{o'o} + \bar{r}$$

pero como $\overline{o'o} = R$ es

$$\overline{o'o} = \overline{o'o}_0 + \bar{V} \cdot t$$

la relación entre las componentes será

$$x' = x + x_0 + v_x \cdot t$$
$$y' = y + y_0 + v_y \cdot t \qquad\qquad [3\text{-}30]$$
$$z' = z + z_0 + z_y \cdot t$$

estas relaciones representan las **transformaciones de Galileo**, para la cual $t = t'$ y que vinculan los dos sistemas inerciales entre sí.

Luego veremos, que según el principio de relatividad, **"todas las leyes de la física clásica deben ser covariantes frente a transformadas de Galileo"** es decir, no deben cambiar de forma al hacer la transformación de coordenadas [3-30].

Además de la relación [3-29] se deduce que la única velocidad numéricamente igual, medida desde cualquier sistema inercial, sería la infinita, o sea que si

$$\bar{v} \to \infty \qquad\qquad \text{será } \bar{v} = \bar{v}'$$

al ser $R = cte.$ de [3-28]

$$\frac{d\bar{R}}{dt} = 0 \qquad\qquad y \qquad\qquad v' = v$$

derivando

$$\frac{dv'}{dt} = \frac{dv}{dt}$$

y

$$a' = a \qquad\qquad [3\text{-}31]$$

según vemos, si se trata de un sistema inercial, la aceleración es la misma por cualquier observador, independientemente si esta en (x, y, z) ó (x', y', z').

Más adelante veremos que es la velocidad de la luz en el vacío la que es estrictamente invariante, o sea del mismo valor, cualquiera sea la velocidad del sistema inercial desde el que se la mida, luego

$$c = \frac{x'}{t'} = \frac{x''}{t''} = \ldots = cte.$$

siendo c la velocidad de la luz.

de acuerdo a esto último, $t \neq t'$; por lo que se debería reemplazarse la transformación de Galileo por la *transformación de Lorentz*.

De acuerdo al razonamiento anterior los sucesos que son simultáneos en un sistema ya no lo serán vistos desde otro que se mueve respecto al primero, lo cual quiere decir que desaparece el sentido absoluto del tiempo. Sin embargo, para velocidades pequeñas, ya veremos que la transformada de *Lorentz* conduce a la transformada de *Galileo*.

Volviendo a lo anterior, en el caso de que el movimiento relativo respecto al primer sistema de co-ordenadas (x, y, z) sea una traslación o una rotación y el de arrastre una traslación, las aceleraciones se suman vectorialmente, haciendo

$$\overline{v}' = \overline{v} + \overline{V}$$

luego

$$\frac{d\overline{v}'}{dt} = \frac{d\overline{v}}{dt} + \frac{d\overline{V}}{dt}$$

$$\overline{a}' = \overline{a}_r + \overline{a}_{arr} \tag{3-32}$$

pero si el movimiento de arrastre es una rotación o una combinación de rotación y traslación, ya no se cumplirá la ecuación [3-32] porque aparecerá un tercer término que se denomina aceleración complementaria.

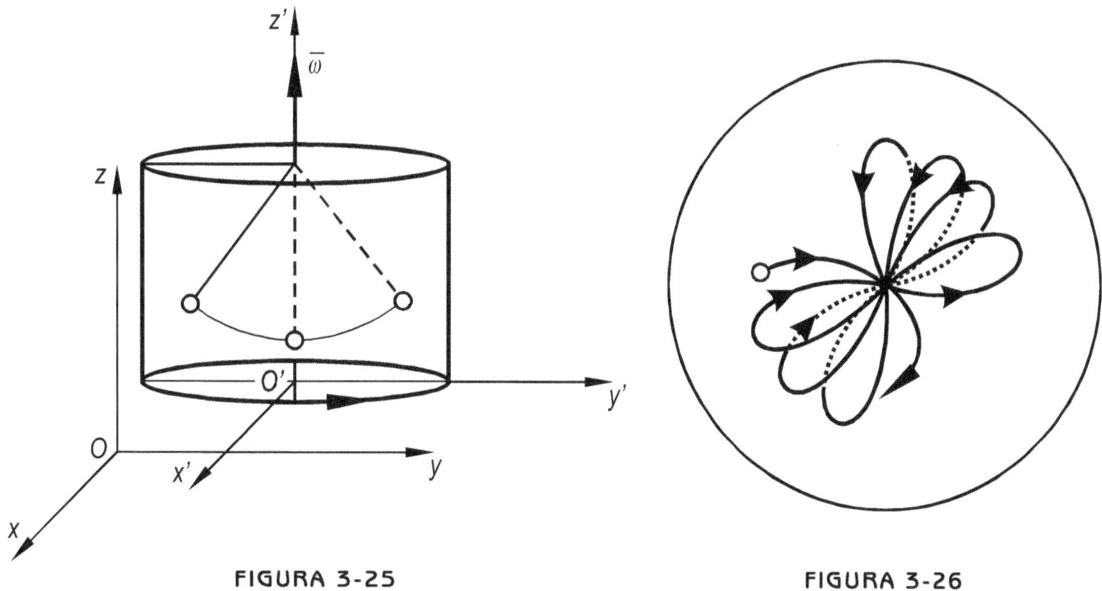

FIGURA 3-25   **FIGURA 3-26**

Sea el ejemplo de la fig.3-25 en el que el péndulo está suspendido del eje de rotación z'. El observador inercial verá oscilar el péndulo en un plano fijo, pero para el observador que rota, el plano del péndulo está rotando con velocidad $-\omega$ (rotación) inversa. Para este observador el péndulo describe una trayectoria complicada en forma de roseta, (fig.3-26).

Para el observador en el eje que pasa por O' todo sucede como si actuara una fuerza (además del peso y la tensión del hilo), responsable de ese movimiento complicado. Como en ese lugar la fuerza centrífuga es nula ($R = 0$), debe haber otra fuerza inercial responsable de ello. Vamos a calcular el valor de esa fuerza inercial adicional. Para ello consideramos un móvil (por ejemplo la masa del péndulo) que en ese instante dado pasa por el punto O', centro de rotación, con una velocidad $\overline{V}$.

Obsérvese este movimiento respecto del sistema inercial fijo. La masa, estando libre de fuerzas, seguirá con su movimiento en la misma dirección, y al cabo de un tiempo t, que supondremos pequeño, se encuentra en P. Pero durante ese tiempo, los puntos del sistema rotante (calesita) que estuvieron sobre el radio vector que tenía la dirección de $\overline{V}$, han girado un ángulo ωt; (fig.3-27). Para un observador fijo al sistema rotante, el móvil se desplazó hacia la derecha del radio vector una distancia

$$y = O'P \,\, \text{sen} \,\omega t = V t \,\text{sen}\, \omega t$$

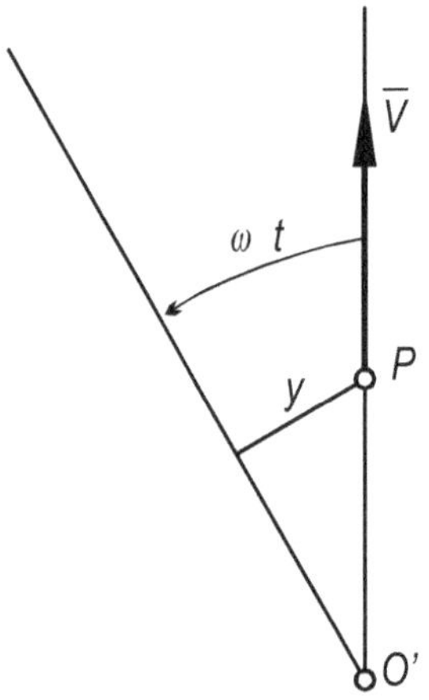

Si

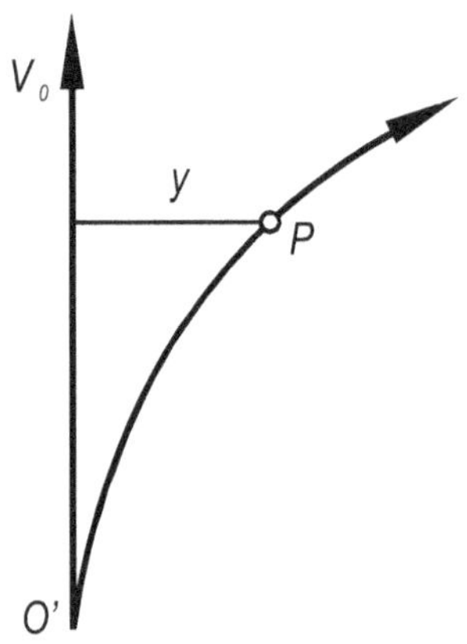

FIGURA 3-27

$$t \to 0; \qquad \text{sen}\, \omega t \approx \omega t; \qquad \text{o sea} \qquad y = V\omega t^2 \qquad [3\text{-}33]$$

Derivando dos veces [3-33], respecto del tiempo, obtenemos la aceleración a_c complementaria responsable de ese movimiento "*torcido*" respecto del sistema rotante, conocida como aceleración de *Coriolis* a_c o complementaria

$$a_{c0} = \frac{d^2 y}{dt^2} = 2V\omega$$

esto se puede escribir vectorialmente de la siguiente forma

FIGURA 3-28

$$\overline{a}_{c0} = 2\overline{V} \times \overline{\omega} \qquad\qquad [3\text{-}34]$$

teniendo en cuenta que en este caso $\overline{V}$ y $\overline{\omega}$ son perpendiculares entre si. Todo esto se ha deducido para un punto sobre el eje de rotación. Pero si ahora consideramos el movimiento de un cuerpo en un punto distinto del eje, se puede demostrar que el observador rotante sigue viendo una aceleración

$$\overline{a}_{c0} = 2\,\overline{V}_r \times \overline{\omega}$$

donde $\overline{V}_r$ es ahora la velocidad relativa del cuerpo respecto del sistema rotante.

Veamos como esta aceleración complementaria se pone en evidencia en un caso sencillo, como el de la fig.3-29.

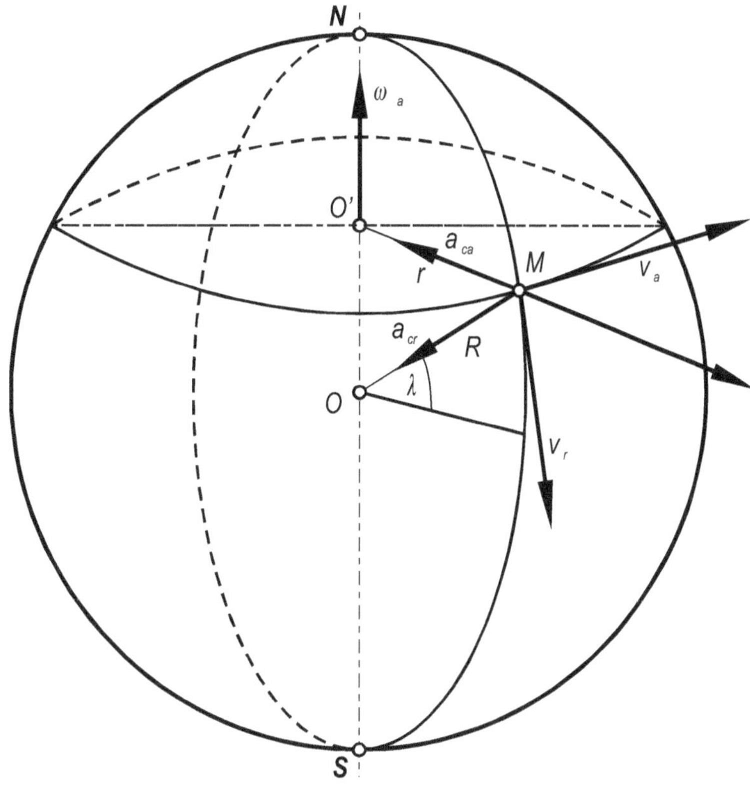

FIGURA 3-29

Sea el punto M que se mueve sobre un meridiano de la esfera N-S con velocidad tangencial constante $\overline{V}_r$ (movimiento relativo); su velocidad angular ω_r también es constante y su aceleración será la aceleración centrípeta a_{cr} dirigida hacia el centro O de la esfera (que es el centro de la trayectoria sobre el meridiano). Si al mismo tiempo la esfera tiene un movimiento de rotación sobre el eje N-S con velocidad angular ω_a (movimiento de arrastre), la velocidad tangencial de cada punto del meridiano, moviéndose sobre los distintos paralelos que va cruzando será

$$V_a = \omega_a \cdot r$$

en la que r es el radio del paralelo cruzado por el punto M. Su aceleración centrípeta en este movimiento de arrastre es a_{ca} y estará dirigida hacia el centro O' del plano del paralelo. La suma vectorial de ambas aceleraciones dará un vector que estará contenido en el plano del meridiano, pero no será la aceleración absoluta de M, pues debe tenerse en cuenta que la velocidad tangencial de arrastre va variando a medida que M va cruzando planos paralelos de radios distintos. Esta variación de la velocidad tangencial de arrastre da lugar a una aceleración que es tangencial a la circunferencia del paralelo; debe sumarse a las dos anteriores y es la aceleración complementaria. Por lo tanto la aceleración absoluta es en este caso

$$\overline{a} = \overline{a}_{cr} + \overline{a}_{ca} + \overline{a}_{c0}$$

La determinación de la expresión de la aceleración complementaria a_{c0} en los distintos casos, corresponde al estudio de la Mecánica Racional.

3.7. MOVIMIENTO BAJO ACELERACIÓN CONSTANTE (TIRO OBLICUO)

Prescindiendo de las resistencias del aire, el movimiento de un proyectil puede considerarse como la superposición de dos movimientos, proyectados cada uno sobre ejes ortogonales.

Supongamos (fig.3-30) un proyectil disparado desde 0, con velocidad inicial v_0 y sea α el ángulo de elevación o de tiro (alzada), "ℓ" el alcance y "h" la altura máxima o flecha. Después del disparo, sobre el cuerpo actúa una fuerza constante, su peso $P = mg$, que por estar dirigido en sentido contrario al del movimiento, le daremos signo negativo. Comenzamos el análisis del movimiento, proyectando sobre dos ejes ortogonales. A medida que el proyectil describe su trayectoria, sus proyecciones A' y A'' sobre los ejes coordenados, realizan desplazamientos rectilíneos. Supongamos al proyectil en posición A de la figura.

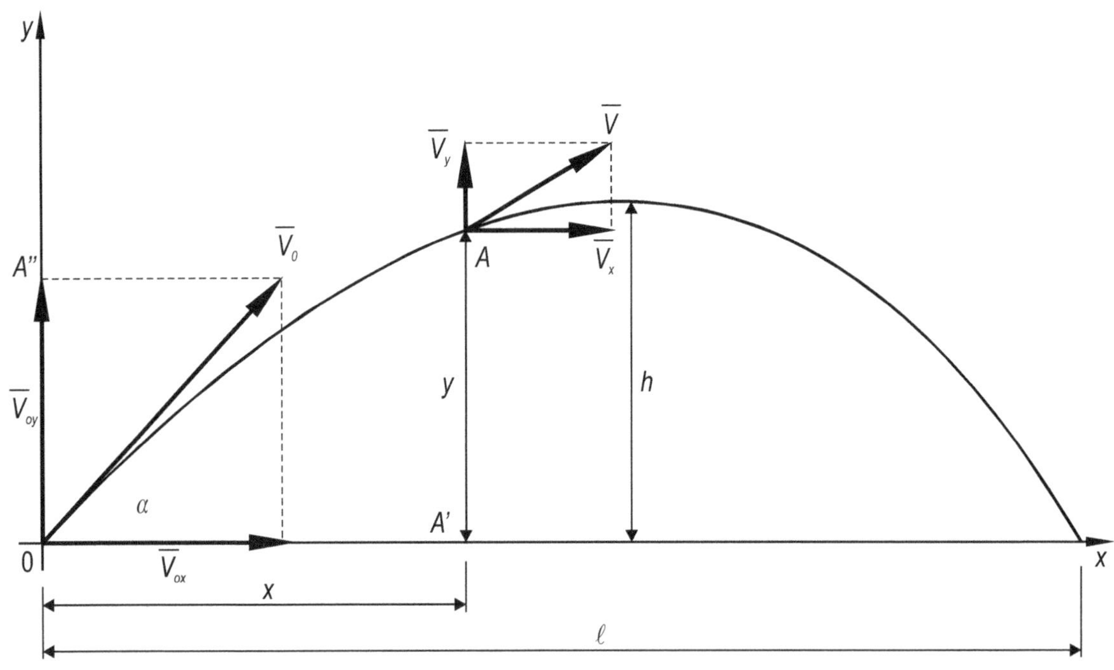

FIGURA 3-30

Las fuerzas actuantes, proyectadas sobre cada uno de los ejes serán

$$\sum F_x = m\, a_x = 0 \qquad\qquad \sum F_y = m\, a_y = -m\, g$$

Vemos que sobre el eje O-X, no existe fuerza alguna que se oponga al movimiento de A'. En cambio, sobre el eje O-Y actúa una fuerza constante de sentido contrario al movimiento de A'' que es el peso del proyectil.

Luego de haber analizado las leyes Generales del movimientos a través del estudio de las fuerzas actuantes, pasemos ahora a dar las ***características cinemáticas*** planteando las ecuaciones de cada uno de los movimientos.

Las *aceleraciones* del punto A serán

$$a_x = 0 \qquad a_y = -g$$

Significa que el movimiento sobre el eje O-X debe tener velocidad $V_x = cte.$ o sea que se trata de un *MRU*. La aceleración negativa constante indica que el movimiento sobre el eje O-Y debe ser rectilíneo, uniformemente retardado.

Veamos ahora las *velocidades*

$$V_x = V_{0x} = cte. \qquad V_y = V_{0y} - g\,t \qquad\qquad \text{[3-35]}$$

Siendo las velocidades iniciales

$$V_{0x} = V_0 \cos\alpha$$
$$V_{0y} = V_0 \,\text{sen}\,\alpha \qquad\qquad \text{[3-36]}$$

Los desplazamientos horizontal y vertical serán

$$x = V_x\,t = V_{0x}\,t = V_0 \cos\alpha\ t \qquad\qquad \text{[3-37]}$$

$$y = V_{0y}\,t - \frac{1}{2}\,g\,t^2 \qquad\qquad \text{[3-38]}$$

o reemplazando V_{0y} [3-36]

$$y = V_0 \,\text{sen}\,\alpha\ t - \frac{1}{2}\,g\,t^2 \qquad\qquad \text{[3-39]}$$

3.7.1. Ecuación de la *trayectoria*

Ésta será de la forma $y = f(x)$. Para hallarla, debemos eliminar t de la ecuación [3-39] y expresarla en función de x. Despejamos t en la [3-37]

$$t = \frac{x}{V_0 \cos\alpha}$$

Reemplazando en la [3-36]

$$y = \frac{V_0 \operatorname{sen} \alpha}{V_0 \cos \alpha} \cdot x - \frac{1}{2} \frac{g}{V_0^2 \cos^2 \alpha} \; x^2$$

pero $\dfrac{\operatorname{sen} \alpha}{\cos \alpha} = \operatorname{tg} \alpha$

$$y = \operatorname{tg} \alpha \; x - \frac{g}{2 \, V_0^2 \, \cos^2 \alpha} \; x^2 \qquad\qquad [3\text{-}40]$$

Ecuación de la trayectoria del proyectil que corresponde a una parábola a eje vertical. La ecuación de la trayectoria nos permite encontrar valores característicos como: altura máxima y alcance máximo. Siempre que una función pasa por un máximo, otra debe ser nula, en cada caso analizamos cuál se anula y con ella operamos.

3.7.2. Altura máxima

Cuando el proyectil llega a la altura máxima h, su velocidad proyectada sobre $O\text{-}Y$ es nula $V_y = 0$. En la [3-35]

$$V_{0y} - g \, t = 0 \qquad \Rightarrow \qquad V_{0y} = g \, t$$

De donde el tiempo t será

$$t = \frac{V_{0y}}{g}$$

Reemplazando en la [3-38]

$$y = h = \frac{V_{0y}^2}{g} - \frac{1}{2} \, g \, \frac{V_{0y}^2}{g^2}$$

$$h = \frac{V_{0y}^2}{2 \, g} = \frac{V_0^2 \operatorname{sen}^2 \alpha}{2 \, g}$$

esta expresión tomará un valor máximo cuando el seno sea máximo, es decir, valga la unidad

$$\operatorname{sen}^2 \alpha = 1 \qquad \alpha = 90°$$

La altura máxima se lograría con un ángulo de tiro de 90° lo que significaría un *tiro vertical*

3.7.3. Alcance máximo

Cuando el proyectil llega a la distancia $"\ell"$, se anula al abscisa y, luego usando la [3-38]

$$y = 0 \qquad V_{0y}\, t = \frac{1}{2}\, g\, t^2 \qquad \therefore \qquad t = \frac{2\, V_{0y}}{g}$$

Reemplazando este valor de t en la ecuación de las abcisas

$$x = V_{0x}\, t$$

$$x = \ell = \frac{2\, V_{0x}\, V_{0y}}{g} = \frac{V_0^2\, 2\, \mathrm{sen}\,\alpha\ \cos\alpha}{g}$$

y como $2\,\mathrm{sen}\,\alpha\ \cos\alpha = \mathrm{sen}\,2\alpha$

$$x = \frac{V_0^2}{g}\, \mathrm{sen}\,2\alpha \qquad\qquad\qquad [3\text{-}41]$$

Esta expresión toma un valor máximo cuando

$$\mathrm{sen}\,2\alpha = 1 \qquad \alpha = 45°$$

En el vacío, el alcance máximo se obtiene con un ángulo de tiro de 45°.

3.7.4. Ángulo para una distancia prefijada

Si queremos alcanzar una distancia "d" menor que ℓ, el ángulo α correspondiente se obtiene de la [3-40].

$$\alpha = \frac{1}{2}\ arc\,\mathrm{sen}\ \frac{\ell\, g}{V_0^2}$$

3.7.5. Parábola de seguridad

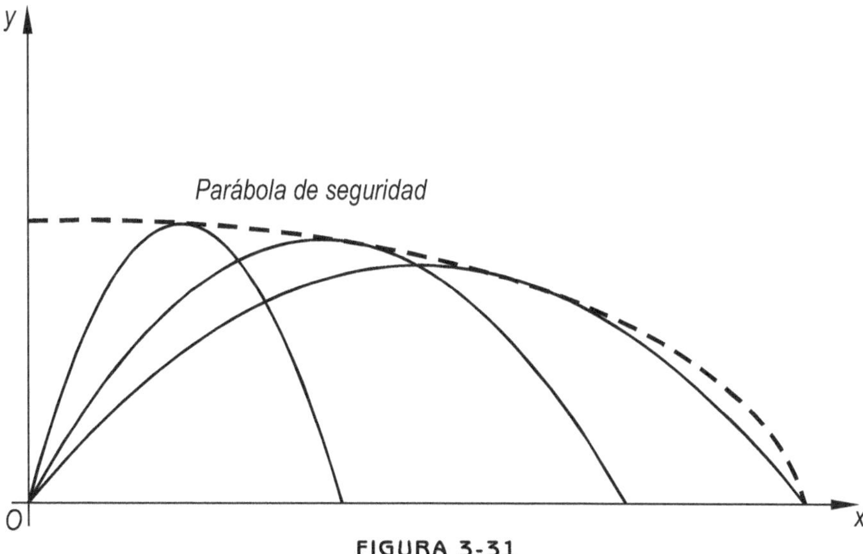

FIGURA 3-31

Según la (fig.3-31), con distintos ángulos de tiro obtendremos distintas parábolas. Todas estas se cruzan de tal forma que un mismo punto del espacio puede alcanzarse mediante dos ángulos distintos. La envolvente de todas las trayectorias posibles, se denomina **_parábola de seguridad_**, pues fuera de ella, no hay alcance posible.

3.8. MOVIMIENTO DE UN CUERPO LANZADO HORIZONTALMENTE

Es un problema similar al del proyectil. El cuerpo seguirá una trayectoria curvilínea como la indicada. Proyectando el movimiento sobre cada uno de los ejes podremos estudiar, a través de movimientos simples conocidos, el movimiento compuesto representado. El cuerpo parte de O, horizontalmente, con velocidad inicial v_0. Si no existiese la atracción gravitatoria, el cuerpo seguiría moviéndose sobre $O\text{-}X$ y como en esa dirección no hay fuerza que se oponga, se puede escribir que

$$\sum F_x = m\,a_x = 0 \qquad \sum F_y = m\,a_y = m\,g$$

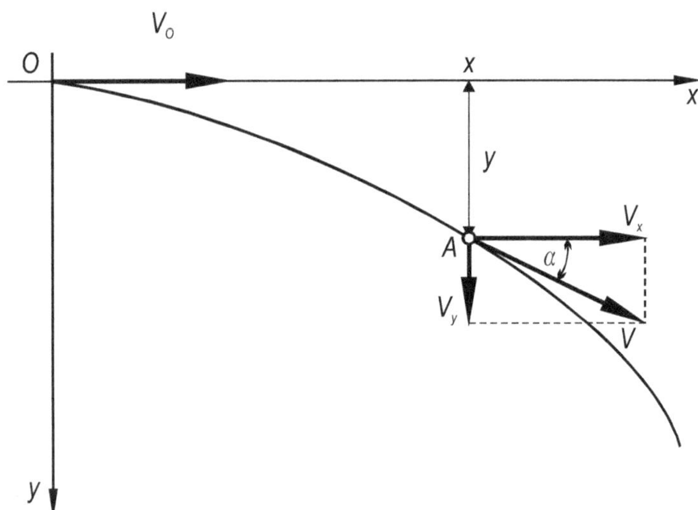

FIGURA 3-32

Similares a las del proyectil, con la diferencia de que ahora la fuerza actuante sobre el movimiento proyectado en $O\text{-}Y$, tiene la dirección de ese movimiento.

a) Aceleraciones

$a_x = 0$ El movimiento sobre el eje $O\text{-}X$ será *MRU*

$a_y = g$ El movimiento proyectado sobre el eje $O\text{-}Y$ será *MRUA*

b) Velocidades

$V_x = V_0 = cte.$

$$V_y = g\, t$$

y si quisiéramos conocer la velocidad del punto A

$$V = \sqrt{V_x^2 + V_y^2}$$

su dirección

$$\operatorname{tg}\alpha = \frac{V_y}{V_x} \qquad \text{Tangente a la trayectoria}$$

c) Desplazamientos

$$x = V_x\, t = V_0\, t \qquad\qquad y = \frac{1}{2}\, g\, t^2 \qquad\qquad [3\text{-}42]$$

d) Trayectoria

eliminando t entre las dos precedentes, se tiene

$$y = \frac{1}{2}\, \frac{g}{V_0^2}\, x^2 \qquad\qquad [3\text{-}43]$$

Ecuación de la forma $y = A\, x^2$, responde a una parábola

En el ejemplo de la fig.3-33, nos proponemos hallar la velocidad inicial V_0 que tiene un objeto lanzado horizontalmente, midiendo la distancia x y la altura y

$$V_0 = \frac{x}{t}$$

Para hallar t, lo despejamos de la [3-41]

$$t = \sqrt{\frac{2\,y}{g}}$$

de donde

$$v_0 = \frac{x}{\sqrt{\dfrac{2\,y}{g}}}$$

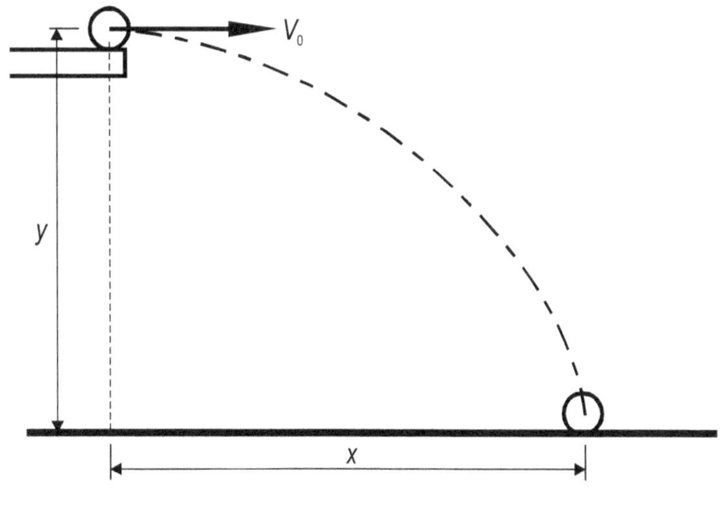

FIGURA 3-33

3.9. CINEMÁTICA DEL CUERPO RÍGIDO

Hemos estudiado el movimiento cinemático de un punto material o partícula, pero en la mayoría de los casos y especialmente en ingeniería, nos enfrentaremos al problema de cuerpos que, cuando se mueven, sus diferentes partículas constitutivas no tienen todas el mismo movimiento.

Por ello estudiamos brevemente como es el movimiento del cuerpo rígido, entendiendo por tal un conjunto de puntos cuyas distancias relativas permanecen constantes. El cuerpo rígido, sobre el cual volveremos más adelante, es un cuerpo sólido ideal, pues es indeformable. La posición de un cuerpo rígido queda determinada cuando se fijas las coordenadas de tres puntos no alineados del mismo (fig.3-34)

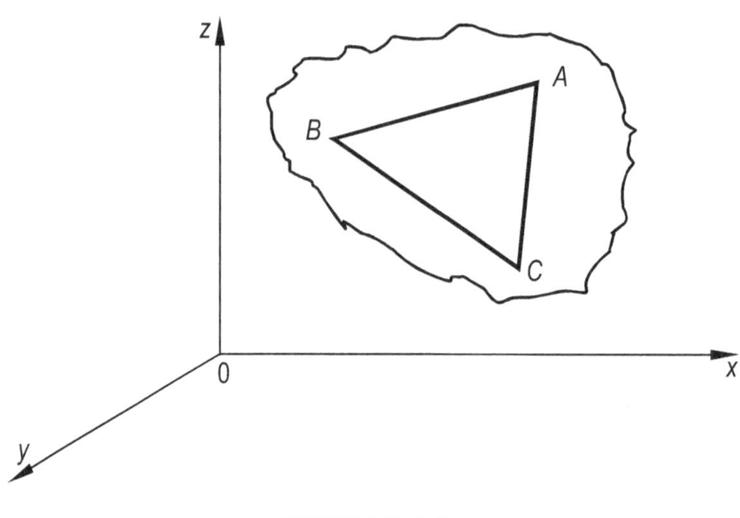

FIGURA 3-34

Interesa estudiar los desplazamientos mediante los cuales se puede llevar un cuerpo rígido de una posición a otra.

Los desplazamientos elementales son: ***traslación*** y ***rotación*** alrededor de un eje. Todo otro desplazamiento puede realizarse mediante una combinación de estos dos.

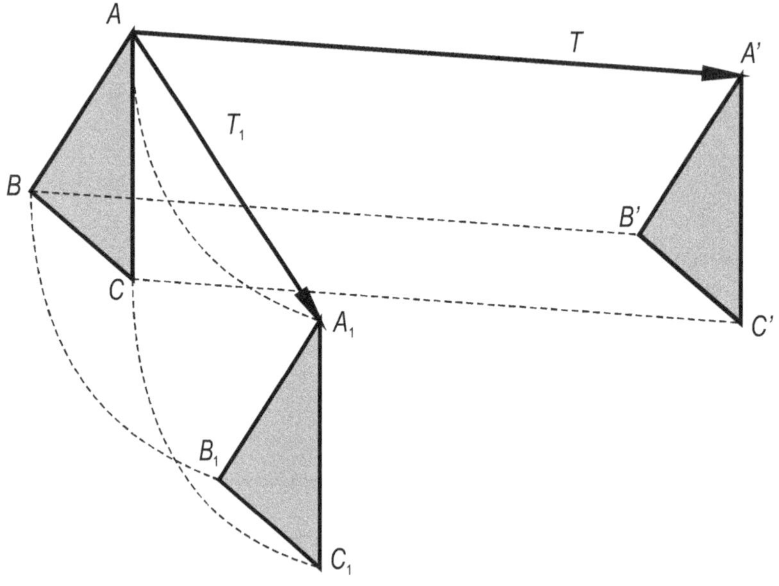

FIGURA 3-35

3.9.1. Movimiento de traslación y rotación

El movimiento de un cuerpo se llama de *traslación* cuando una recta cualquiera trazada entre dos puntos del mismo, se mantiene constantemente paralela a sí misma. La trayectoria puede ser rectilínea o curvilínea, tales son los casos indicados en la fig.3-35. En ellos todas las rectas como *A-B*; *B-C*; *A-C* se mantienen paralelas a su posición inicial. Las trayectorias de los diversos puntos son congruentes, es decir, pueden superponerse unas a las otras. Una traslación se indica por u vector como el T o el T_1 que tiene su origen y su extremo respectivamente en las posiciones inicial y final de un punto cualquiera del cuerpo. Si las trayectorias son arcos de circunferencia, el movimiento se llama de traslación circular. Todos los puntos de un cuerpo se mueven con la misma velocidad tangencial.

El movimiento es de *rotación* cuando los puntos del cuerpo o vinculados a él, permanecen fijos en el espacio, la recta que los une se llama eje de rotación. Todas las rectas paralelas al eje tendrán un movimiento de traslación circular.

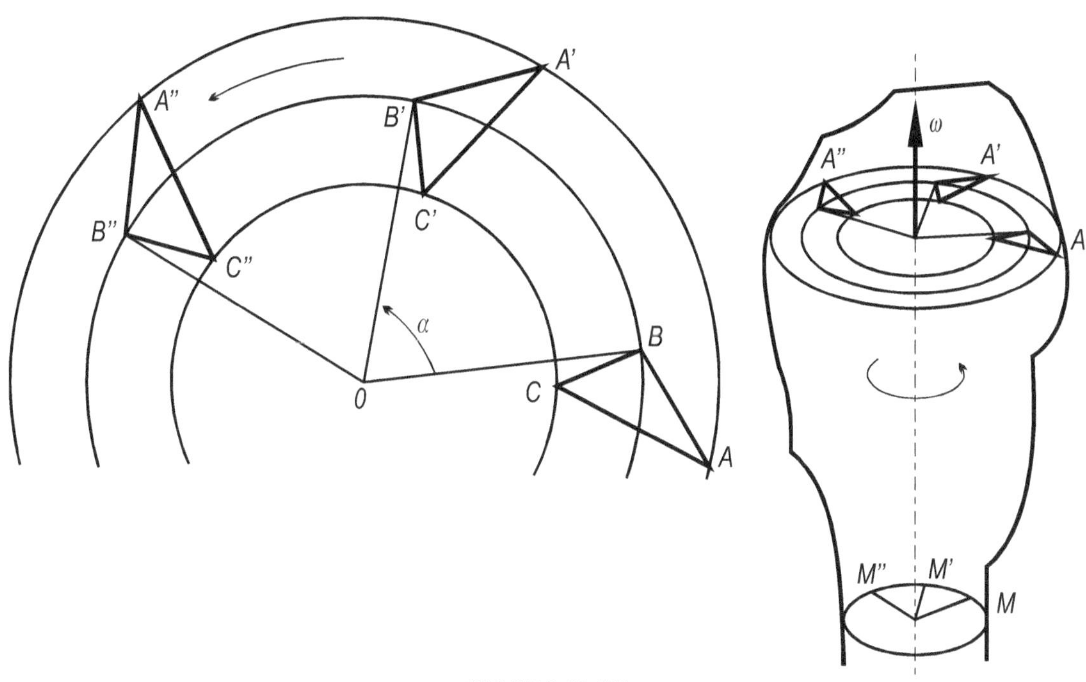

FIGURA 3-36

En la fig.3-36 el punto O es la intersección del eje de rotación sobre el plano de la figura, todos los puntos habrán descripto arcos de circunferencia y ángulos iguales en un tiempo dado, cualquiera que sea la ecuación de su movimiento. Las trayectorias de dos puntos cualesquiera del cuerpo, A y M están contenidas en planos paralelos, normales al eje de rotación. Por ello el movimiento se llama movimiento se llama *movimiento plano*. Una rotación se indica por un vector ω situado sobre el eje, con módulo igual al ángulo descripto α en radianes y sentido de acuerdo a la convención. Si el movimiento se efectúa en la unidad de tiempo, el vector representa la velocidad angular media ω_m igual para todos los puntos del cuerpo.

3.9.2. Composición de movimientos

En general, los cuerpos se mueven con movimientos que son combinaciones de otros varios. Si un cuerpo tiene un movimiento compuesto, cada movimiento componente se cumple como si los demás no existieran. Esto nos permite analizar movimientos compuestos, a través de los movimientos elementales que lo componen y hallar así el movimiento resultante.

Dos o más *traslaciones simultáneas*, se componen sumando vectorialmente los vectores que las representan, tal es el caso de un vehículo (*barco-avión*) que se mueve en un fluido con movimiento de traslación, mientras este último también lo hace en la misma o diferente dirección. El vector resultante representará la traslación total.

En el caso de *dos rotaciones simultáneas*, los vectores que la representan se suman también, pero para cada posición instantánea la suma tiene un valor determinado, distinto de otros.

Solamente para dos rotaciones infinitamente pequeñas sobre ejes concurrentes, se verifica que la rotación resultante, es la resultante de los dos vectores representativos de las rotaciones dadas. En todos los demás casos el movimiento debe analizarse punto por punto.

Una *traslación* una *rotación* simultánea se pueden componer siempre. Si la traslación es para rotación, el movimiento se llama *helicoidal* (fig.3-37 movimiento de un punto del cuerpo), si ambos son perpendiculares, el movimiento es plano (angular y constituye una rotación única alrededor de un eje paralelo al primero.

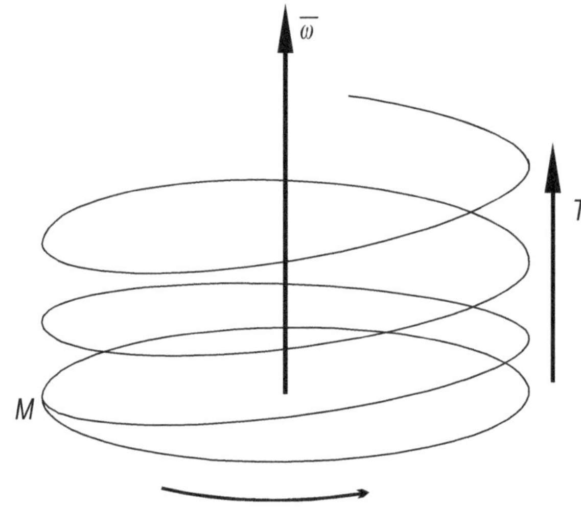

FIGURA 3-37

La fig.3-38 indica el caso de una traslación T y una rotación ω alrededor de un eje O. La primera llevará al cuerpo a la posición A'-B'-C' y la segunda a la posición final, A''-B''-C''; pero a esta misma posición se puede llegar por una rotación ω_1 alrededor del eje O_1 paralelo a O.

Por lo tanto, siempre es posible trasladar un cuerpo desde una posición inicial a otra final, empleando infinidad de combinaciones de una traslación y una rotación.

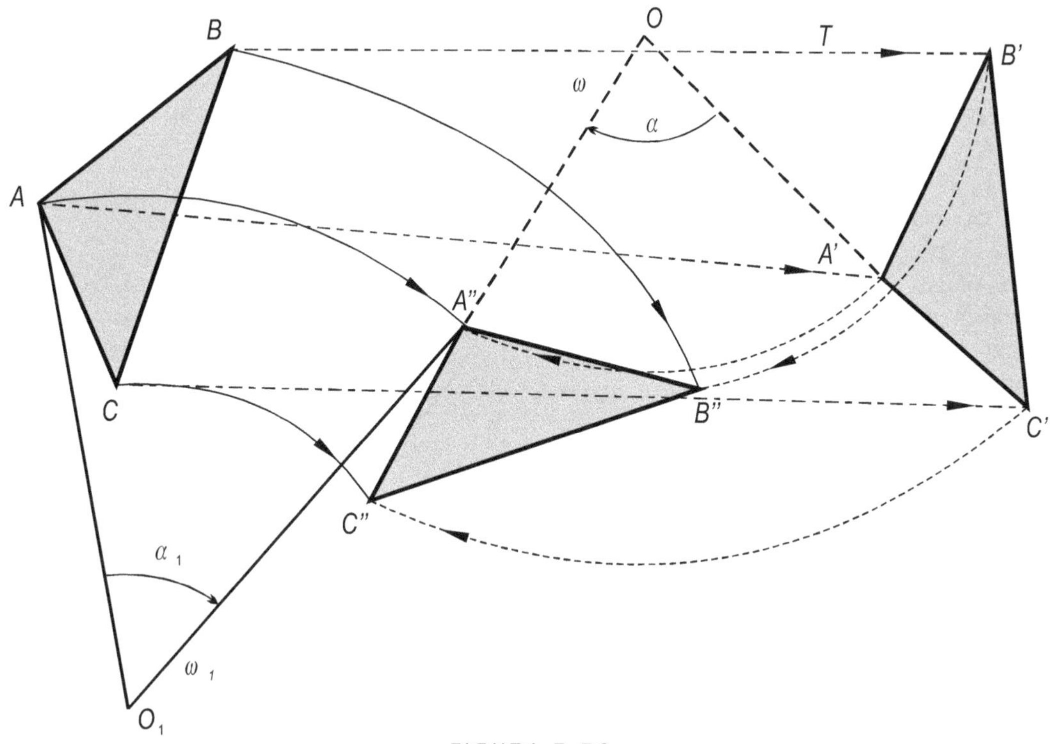

FIGURA 3-38

3.10. CONSECUENCIAS DE LAS ECUACIONES DE FITZGERALD-LORENTZ

La imagen copernicana del mundo, muestra que los problemas astronómicos del movimiento y la gravitación representan una de las fuentes de donde ha surgido la teoría de la relatividad. La otra, se halla en la teoría de la electricidad y en la luz.

El paso inicial para la comprensión de la luz, fue dado por el astrónomo Olaf Roemmer, quien en 1676 determinó un nuevo concepto físico. Hasta ese momento nadie había pensado que la luz necesitaba de tiempo para propagarse, salvo por supuesto, algunos sabios destacados que lo preveían. Hoy este concepto se recibe como un hecho a pesar de que nos parece natural pensar que la luz llena el espacio inmediato en el mismo momento en que encendemos una lámpara. En realidad la luz se propaga, pero quizás dura menos de una millonésima de segundo. Sólo mediciones muy exactas podrían determinar los minúsculos períodos para la propagación de la luz y es por eso que tal determinación quedó reservada a la Astronomía, ciencia que combina la precisión de las mediciones con la observación de grandes distancias.

Roemmer investigó los eclipses de los satélites de Júpiter y observó la desaparición y reaparición de las lunas al pasar en su movimiento orbital por la sombra cónica de dicho planeta. Como consecuencia, descubrió que la duración de los oscurecimientos de la luna no eran siempre exactamente iguales, ya que según la época del año ofrecían diferencias de segundos. La existencia de la velocidad de la luz se dedujo de estas desviaciones, las cuales permitieron calcular su valor numérico con gran aproximación.

Fue Newton, quien desempeñó un papel importante en la mecánica y en la óptica, y explicó la propagación de la luz por medio de lo que se dio en llamarse *"teoría corpuscular"*.

Pero sin embargo, fue el matemático Christian Hugghens quien descubrió la posibilidad de explicitar los fenómenos de propagación mediante ondas. Esta teoría resistida en un principio, comenzó a vislumbrar su victoria con la teoría de la interferencia. La sustancia de esta teoría podría ser descripta diciendo **la suma de dos claridades da una oscuridad** (fig.3-39).

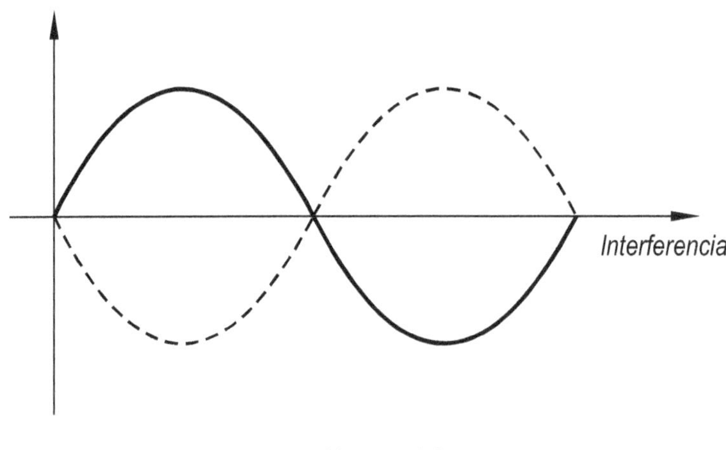

FIGURA 3-39

$$Luz + Luz = Oscuridad$$

Una teoría que considera a la luz de naturaleza material no sería capaz de justificar este fenómeno, por cuanto una combinación de dos partículas materiales solo puede dar como resultado más material y no menos. Fue el físico francés *Fresnel* quien hizo plausible la teoría de las ondas, al determinar que la luz esta vinculada con ondas transversales y sus estudios están referidos fundamentalmente a lo que se conoce como polarización de la luz, caracterizada por la condición transversal de la misma.

Los inventores de la teoría de las ondas creían como cosa natural que la propagación de la luz debía darse en un medio imaginario al cual lo llamaron éter. De por sí, todos los fenómenos de ondas tienen un medio de propagación evidente. Sin embargo, el inglés *James Maxwell*, partiendo de los experimentos de *Faraday* pudo presumir, sin dar prueba de ello, que debían ser idénticas a la luz, por lo que la luz no es otra cosa que un fenómeno eléctrico similar a los campos eléctricos o magnéticos que surgen en la vecindad de las corrientes eléctricas, solamente que en caso de la luz, las vibraciones son extremadamente altas (concepto de campo opuesto al de sustancia).

Podemos decir ahora que la luz es un proceso eléctrico más bien que mecánico y ocupa un lugar limitado del espectro total de las ondas eléctricos y el ojo humano es sensible a esa pequeña extensión de frecuencias.

El resultado negativo de los experimentos orientados a medir el movimiento de la tierra a través de éter, llevaron a Einstein a concluir que el éter no debía existir en el sentido de un medio portador de luz y la velocidad de la luz debe ser idéntica en todas direcciones. Esto último supera el sentido del experimento de Michelson y nos lleva a la famosa doctrina de *"la relatividad de la simultaneidad"*, que para sostenerla Einstein, parte de la presunción de que no puede existir una velocidad mayor que la de la luz. Einstein distingue entre la simultaneidad en el mismo lugar y la simultaneidad de hechos a distancia.

La simultaneidad en un mismo punto, puede ser tomada apoyándonos en los conceptos de la física clásica, pero, ¿cómo llega una observador al orden temporal, cuando se trata de hechos separados en el espacio si no podemos recurrir a mediciones? En este caso debemos admitir que la simultaneidad de hechos distantes no puede ser *verificada*, solo puede ser *definida*. Se trata de algo arbitrario que jamás nos conducirá a una contradicción.

Si bien la luz, para la teoría original de la relatividad de Einstein, servía para determinar la simultaneidad, un revisión última de esa teoría, pone en evidencia que la luz puede ser usada para todas las mediciones de tiempo, para designar la medida del tiempo, y hasta para medir el espacio. Se puede construir una geometría de la luz, en la que ella determine la comparación de distancias espaciales.

De acuerdo a la teoría espacio-tiempo de Einstein, los relojes, las reglas métricas y los instrumentos materiales para medir espacio, tienen una función subalterna, se ajustan a la geometría de la luz y obedecen a todas las leyes que proporciona la luz para la comparación de las magnitudes, de igual forma que las agujas magnéticas no eligen la dirección independientemente, sino que se ajustan al campo de fuerzas magnéticas.

De lo anterior se deduce que el movimiento ejerce una influencia retardadora sobre los relojes y de acuerdo a la teoría de la relatividad todo mecanismo en movimiento, sin considerar su género manifiesta un retardo similar. Desde un punto de vista biológico los procesos del cuerpo humano están fundados en cambios de estados electroquímicos y reposan en el movimiento de los electrones y átomos y los procesos de esas partículas elementales disminuirían la velocidad en igual proporción que el reloj (los sentimientos y percepciones del hombre estarán en completo acuerdo con el reloj). Por lo tanto "*nadie esta obligado a reconocer el retardo de un reloj en movimiento*", podemos decir que nada ha cambiado durante el movimiento y tan solo podemos afirmar que hay retraso en nuestro reloj respecto a objetos de otro estado de movimiento.

En lo que hace a la telefonía celeste, nuestra manifestación de que ninguna señal puede viajar con una rapidez mayor a la luz, lleva a conclusiones desalentadoras. Si tomamos en cuneta que un rayo de luz necesita aproximadamente ocho minutos para recorrer la distancia que separa a la tierra del sol y dieciséis para hacerlo en ambas direcciones y si la estrella fija más cercana se encuentra a 8 *años-luz* de nosotros, tendríamos que esperar 16 años por una respuesta.

Finalmente podemos decir que de acuerdo a lo visto, el electromagnetismo predice y la experiencia confirma que es la velocidad de la luz en el vacío estrictamente *invariante*, o sea del mismo valor, cualquiera sea la velocidad del sistema inercial desde el cual se mida.

En la fig.3-40 observamos que si el sistema (x', y', z') se mueve con movimiento rectilíneo uniforme, un observador ubicado en el recinto 0' no podría revelar por si solo el hecho de moverse respecto a (x, y, z). La experiencia a mostrado que el movimiento no puede ser revelado por ningún proceso físico (*principio de la relatividad*), la bolita sobre la mesa permanecería en el mismo lugar.

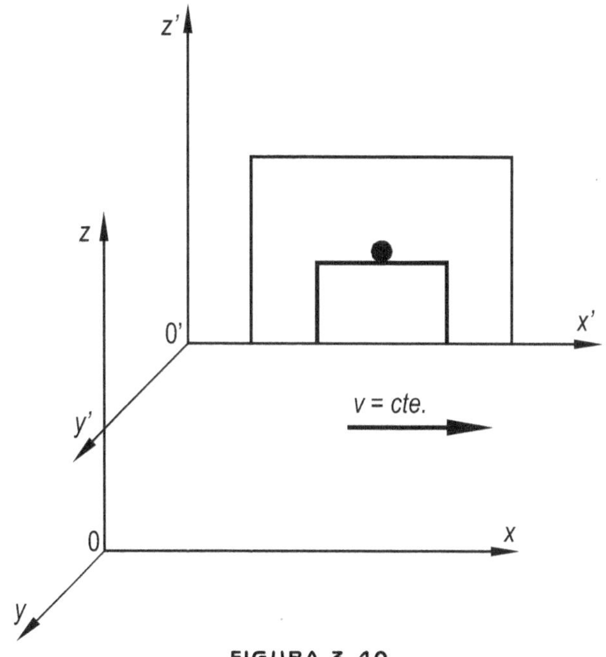

FIGURA 3-40

Como consecuencia de la invariancia de la velocidad de la luz se hace necesario reemplazar la transformación de Galileo por la transformación de Lorentz (*Teoría especial de la Relatividad*), la cual liga las coordenadas y el tiempo (x', y', z') de un sistema inercial en movimiento con otro (x, y, z) en reposo, desapareciendo el sentido absoluto del tiempo ($t = t'$). Ahora, dos sucesos que son simultáneos en un sistema ya no lo serán para otro que se mueve respecto al primero. Sin embargo, para $V <<< c$ la transformación de Lorentz conduce a la de Galileo. Como vemos, ahora tenemos que revisar los conceptos de espacio y tiempo.

3.11. TRANSFORMADAS DE LORENTZ

Supongamos que los observadores O y O', se mueven con velocidad relativa V como se muestra en la fig.3-41. Ambos observadores ajustan sus relojes de modo que $t = t' = 0$, en el momento en que O y O' coinciden. En ese instante, se emite un rayo de luz y luego de un tiempo t el observador O nota que la luz ha llegado al punto A y escribe que $r = c\,t$ (c es la velocidad de la luz que es invariante).

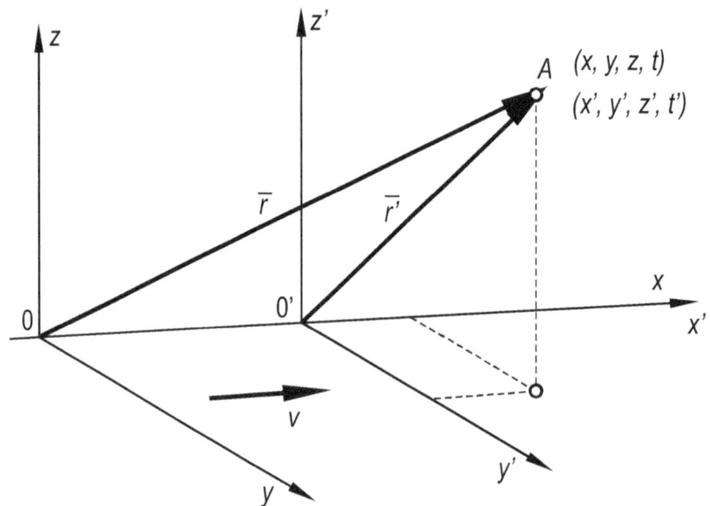

FIGURA 3-41

De acuerdo a esto

$$r^2 = x^2 + y^2 + z^2 \qquad [3\text{-}44]$$

y reemplazando

$$c^2 t^2 = x^2 + y^2 + z^2 \qquad [3\text{-}45]$$

Además, el observador O', luego de ese tiempo nota que la luz llega a A y escribe que

$$r' = c\,t'$$

de forma tal que

$$c^2 t'^2 = x'^2 + y'^2 + z'^2 \qquad [3\text{-}46]$$

en este caso $y = y'$ y $z = z'$. Además como $OO' = V \cdot t$ para O, para $x' = 0$

$$x = V \cdot t \qquad \text{(punto } O')$$

De acuerdo a lo anterior debemos suponer que

$$x' = k\left(x - V\,t\right) \qquad \text{siendo } k \text{ cte.}$$

Como $t \neq t'$, también

$$t' = a\left(t - b\,x\right)$$

siendo a y b dos constantes a determinar.

De acuerdo a la transformación de Galileo que supone que $t = t'$ deberá ser $a = k = 1$ y $b = 0$.

Sustituyendo en [3-46], realizando operaciones y teniendo en cuenta que el resultado debe ser igual a [3-44]

$$k\left(x^2 - 2V\,xt + V^2\,t^2\right) + y^2 + z^2 = c^2 a^2 \left(t^2 - 2b\,xt + b^2\,x^2\right)$$

luego

$$\left(k^2 - b^2 a^2 c^2\right)x^2 - 2\left(k^2 V - b a^2 c^2\right)xt + y^2 + z^2 = \left(a^2 - \frac{k^2 V^2}{c^2}\right)c^2 t^2$$

de donde

$$\begin{cases} k^2 - b^2 a^2 c^2 = 1 \\ k^2 v - b a^2 c^2 = 0 \\ a^2 - \dfrac{k^2 V^2}{c^2} = 1 \end{cases}$$

resolviendo el sistema obtenemos

$$k = a = \frac{1}{\sqrt{1 - \dfrac{v^2}{c^2}}} \qquad y \qquad b = \frac{v}{c^2}$$

éste valor de k es función de $\dfrac{v}{c}$ y $k \geq 1$.

Veamos en la fig.3-42 como influye la velocidad en las ecuaciones que hasta ahora nos hemos planteado para la física clásica y veamos que para nuestras velocidades normalmente usadas, no hay posibilidades de cometer errores. Además podemos observar que éste es un caso particular en la que

$$k = a = 1 \qquad y \qquad b = 0$$

El gráfico de la fig.3-42, nos muestra que a partir de un 10 % de c la cte. K comienza a tener verdadera influencia. Esto generalmente ocurre en partículas muy rápidas como lo son los átomos o los rayos cósmicos.

Veamos que consecuencias trae al factor k con respecto al tiempo.

Imaginemos el péndulo que oscila alrededor de A y que el intervalo de tiempo entre dos eventos que ocurren en x' es para 0' (x', y', z')

$$T' = T'_b - T'_a$$

de acuerdo a la transformación de Lorentz

$$T_a = k\left(T'_a - b\,x'\right)$$

$$T_b = k\left(T'_b - b\,x'\right)$$

restando miembro a miembro

$$T_b - T_a = k\left(T'_b - T'_a\right)$$

como $k > 1$ se deduce que $T > T'$; luego

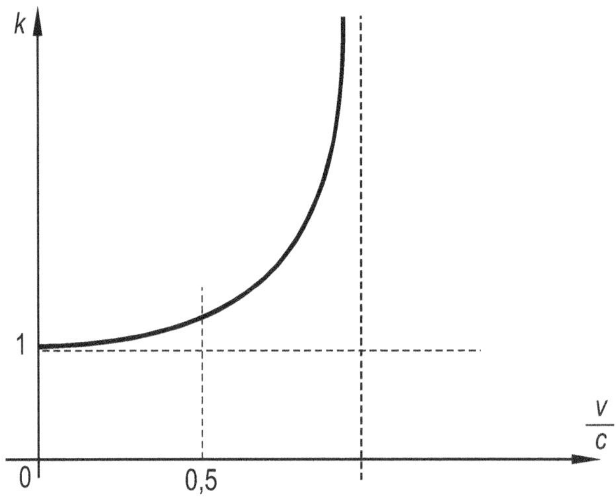

FIGURA 3-42

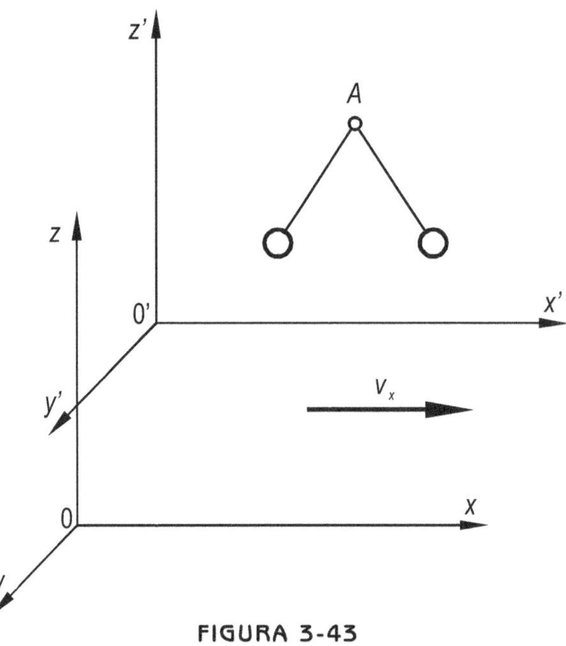

FIGURA 3-43

> *Los procesos parecen tomar más tiempo cuando ocurren en un cuerpo en movimiento relativo a un observador, que cuando está en reposo relativo al mismo.*

Sin embargo a esto último debe agregársele otra consecuencia importante, como el caso de un objeto que se encuentra en movimiento relativo respecto a un observador y a la cual se le mide su longitud. En este caso las posiciones de los dos extremos deben ser medidas simultáneamente.

Imaginemos la barra de la figura en reposo relativo respecto a (x', y', z'). La simultaneidad para un observador en dicho sistema no es necesaria ya que el ve la barra en reposo y

$$L' = x'_b - x'_a$$

para el observador del sistema (x, y, z), el cual ve la barra en movimiento, la longitud deberá ser medida tomando las coordenadas de ambos extremos en el mismo tiempo t y

$$L = x_b - x_a$$

pero sabemos que

$$x'_b = k\left(x_b - v\,t\right)$$

$$x'_a = k\left(x_a - v\,t\right)$$

Restando miembro a miembro

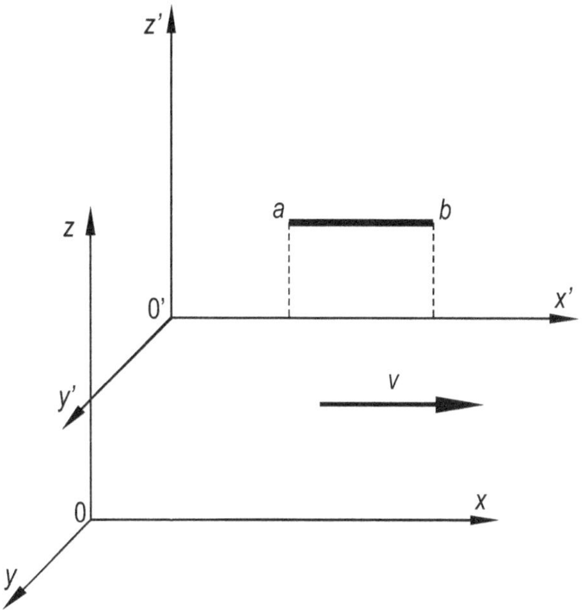

FIGURA 3-44

$$x'_b - x'_a = k\left(x_b - x_a\right)$$

o también

$$L' = k\,L$$

y como consecuencia $L < L'$ por ser $k > 1$

Los objetos en movimiento parecen ser más cortos.

3.11.1. Veamos que sucede con la masa

Una de las ecuaciones de la teoría de la relatividad es

$$m = k\,m_0 \tag{[3-47]}$$

donde m_0 es la masa en reposo

Según la ecuación [3-47] la masa aumenta con la velocidad V, lo que hace que la inercia de la partícula sea tanto mayor cuanto más rápidamente se esta moviendo.

Para la mecánica clásica no hay límite para la velocidad que pueda adquirir un cuerpo, pero para la teoría de la relatividad sí.

$$V = c \qquad m \to \infty$$

lo cual resulta absurdo. Por lo tanto ***ningún cuerpo se podría mover con velocidades iguales o mayores que la de la luz***. Constituyéndose un límite superior para los cuerpos materiales.

En dinámica de alta energía, se concluye que cuando la velocidad de la partícula es cercana a la velocidad de la luz, la expresión de la energía cinética $E_C = \dfrac{1}{2} m V^2$ no es correcta.

Veamos esto último

$$dE_C = F \cdot ds = \frac{d(mV)}{dt} ds = V \cdot d(m V) \qquad\qquad [3\text{-}48]$$

$$d(m V) = m\, dV + V\, dm$$

reemplazándolo en [3-46]

$$dE_C = V\, m\, dV + V^2 dm \qquad\qquad [3\text{-}49]$$

elevando al cuadrado [3-47]

$$m^2 = \frac{m_0^2}{1 - \dfrac{V^2}{c^2}}$$

$$m^2 c^2 - m^2 V^2 = m_0^2\, c^2$$

teniendo en cuenta que m_0 y c son constantes, derivando y dividiendo por $2\, m$

$$2\, m\, c^2\, dm - 2\, m\, V^2 dm - 2\, m^2 V\, dV = 0$$

$$2\, m\, c^2\, dm = 2\, m\, V^2 dm + 2\, m^2 V\, dV$$

$$c^2\, dm = V^2 dm + m V\, dV$$

reemplazando en [3-49]

$$dE_C = c^2\, dm$$

como

$$E_C = 0$$

cuando $v = 0$ y $m = m_0 = cte.$

$$E_C = \int\limits_{0}^{E_C} dE_C = c^2 \int\limits_{m_0}^{m} dm = c^2 \left(m - m_0\right)$$

luego

$$E_C = \Delta m\, c^2 \qquad\qquad\qquad [3\text{-}50]$$

De acuerdo a la expresión [3-50] cuando el cuerpo adquiera E_C (energía cinética), su masa aumenta y viceversa, según Einstein, la variación de la masa de un cuerpo no solo puede deberse a la energía cinética E_C, sino que puede ser consecuencia de cualquier otra energía. Luego

$$\Delta m = \frac{E}{c^2}$$

En los casos en que $E \ll c^2$ es muy difícil aprecia Δm, en cambio cuando el valor de E es significativo (caso de partículas nucleares) el valor de Δm se debe tener en cuenta.

Veamos que sucede cuando $V \ll c$

$$E_C = c^2 \left(m - m_0\right) = c\, m - c\, m_0$$

$$E_C = c^2 m_0 \left(1 - \frac{V^2}{c^2}\right)^{-\frac{1}{2}} - c\, m_0$$

$$\left(1 - \frac{V^2}{c^2}\right)^{-\frac{1}{2}} = \left(1 + \frac{V^2}{2c^2} + \frac{3V^4}{8c^4} + \dots\right)$$

reemplazándolo y tomando valores significativos

$$E_C = m_0 c^2 + m_0 c^2 \frac{V^2}{2c^2} - m_0 c^2$$

finalmente

$$E_C = \frac{1}{2} m\, V^2$$

CAPÍTULO 4

DINÁMICA DE UNA PARTÍCULA

En cinemática, analizamos los elementos que intervienen en la "*descripción*" del movimiento de una partícula. Veamos ahora la razón *por la cual* ellas se mueven de la manera en que lo hacen, para ello es importante comprender los fenómenos que observamos continuamente a nuestro alrededor, no solamente para un conocimiento básico de la naturaleza, sino también por su importancia en la ingeniería y sus aplicaciones prácticas. La comprensión de cómo se producen éstos fenómenos nos capacita para diseñar máquinas y otros instrumentos que se mueven en la forma en que nosotros deseamos.

> *El estudio de la relación entre el movimiento de un cuerpo y la causa de este movimiento se denomina* dinámica.

Nuestra experiencia diaria nos muestra que el movimiento de un cuerpo es un resultado directo de sus *interacciones* con otros cuerpos que lo rodean, como ocurre cuando un bateador golpea una pelota y modifica su movimiento o la trayectoria de un proyectil, que es el resultado de su interacción con la tierra.

El concepto matemático denominado *fuerza* no es otra cosa que una interacción entre los cuerpos. Estudiaremos a continuación algunas leyes que gobiernan la dinámica

4.1. LEY DE INERCIA

Una *partícula libre* es aquella que no está sujeta a ninguna interacción. En realidad esto no existe, ya que todas las partícula están sujetas a interacciones con el resto del universo. Luego para que una partícula sea libre deberá estar completamente aislada, o ser la única partícula en el mundo. Pero si es así, sería imposible observarla ya que, en el proceso de la observación, hay siempre una interacción entre el observador y la partícula. En la práctica, sin embargo, hay algunas partículas que podemos considerar libres, ya sea porque se encuentran suficientemente lejos de otras y sus interacciones son despreciables, o porque las interacciones con las otras partículas se anulan, dando como resultado una interacción neta nula.

La *ley de inercia*, establece que

> *Una partícula libre siempre se mueve con velocidad constante.*

Una partícula libre es aquella que se mueve en línea recta con un velocidad constante o se encuentra en reposo relativo (velocidad cero). *Primera ley de Newton*, (1642-1727).

Recordemos que todo movimiento es relativo. Luego, cuando enunciamos la ley de inercia debemos indicar con respecto a quién se refiere el movimiento de la partícula libre. Suponemos que el movimiento de la partícula está relacionado a un observado quien se considera también una partícula libre (o un sistema); es decir, que no está sujeto a interacciones con el resto del mundo. Tal observador se denomina *observador inercial*, y el sistema de referencia que él utiliza se llama un *sistema inercial de referencia.*

Suponemos que los sistemas inerciales de referencia no están rotando, debido a que si así fuera, implicaría que hay aceleraciones debidas a cambios en la dirección de las velocidades, por lo que hay interacciones, lo cual es contrario a nuestra definición de observador inercial como *"partícula libre"* o sin aceleración. De acuerdo a la ley de inercia, diferentes observadores inerciales pueden estar en movimiento, unos con relación a otros, con velocidad constante. Estando sus observaciones relacionadas ya sea mediante las trasformaciones de Galileo o las de Lorentz, según sea la magnitud de sus velocidades relativas.

Debido a su rotación diaria y a su interacción con el Sol y los otros planetas, la tierra no es un sistema inercial de referencia. Sin embargo, en muchos casos los efectos de la rotación de la tierra y las interacciones son despreciables, y los sistemas de referencia unidos a nuestros laboratorios terrestres pueden, sin gran error, ser considerados inerciales. Tampoco el sol es un sistema inercial de referencia. Debido a sus interacciones con otros cuerpos en la galaxia, el sol describe una órbita curva alrededor del centro de la galaxia. Sin embargo, como el movimiento del sol es más rectilíneo y uniforme que el de la tierra, la semejanza del sol a un sistema inercial es mucho mayor.

Resumiendo, podemos decir que un cuerpo libre es aquel en el cual se cumple que $\dfrac{d\bar{v}}{dt} = 0$.

4.2. CANTIDAD DE MOVIMIENTO O MOMENTUM LINEAL

La *masa* es un número que para cada partícula o cuerpo se obtiene comparandola con el cuerpo patrón, utilizando para ello una balanza de brazos iguales. Nuestra definición de masa nos da un valor suponiendo que la partícula se halla en reposo. Sin embargo, no sabemos si la masa será la misma cuando se encuentre en movimiento; por lo que para ser más precisos, deberíamos utilizar el término *masa en reposo* o *estática*. En nuestro caso, la masa es independiente del estado de movimiento. En el capítulo anterior, al estudiar las *Transformadas de Lorentz*, hicimos un análisis cuidadoso de este aspecto importante y vimos que nuestra suposición de masa estática, es una buena aproximación en tanto la velocidad de la partícula sea muy pequeña comparada con la velocidad de la luz.

El *momentum lineal* o *cantidad de movimiento* de una partícula se define como el producto de su masa por su velocidad. Designándolo por $\bar{p}$ y tenemos

$$\bar{p} = m\bar{v} \qquad\qquad [4\text{-}1]$$

La cantidad de movimiento lineal es una cantidad vectorial, y tiene la misma dirección de la velocidad. Es un concepto físico de mucha importancia porque combina los dos elementos que caracterizan el estado dinámico de una partícula: su masa y su velocidad. En el sistema *MKSC*, la cantidad de movimiento lineal se expresa en $\left[\dfrac{\overline{Kg \cdot m}}{s}\right]$ (a esta unidad no se le ha dado un nombre especial).

El hecho de que la cantidad de movimiento lineal es una cantidad dinámica con mayor información que la velocidad puede demostrarse estudiando algunos experimentos simples. Por ejemplo, es más difícil detener o aumentar la velocidad de un camión cargado en movimiento que uno vacío, aun si la velocidad original fuera la misma en cada caso, porque el momentum de un camión cargado es mayor.

Otra manera de expresar la ley de inercia es diciendo que

> *Una partícula libre siempre se mueve con cantidad de movimiento constante.*

4.3. PRINCIPIO DE CONSERVACIÓN DE LA CANTIDAD DE MOVIMIEN-TO

La consecuencia inmediata de la ley de inercia es que un observador inercial reconoce que una partícula no es libre (es decir, que interactúa con otras partículas) cuando observa que la velocidad o el momentum de la partícula deja de permanecer constante, o en otras palabras, cuando la partícula experimenta una aceleración.

Consideremos ahora una situación ideal. Supongamos que, en lugar de observar una partícula aislada en el universo, como se supuso en la ley de inercia, observamos dos partículas que están sujetas solamente a su interacción mutua y se encuentran por otro lado aisladas del resto del universo. Como resultando de su interacción, sus velocidades individuales no son constantes sino que cambian con el tiempo, y sus trayectorias en general son curvas, como se indica en la fig.4-1 por las curvas. En un cierto tiempo t, la partícula 1 se encuentra en A con velocidad v_1 y la partícula 2 en B con velocidad v_2.

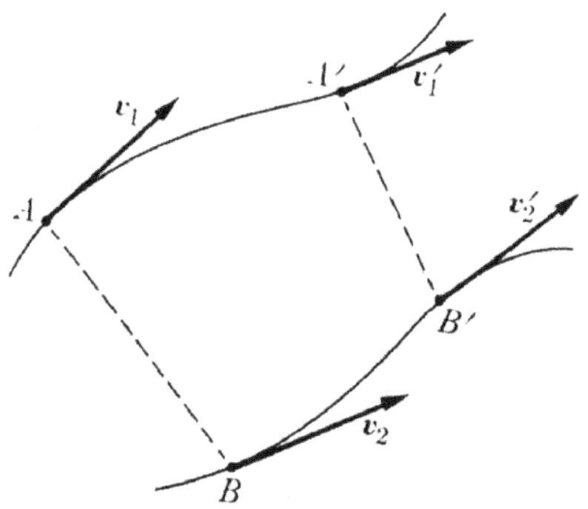

FIGURA 4-1

Posteriormente en el tiempo t', las partículas se encuentran en A' y B' con velocidades v'_1 y v'_2, respectivamente. Denominando m_1 y m_2 las masas de las partículas, el momentum total del sistema en el tiempo t es

$$\overline{P} = \overline{p}_1 + \overline{p}_2 = m_1 \overline{v}_1 + m_2 \overline{v}_2 \qquad [4\text{-}2]$$

Posteriormente en t', el momentum total del sistema es

$$\overline{P}' = \overline{p}'_1 + \overline{p}'_2 = m_1 \overline{v}'_1 + m_2 \overline{v}'_2 \qquad\qquad [4\text{-}3]$$

Al escribir esta ecuación hemos mantenido nuestra suposición de que las masas de las partículas son independientes de sus estados de movimiento, así hemos usado las mismas masas de la ecuación [4-1]. De otra manera hubiéramos escrito

$$\overline{P}' = m'_1 \overline{v}'_1 + m'_2 \overline{v}'_2$$

El resultado importante de nuestro experimento es que independientemente de los valores de t y t', siempre encontramos como resultado de nuestra observación que $\overline{P} = \overline{P}'$. En otros términos

> *La cantidad de movimiento total de un sistema compuesto de dos partículas que están sujetas solamente a su interacción mutua permanece constante.*

Este resultado constituye el *principio de la conservación del momentum*, uno de los principios fundamentales y universales de la física. Consideremos, por ejemplo, un átomo de hidrógeno, compuesto por un electrón rotando alrededor de un protón, y supongamos que el sistema se encuentra aislado de modo que solamente se tomará en cuenta la interacción entre el electrón y el protón. Por consiguiente, la suma de los momentos del electrón y del protón con relación a un sistema inercial de referencia es constante. Similarmente, consideremos el sistema compuesto por la tierra y la luna. SI fuera posible despreciar las interacciones debidas al sol y a los otros cuerpos del sistema planetario, entonces la suma de los momentos de la tierra y la luna, con relación a un sistema inercial de referencia sería constante.

Aunque el principio ya enunciado de la conservación de la cantidad de movimiento considera solamente dos partículas, este principio se cumple para cualquier número de partículas que formen un sistema asilado, es decir, partículas que están sometidas solamente a sus propias interacciones mutuas y no a interacciones con otras partes del mundo. Por ello, el principio de la conservación del momentum en su forma general dice

> *El momentum total de un sistema aislado de partículas es constante.*

Como ejemplo consideremos nuestro sistema planetario, compuesto del sol, los planetas y sus satélites. Si pudiéramos despreciar las interacciones con todos los otros cuerpos celestes, la cantidad de movimiento total del sistema planetario en relación a un sistema inercial de referencia sería constante.

No se conocen excepciones a este principio general de conservación de la cantidad de movimiento. Por el contrario, cuando parece que hay violación de este principio en un experimento, el físico inmediatamente busca alguna partícula desconocida o que no ha notado y la cual puede ser la causa de la aparente falta de conservación del momentum. Es esta búsqueda la que ha dado lugar a que los físicos identifiquen el neutrón, el neutrino, el fotón, y muchas otras partículas elementales.

La conservación de la cantidad de movimiento puede expresarse matemáticamente escribiendo la siguiente ecuación

$$\overline{P} = \sum \overline{p}_i = \overline{p}_1 + \overline{p}_2 + \overline{p}_3 + \dots = constante \qquad [4\text{-}4]$$

la cual indica que, en un sistema aislado, el cambio en la cantidad de movimiento de una partícula durante un intervalo particular de tiempo es igual y opuesto al cambio operado para el resto del sistema durante el mismo intervalo de tiempo.

Para el caso particular de dos partículas (fig.4-2)

$$\overline{p}_1 + \overline{p}_2 = constante$$

es decir

$$\overline{p}_1 + \overline{p}_2 = \overline{p}\,'_1 + \overline{p}\,'_2$$

Nótese que de la ecuación anterior

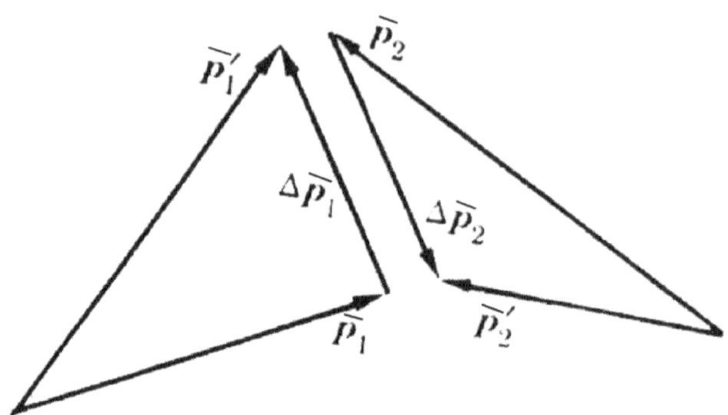

FIGURA 4-2

$$\overline{p}\,'_1 - \overline{p}_1 = \overline{p}_2 - \overline{p}\,'_2 = -\left(\overline{p}\,'_2 - \overline{p}_2\right)$$

O, llamando $\overline{p}\,' - \overline{p} = \Delta\overline{p}$ al cambio en la cantidad de movimiento entre los tiempos t y $t\,'$, podemos escribir

$$\Delta\overline{p}_1 = -\Delta\overline{p}_2 \qquad [4\text{-}5]$$

Este resultado indica que, para dos partículas interactuantes, el cambio en el momentum de una partícula en un cierto intervalo de tiempo es igual y opuesto al cambio en el momentum de la otra durante el mismo intervalo (fig.4-2). El resultado anterior puede expresarse diciendo que

> *Una interacción produce un intercambio en la cantidad de movimiento.*

El momentum *"perdido"* por una de las partículas interactuante es igual al momentum *"ganado"* por la otra partícula.

La ley de inercia propuesta anteriormente es justamente un caso particular del principio de conservación del momentum. Si tenemos solamente una partícula aislada en lugar de varias, la ecuación [4-4], tiene solamente un término por lo que p = constante o lo que es lo mismo, v = constante, lo cual es una expresión de la ley de inercia.

Un ejemplo del principio de conservación del momentum es el retroceso de un arma de fuego. Inicialmente el sistema *cañón y bala* se hallan en reposo, y el momentum total es cero. Cuando la bala es disparada, el cañón retrocede para compensar la cantidad de movimiento.

4.4. Definición dinámica de la masa

Utilizando la definición de cantidad de movimiento, y suponiendo que la masa de una partícula es constante, podemos expresar el cambio en la cantidad de movimiento de la partícula en un tiempo Δt como

$$\Delta \overline{p} = \Delta\left(m\,\overline{v}\right) = m\,\Delta \overline{v}$$

por ello, la ecuación [4-5] se convierte en

$$m_1\,\Delta \overline{v}_1 = -\,m_2\,\Delta \overline{v}_2$$

o considerando solamente las magnitudes

$$\frac{m_2}{m_1} = \frac{\left|\Delta \overline{v}_1\right|}{\left|\Delta \overline{v}_2\right|} \qquad\qquad [4\text{-}6]$$

la cual indica que los cambios de magnitud de velocidad son inversamente proporcionales a las masas. Si la partícula 1 es nuestra partícula *"patrón"*, su masa m_1 puede definirse como la unidad. Haciendo interactuar cualquier otra partícula, llamémosle la partícula 2, con la partícula patrón y aplicando la ecuación [4-6], podemos obtener su masa m_2. Este resultado indica que nuestra definición anterior de masa puede reemplazarse por esta derivada a partir del principio de conservación de la cantidad de movimiento (suponiendo que la masa no cambia con la velocidad).

4.5. Segunda y tercera ley de Newton; concepto de fuerza

En muchos casos observamos el movimiento de una partícula solamente, ya sea porque no tenemos manera de observar las otras con las cuales interactúa o porque las ignoramos a propósito. En esta situación, es algo difícil usar el principio de conservación del momentum. Sin embargo hay una manera práctica de resolver esta dificultad, introduciendo el concepto de *fuerza*.

La ecuación [4-5] relaciona el cambio en el momentum de las partículas 1 y 2 durante el intervalo de tiempo $\Delta t = t'- t$. Dividiendo ambos lados de esta ecuación por Δt, podemos escribir

$$\frac{\Delta \overline{p}_1}{\Delta t} = -\frac{\Delta \overline{p}_2}{\Delta t} \qquad\qquad [4\text{-}7]$$

que indica que las variaciones promedio con respecto al tiempo del momentum de las partículas en un intervalo Δt son iguales en magnitud y opuestas en dirección. Si hacemos Δt muy pequeño, vale decir, si encontramos el límite de la ecuación [4-7] cuando $\Delta t \to 0$, obtenemos

$$\frac{d\overline{p}_1}{dt} = -\frac{d\overline{p}_2}{dt} \qquad\qquad [4\text{-}8]$$

de modo que las variaciones (vectoriales) instantáneas de la cantidad de movimiento de las partículas, en cualquier instante t, son iguales y opuestas. Así si suponemos que la tierra y la luna constituyen un sistema aislado, la variación, con respecto al tiempo de la cantidad de movimiento de la tierra es igual y opuesto a la variación, con respecto al tiempo, de la cantidad de movimiento de la luna.

Luego *"El cambio con respecto al tiempo de la cantidad de movimiento de una partícula recibe el nombre de "fuerza"*; o sea que la fuerza que "actúa" sobre una partícula es

$$\overline{F}_i = \frac{d\overline{p}_i}{dt} \qquad\qquad [4\text{-}9]$$

La palabra "actúa" no es apropiada ya que sugiere la idea de algo aplicado a la partícula. La fuerza es un concepto matemático, el cual por definición, es igual a la derivada con respecto al tiempo de la cantidad de movimiento de una partícula dada, cuyo valor a su vez depende de su *interacción* con otras partículas. Por consiguiente, físicamente, podemos considerar la fuerza como la expresión de una interacción.

Si la partícula es libre, $p = cte.$ y $\overline{F}_i = \dfrac{d\overline{p}}{dt} = 0$. Por lo tanto, en ese caso, podemos decir que no actúan fuerzas sobre una partícula libre.

La expresión [4-9] es la *segunda ley de Newton*; pero como podemos ver, es más una definición que una ley, y es una consecuencia directa del principio de conservación del momentum.

Utilizando el concepto de fuerza, podemos escribir la ecuación [4-8] en la forma

$$\overline{F}_1 = -\overline{F}_2 \qquad\qquad [4\text{-}10]$$

donde $\overline{F}_1 = \dfrac{d\overline{p}_1}{dt}$ es la fuerza sobre la partícula 1 debido a su interacción con la partícula 2 y

$\overline{F}_2 = \dfrac{d\overline{p}_2}{dt}$ es la fuerza sobre la partícula 2 debido a su interacción con la partícula 1. Luego llegamos a la siguiente conclusión

> *Cuando dos partículas interactúan, la fuerza sobre una partícula es igual y opuesta a la fuerza sobre la otra.*

Esta es la *tercera ley de Newton*, nuevamente como una consecuencia de la definición de fuerza y del principio de conservación de la cantidad de movimiento. Esta última, se denomina algunas veces como *ley de acción y reacción*.

En numerosos problemas $\overline{F}_1$ (y por consiguiente también $\overline{F}_2$ puede expresarse como una función del vector posición relativo de las dos partículas, r_{12}, y quizás también como una función de su velocidad relativa. Según la ecuación [4-6], si m_2 es mucho mayor que m_1, el cambio en la velocidad de m_2 es muy pequeño comparado con el de m_1, y podemos suponer que la partícula 2 permanece prácticamente en reposo en algún sistema de referencia inercial. En el caso de los cuerpos sólidos (que en general no es más que un sistema de partículas cuyas distancias relativas permanecen inalteradas para la acción de fuerzas externas), un ejemplo de esto podemos observarlo en la fig.4-3.

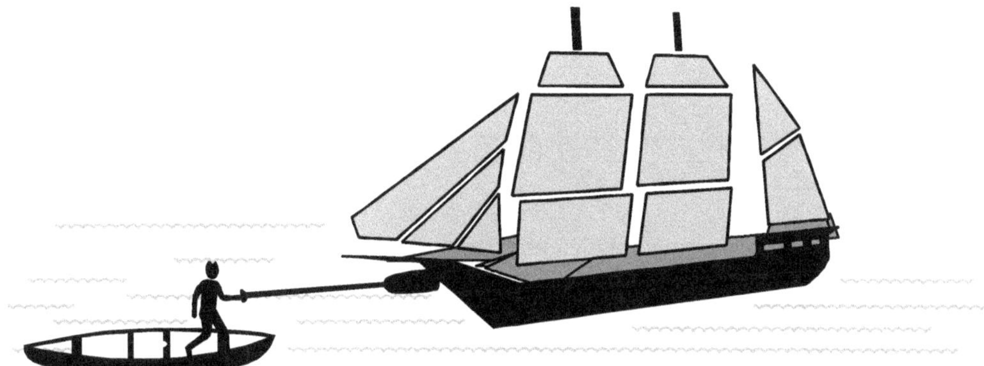

FIGURA 4-3

Recordando la definición [4-1] de la cantidad de movimiento lineal, podríamos escribir la ecuación [4-9] de la forma

$$\overline{F} = \frac{d\left(m\overline{v}\right)}{dt} \qquad\qquad [4\text{-}11]$$

y si m es constante, tenemos

$$\overline{F} = m\,\frac{d\overline{v}}{dt} \qquad \text{ó} \qquad \overline{F} = m\,\overline{a} \qquad\qquad [4\text{-}12]$$

Podemos expresar la ecuación [4-12] diciendo

> *La fuerza es igual a la masa multiplicada por la aceleración, si la masa es constante.*

Debe observarse que en este caso, la fuerza tiene la misma dirección que la aceleración. Por la ecuación [4-6] apreciamos que si la fuerza resultante es constante la aceleración, $\overline{a} = \dfrac{\overline{F}}{m}$, es también constante y el movimiento es uniformemente acelerado. Esto es lo que sucede con cuerpos que caen cerca de la superficie terrestre: todos los cuerpos caen hacia la tierra con la misma aceleración g, y por consiguiente, la fuerza de atracción gravitatoria de la tierra, llamada *peso,* es

$$\overline{W} = m\,\overline{g} \qquad\qquad [4\text{-}13]$$

En la ecuación [4-9] hemos supuesto que la partícula interactúa solamente con otra partícula como se desprende de la discusión anterior a la ecuación [4-9], y la ilustración de la fig.4-2. Sin embargo, si la partícula m interactúa, con las partículas m_1, m_2, m_3, ... cada una producirá un cambio en la cantidad de movimiento de m que es caracterizado por las fuerzas respectivas $\overline{F}_1$, $\overline{F}_2$, $\overline{F}_3$, ..., luego y de acuerdo a la ecuación [4-9] el cambio *total* de la cantidad de movimiento de la partícula m será

$$\frac{d\overline{p}}{dt} = \overline{F}_1 + \overline{F}_2 + \overline{F}_3 + ... = \sum \overline{F}$$

La suma vectorial de la derecha recibe el nombre de fuerza *resultante* aplicada sobre m. De ahora en más, $\overline{F}$ corresponderá a la fuerza resultante.

El concepto $\overline{F} = \dfrac{dp}{dt}$ es una expresión matemática conveniente para describir la variación del cambio de la cantidad de movimiento de una partícula debido a sus interacciones con otras. Sin embargo, en la vida diaria nosotros "*sentimos*" una fuerza (realmente una interacción) cuando un bateador golpea una pelota, un martillo golpea un clavo. Y obviamente es difícil reconciliar esta imagen sensorial de fuerza con la fuerza o interacción entre el sol y la tierra. En ambos casos, sin embargo, tenemos una interacción entre dos cuerpos. Pero se puede decir: que hay una gran distancia entre el sol y la tierra, mientras que el bateador "*toca*" la pelota. Este es precisamente el punto en el cual las cosas no son tan diferentes como parecen. No importa cuán compacto pueda parecer un sólido, sus átomos está separados y mantienen sus posiciones en la misma manera en que los planetas mantienen su posición como resultado de sus interacciones con el sol. El "*bate*" nunca está en contacto con la pelota en el sentido microscópico, aunque sus moléculas se acercan mucho a aquellas de la pelota, produciendo una alteración temporal en sus posiciones como resultado de sus interacciones. Así todas las fuerzas en la naturaleza corresponden a interacciones entre cuerpos situados a cierta distancia entre ellos. En algunos casos la distancia es tan pequeña desde el punto de vista humano que tendemos a extrapolar y pensamos que es cero. En otros casos la distancia es muy grande. Sin embargo, no hay diferencia esencial entre las dos clases de fuerzas.

4.6. FUERZAS DE INERCIA

De acuerdo al principio de D'Alambert, la ecuación diferencial del movimiento rectilíneo de una partícula puede escribirse de la siguiente forma

$$\sum F_x = m \, \frac{d^2 x}{dt^2} = 0$$

en la que $\sum F_x$ indica la resultante, en la dirección del eje de las x, de todas las fuerzas aplicadas a la misma partícula.

Esta ecuación del movimiento de una partícula es similar a una ecuación de "*equilibrio estático*" y la podemos considerar como una ecuación de "*equilibrio dinámico*". Para el planteo de estas ecuación solo se necesita considerar además de las fuerzas reales que actúan sobre la partícula, una fuerza $- m \, d^2 x / dt^2$. Esta fuerza, que se suele llamar ficticia y que no entraremos a flilosofar si es o no es el producto de la masa de la partícula por su aceleración y de sentido contrario al de la equilibrante de las fuerzas aplicadas y se denomina "*fuerza de inercia*".

Tratándose de un cuerpo rígido animado de un movimiento de traslación rectilíneo a lo largo del eje x, todas las partículas tienen la misma aceleración y en consecuencia la resultante de sus *"fuerzas de inercia"* es

$$-\sum m\ \frac{d^2x}{dt^2} = -\ \frac{d^2x}{dt^2}\ \sum m = m\ \frac{d^2x}{dt^2}$$

y como la *"fuerza de inercia"* de cada partícula es proporcional a m, tienen como consecuencia su punto de aplicación en el centro de gravedad del cuerpo, luego

$$\sum Fx_i + \left(-m\ \frac{dx^2}{dt^2}\right) = 0$$

Este procedimiento puede ser aplicado a cualquier sistema de partículas unidas entre sí y que solo puedan estar animadas de un movimiento rectilíneo.

Sea el caso de la fig. en que m_1 y m_2 están vinculados por una cuerda que pasa por la garganta de una polea de la que no se considera el rozamiento ni la inercia de la polea. Suponiendo el movimiento en la dirección indicada su aceleración genera las fuerzas de inercia que agregada a las fuerzas reales $\overline{T}$ y $m\ \overline{g}$, hacen que se obtenga un sistema en equilibrio para todo el sistema en el cual $\sum \tau_i = 0$.

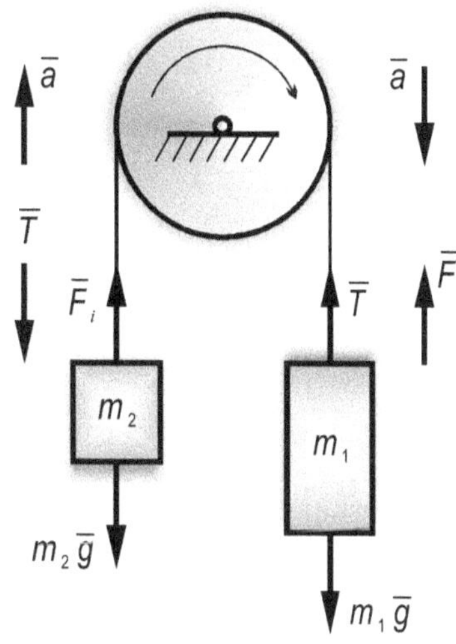

FIGURA 4-4

Este principio establece que la ecuación de movimiento para un sistema de partículas, puede obtenerse simplemente considerando las condiciones de equilibrio de las fuerzas externas, conjuntamente con las fuerzas de inercia que actúan sobre la partícula.

El principio de D'Alambert, es de aplicación en problemas de ingeniería ya que permite plantear desde un punto de vista estático, $\sum x_i = 0$; $\sum y_i = 0$ y $\sum \tau_i = 0$; cualquier caso de movimiento dinámico.

El caso por ejemplo de sólidos en movimiento en el interior de un móvil, puede ser resuelto haciendo intervenir fuerzas de inercia. De hecho, dos métodos de cálculo son aplicables según se considere observador fijo o al observador en movimiento en el interior del móvil. Veamos el caso de una masa suspendida de un resorte colgado del techo de un ascensor moviéndose este último con aceleración constante y dirigida hacia arriba.

4.6.1. Método de Newton (observador fijo)

Para el observador fijo, la masa m está sometida a 2 fuerzas: su peso $\vec{W}$ y la tensión del resorte $\vec{T}$; por la acción de estas dos fuerzas, toma una aceleración $\vec{a}$ dirigida hacia arriba. En este caso la relación fundamental de la dinámica se escribirá:

$$\vec{T} + \vec{W} = m\,\vec{a}$$

$$T - mg = m\,a$$

(hemos proyectado sobre un eje orientado hacia arriba) luego

$$T = m(g + a)$$

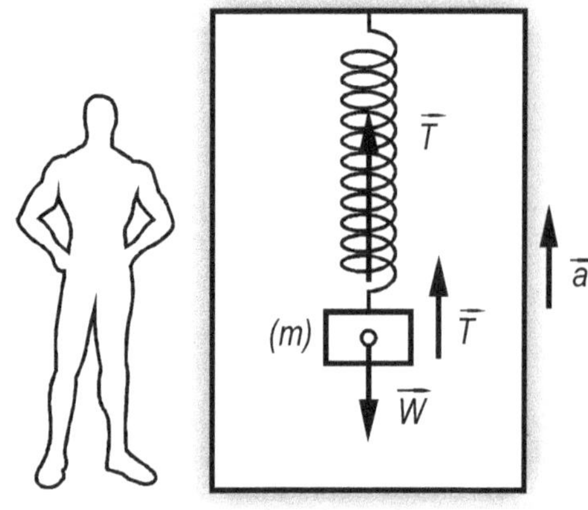

FIGURA 4-5

4.6.2. Método de D'Alambert (observador en movimiento)

Para un observador inmóvil en el ascensor, la masa m está sometida a tres fuerzas: el peso $\vec{W}$; la tensión $\vec{T}$ y la *fuerza de inercia* $\vec{f}_i = -m\,\vec{a}$; por la acción de estas tres fuerzas, en apariencia la masa está inmóvil. La resultante de las fuerzas es pues nula o sea:

$$\vec{T} + \vec{W} + \vec{f}_i = 0$$

$$\overline{T} - m\,\overline{g} - m\,\overline{a} = 0$$

(hemos proyectado sobre un eje orientado hacia arriba)

$$\overline{T} = m\left(\overline{g} + \overline{a}\right)$$

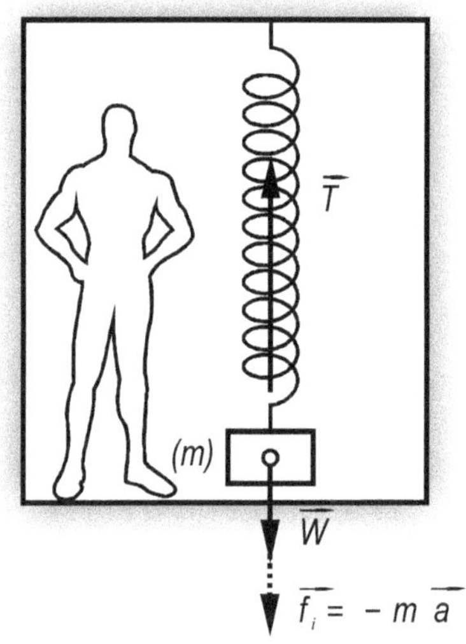

FIGURA 4-6

Por la relación característica del resorte $T = k\,x$; se obtiene la deformación del resorte en movimiento:

$$a = \frac{T}{k} = \frac{m(g + a)}{k}$$

Para este tipo de problemas, se puede utilizar cualquiera de los 2 métodos

1) **Método de Newton:** Se escribe que por la acción de las fuerzas exteriores aplicadas, el sólido considerado toma la aceleración $\vec{a}$ del móvil en movimiento.

2) **Método de D'Alambert:** Se hace intervenir una fuerza suplementaria de inercia $\vec{f}_i = -m\,\vec{a}$ y se escribe que la resultante de las fuerzas exteriores aplicadas y de la fuerza de inercia es nula. El problema de dinámica se reduce a un problema de estática.

4.7. IMPULSO

De acuerdo a la ecuación fundamental de la dinámica de una partícula vista anteriormente

$$\overline{F} = \frac{d\overline{p}}{dt}$$

siempre podremos realizar una primera integración si conocemos la fuerza en función del tiempo; y de esta ecuación obtenemos que

$$\int_{\overline{p}_0}^{\overline{p}} d\overline{p} = \int_{t_0}^{t} \overline{F}\, dt$$

o sea

$$\overline{p} - \overline{p}_0 = \int_{t_0}^{t} \overline{F}\, dt = \overline{I} \qquad\qquad [4\text{-}14]$$

A la magnitud $\int_{t_0}^{t} \overline{F}\, dt$ que aparece a la derecha se llama ***impulso***. Luego

> *El cambio de la cantidad de movimiento de una partícula es igual al impulso*

El impulso consiste esencialmente del producto de la fuerza por el tiempo y una fuerza muy fuerte que actúe por un tiempo muy corto podría causar un cambio en la cantidad de movimiento comparable al de una fuerza débil, que actuase por un tiempo largo. Por ejemplo, un *"bateador"* que golpea la pelota, aplica una fuerza grande durante un corto tiempo, cambiando apreciablemente la cantidad de movimiento de la pelota. En cambio, la fuerza de gravedad, para producir ese mismo efecto, tendría que actuar sobre la pelota durante un tiempo mucho mayor. Una aplicación de este concepto es el caso de masa variable que veremos a continuación.

4.8. SISTEMAS DE MASA VARIABLE (CASO DEL MOVIMIENTO DE UN COHETE)

Como ejemplo importante de aplicación del teorema de conservación del impulso, daremos el principio de funcionamiento del motor a retropropulsión.

Consideremos el caso de un cohete de masa M, que en un intervalo Δt pequeño expulsa en forma continua una masa Δm de gas con una velocidad relativa al cohete $\overline{v}_r$ (determinada por la combustión y demás condiciones en la tobera), en dirección opuesta a la velocidad del cohete $\overline{V}$; referida a un sistema en reposo. Antes de la expulsión, el impulso total es

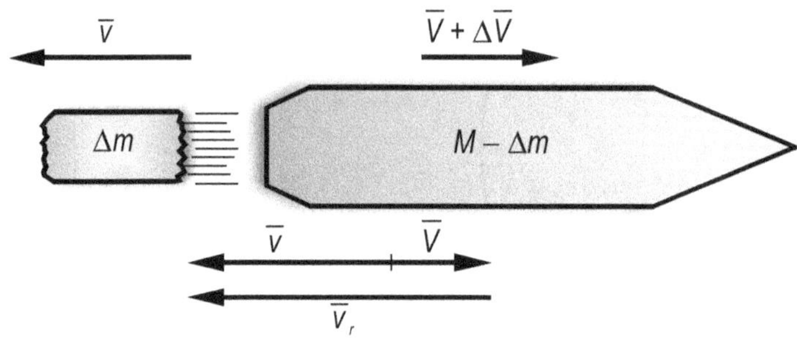

FIGURA 4-7

$$\overline{P} = M\,\overline{V}$$

después de la expulsión, ese impulso se compone de dos términos, el impulso $\Delta m\,\overline{v}$ de la masa de gas expelida y el impulso $\left(M - \Delta m\right)\left(\overline{V} + \Delta\overline{V}\right)$ de lo que queda del cohete:

$$\overline{P} = \Delta m\,\overline{v} + \left(M - \Delta m\right)\left(\overline{V} + \Delta\overline{V}\right)$$

Para la velocidad de los gases respecto del sistema en reposo, tenemos la relación $\overline{v} = \overline{v}_r + \overline{V}$. $\Delta\overline{V}$ representa la variación del la velocidad del cohete. Por el teorema de conservación del impulso:

$$\overline{P} = M\,\overline{V} = \Delta m\,\overline{V}_r + \Delta m\,\overline{V} + M\,\overline{V} + M\,\Delta\overline{V} - \Delta m\,\overline{V} - \Delta m\,\Delta\overline{V}$$

simplificando y realizando operaciones y despreciando el producto $\Delta m\,\Delta V$

El cohete habrá variado entonces su velocidad en

$$\Delta\overline{V} = -\frac{\Delta m}{M}\,\overline{v}_r$$

Como todo esto sucede en el tiempo Δt, dividiendo por Δt, y pasando al límite, obtenemos la aceleración del cohete:

$$\overline{a} = \frac{d\overline{V}}{dt} = -\frac{1}{M}\,\frac{dm}{dt}\,\overline{v}_r$$

Llamando $\mu = \dfrac{dm}{dt}$ al caudal *másico*, regulado por el motor, tenemos

$$M\,\overline{a} = \overline{F} = -\mu\,\overline{v}_r \qquad\qquad [4\text{-}15]$$

$\overline{F}$ es la fuerza de *empuje* del cohete. Obsérvese que esa fuerza corresponde a la interacción del cohete con el chorro de gas. La otra fuerza ("*reacción*") está aplicada a la masa de gas expelida. En la expresión [7-2], μ y $\overline{v}_r$ son datos dados por las características del motor.

El motor a retropropulsión es el motor de principio de funcionamiento "*más simple*" de la física, pues no necesita ningún medio material exterior para interactuar, como todos los demás sistemas de propulsión. Por ello, es el único motor utilizable en el vacío. Claro está que en el caso del motor a retropropulsión también hay un "*medio*"; solo que en este caso ese "*medio*" es provisto por el propio motor: es la masa del gas expelida.

Según la expresión [7-2], cuanto mayor sea la velocidad de escape de los gases v_r y mayor el caudal μ expulsado, tanto mayor será el empuje. Si bien no puede evitarse el hecho de tener que expulsar una masa dada, el caudal de expulsión puede, en principio, ser arbitrariamente pequeño, con tal de lograr una velocidad de expulsión suficientemente grande. En eso radica precisamente todo el problema técnico del motor de reacción: lograr una máxima velocidad de expulsión de los gases para reducir a un mínimo el caudal y con ello, la cantidad total de combustible necesario.

Volviendo a la expresión [7-2], notamos que

$$\mu = \frac{dm}{dt} = \frac{-dM}{dt}$$

puesto que μ representa la disminución de la masa del cohete en la unidad de tiempo. La ecuación de movimiento de un cohete se puede escribir entonces

$$\overline{a} = \frac{1}{M}\frac{d\overline{M}}{dt}\overline{v}_r + \frac{\sum \overline{F}_i}{M} \qquad [4\text{-}16]$$

en $\sum \overline{F}_i$ incluimos todas la demás fuerzas exteriores (gravedad, resistencia del aire). Recuérdese que dM/dt siempre es negativa.

En el movimiento de un cohete tenemos un ejemplo de movimiento de un cuerpo con masa variable. Sin embargo, en un movimiento con masa variable hay un aparente conflicto entre las relaciones

$$\overline{F} = m\,\overline{a} \qquad y \qquad \overline{F} = \frac{d\overline{P}}{dt}$$

Efectivamente, si suponemos válida la primera, tendríamos para la segunda

$$\frac{d\overline{P}}{dt} = \frac{d}{dr}\left(m\,\overline{V}\right) = m\,\overline{a} + \overline{v}\,\frac{dm}{dt} = \overline{F} + \overline{V}\,\frac{dm}{dt} \neq \overline{F}$$

En cambio, si suponemos correcta la segunda, quedaría para la primera

$$m\,\overline{a} = \frac{d}{dt}\left(m\,\overline{V}\right) - \overline{V}\,\frac{dm}{dt} = \overline{F} - \overline{V}\,\frac{dm}{dt} \neq \overline{F}$$

¿Cuál de ellas es correcta?

Veamos el ejemplo de un carrito con un tanque de agua que se mueve con velocidad inicial $\overline{V}_0$, libre de fuerzas exteriores, y que pierde líquido hacia abajo a caudal constante $\mu = -dm/dt$ (m masa del carrito). Hallemos el movimiento.

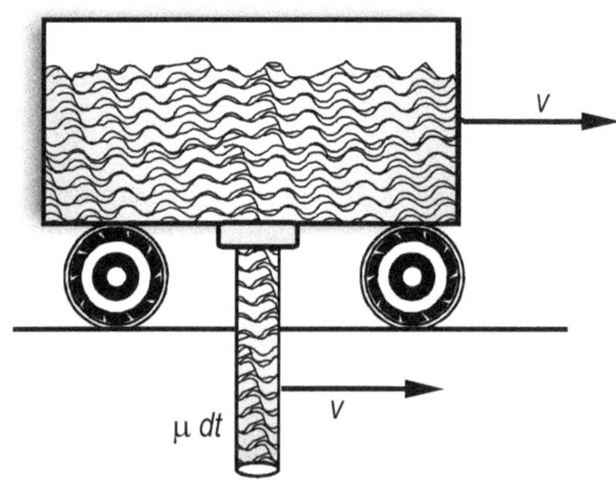

FIGURA 4-8

Si usamos la primera relación tendríamos

$$m\,\overline{a} = \overline{F} = 0$$

pues en la dirección del movimiento no hay fuerzas exteriores, $\left(\overline{F} = 0\right)$ y por lo tanto el movimiento será uniforme, independientemente del caudal de agua que pierde.

Si en cambio usamos la segunda relación; sería

$$\frac{d\overline{P}}{dt} = \overline{F} = 0$$

obteniendo aparentemente

$$\frac{d\overline{P}}{dt} = \frac{d}{dt}\left(m\,\overline{v}\right) = m\,\overline{a} - \mu\,\overline{v} = 0$$

o sea, un movimiento acelerado para el carrito, que depende del caudal perdido en la forma

$$\overline{a} = \frac{\mu\,\overline{v}}{m}$$

Sin embargo, la experiencia muestra que el movimiento es uniforme, Esto no quiere decir que la segunda expresión sea incorrecta, sino que la hemos usado incorrectamente. Hay que tener gran cuidado al definir lo que se entiende por la variación de impulso

$$d\overline{P} = impulso\ del\ sistema\ en\ \left(t + dt\right) - \left(impulso\ del\ sistema\ en\ t\right)$$

Pero el impulso del sistema en $t + dt$ se compone del impulso del carrito

$$\left(m + dm\right)\left(\overline{v} + d\overline{v}\right) \qquad \text{(nótese que } dm < 0)$$

más el impulso

$$\mu \, dt \, \overline{v}$$

de la masa de agua $\mu \, dt$ que se pierde en dt y que sigue en la dirección del movimiento del carrito. El impulso del sistema en el instante t es $m \, \overline{v}$. Por lo tanto

$$d\overline{P} = (m + dm)\left(\overline{v} + d\overline{v}\right) + \mu \, \overline{v} \, dt - m \, \overline{v} = d\left(m \, \overline{v}\right) + \mu \, \overline{v} \, dt$$

Ésta es la variación total del impulso correcta. Dividiendo por dt, obtenemos

$$\frac{d\overline{P}}{dt} = \frac{d}{dt}\left(m \, \overline{v}\right) + \mu \, \overline{v} = m \, \overline{a} + \frac{dm}{dt} \, \overline{v} + \mu \, \overline{v} = m \, \overline{a} - \mu \, \overline{v} + \mu \, \overline{v} = m \, \overline{a} = 0$$

o sea que en el caso de masas variables, es necesario incluir en la relación [4-14] el impulso *que se lleva* la fracción de masa que se va (o que *trae* la fracción de masa que viene, en ese caso $dm > 0$). Es decir que no interviene la derivada del impulso $m \, \overline{v}$ respecto del tiempo, sino el cociente diferencial entre la variación completa de impulso del sistema, y el intervalo de tiempo.

Esto está íntimamente ligado con el *principio de conservación de la masa* el cual nos dice que si la masa de un cuerpo disminuye (o aumenta) en Δm, esa porción de masa Δm necesariamente debe irse a (o venir) de alguna parte, con una velocidad dada.

Por lo tanto, esa porción se "*lleva*" (o "*trae*") un impulso igual a

$$\Delta \overline{P} = \Delta m \, \overline{v}$$

donde $\overline{v}$ es la velocidad con que se va (o con que viene) la porción Δm (y que no tiene por qué ser igual a la velocidad de la masa original).

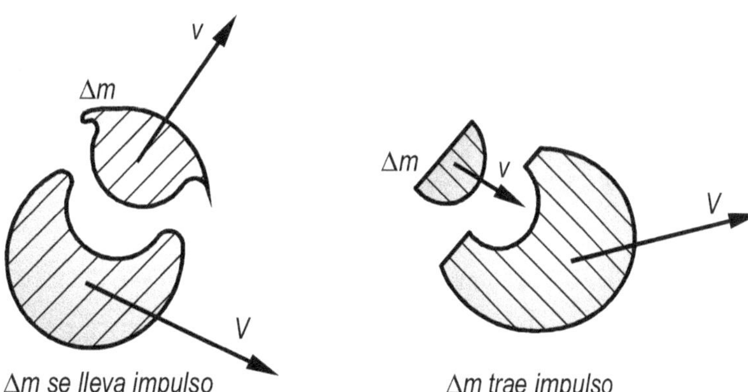

FIGURA 4-9

Veamos, para terminar, el ejemplo del carrito de masa m que pierde agua horizontalmente hacia atrás, a la razón de $\mu = -\,dm/dt$ y con una velocidad relativa $\overline{v}_r$ al carrito.

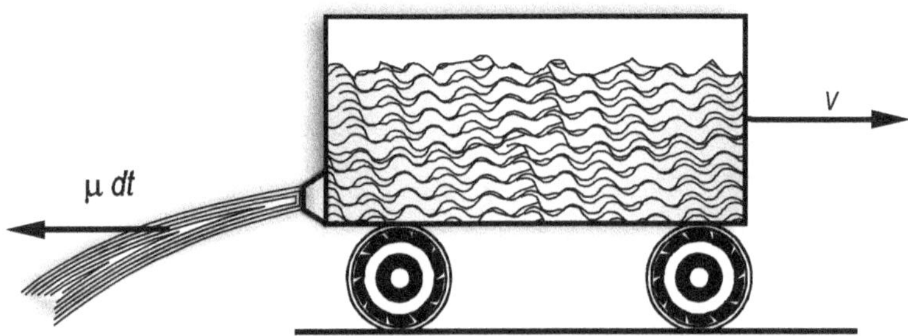

FIGURA 4-10

Teniendo en cuenta lo visto con el cohete, sobre el carrito, actuará una fuerza de retropropulsión

$$\overline{F} = -\mu \, \overline{v}_r$$

Haciendo primero uso de la relación $\overline{F} = m \, \overline{a}$, tenemos

$$\overline{a} = -\frac{\mu}{m} \, \overline{v}_r$$

El carrito se moverá con una aceleración en dirección contraria a $\overline{v}_r$.

Si ahora, en cambio, usamos la relación $\dfrac{d\overline{P}}{dt}$, teniendo ya cuidado de incluir en $d\overline{P}$, el impulso que se lleva la masa de agua $\mu \, dt$, expelida hacia atrás, tendremos

$$d\overline{P} = d\left(m \, \overline{v}\right) + \mu \, dt \left(\overline{v}_r + \overline{v}\right)$$

Siendo $\overline{v}_r + \overline{v}$ la velocidad de la masa de agua expelida, respecto del suelo; quedando entonces

$$\frac{d\overline{P}}{dt} = \frac{d}{dt}\left(m \, \overline{v}\right) + \mu\left(\overline{v}_r + \overline{v}\right) = m \, \overline{a} + \overline{v} \, \frac{dm}{dt} + \mu \, \overline{v}_r + \mu \, \overline{v}$$

$$\frac{d\overline{P}}{dt} = m \, \overline{a} - \mu \, \overline{v} + \mu \, \overline{v}_r + \mu \, \overline{v} = m \, \overline{a} + \mu \, \overline{v}_r$$

Este valor, aparentemente, debe ser igual al deducido a partir de $F = m \, a$; hecho que resulta contrario al resultando experimental. ¿Dónde está el conflicto ahora? La contestación es la siguiente. En la expresión

$$\frac{d\overline{P}}{dt} = \overline{F}$$

no deben incluirse la fuerzas de retropropulsión, sino solo las fuerzas de interacción con masas que no formaban (ni habrán de formar) parte del cuerpo cuyo movimiento se está describiendo. Las fuerzas que intervienen en ésta última son entonces solo las fuerzas exteriores (ejercidas por la interacción con un sistema exterior y que permanece exterior: (frotamiento, gravitación, reacciones de vínculo, etc.). Si bien la fuerza de retropropulsión es una fuerza "*exterior*" al carrito en sí, es una fuerza "*interior*" en el sistema carrito + agua expelida, cuyo impulso total interviene en el cálculo de $d\overline{P}$.

Esto nuevamente está ligado íntimamente con el principio de conservación de la masa. Cada vez que se va (o se viene) una porción de masa Δm con un velocidad que no es igual a la velocidad del cuerpo original (o sea que $v_r \neq 0$), necesariamente aparece una fuerza de retropropulsión que proviene de una interacción "*interior*" entre ese cuerpo y esa porción de masa.

4.9. ROZAMIENTO POR DESLIZAMIENTO O ADHERENCIA

Cuando hay dos cuerpos en contacto, tal como en el caso de un libro que reposa sobre una mesa, hay una resistencia que se opone al movimiento relativo entre los dos cuerpos. Supongamos, por ejemplo, que empujamos el libro a lo largo de la mesa, dándole cierta velocidad. Cuando dejamos de actuar con la fuerza, disminuye su velocidad y eventualemente se detiene. Esta pérdida de la cantidad de movimiento es una indicación de la existencia de una fuerza opuesta al movimiento. Esta fuerza se denomina *fricción por deslizamiento* y se debe a la interacción entre las moléculas de los dos cuerpos, algunas veces llamada *cohesión* o *adhesión*, dependiendo de si los cuerpos son del mismo o diferente material. El fenómeno es algo complejo y depende de muchos factores tales como la condición y la naturaleza de las superficies, la velocidad relativa, etc.

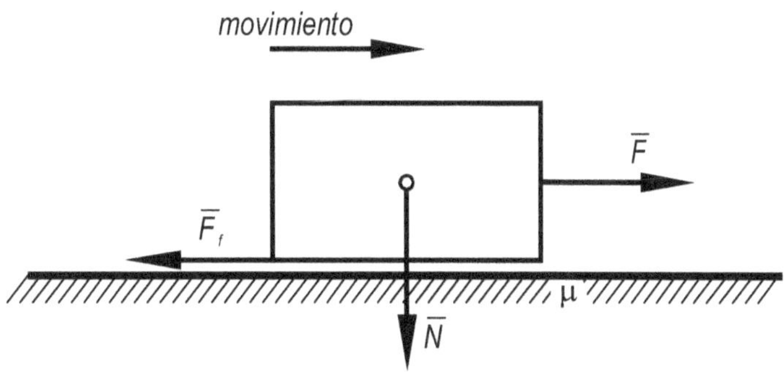

FIGURA 4-11

Podemos verificar experimentalemente que la fuerza $\overline{F}_1$ tiene una magnitud que, para muchos propósitos prácticos, puede considerarse como proporcional a la fuerza normal $\overline{N}$ de presión de un cuerpo sobre otro (fig.4-4).

La constante de proporcionalidad es llamada *coeficiente de fricción*, y se designa por μ. Luego

$$\overline{F}_f = fricción\ por\ deslizamiento = \mu\,\overline{N} \qquad [4\text{-}17]$$

La fuerza de fricción $\overline{F}_f$ por deslizamiento siempre se opone al movimiento del cuerpo, y lo tanto tiene una dirección opuesta a la velocidad.

En el caso de la fig.4-5, si $\overline{F}$ es la fuerza aplicada que mueve al cuerpo hacia la derecha (posiblemente al tirar de una cuerda), la fuerza horizontal resultante hacia la derecha es

$$\sum \overline{F}_i = \overline{F} - \overline{F}_f$$

y la ecuación de movimiento del cuerpo es

$$m\,\overline{a} = \overline{F} - \overline{F}_f$$

En general hay dos clases de coeficientes de fricción. El coeficiente *estático* de fricción μ_E que al multiplicarse por la fuerza normal, nos da la fuerza mínima necesaria para poner en movimiento relativo dos cuerpos que estan inicialmente en contacto y en reposo y el coeficiente *cinético* de fricción μ_c que al multiplicarse por la fuerza normal, nos da la fuerza necesaria para mantener dos cuerpos en movimiento uniforme relativo. Se ha encontrado experimentalmente que μ_E es mayor que μ_c para todos los materiales hasta ahora examinados. La tabla 4-1 proporciona valores representativos de μ_E y μ_c para varios materiales.

La fricción es un concepto estadístico, ya que la fuerza $\overline{F}_f$ representa la suma de un número muy grande de interacciones entre las moléculas de los dos cuerpos en contacto y sería imposible tener en cuenta las interacciones moleculares individuales, pues ellas están determinadas en su totalidad por algún método experimenttal y representadas aproximadamente por el coeficiente de fricción.

Sea por ejemplo el caso de un cuerpo de peso $\overline{W}$ en reposo sobre una superficie plana (fig.4-12); a su desplazamiento se opone una resistencia tangencial a su superficie de contacto. La causa de esta adherencia es el *rozamiento o fricción*, que depende del *"grado de aspereza"* de las superficies en contacto.

Si el cuerpo está situado sobre un *plano inclinado* cuyo ángulo de inclinación es α (fig.4-12) y sometido a la condición de equilibrio entre las fuerzas que actúan sobre él, el peso $\overline{W}$, la presión $\overline{N}$ y el rozamiento $\overline{F}_{fE}$, se tiene

$$F_{fE} = \overline{W}\,\operatorname{sen}\alpha \qquad \text{y} \qquad \overline{N} = \overline{W}\cos\alpha$$

por lo tanto de [4-14]

$$\overline{W}\,\operatorname{sen}\alpha = \mu_E\,\overline{W}\cos\alpha$$

luego

$$\operatorname{tg}\alpha = \frac{F_{fE}}{N} \qquad\qquad\qquad [4\text{-}18]$$

Experimentalmente se comprueba que el cuerpo está en equilibrio mientras el ángulo α de inclinación del plano sea menor que un cierto ángulo α_L

$$\operatorname{tg}\alpha \leq \operatorname{tg}\alpha_E$$

Designando $\operatorname{tg}\alpha_E$ por μ_E, de la igualdad [4-18] se deduce la expresión de la *fuerza de rozamiento*.

$$\overline{F}_{fE} \leq \mu_E \cdot \overline{N} \qquad\qquad [4\text{-}19]$$

$\mu_E = \operatorname{tg}\alpha_E$ es el coeficiente de rozamiento por adherencia (o rozamiento de partida)

El coeficiente de rozamiento por adherencia μ_E de diversos materiales puede verse en la tabla 4-1.

De la figura [4-5] se deduce

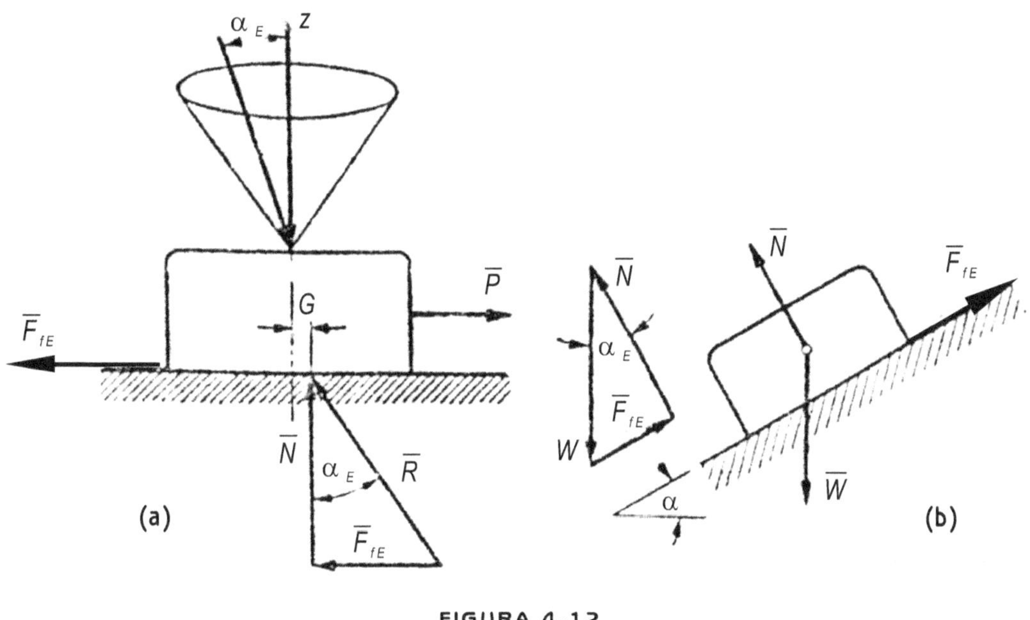

FIGURA 4-12

$$R = \sqrt{N^2 + F_{fE}^2} \qquad\qquad [4\text{-}20]$$

Una recta con un ángulo de inclinación α_E girando alrededor del eje z (fig.4-12) engendra el llamado cono de rozamiento y el cuerpo permanecerá en equilibrio mientras la resultante de la fuerzas aplicadas a él caiga en el interior del cono.

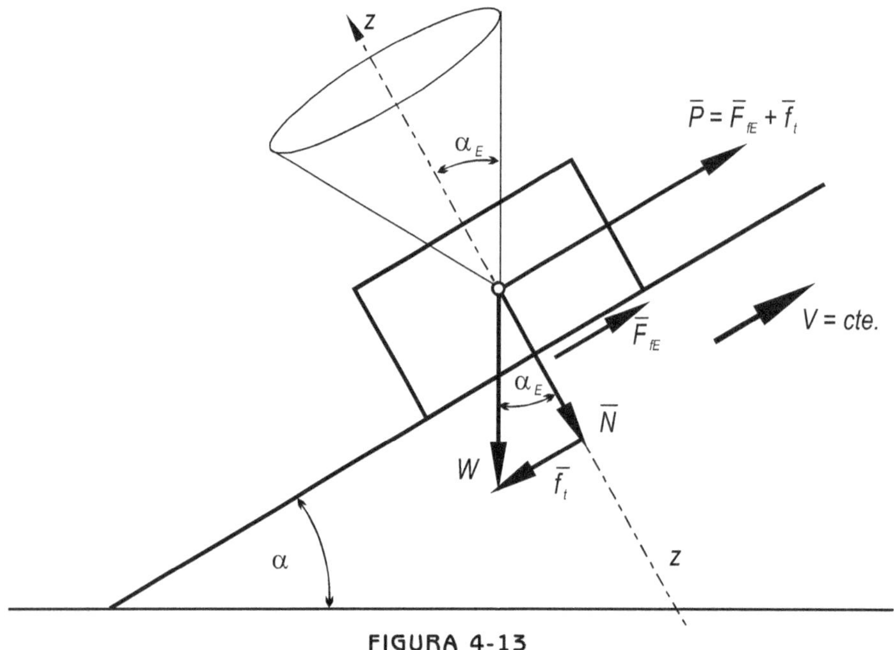

FIGURA 4-13

En el caso de un plano inclinado el valor de la fuerza $\overline{P}$ (fig.4-13) para que la carga ascienda con velocidad uniforme será

$$\overline{P} \geq \overline{F}_{fE} + \overline{f}_t \qquad\qquad [4\text{-}21]$$

$\overline{P}$ debe vencer además de $\overline{F}_{fE}$; la fuerza $\overline{f}_t$; debida al peso, por lo que la ecuación [4-12] será

$$\sum \overline{F}_i = \overline{P} - \overline{F}_{fE} - \overline{f}_t = 0$$

debe advertirse que la $\overline{f}_f$ siempre actua en sentido opuesto al desplazamiento del cuerpo

En la tabla 4-1 hay un resumen de los coeficientes de rozamiento para los diversos materiales empleados comúnmente para las superficies de rozamiento, en seco, engrasadas y mojadas con agua.

Tabla 4-1. Coeficientes de rozamiento

N°	Material del cuerpo rozante	μ_{fE} (rozamiento de partida)			μ_c (rozamiento en movimiento		
		En seco	Engrasado	Con agua	En seco	Engrasado	Con agua
1	Acero sobre acero	0,15	0,1	–	0,1	0,009	–
2	Acero sobre fundición, bronce ordinario o bronce mecánico	0,18	0,1	–	0,16	0,01	–
3	Metal sobre mader	0,6 - 0,5	0,1	–	0,5 - 0,2	0,08 - 0,02	0,26 - 0,22
4	Madera sobre madera	0,65	0,2	0,7	0,4 - 0,2	0,16 - 0,04	0,25
5	Cuero sobre metal	0,6	0,25	0,62	0,25	0,12	0,36
6	Correa de cuero sobre fundición	0,56	–	0,36	0,28	0,12	0,38
7	Correa de cuero sobre madera	0,27	–	–	0,47	–	–

4.10. ROZAMIENTO DE RODADURA (RESISTENCIA A LA RODADURA)

La rodadura de una rueda sobre un plano fijo o sobre carriles (fig.4-14) sólo es posible por el rozamiento de adherencia entre la rueda y los carriles.

Sea una rueda cargada con una presión $\overline{P}$ colocada sobre un carril de material más blando que el de la rueda, por cuyo motivo ésta penetra ligeramente en aquél produciendo una pequeña deformación. La reacción que se produce $\overline{N} = \overline{P}$, actúa en el centro de la superficie deformada y está situada a la distancia k del eje que pasa por el centro de la rueda. Las dos fuerzas $\overline{P}$ a la distancia k forman un par de fuerzas que se oponen al movimiento de la rueda

$$\tau = P \cdot k \ [Kg \cdot cm] \qquad\qquad [4\text{-}22]$$

k representa el coeficiente de rozamiento por rodadura y es un brazo de palanca expresado en centímetros

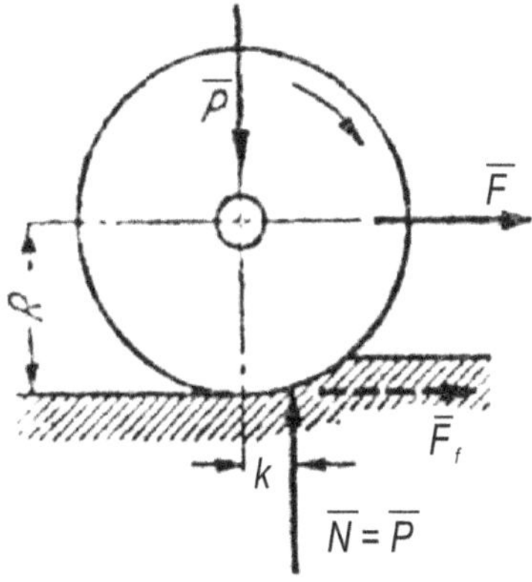

FIGURA 4-14

El valor del torque de rozamiento por rodadura depende de la clase de material de la rueda y del carril y de la presión $\overline{P}$ de la rueda, o sea

$$\tau_r = P \cdot k$$

Si se toma el par $P \cdot k$ igual al torque τ_r de la resistenica de rozamiento entre la rueda y el carril $F_f \cdot R$; se tendrá

$$F_f = \frac{P \cdot k}{R} \qquad\qquad [4\text{-}23]$$

A consecuencia del rozamieinto de partida se consigue la rodadura sólo en el caso en que

$$F_f \leq P \cdot \mu_E \qquad ó \qquad \frac{k}{R} < \mu_E$$

Para que prosiga el movimiento de la rueda es necesario un torque activo $\tau_a = p \cdot k$ ó una fuerza horizontal $F \geq F_f$.

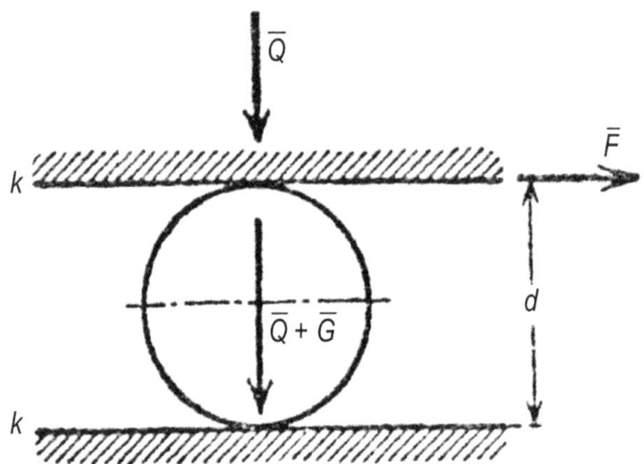

FIGURA 4-15

Para el caso de rodadura sin deslizamiento, el movimiento se iniciará cuando $\tau_a = \tau_r$ y según la fig.4-7

$$F\,R = N\,k \qquad \therefore \qquad k = \frac{F \cdot R}{N}$$

en un caso general será

$$k = \frac{\sum \tau_i}{N} \qquad\qquad [4\text{-}24]$$

Para trasladar una carga Q por medio de un rodillo de peso G (fig.4-15) tangencialmente al cual actúa una fuerza F, se tiene

$$\tau = F \cdot d = (Q + G) \cdot k + Q \cdot k' \qquad [4\text{-}25]$$

Si G es pequeño respecto de Q y $k' \approx k$, se tendrá

$$\tau = 2\, F \cdot r = 2\, Q \cdot k \qquad [4\text{-}26]$$

Valores medio del brazo de palanca del rozameinto de rodadura

1) Fundición, acero fundido o acero sobre acero: $k \approx 0,05\ cm$

2) Bola o rodillos de acero templado, sobre anillos de acero del mismo material (cojinetes de rodillos): $k \approx 0,0005$ a $0,001\ cm$

Pérdida de potencia por el rozamiento de rodadura

$$L_r = \tau \cdot \omega = F \cdot v \left[\overline{\frac{Kg\,m}{seg}}\right] \qquad [4\text{-}27]$$

siendo ω es la velocidad angular $[1/seg]$

CAPÍTULO 5

TRABAJO Y ENERGÍA

5.1. TRABAJO

Decimos que una fuerza realiza trabajo cuando desplaza su punto de aplicación. La medida del trabajo está dada por el producto de la intensidad de la fuerza por el desplazamiento ocurrido bajo la acción de dicha fuerza y nos referimos a su componente en la dirección del movimiento.

En la fig.5-1, el trabajo que realiza la fuerza F al desplazar su punto de aplicación será el que realice su proyección $F \cdot \cos\theta$; o sea

$$dW = F \cos\theta \ dx \qquad\qquad [5\text{-}1]$$

luego

$$W = \int_0^A F \cos\theta \ dx$$

Además el concepto físico de trabajo, no siempre coincide con la idea que tenemos de la vida diaria, si, una persona está sosteniendo un cuerpo pesado que no se mueve, no realiza trabajo, aunque se fatigue gastando energía.

Siempre, la noción de trabajo ha estado ligada al provecho que de él se puede obtener y desde el punto de vista mecánico, un fuerza realiza trabajo cuando su punto de aplicación se desplaza. Si no hay movimiento, aunque actúe un fuerza, no habrá trabajo.

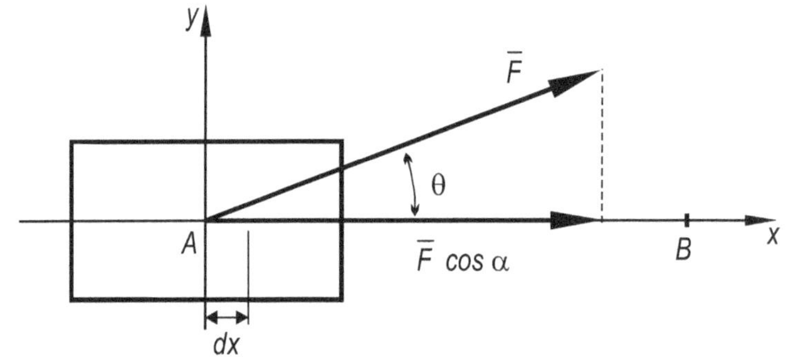

FIGURA 5-1

El *Trabajo* es una de las tantas convenciones físicas que son necesarias para definir otros conceptos fundamentales.

Consideremos una partícula M que se mueve a lo largo de una curva C bajo la acción de una fuerza F (fig.5-2). En un tiempo muy corto dt la partícula se mueve de A a A', siendo el desplazamiento $\overline{AA'} = d\overline{r}$. El *trabajo* efectuado por la fuerza $\overline{F}$ durante tal desplazamiento se define por el producto escalar.

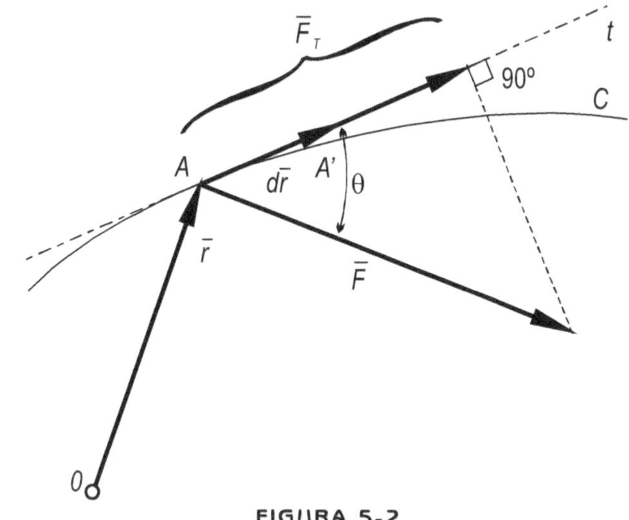

FIGURA 5-2

$$dW = \overline{F} \cdot d\overline{r} \qquad\qquad [5\text{-}2]$$

Designando la magnitud del desplazamiento $d\overline{r}$ (esto es, la distancia recorrida) por ds, podemos también escribir la ecuación [5-1] en la forma

$$dW = F \; ds \; \cos\theta \qquad\qquad [5\text{-}3]$$

Donde θ es el ángulo entre la dirección de la fuerza $\overline{F}$ y el desplazamiento $d\overline{r}$. Pero $\overline{F} \cdot \cos\theta$ es la componente F_T de la fuerza a lo largo de la tangente a la trayectoria, de modo que

$$dW == F_T \; ds \qquad\qquad [5\text{-}4]$$

Se puede expresar este resultando diciendo que

> *El trabajo es igual al producto del desplazamiento por la componente de la fuerza a lo largo del desplazamiento.*

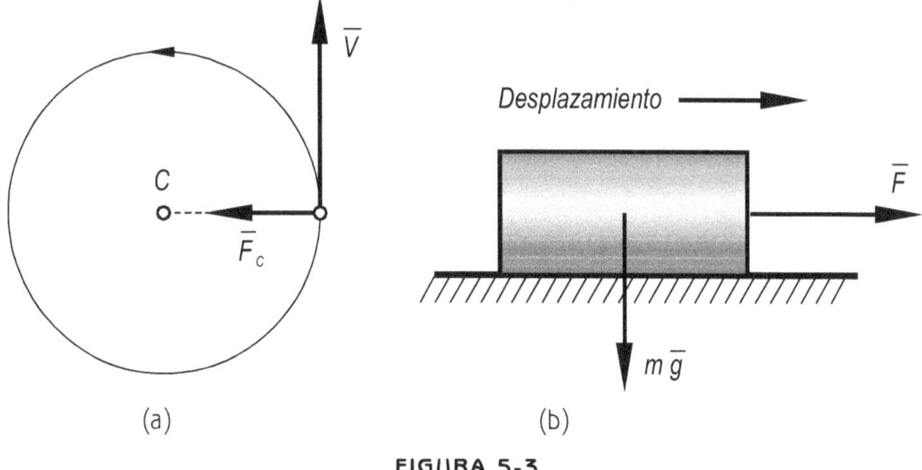

(a)

(b)

FIGURA 5-3

Observemos que si la fuerza es perpendicular al desplazamiento $(\theta = 90°)$, el trabajo efectuado por la fuerza es cero. Por ejemplo, esto sucede en el caso de la fuerza centrípeta $\overline{F}_C$ en el movimiento circular (fig.5-3(a)), o en le de la fuerza de gravedad $m\,\overline{g}$ cuando un cuerpo se mueve sobre un plano horizontal (fig.5-3(b)).

La ecuación [5-1] da el trabajo para un desplazamiento infinitesimal. El trabajo total sobre la partícula cuando ésta se mueve de A a B (fig.5-4) es la suma de todos los trabajos infinitesimales efectuados en los sucesivos desplazamientos infinitesimales.

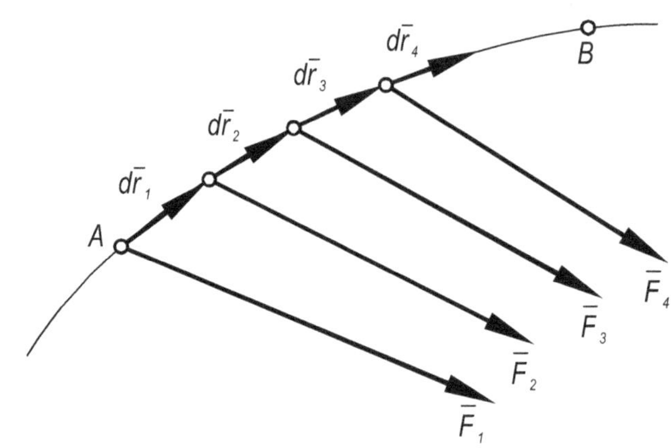

FIGURA 5-4

luego

$$W = \overline{F}_1 \cdot d\overline{r}_1 + \overline{F}_2 \cdot d\overline{r}_2 + \overline{F} \cdot d\overline{r}_3 + \ldots$$

o sea

$$W = \int_A^B \overline{F} \cdot d\overline{r} = \int_A^B F_T \, ds \qquad [5\text{-}5]$$

Antes de poder efectuar la integral que aparece en la ecuación [5-5], debemos conocer $\overline{F}$ en función de x, y, z. De igual manera debemos en general conocer la ecuación de la trayectoria seguida por la partícula. Alternativamente, deberíamos conocer $\overline{F}$, x, y, z en función del tiempo o de otra variable.

A veces es conveniente representar F_T gráficamente. En la fig.5-5 hemos representado F_T en función de la distancia s. El trabajo $dW = F_T\,ds$ efectuado durante un pequeño desplazamiento ds corresponde al área del rectángulo sombreado. Podemos así hallar el trabajo total efectuado por la partícula de la fig.5-4 para moverla de A a B dividiendo primero la totalidad del área sombreada en rectángulos alargados y sumando entonces sus áreas. Esto es, el trabajo efectuado está dado por el área sombreada total de la fig.5-5.

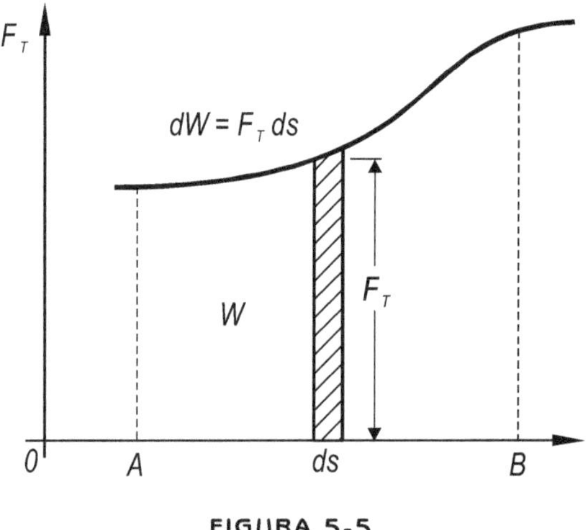

FIGURA 5-5

Cuando la fuerza es constante en magnitud y dirección y el cuerpo se mueve rectilíneamente en la dirección de la fuerza (fig.5-6), se tiene un caso particular donde $F_T = F$ y la ecuación [5-3] da

$$W = \int_A^B F\ ds = F \int_A^B ds = Fs \qquad\qquad [5\text{-}6]$$

o sea

$$Trabajo\ =\ fuerza \times distancia$$

que es la expresión encontrada normalemten en textos elementales.

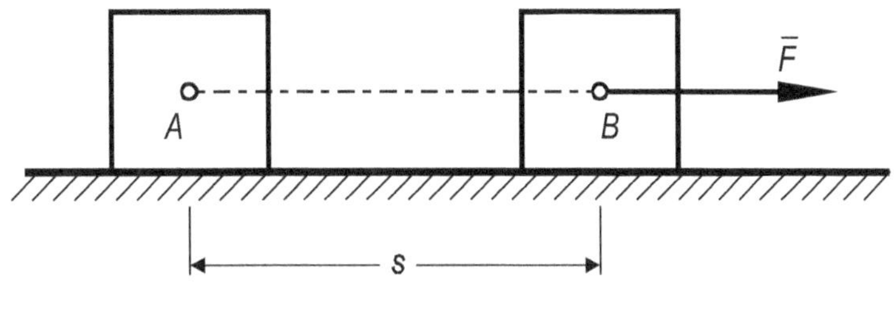

FIGURA 5-6

Además, el trabajo hecho por una fuerza es igual a la suma de los trabajos de sus componentes rectangulares (fig.5-7) y

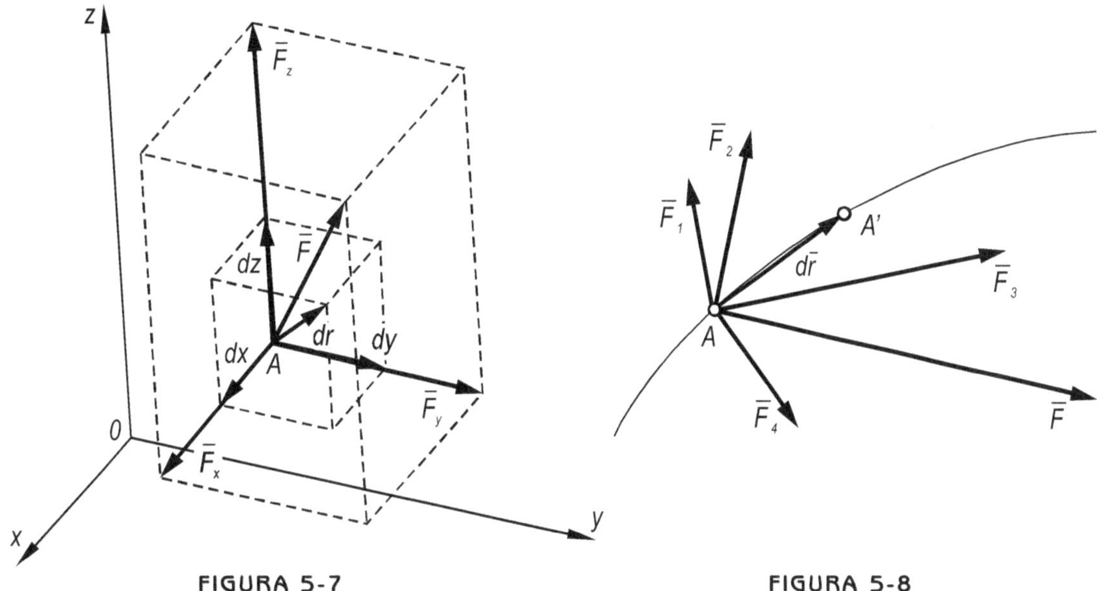

FIGURA 5-7

FIGURA 5-8

Cuando varias fuerzas actúan sobre una partícula, el trabajo de la resultante es igual a la suma de los trabajos efectuados por las componentes (fig.5-2)

Si $\overline{F}_x$, $\overline{F}_y$ y $\overline{F}_z$ son las componentes rectangulares de $\overline{F}$ y dx, dy y dz las de $d\overline{r}$; podemos escribir mediante el uso de la ecuación [5-1]

$$W = \int_A^B \left(F_x\ dx + F_y\ dy + F_z\ dz \right) \qquad\qquad [5\text{-}7]$$

y si sobre una partícula actúan varias fuerzas $\overline{F}_1$, $\overline{F}_2$, $\overline{F}_3$, ..., los trabajos efectuados por cada una de ellas en un desplazamiento $\overline{AA'} = d\overline{r}$; es

$$dW_1 = \overline{F}_1 \cdot d\overline{r} \qquad dW_2 = \overline{F}_2 \cdot d\overline{r} \qquad dW_3 = \overline{F}_3 \cdot d\overline{r} \qquad \text{etc.}$$

Debe notarse que $d\overline{r}$ es el mismo para todas las fuerzas ya que todas actúan sobre la misma partícula. El trabajo total dW hecho sobre la partícula se obtiene sumando los trabajos infinitesimales dW_1, dW_2, dW_3, ..., efectuados por cada una de las fuerzas. Así

$$dW = dW_1 + dW_2 + dW_3 + ...$$

$$dW = \overline{F}_1 \cdot d\overline{r} + \overline{F}_2 \cdot d\overline{r} + \overline{F}_3 \cdot d\overline{r} + ...$$

$$dW = \left(\overline{F}_1 + \overline{F}_2 + \overline{F}_3 + ...\right)d\overline{r}$$

$$dW = \overline{F} \cdot d\overline{r} \qquad\qquad [5\text{-}8]$$

donde $\overline{F} = \overline{F}_1 + \overline{F}_2 + \overline{F}_3 + ...$ es la fuerza resultante. Como el último resultando de la ecuación [5-8] expresa el trabajo efectuado por esta resultante sobre la partícula, se ha probado entonces que le trabajo de la resultante de varias fuerzas aplicadas a la misma partícula es igual a la suma de los trabajos de las fuerzas componentes.

5.2. POTENCIA

En la definción de trabajo, el tiempo no está presente. Sin embargo para el ingeniero, resulta de suma importancia encontrar una relación que exprese el rendimiento de un trabajo, relacionandolo con el tiempo.

> **_Potencia_** _es el trabajo realizado en la unidad de tiempo y se expresa por el cociente entre el trabajo y el tiempo empleado en realizarlo._

Suponiendo un trabajo variable con el tiempo, podemos tomar un trabajo elemental, para el cual la potencia será

$$P = \frac{dW}{dt} \qquad\qquad [5\text{-}9]$$

Si el trabajo es constante, será

$$P = \frac{W}{t}$$

y se deduce de [5-9] que

$$dW = P \cdot dt$$

e integrando

$$\int dW = \int P \cdot dt$$

luego

$$W = P \cdot t \qquad\qquad [5\text{-}10]$$

O sea que se puede medir el trabajo, multiplicando la potencia por el tiempo durante el cual actúa. Reemplazando en [5-9] el valor del trabajo dado por la [5-3]

$$P = F \cdot \cos\theta \; \frac{ds}{dt} = F \cdot \cos\theta \cdot V$$

Si el ángulo $\theta = 0$ y tanto la fuerza como la velocidad son constantes, será

$$P = F \cdot V \qquad\qquad [5\text{-}11]$$

Expresión del trabajo en una traslación, donde todos los puntos del cuerpo tienen velocidad V, como sería el caso de la cabina de un ascensor, cuyo peso propio está inicialmente equilibrado por un contrapeso "c" pero que necesita moverse a determinada velocidad "V" transportando un peso extra Q.

La potencia del motor que ha de utilizarse, se calcula aplicando [5-11]

$$P = Q \cdot V$$

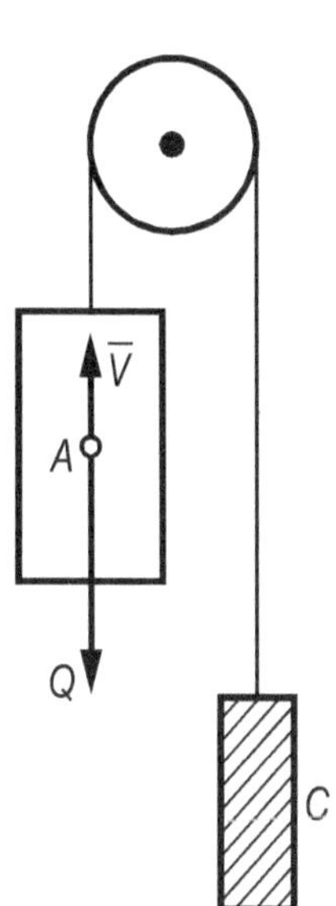

FIGURA 5-9

5.3. TRABAJO DE UNA CUPLA

En el caso de quie consideremos que un el punto A del cuerpo d la figura, actúa una fuerza $\overline{F}$ perpendicular al radio R, la cual hace que dicho punto rote alrededor del eje que pasa por O un ángulo θ. El trabajo elemental será

$$dW = F \cdot ds$$

pero $ds = R \cdot d\theta$; luego

$$dW = F \cdot R \cdot d\theta$$

e integrando entre θ_0 y θ; el trabajo de rotación es

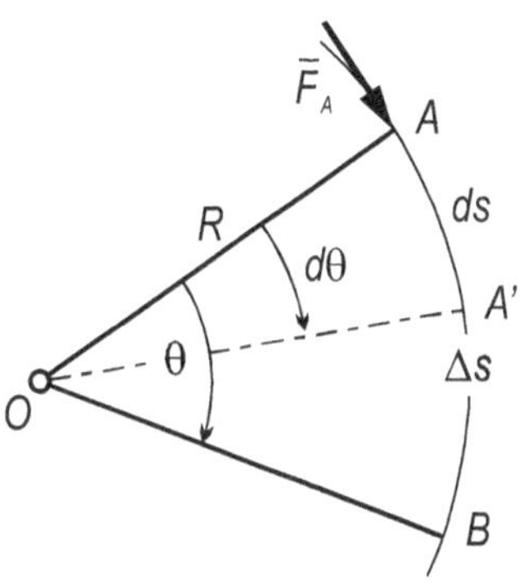

FIGURA 5-10

$$W_r = \int_{\theta_0}^{\theta} F \cdot R \cdot d\theta$$

pero como $\tau = F \cdot R$; tendremos ue

$$W_r = \tau \int_{0}^{\theta} d\theta = \tau \, \theta$$

> *El trabajo es igual a la cupla por el ángulo rotado en radianes*

En el *movimiento de Rotación* (fig.5-11) habrá una fuerza contante F aplicada a una distancia R del eje de rotación cuyo torque es $\tau = F \cdot R$. Este torque es el responsable de hacer girar al eje, (cigüeñal en la figura) con velocidad angular ω.

luego la potencia será

$$P = F \cdot V = F \, \omega \, R = \tau \cdot \omega$$

$$P = \tau \, \omega \qquad [5\text{-}12]$$

ya vimos que en el caso de la rotación provocada por una fuerza lo que existe realmente es una cupla (la fuerza F y la reacción igual y contraria que se ejerce sobre el eje), luego

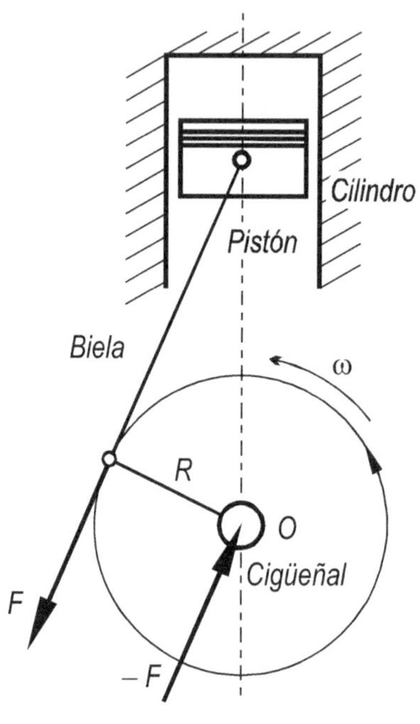

FIGURA 5-11

> *La potencia en un movimiento de rotación, es igual a la cupla por la velocidad angular que ella provoca.*

5.4. ENERGÍA (CONCEPTO)

Se define la energía como la capacidad de realizar trabajo, o bien, la unidad del trabajo acumulado.

La energía es una magnitud física que, directa o indirectamente puede ser convertida en trabajo. En este capítulo de la física, haremos solamente mención a la *Energía Mecánica*, a la cual podemos dividir en *potencial* o de posición y *cinética* o de movimiento.

5.5. ENERGÍA CINÉTICA

Supongamos un cuerpo en reposo sobre un plano sin frotamientos (fig.5-12).

Si aplicamos una fuerza sobre ese cuerpo, en la dirección del plano, veremos que el cuerpo adquiere movimiento por efecto del trabajo efectuado sobre él entre A y B.

El trabajo realizado sobre el cuerpo por la fuerza "F", aplicada en la distancia "x" se manifiesta por la diferencia de velocidades

$$\Delta \overline{V} = \overline{V} - \overline{V}_0$$

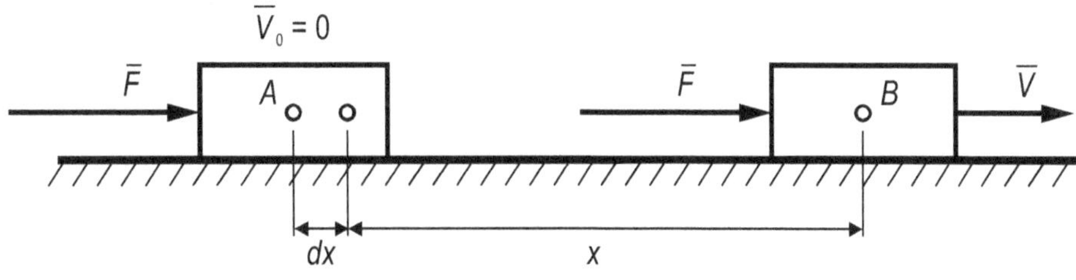

FIGURA 5-12

decimos que el cuerpo ha obtenido una cantidad de energía equivalente al trabajo realizado sobre él. Esta es una energía de movimiento, que denominamos ***Energía Cinética*** E_{CT} ***de traslación***.

Para poder expresar su valor en función de la velocidad V con que se mueve el cuerpo, bastará recordar que una fuerza contante, aplicada a un cuerpo de masa m, le imprime un movimiento uniformemente acelerado de aceleración $a = F/m$; por lo que si la fuerza es variable y paralela al desplazamiento elemental "dx"; el trabajo realizado es

$$dW = F \cdot dx = m \cdot a \cdot dx$$

y como

$$a = \frac{dV}{dt} \quad \text{y} \quad dx = V \cdot dt$$

Para un valor finito, el trabajo será

$$W = m \int_{V_0}^{V} V \cdot dV = m \, \frac{1}{2} \left(V^2 - V_0^2 \right)$$

Este trabajo realizado sobre el cuerpo, es la energía cinética de traslación adquirida, por la diferencia de velocidades.

Como la velocidad al origen la hemos supuesto nula $V_0 = 0$, será

$$E_{CT} = \frac{1}{2} \, m \, V^2 \qquad\qquad [5\text{-}13]$$

Debe notarse que en esta expresión, no interviene ni el valor de la fuerza que ha actuado, ni el desplazamiento.

5.6. Energía Cinética y Cantidad de Movimiento

Cuando analizamos la expresión $\dfrac{1}{2}\,mV^2$, vimos que ella era el trabajo acumulado en función de V, y que provenía del trabajo externo $F \cdot s$ realizado sobre el cuerpo por la fuerza F; luego

$$E_{CT} = F \cdot s = \frac{1}{2}\,m\,V^2$$

esa misma fuerza F, actuando un tiempo t, medirá la cantidad de movimiento adquirida

$$\overline{p} = \overline{F} \cdot t = m\,\overline{V} \tag{5-14}$$

La E_{CT} es una magnitud escalar; y $\overline{p}$ una magnitud vectorial. Esta última puede, por lo tanto, tener un momento respecto de un eje. Dividiendo la E_{CT} por $\overline{p}$ tendremos

$$\frac{E_{CT}}{\overline{p}} = \frac{1}{2}\,\overline{V}$$

de donde

$$\boxed{E_C = \frac{1}{2}\,\overline{p} \cdot \overline{V} \qquad\qquad [5\text{-}15]}$$

Ecuación que nos expresa la *Energía Cinética* adquirida por el impulso $\overline{p}$ dada en función de la velocidad "$\overline{V}$". Es independiente de la masa.

5.7. Trabajo de una fuerza de magnitud y dirección constante

Consideremos una partícula de masa m que se mueve bajo la acción de una fuerza $\overline{F}$ constante en magnitud y dirección (fig.5-13). Puede haber otras fuerzas que también actúen sobre la partícula y que sean no constantes, pero no deseamos considerarlas por ahora. El trabajo de $\overline{F}$ cuando la partícula se mueve de A a B a lo largo de la trayectoria (1) es

$$W = \int_A^B \overline{F} \cdot d\overline{r} = \overline{F} \int_A^B d\overline{r} = \overline{F}\left(\overline{r}_B - \overline{r}_A\right) \tag{5-16}$$

De la ecuación [5-16] puede llegarse a la importante conclusión de que el trabajo en este caso es independiente de la trayectoria entre A y B. Por ejemplo, si la partícula en vez de moverse a lo largo del camino (1), se mueve a lo largo del camino (2), que también va de A a B, el trabajo será el mismo, ya que la diferencia vectorial $\bar{r}_B - \bar{r}_A = \overline{AB}$ es siempre la misma. La ecuación [5-16] puede escribirse en la forma

$$W = \overline{F} \cdot \bar{r}_B - \overline{F} \cdot \bar{r}_A$$

y W es por lo tanto igual a la diferencia de los valores de $\overline{F} \cdot \bar{r}$ en los extremos del camino recorrido.

El trabajo de la fuerza de gravedad (fig.5-13) contituye una importante aplicación de la ecuación [5-16].

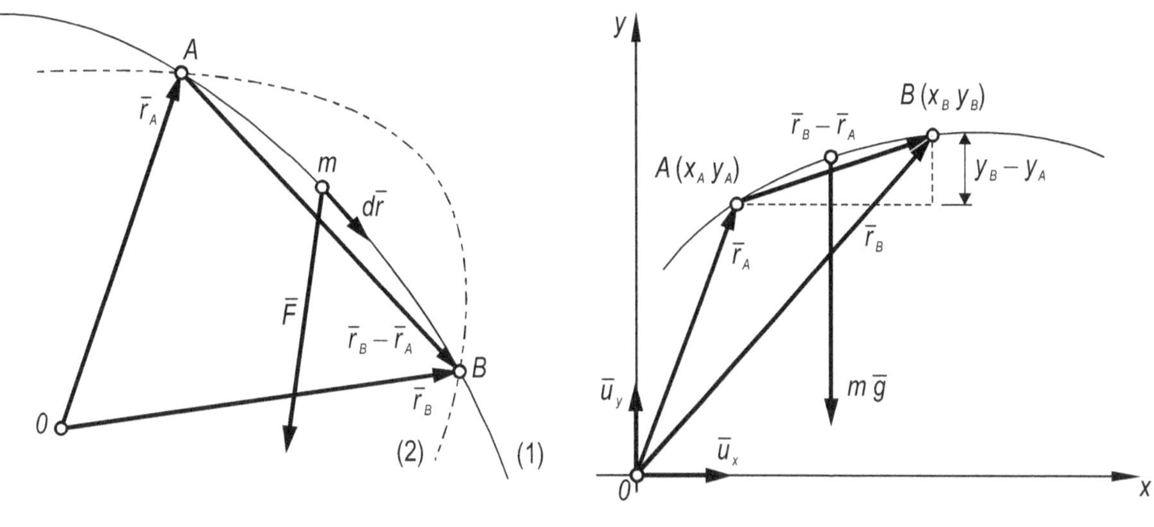

FIGURA 5-13 FIGURA 5-14

En este caso

$$\overline{F} = m\,\overline{g} = -\bar{u}_y\,m\,g \qquad y \qquad \bar{r}_B - \bar{r}_A = \bar{u}_x\left(x_B - x_A\right) + \bar{u}_y\left(y_B - y_A\right)$$

Por consiguiente, sustituyendo en la ecuación [5-16] y utilizando el concepto de producto escalar, tenemos

$$W = -m\,g\left(y_B - y_A\right) = m\,g\,y_A - m\,g\,y_B \qquad\qquad [5\text{-}17]$$

Como, no hay referencia a la trayectoria el trabajo depende solamente de la diferencia $y_B - y_A$ entre las alturas de los extremos.

5.8. Energía Potencial

La situación ilustrada anteriormente no es sino un ejemplo de una importante clase de fuerzas, llamadas *conservativas*.

Una fuerza es conservativa si su dependencia del vector posición $\overline{r}$ o de las coordenadas x, y, z de la partícula es tal que el trabajo W puede ser expresado como la diferencia entre los valores de una cantidad $E_p(x, y, z)$ evaluada en los puntos inicial y final. La cantidad $E_p(x, y, z)$ se llama **Energía Potencial**, y es una función de las coordenadas de las partículas. Luego, si $\overline{F}$ es una fuerza conservativa

$$W = \int_A^B \overline{F} \cdot d\overline{r} = E_{p,A} - E_{p,B} \qquad [5\text{-}18]$$

Escribimos $E_{p,A} - E_{p,B}$ y no $E_{p,B} - E_{p,A}$; porque el trabajo efectuado es igual a E_{pi} en el punto inicial, menos E_{pf} en el final; o sea

> *La energía potencial es una función de las coordenadas tal que la diferencia entre sus valores en las posiciones inicial y final es igual al trabajo efectuado sobre la partícula para moverla de su posición inicial a la final.*

Estrictamente hablando, la energía potencial E_p debería depender tanto de las coordenadas de la partícula considerada, como de las coordenadas de todas las otras partículas del universo que interactúan con ella. Sin embargo, cuando se trata de la dinámica de una partícula, suponemos al resto del universo esencialmente fijo, y asi solamente aparecen las coordenadas de la partícula considerada.

Comparando la ecuación [5-18] con la expresión de la energía cinética, vemos que la ecuación [5-13], es válida en general no importando de qué fuerza $\overline{F}$ se trate. Siempre se cumple que $E_{CT} = \dfrac{1}{2} m V^2$, mientras que la forma de la función $E_p(x, y, z)$ depende de la naturaleza de la fuerza $\overline{F}$, y no todas las fuerzas, pueden satisfacer esa condición dada por la ecuación [5-18]. Sólo aquellas que la satisfagan se llaman *conservativas*. Por ejemplo, comparando las ecuaciones [5-18] y [5-17], notamos que la fuerza de gravedad es conservativa, y que la energía potencial debido a la gravedad es

$$E_p = m\,g\,y \qquad [5\text{-}19]$$

Análogamente, de la ecuación [5-16], deducimos que la energía potencial correspondiente a una fuerza constante es

$$E_p = -\overline{F} \cdot \overline{r} \qquad [5\text{-}20]$$

En la definción de la energía potencial siempre interviene una constante arbitraria. Por ejemplo, si escribimos $m\,g\,y + C$ en vez de la ecuación [5-19], la ecuación [5-17] permanece la misma, ya que la constante C, apareciendo en los dos términos que se restan, se anula. Gracias a esta arbitrariedad, podemos definir el nivel de referencia cero de la energía potencial, donde nos convenga mejor. Por ejemplo, para los cuerpos en caída, la superficie terrestre es el nivel de referencia más conveniente, y por ello la energía potencial debida a la gravedad es tomada como nula en la superficie terrestre. Para un satélite natural o artificial, se define la energía potencial de modo que sea cero a distancia infinita. Luego podemos decir que

> *El trabajo efectuado por la fuerzas conservativas es independiente de la trayectoria.*

Podemos ver que es así a partir de la definición, ecuación [5-18], ya que, cualquiera que sea la trayectoria que une a los puntos A y B, la diferencia $E_{p,A} - E_{p,B}$ es la misma porque depende solamente de las coordenadas de A y B. En particular, si la trayectoria es *cerrada* (fig.5-15), de modo que el punto final coincide con el inicial (esto es, A y B son el mismo punto), entonces

$$E_{p,A} = E_{p,B}$$

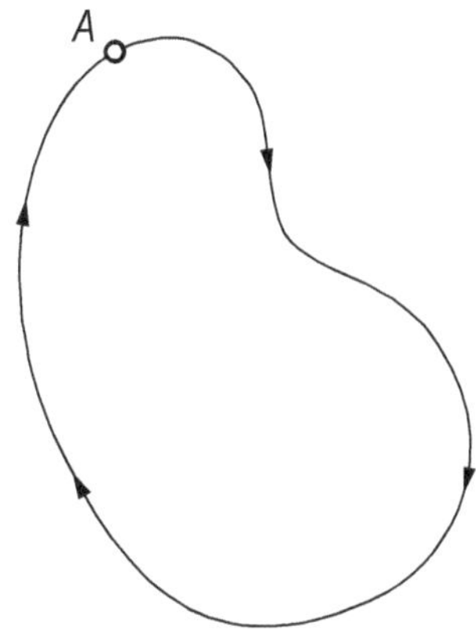

FIGURA 5-15

y el trabajo es cero ($W = 0$). Esto significa que en una parte de la trayectoria el trabajo es positivo y en la otra negativo pero de igual en magnitud, dando un resultado neto nulo. Cuando la trayectoria es cerrada, la integral en la ecuación [5-16] se escribe $\oint$. El círculo en el signo integral indica que la trayectoria es cerrada. Por consiguiente, para las fuerzas conservativas

$$W = \oint \overline{F} \cdot d\overline{r} = 0 \qquad\qquad [5\text{-}21]$$

la condición expresada por la ecuación [5-21] puede adoptarse como la definición de una fuerza conservativa. O sea, si una fuerza $\overline{F}$ satisface la ecuación [5-20] para cualquier camino cerrado, arbitrariamente escogido, entonces, puede decirse que la ecuación [5-18] es correcta. Para satisfacer dicha ecuación será necesario que

$$\overline{F} \cdot d\overline{r} = -dE_p \qquad\qquad [5\text{-}22]$$

entonces

$$W = \int_A^B \overline{F} \cdot d\overline{r} = -\int_A^B dE_p$$

luego

$$W = -\left(E_{p,B} - E_{p,A}\right) = E_{p,A} - E_{p,B}$$

de acuerdo con la ecuación [5-18]. El signo negativo de la ecuación [5-22] es necesario para obtener $E_{p,A} - E_{p,B}$ en vez de $E_{p,B} - E_{p,A}$.

5.9. ENERGÍA POTENCIAL ELÁSTICA

Un resorte de largo ℓ_0 está en reposo (fig.5-16). Si después de haberlo estirado hasta una longitud ℓ, realizando trabajo sobre el mismo, lo inmovilizamos allí, el resorte en esa posición tiene la capacidad de restituir el trabajo efectuado sobre él; o sea que posee ***energía potencial elástica***.

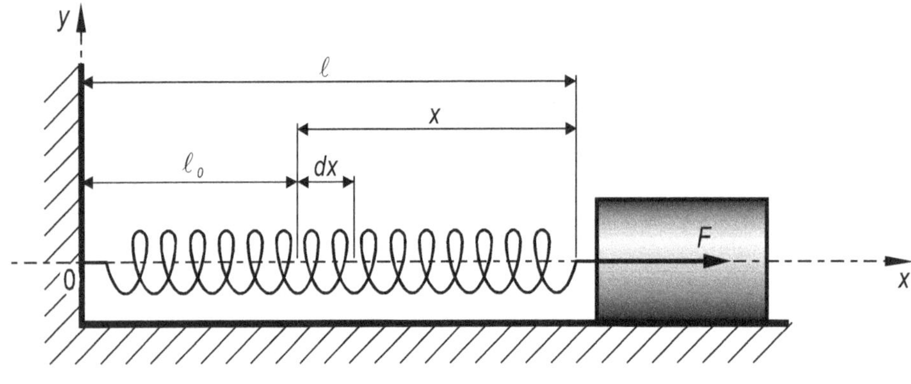

FIGURA 5-16

$$F = k \cdot x$$

siendo $k = cte.$, la dirección de F debe coincidir con el eje del resorte, es decir con la trayectoria del punto de aplicación. Considerando un desplazamiento elemental "dx", *el trabajo será entonces*

$$W = \int_{x_0}^{x_1} F \cdot dx = \int_{x_0}^{x_1} k \cdot x \cdot dx = k \int_{x_0}^{x_1} x \cdot dx$$

si hacemos $x_0 = 0$; $x_1 = x$; resulta

$$\int_0^\ell x \cdot dx = \frac{1}{2} x^2$$

$$\boxed{W = \frac{1}{2} k \; x^2} \qquad [5\text{-}23]$$

El trabajo realizado sobre el resorte se ha transformado en energía potencial elástica acumulada, para una elongación x. Como surge de [5-23] esta ***Energía Potencial Elástica*** es directamente proporcional al cuadrado de la elongación o alargamiento

$$\boxed{E_p = \frac{1}{2} k \; x^2} \qquad [5\text{-}24]$$

Hay otras formas de energía potencial como la magnética, electrostática, o la energía de un gas a presión encerrado en un recipiente con respecto a otra presión inferior a la suya, En realidad, el gas tiene, como veremos, energía interna, expresión más general de la energía potencial.

5.10. TRANSFORMACIÓN DE LA ENERGÍA

La energía mecánica total de un sistema aislado es constante. Un sistema es aislado mecánicamente, cuando el conjunto de puntos materiales que lo forman no está sometido a fuerza exterior alguna, ni a rozamientos, choques, etc.

Este principio, es parte de un principio más general de conservación de la energía que se expresa así:

1) La suma de la energía de todo el Universo es constante.

2) La energía no se crea ni se destruye. Se transforma.

3) Al transformarse la energía, de una forma a otra, la energía total permanece constante.

Vamos a referirnos a esta tercera afirmación del principio, aplicado a la energía mecánica.

5.10.1. Transformación de energía potencial en cinética

Consideremos un plano de referencia o plano de nivel respecto del cual mediremos alturas.

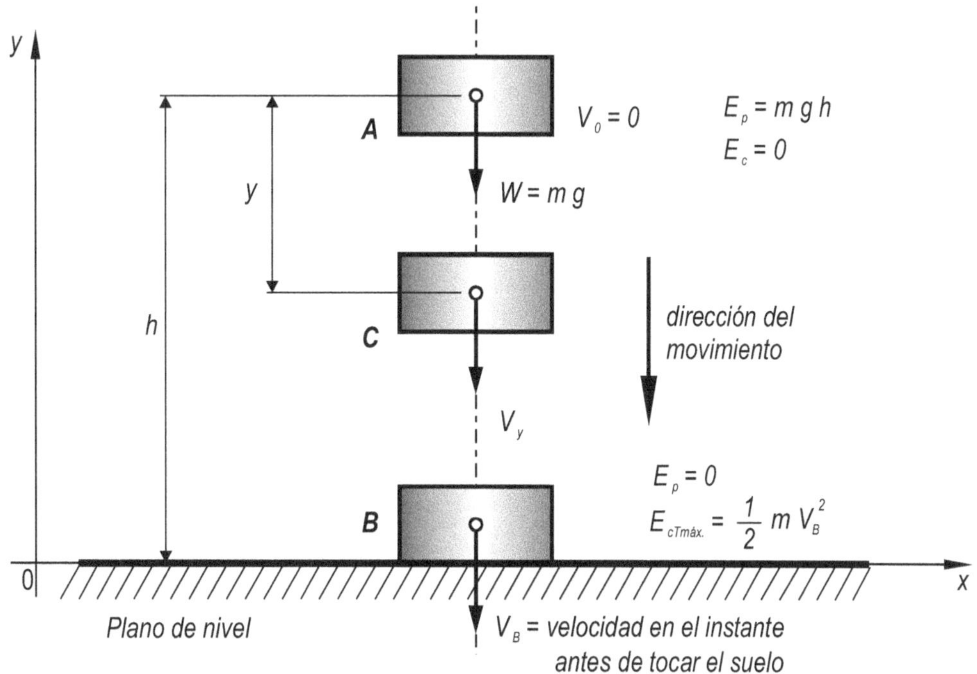

FIGURA 5-17

La elección de este plano de nivel es arbitraria: puede ser el piso de una habitación, una mesa, etc. En cálculos precisos se lo hace coincidir con la línea del horizonte que es la tangente al *Geoide* (todos los puntos de la tierra que tienen el mismo potencial es decir el mismo valor de g). De acuerdo a esto, la *energía potencial gravitacional* sobre la superficie de la tierra es igual a cero.

La relación entre E_p y E_c puede analizarse con el ejemplo de la fig.5-17.

El cuerpo de peso $W = m\,g$; elevado a la altura h, tiene una energía potencial dada por

$$E_{pA} = m\,g\,h \qquad\qquad\qquad [5\text{-}25]$$

Si lo dejamos caer libremente, sin frotamiento, partirá de A con una velocidad inicial nula $V_0 = 0$ y su energía cinética también nula $E_{cA} = 0$.

Mientras cae, su velocidad irá aumentando constantemente con aceleración igual a "g" y cuando llegue al plano de nivel, un instante antes de detenerse en B tendrá una velocidad V_B y una energía cinética

$$E_{cB} = \frac{1}{2}\,m\,V_B^{\,2} \qquad\quad E_{pB} = 0$$

La energía potencial inicial , se ha transformado íntegramente en cinética, conservándose. Para comprobar la conservación de la energía inicial, en cualquier posición del cuerpo mientras cae, tomemos un estado C, cuando el cuerpo haya descendido una distancia vertical "y" desde el origen.

La velocidad V_y dependerá de la altura de la caída, y según vimos en *cinemática*

$$V_y = \sqrt{2\,g\,y} \qquad \Rightarrow \qquad V_y^{\,2} = 2\,g\,y \qquad\qquad [5\text{-}26]$$

Por efecto de esta velocidad, el cuerpo tiene ahora energía cinética

$$E'_c = \frac{1}{2}\,m\,V_y^{\,2}$$

pero además, el cuerpo se encuentra a una altura $h - y$ del plano de nivel, con una energía potencial

$$E'_p = m\,g\,(h - y)$$

Si sumamos ambas energías del cuerpo en la posición C

$$E'_p + E'_c = m\,g\,(h - y) + \frac{1}{2}\,m\,V_y^{\,2}$$

y reemplazando V_y por su valor [5-26] y realizando el paréntesis

$$E'_p + E'_c = m\,g\,h - m\,h\,y + \frac{1}{2}\,m \cdot 2\,g\,y$$

La energían total en C es

$$E_T = E'_p + E'_c = m\,g\,h \qquad\qquad [5\text{-}27]$$

Es el mismo valor inicial de la energía del cuerpo (o sistema aislado. La energía total se conserva. Parte de la energía potencial inicial se ha usado para imprimirle al cuerpo velocidad V_y, transformándose esa parte, en energía cinética. Por eso en la posición C, la suma de la energía usada para dar al cuerpo la velocidad V_y más la energía potencial remanente es constante.

Como la energía potencial es independiente de la trayectoria, la expresión [5-27] se cumple para cualquier estado.

La transformación de una forma de energía en otra tiene sin embargo ciertos límites. No obstante comprobarse la *Ley de Conservación de la Energía*, existen ciertas transformaicones irreversibles o parcialmente reversibles que impiden retomar la totalidad de la energía transformada y volverla a su forma primitiva.

Toda la energía de una corriente eléctrica puede convertirse por sí misma en calor, pero en la transformación inversa, será necesaria una provisión de calor mucho mayor para producir trabajo en una máquina que genere electricidad, pues en cada transformación solo se aprovecha una parte de la energía.

Estos ejemplos nos muestran que las transformaciones de energía tienen, en cierto modo, una dirección, y los cuerpos que evolucionan pierden capacidad de realizar trabajo debido a una degradación de la energía que tienen inicialmente. Esto se estudia con más detalle en el capítulo que corresponde a *Termodinámica*.

5.11. Teorema de las Fuerzas Vivas

Este teorema se puede expresar en base al principio de la conservación de la energía como

$$\sum W_i = \Delta E_{CT} \qquad\qquad [5\text{-}28]$$

> *"El trabajo de todas las fuerzas exteriores aplicadas a un cuerpo entre dos posiciones determinadas, es igual a la variación de energía cinética entre esas dos posiciones.*

ΔE_{CT} es lo que se llama impropiamente, ***fuerza viva***. Veamos un ejemplo.

Supongamos un cuerpo M apoyado sobre una superficie irregular cualquiera (fig.5-18) y se lo hace pasar de la posición A a la B, de altura superior ala de A y al mismo tiempo que se le comunica una velocidad "V", mayor que V_0. Además, el cuerpo debe vencer el frotamiento "F_f", en este caso tendremos según [5-28] que

$$W = \int F \cdot \cos\theta \cdot ds = m\, g\left(h - h_0\right) - \int f_r \cdot ds = \frac{1}{2}\, m\left(V^2 - V_0^2\right) \quad [5\text{-}29]$$

Expresión del teorema de las fuerzas vivas, donde el segundo miembro es la variación de energía cinética o fuerza viva, y en el primero encontramos la suma de los trabajos efectuados por todas las fuerzas exteriores sobre el cuerpo o sistema material.

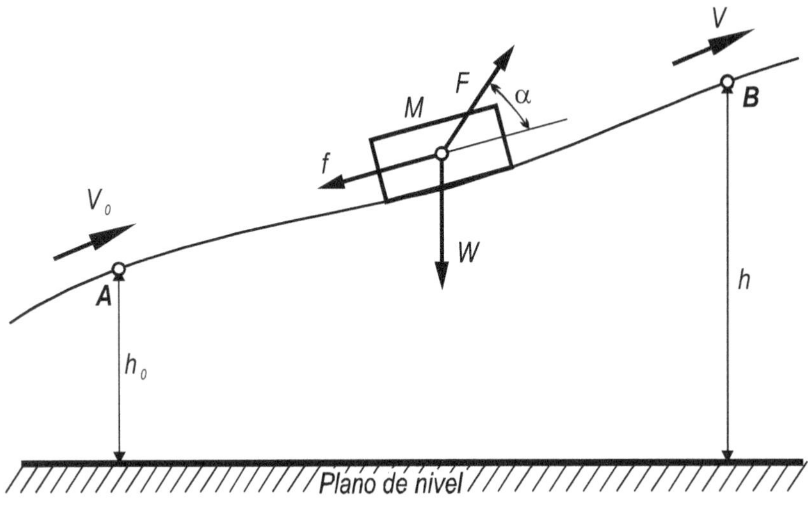

FIGURA 5-18

Para el caso que la variación de la fuerza viva fuese nula $\left(V = V_0\right)$, y los trabajos de las fuerzas exteriores se compensan entre sí.

5.12. FUERZAS NO CONSERVATIVAS

Es fácil encontrar en la naturaleza fuerzas que no son conservativas. Un ejemplo de ellas es el rozamiento, que siempre se opone al desplazamiento. El trabajo de rozamiento depende de la trayectoria seguida y, aunque la trayectoria pueda ser cerrada, el trabajo no es nulo, de modo que la ecuación [5-21] no sería igual a cero. Similarmente, la fricción en los fluidos se opone a la velocidad, y su valor depende de ésta y no de su posición. Además, una partícula puede estar sujeta a fuerzas conservativas y no conservativas al mismo tiempo.

Por ejemplo, una partícula que cae en un fluido está sujeta a la fuerza gravitacional conservativa y a la fuerza de fricción no conservativa. Llamando E_p a la energía potencial correspondiente a las fuerzsa conservativas y W' al trabajo hecho por las fuerzas no conservativas (trabajo que, en general, es negativo porque las fuerzas de fricción se oponen al movimiento), el trabajo total hecho en la partícula entre A y B es

$$\sum W_i = E_{p,A} - E_{p,B} + W'$$

según [5-28] podemos escribir

$$E_{C,B} - E_{C,A} = E_{p,A} - E_{p,B} + W'$$

luego

$$\left(E_C + E_p\right)_B - \left(E_C + E_p\right)_A = W' \qquad\qquad [5\text{-}30]$$

como vemos, en este caso la cantidad $E_C + E_p$ no permanecerá constante. Por otra parte, no podemos llamar a $E_C + E_p$ la energía total de la partícula, porque este concepto no es aplicable en este caso, ya que no incluye todas las fuerzas presentes. El concepto de energía total de una partícula tiene significado sólo si *todas* las fuerzas son conservativas. Sin embargo la ecuación [5-30] es útil cuando queremos efectuar una comparación entre el caso en que actúan solamente las fuerzas conservativas (de manera que $E_C + E_p$ sea la energía total) y en el caso en que hay fuerzas no conservativas adicionales.

Entonces decimos que la ecuación [5-30] da la ganancia o la pérdida de energía debida a las fuerzas conservativas.

El trabajo no conservativo W' representa así una transferencia de energía que al corresponder a un movimiento molecular, es en general irreversible. La razón para no poder ser recobrado es la dificultad, aún desde un punto de vista estadístico, para volver todos los movimientos moleculares al estado inicial. En algunos casos, sin embargo, los movimientos moleculares pueden estadísticamente ser devueltos a las condiciones originales. Esto es, aún si el estado final no es microscópicamente idéntico al inicial, son estadísticamente equivalentes. Este es el caso, por ejemplo, de una gas que se expande muy lentamente mientras hace trabajo. Si después de la expansión el gas es comprimido lentamente a su condición física original, el estado final es estadísticamente equivalente al inicial.

El trabajo efectuado durante la compresión es el negativo del trabajo de expansión y el trabajo total es por tanto igual a cero.

La existencia de fuerzas no conservativas tal como la fricción no debe ser considerada como implicando necesariamente que puedan existir interacciones no conservativas entre partículas fundamentales. Debemos recordar que las fuerzas de fricción no corresponden a una interacción entre dos partículas sino que son conceptos realmente estadísticos. La fricción, por ejemplo, es el resultado de muchas interacciones individuales entre las moléculas de los dos cuerpos en contacto. Cada una de estas interacciones puede ser expresada por una fuerza conservativa. Sin embargo, el efecto macroscópico no es conservativo.

5.13. Colisiones Elásticas y Plásticas

La acción de una fuerza que actúa en un instante muy breve, recibe el nombre de *colisión* o *choque*. Vamos a ver a continuación que existen colisiones elásticas y plásticas y en ambas si se trata de un sistema aislado, el *momentum* o *cantidad de movimiento* se conserva. En el primer caso, también se conserva la energía cinética, pero en el segundo, esto no ocurre, porque si bien, de acuerdo al principio de la conservación de la energía, ésta se conserva; una parte de ella se disipa en forma de calor.

Veamos un ejemplo.

Supongamos un sistema aislado constituido por dos cuerpos (partículas, pelotas, moléculas, etc.) esféricos que se mueven en la misma dirección, con velociddes diferentes V_a y V_b.

Sea el caso (fig.5-19(a)), de dos esferas A y B de masas m_a y m_b respectivamente, moviéndose con velocidades

$$V_{al} > V_{bl}$$

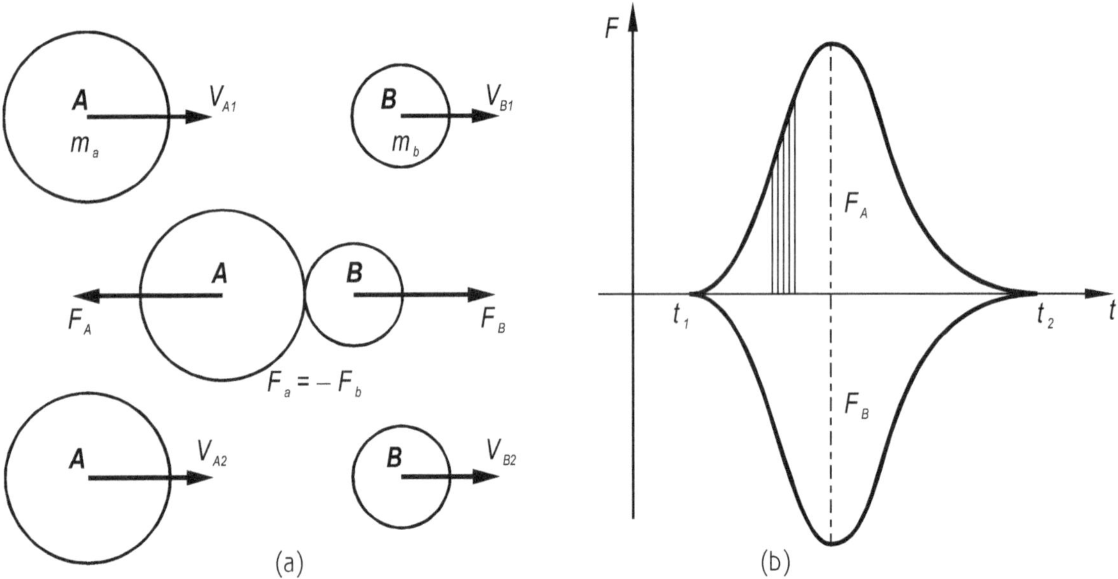

FIGURA 5-19

La esfera A alcanzará a la B, produciéndose el contacto; por efecto del mismo, comienzan a generarse fuerzas F_a y F_b variables iguales y opuestas, ejercidas por un cuerpo sobre el otro. Estas fuerzas varían desde cero, cuando se inicia el contacto, a un valor máximo, y decrecen luego hasta anularse, cuando ese contacto termina (fig.5-19(b)).

Ambas, constituyen una pareja de *acción-reacción*, ya que se ejercen sobre cuerpos diferentes, obedeciendo a la tercera ley de Newton. Son fuerzas impulsivas internas, que no modifican la condición de sistema aislado que impusimos al conjunto de las dos esferas.

Estas fuerzas impulsivas internas, variables con el tiempo, reciben el nombre de *fuerzas de choque*.

Cualquiera sea la ley de variación de estas fuerzas con el tiempo, el valor de los impulsos de ambas serán iguales y de sentidos contrarios, ya que las intensidades de las fuerzas y el tiempo también son iguales. Luego

$$F_A \, dt = -F_B \, dt$$

Si los impulsos son iguales y de distinto signo, también lo serán las cantidades de movimiento

$$m_A \, dV_A = m_B \, dV_B$$

integrando, con los límites de variación de V_a y V_b se tiene

$$\int_{V_{A1}}^{V_{A2}} m_A \, dV_A = - \int_{V_{B1}}^{V_{B2}} m_B \, dV_B$$

realizando las integrales y recordando que m_a y m_b son constantes

$$m_A \left(V_{A2} - v_{A1} \right) = - m_B \left(v_{B2} - v_{B1} \right) \tag{5-31}$$

multiplicando por -1 ambos miembros de la [5-31]

$$m_A \left(V_{A1} - V_{A2} \right) = m_B \left(V_{B2} - V_{B1} \right) \tag{5-32}$$

efectuando los paréntesis, y ordenando en el primer miembro las cantidades con subíndice 1 y en el segundo las que tengan subíndice 2, se tiene

$$\boxed{m_A V_{A1} + m_B V_{B1} = m_A V_{A2} + m_B V_{B2}} \tag{5-33}$$

en la cual

$m_A V_{A1}$ = cantidad de movimiento de la esfera A antes del contacto

$m_B V_{B1}$ = cantidad de movimiento de la esfera B antes del contacto

La suma de ambos, que constituye el primer miembro de la [5-33] $m_A V_{A1} + m_B V_{B1}$; representa la cantidad de movimiento del sistema, antes del contacto.

La presencia de las fuerzas impulsivas, que modifican la velocidad de las esferas, no ha variado la cantidad de movimiento total del sistema que ellas forman. Esto permite expresar el principio de conservación de la cantidad de movimiento $\sum \overline{p}_i = cte.$ con un enunciado más general

> *La cantidad de movimiento total de un sistema aislado, sólo puede modificarse por la presencia de fuerzas externas que actúen sobre el sistema.*

5.14. COLISIÓN O CHOQUE

Decimos que existe *choque* entre dos cuerpos, cuando por efecto de un impulso considerable y de muy poca duración, debido al contacto, las velocidades son bruscamente modificadas.

En ese breve tiempo de contacto, se ejercen fuerzas importantes debido a la tercera ley de Newton (acción y reacción) produciéndose un *intercambio* de cantidades de movimiento.

Por ello decimos que cuando dos cuerpos que se mueven se acercan y entran en contacto, produciendose el choque, se manifiesta una *interacción* que modifica la *Cantidad de movimiento* y la *Energía cinética*.

Gran parte de nuestra información respecto de las partículas atómicas y nucleares proviene de la observación de los fenómenos de choque entre ellas.

Aunque estos fenómenos no pueden observarse directamente, se los detecta en aparatos especiales como la Cámara de Niebla de Wilson, donde las partículas que se mueven y chocan, dejan ver sus trayectorias en forma de finas rayas.

En los choques, en general, el problema consiste en determinar las características del movimiento después de la colisión o contacto y analizar su energía cinética.

En todo tipo de choques, cualesquiera sean los cuerpos o partículas que intervienen, se cumple el principio de la conservación de la cantidad de movimiento que vimos anteriormente.

Además, por efecto del choque, los cuerpos sufren deformaciones que dependen del material de que están hechos. Algunos cuerpos recuperan su forma primitiva después de la deformación, otros la recuperan parcialmente, dependiendo ésto del módulo de elasticidad.

La energía cinética de los cuerpos, antes y despuçes del choque, dependerá en buena medida de la energía consumida en el trabajo de deformación de los cuerpos (calor, ondas sonoras, ondas elásticas, etc.).

La clasificación de los choques la haremos entonces, según se conserve o no la *energía cinética* de los cuerpos como

5.14.1. Colisión elástica

En las colisiones perféctamente elásticas, la energía cinética que pierde uno de los cuerpos, es igual a la que gana el otro.

Nos vamos a referir en nuestro estudio, sólo al Choque Central y directo. Partiremos entonces de dos ecuaciones que expresan lo anterior [5-32] y [5-33].

$$m_A \left(V_{A1} - V_{A2} \right) = m_B \left(V_{B2} - V_{B1} \right) \qquad \text{conservación de la Cantidad de movimiento} \qquad [5\text{-}34]$$

$$\frac{1}{2} \, m_A \left(V_{A1}^2 - V_{A2}^2 \right) = m_B \left(V_{B2}^2 - V_{B1}^2 \right) \qquad \text{conservación de la Energía Cinética} \qquad [5\text{-}35]$$

Desarrollando esta última, explicitando la diferencia de cuadrados y simplificando

$$m_A \left(V_{A1} - V_{A2} \right) \left(V_{A1} + V_{A2} \right) = m_B \left(V_{B2} - V_{B1} \right) \left(V_{B2} + V_{B1} \right) \qquad [5\text{-}36]$$

Dividiendo miembro a miembro las [5-36] por la [5-34], nos queda

$$V_{A1} + V_{A2} = V_{B2} + V_{B1}$$

o bien, ordenando

$$V_{A1} - V_{B1} = -\left(V_{A2} - V_{B2}\right) \qquad\qquad [5\text{-}37]$$

pero

$V_{A1} - V_{B1} = $ velocidad relativa antes del choque; y

$V_{A2} - V_{B2} = $ velocidad relativa después del choque

En consecuencia la [5-37], expresa que, en los choques perféctamente elásticos, las velocidades relativas de los cuerpos, antes y después del choque, son iguale pero de distinto signo, es decir, cambian de sentido.

Si queremos conocer las velocidades después del choque V_{A2} y V_{B2}, formamos un sistema de ecuaciones con la [5-34] y la [5-37].

Casos particulares

a) Si los cuerpos A y B se moviesen en sentido contrario, las ecuaciones de la cantidad de movimiento y energía cinética, serían las mismas, cambiando sólo el signo de V_{B1}.

b) Si las masas de los cuerpos que chocan, fuesen iguales como es el caso de las bolas de billar, y suponemos además que una de ellas está inicialmente en reposo:

$$m_A = m_B \qquad V_{B1} = 0$$

al chocar las bola A con la B que estaba en reposo, se frena en seco y la B arranca con la misma velocidad que traía A.

c) Si uno de los cuerpos es de masa pequeña, respecto del otro (por ejemplo, una pelota y la Tierra), la velocidad de la partícula más liviana se invierte y la otra queda prácticamente en reposo.

d) Si lo que buscamos es frenar una partícula, como el neutrón (operación denominada moderación de neutrones y que ocurre por la fisión del núcleo de uranio en un reactor), debemos usar partículas denominadas blancos estacionarios, que tengan masa más o menos iguales. Si son mayores (ej.: el plomo), rebotarán; si son más livianos, seguirán después del choque con la misma velocidad. De ahí que, para moderar neutrones, se usa el protón (núcleo de hidrógeno) que tiene masa parecida al neutrón.

5.14.2. Colisión inelástica

El choque perfectamente elástico es un caso extremo. Sólo puede darse en ausencia de frotamientos, en cuerpos de elevado módulo de elesticidad, o bien en las colisiones de partículas sub atómicas.

El caso contrario es el *choque perfectamente inelástico*, que está representado en la fig.5-20 por dos cuerpos A y B que después de la colisión, continúan moviéndose juntos con una velocidad común V.

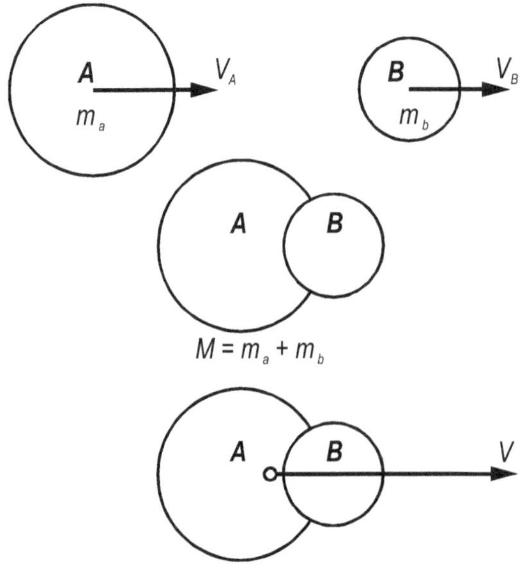

FIGURA 5-20

Como en todos los choques, la cantidad de movimiento se conserva

$$m_a\, V_a + m_b\, V_b = \left(m_a + m_b\right) V \qquad\qquad [5\text{-}38]$$

A partír de la ecuación [5-38] podemos hallar la velocidad V después del choque

$$V = \frac{m_a\, V_a + m_b\, V_b}{m_a + m_b}$$

En el choque perfectamente inelástico, la energía cinética no se conserva. El trabajo de deformación absorve parte de la misma, que se transforma como ya vimos en calor, ondas, etc.

El coeficiente de restitución será, aplicando la [5-38] y tomando en cuenta que

$$V_{a2} = V_{b2} = V$$

$$e = \frac{V - V}{V_a - V_b} = 0$$

nulo, tal como lo habíamos anticipado.

5.15. Péndulo balístico

Se trata de un procedimiento para medir la velocidad de la bala de un arma de fuego liviano (rifle, pistola), aplicando los conceptos de choque inelástico.

Un bloque de madera o plomo de masa M está suspendido como indica la fig.5-21.

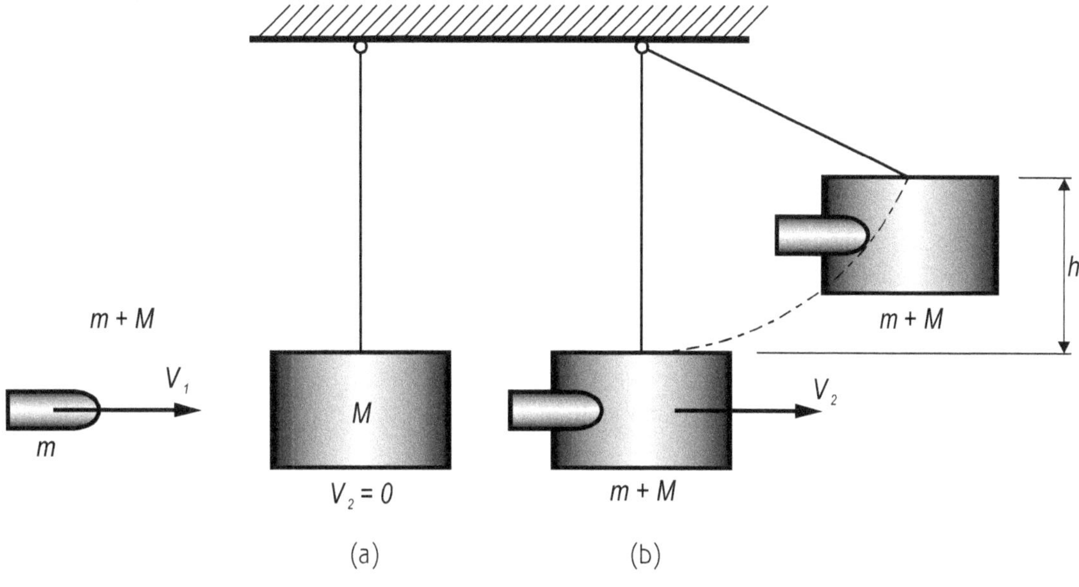

FIGURA 5-21

Se dispara contra el bloque, una bala de masa m cuya velocidad V_1 se desea medir.

Después del impacto, la bala queda empotrada en el bloque formando un conjunto de masa $m + M$.

Inicialmente el bloque M está en reposo (fig.5-21(a)), pero al ser alcanzado por la bala, se mueve girando alrededor de 0 hasta detenerse a una altura h que dependerá de la velocidad inicial del conjunto *bala-bloque*, es decir de V_2 (fig.5-21(b)). Esta velocidad V_2 inicial es la misma que adquiriría el conjunto *bloque-bala*, cayendo de una altura h, es decir

$$V_2 = \sqrt{2gh}$$

luego, por la conservación de la cantidad de movimiento

$$m V_1 = (m + M) V_2$$

Despejando la incógnita V_1 y reemplazando V_2

$$V_1 = \frac{m + M}{m} \sqrt{2gh}$$

Conociendo las masa, sólo se requiere medir h y M.

5.16. COEFICIENTE DE RESTITUCIÓN

El comportamiento elástico de los cuerpos en el choque, se mide por coeficiente de restitución, definido como el cociente en valor absoluto de la velocidad relativa después del choque a la velocidad relativa antes del mismo.

$$e = \frac{V_{a2} - V_{b2}}{V_{a1} - V_{b1}} \qquad\qquad [5\text{-}39]$$

El coeficiente de restitución "e", toma valores extremos según se trate de choques perfectamente elásticos o inelásticos.

Cuando es perfectamente elástico, por lo visto en la [5-37], las velocidades relativas antes y después del choque son, en valor absoluto, iguales, luego

$e = 1$ para choques perfectamente elásticos

$e = 0$ para choques perfectamente inelásticos

estos son los casos extremos, ya que en general, el coeficiente de restitución toma valores comprendidos entre 0 y 1.

Veamos como se calcula e en un caso particular; el cual sería el de una masa pequeña que cae a un plano horizontal fijo a la tierra. La masa de la tierra es tan grande, que su velocidad no se ha modificado con el choque, en cambio la pelota invierte el sentido de la velocidad; luego

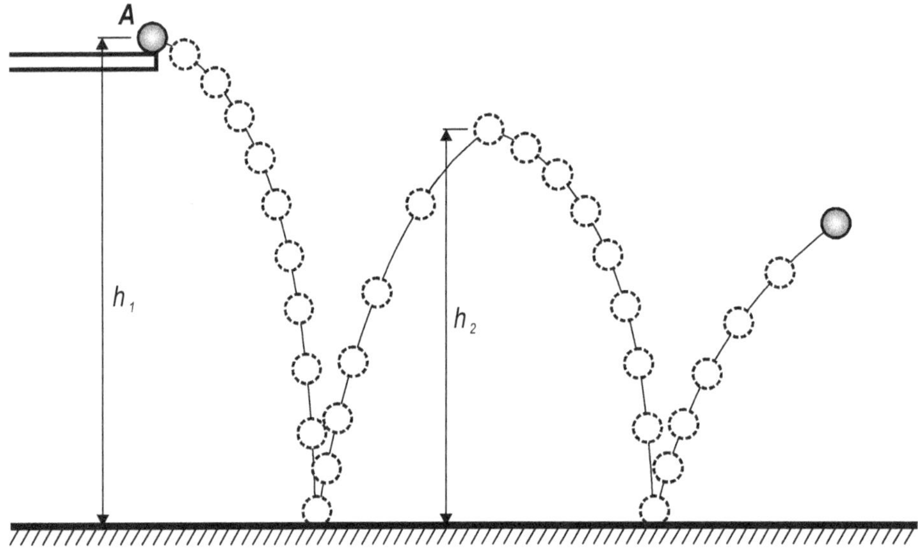

FIGURA 5-22

$$V_{b1} = V_{b2} = 0 \quad \left(\text{Tierra}\right)$$

$$e = \frac{V_{a2}}{V_{a1}}$$

pero en caída libre, las velocidades dependen de las alturas h_1 y h_2.

$$V_{a1} = \sqrt{2\,g\,h_1} \qquad\qquad V_{a2} = \sqrt{2\,g\,h_2}$$

$$e = \frac{\sqrt{2\,g\,h_2}}{\sqrt{2\,g\,h_1}} = \sqrt{\frac{h_2}{h_1}}$$

es decir que, por el método sencillo de medir las alturas, se puede determinar el coeficiente de restitución.

CAPÍTULO 6

DINÁMICA DEL CUERPO RÍGIDO

En la rotaicón se analiza el comportamiento de una partícula en base a las leyes de Newton vistas en la traslación, pero al tratar el caso de un cuerpo rígido constituído por un sistema de partículas se hace imposible analizar la aceleración individual de cada una de ellas y es más práctico hacerlo considerando la aceleración angular del cuerpo la cual es igual para todas las partículas independientemente de sus distancias al eje de rotación.

Las leyes de la dinámica de traslación vistas anteriormente son aplicables al caso de una partícula o cuando todas tienen movimiento iguales, pero tratándose de un cuerpo en rotación, deberán enunciarse de la siguiente manera.

6.1. PRIMERA LEY

Todo cuerpo mantiene su estado de reposo o de rotación uniforme en que se encuentra a menos que exista una cupla externa que lo obligue a modificar su estado.

Al decir rotación uniforme nos referimos al vector velocidad angular.

6.2. SEGUNDA LEY

Todo cuerpo sometido a la acción de una cupla, recibe una aceleración angular proporcional a la intensidad de las misma, y de igual dirección y sentido.

6.3. TERCERA LEY

Cuando un cuerpo ejerce una cupla sobre otro, este a su vez reacciona con una cupla igual, y de sentido contrario.

Se debe destacar que en el caso de la rotación, se hace mención a cuplas en vez de fuerzas, y a velocidad angular en vez de tangencial. Además en el caso de la rotación, la inercia se refiere a la oposición a cambiar su velocidad angular en su sentido vectorial de magnitud, dirección y sentido. Esto último, se manifiesta en muchos casos como es por ejemplo, el del ciclista que se mantiene en equilibrio mientras las ruedas rotan $\left(\omega = cte. \right)$; pero debe buscar un punto de apoyo en el caso de que $\omega = 0$.

Pasaremos a estudiar el comportamiento dinámico del cuerpo rígido.

6.4. Energía Cinética de Rotación

En el caso de un cuerpo en rotación alrededor de un eje z-z, tal como se ve en la fig.6-1. Si bien sobemos que todas las partículas del cuerpo tienen la misma velocidad angular ω, su velocidad tangencial dependerá de su distancia R_i al eje.

Consideremos una masa elemental dm; ubicada a una distancia R_i finita respecto al eje de rotación. Su energía cinética será[o]

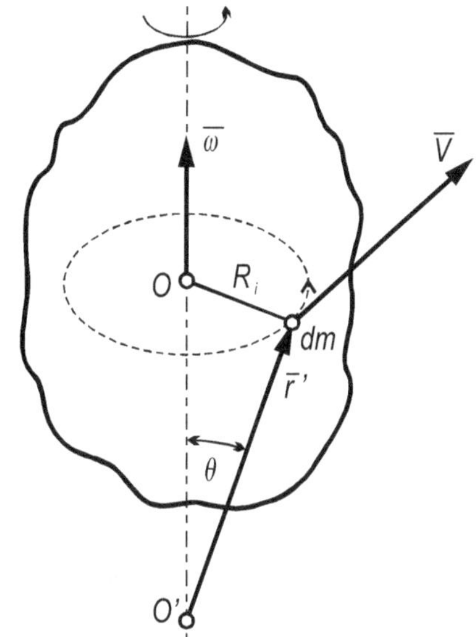

FIGURA 6-1

$$dE_{Ci} = \frac{1}{2}\, dm\, V^2 \qquad\qquad [6\text{-}1]$$

pero según vimos anteriormente, el vector velocidad tangencial $\overline{V}$ respecto a un punto O' situado sobre el eje z-z es

$$\overline{V}_i = \overline{\omega} \times \overline{r}_i$$

cuyo módulo se determina por

$$V_i = \omega_i \cdot r_i \cdot \operatorname{sen}\theta$$

siendo

$$r_i \cdot \operatorname{sen}\theta = R_i$$

luego

$$V_i = \omega \cdot R_i$$

reemplazando en [6-1]

$$dE_{Cr} = \frac{1}{2}\, \omega^2 \cdot R_i^2 \; dm \qquad\qquad [6\text{-}2]$$

integrando [6-2] y recordando que $\omega = cte.$ se arriba a la expresión de la "*energía cinética de rotación*" del cuerpo rígido de masa m.

$$E_{Cr} = \frac{1}{2}\, \omega^2 \int R_i^2 \; dm \qquad\qquad [6\text{-}3]$$

6.5. MOMENTO DE INERCIA

La integral $\int R_i^2 \, dm$; se llama "*momento de inercia*" del cuerpo.

El momento de inercia, se refiere siempre al eje respecto al cual rota el cuerpo, o sea

$$I_0 = \int R^2 \, dm \qquad\qquad [6\text{-}4]$$

Cuando el eje de rotación pasa por el centro de gravedad del cuerpo, el momento de inercia se llama *baricéntrico* y se simboliza I_G.

La función del momento de inercia en la rotación es analoga a la de la masa en las traslación. Luego la energía cinética del cuerpo en rotación se puede expresar como sigue

$$E_{Cr} = \frac{1}{2} \, I \cdot \omega^2$$

Esta fórmula es análoga a $E_{Ct} = \frac{1}{2} \, m \, V^2$; que representa la energía cinética de una cuerpo de masa m trasladándose con velocidad V.

El valor del momento de inercia de los cuerpos homogéneos de forma geométrica se puede calcular con la ayuda de la fórmula [6-4] como veremos a continuación, para el caso de un cilíndro homogéneo (fig.6-2], de densidad δ.

Separemos un cilíndro de radio r y espesor dr; para el cual

$$dm = \delta \, dv$$

siendo $dm = 2\pi r \, dr \, \delta H$; ya que $dv = 2\pi r H \, dr$. Reemplazando en la integral [6-4]

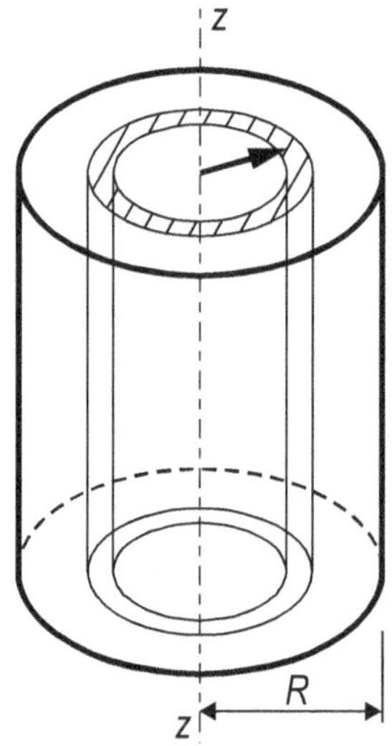

FIGURA 6-2

$$I_z = \int r^2 \, dm = 2\pi H \delta \int_0^R r^2 \, dr$$

resolviendo

$$I_z = 2\pi H \delta \, \frac{R^4}{4} = \pi H \delta R^2 \, \frac{R^2}{2}$$

y como $m = \delta \pi R^2 H$; nos queda

$$I_z = \frac{m R^2}{2} \qquad\qquad [6\text{-}5]$$

La [6-5] es el momento de inercia baricéntrico buscado. En el caso de cuerpos de forma geométrica irregular o de masa no homogénea, como es el caso de una ala Δ (delta) de una aeronave o también el rotor de un motor eléctrico, hay que recurrir a la experimentación como luego veremos al estudiar el péndulo físico y de torsión.

6.6. RADIO DE GIRO

Para todos los cuerpos siempre es posible encontrar una distancia i, tal que su momento de inercia sea

$$I = i^2 m$$

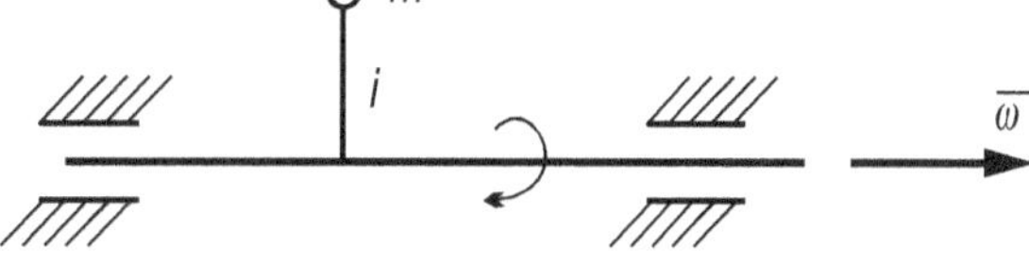

FIGURA 6-3

como si toda la masa estuviese concentrada a esa distancia respecto al eje de rotación, Luego

$$i = \sqrt{\frac{I}{m}}$$

Siempre que conozcamos el radio de giro, nuestro caso se facilita, por cuanto de ese modo nos independizamos de la forma del cuerpo.

En cuanto a las unidades, éstas serán

Sistema	Unidad
C.G.S.	$[gr\ cm^2]$
M.K.S.	$[Kg\ m^2]$
Técnico	$[\overline{Kg}\ seg^2\ m]$

6.7. TEOREMA DE STEINER

Cuando se trata de determinar el momento de inercia de un cuerpo que rota alrededor de un eje cualquiera, tal como se ve en la fig.6-3; se demuestra que su valor es

$$I = I_G + m d^2$$

I_G es el momento de inercia baricéntrico respecto a un eje paralelo al de rotación $(z\text{-}z)$ que pasa por el centro de gravedad del cuerpo.

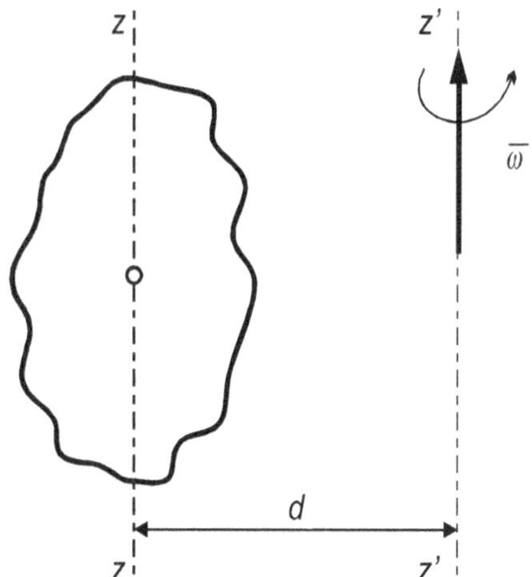

FIGURA 6-4

Para demostrarlo, supongamos el movimiento de rotación de un cuerpo alrededor del eje y-y. En un instante el cuerpo se encuentra en la posición A y luego de un cierto tiempo gira un ángulo θ y pasa a B.

De acuerdo a lo estudiado, sabemos que esta rotación alrededor de y-y puede ser descompuesta en una traslación desde A hasta B, y luego una rotación alrededor de un eje y'-y', paralelo al anterior y que pase por el centro de gravedad del cuerpo describiendo en este último caso una rotación del mismo ángulo θ en un tiempo igual al empleado para ir desde A hacia B. Ambos movimientos deberán ser simultáneos superpuestos y realizados en igual tiempo.

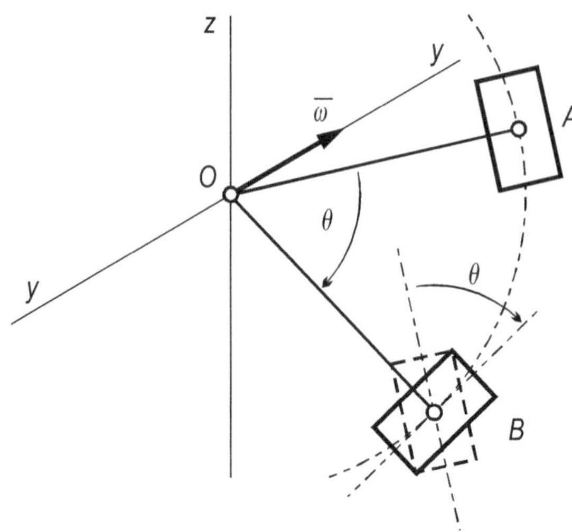

FIGURA 6-5

De acuerdo a lo anterior, la energía cinética de rotación alrededor de y-y será

$$E_c = E_{Cr} + E_{Ct}$$

y como

$$E_{Cr} = \frac{1}{2}\, I_G\, \omega^2 \qquad y \qquad E_{Ct} = \frac{1}{2}\, m\, V^2$$

reemplazando en la anterior

$$\frac{1}{2}\, I_{y-y} \cdot \omega^2 = \frac{1}{2}\, I_G\, \omega^2 + \frac{1}{2}\, m\, \omega^2\, R^2$$

de donde simplificando

$$I_y = I_G + m\, R^2 \qquad\qquad\qquad [6\text{-}6]$$

En muchos casos el momento de inercia se refiere a superficies y la fórmula es entonces

$$I = \int R^2\, dA$$

y tiene como dimensión $\left[L^4\right]$ lo anterior se conoce como *"Momento Polar de Inercia"*

6.8. SEGUNDA LEY APLICADA A LA ROTACIÓN

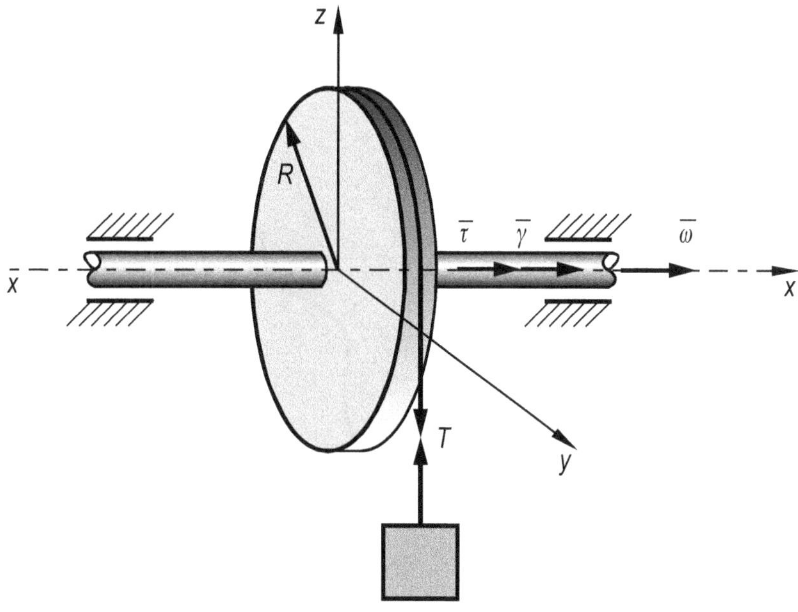

FIGURA 6-6

En el caso de la rueda de la fig.6-6; la tensión T de la cuerda produce un trabajo de rotación alrededor del eje x-x igual al incremento de energía cinética, tal que

$$dW_r = \tau \, d\theta = d\left(\frac{1}{2} I_0 \, \omega^2 \right)$$

luego

$$\tau \, d\theta = I_0 \, \omega \, d\omega$$

de donde

$$\tau = I_0 \, \omega \, \frac{d\omega}{d\theta}$$

pero como γ (aceleración angular) es

$$\gamma = \frac{d\omega}{dt} \frac{d\theta}{d\theta} = \frac{d\theta}{dt} \frac{d\omega}{d\theta} = \omega \, \frac{d\omega}{d\theta}$$

será finalmente

$$\tau = I_0 \, \gamma \qquad\qquad [6\text{-}7]$$

expresión en la que tratándose de un cuerpo rígido, la aceleración angular es proporcional al torque τ aplicado. Además, como puede apreciarse, la aceleraicón es un vector proporcinal al torque τ, de la misma dirección e igual sentido.

6.9. IMPULSO ANGULAR

Sea el caso de una partícula de masa m que rota alrededor del eje *z-z* con velocidad tangencial $\overline{V}$. En ese caso, según vimos la cantidad de movimiento era $\overline{p} = m \cdot \overline{V}$; luego el momento de la cantidad de movimiento será

$$\overline{L}_i = \overline{r}_i \times \overline{p}_i$$

El vector $\overline{L}_i$ es perpendicular al plano determinado por $\overline{r}$ y $\overline{V}$; y cambia de magnitud y dirección a medida que la partícula describe la trayectoria, pero si ésta es plana, la dirección de $\overline{L}_i$ se mantiene perpendicular al plano formado por $\overline{r}$ y $\overline{V}$.

Cuando se trata de una movimiento circular $\overline{r}$ y $\overline{V}$ son perpendiculares entonces

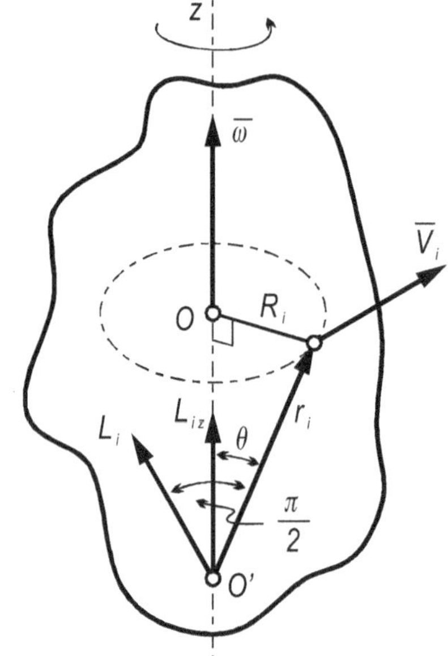

FIGURA 6-7

$$\overline{L}_i = \overline{r}_i \times \overline{p}_i = m\left(\overline{r}_i \times \overline{V}_i\right)$$

y el módulo es

$$L_i = m \cdot r_i \cdot V = m \cdot r_i^2 \cdot \omega$$

además para un tiempo dt será

$$\frac{d\overline{L}_i}{dt} = \frac{d\overline{r}_i}{dt} \times \overline{p}_i + \overline{r}_i \frac{d\overline{p}_i}{dt}$$

y como

$$\overline{V} \times m \overline{V} = 0$$

nos queda que

$$\frac{d\overline{L}_i}{dt} = \overline{r}_i \times \frac{d\overline{p}_i}{dt} = \overline{r}_i \times m \frac{d\overline{V}_i}{dt}$$

de acuerdod a la 2° ley de la dinámica

$$F = m\,\frac{d\overline{V}}{dt}$$

y reemplazando en la anterior será

$$\frac{d\overline{L}_i}{dt} = \overline{r} \times \overline{F}_i$$

de donde obtenemos que

$$\frac{d\overline{L}_i}{dt} = \overline{\tau}_i \qquad\qquad [6\text{-}8]$$

de acuerdo a la [6-9] *"el cambio de momento angular respecto al tiempo es igual al torque aplicado sobre la partícula.*

Como se puede apreciar $d\overline{L}_i$ y $\overline{\tau}_i$ son paralelos.

La expresión [6-8] es semejante a $\dfrac{d\overline{p}}{dt} = \overline{F}$ obtenido anteriormente para el caso de la traslación.

Cuando se trata de un cuerpo rígido compuesto por un gran número de partículas $\overline{L} = \sum \overline{L}_i$ y $\overline{\tau} = \dfrac{d\overline{L}}{dt}$; en ese caso

$$d\overline{L} = \overline{\tau} \cdot dt = I\,\overline{\gamma}\,dt$$

pero $\overline{\gamma} \cdot dt = d\overline{\omega}$

por lo que

$$d\overline{L} = I\,d\overline{\omega} \qquad\qquad [6\text{-}9]$$

al producto $I \cdot d\omega$ se lo conoce como *"momento cinético"* luego

$$\overline{\tau}\,dt = I\,d\overline{\omega} \qquad\qquad [6\text{-}10]$$

en la que $\tau\,dt$ es el impulso angular. Cuando se trata de un cuerpo rígido en el que $I \neq cte.$

$$\overline{\tau} = \frac{d\overline{L}}{dt} = \frac{d\left(I\,\overline{\omega}\right)}{dt} \qquad\qquad [6\text{-}11]$$

6.10. TEOREMA DEL MOMENTO CINÉTICO

Asi como vimos que la cantidad de movimiento lineal se conservaba, en el caso de un sistema aislado $\left(\sum \overline{F}_i = 0\right)$; para el cual $\dfrac{d\overline{p}}{dt} = 0$; o lo que equivale a decir que $\overline{p} = m\,\overline{V} = cte.$; también en el movimietno de rotación la cantidad de movimiento angular o momento cinéitco se conserva si es un sistema aislado para el cual no hay cuplas exteriores $\left(\sum \overline{\tau}_i = 0\right)$; o sea

$$\sum \overline{\tau}_i = \frac{d\overline{L}}{dt} = 0 \qquad \text{luego} \qquad \overline{L} = cte.$$

lo que equivale a decir que $I \cdot \overline{\omega} = cte.$

cuando se trata de cuerpos en los que $I \neq cte.$ al modificarse la forma del cuerpo en rotación también deberá hacerlo su velocidad angular ω para que de esa manera se cumpla que

$$I_1\,\omega_1 = I_2\,\omega_2 = ... = I_n\,\omega_n = cte.$$

Este efecto es utilizado en un gran número de circunstancias en las cuales mediante la modificación del momento de inercia se regula la velocidad de rotación de los cuerpos. Un caso particular, es el regulador de *Watt* que en algunas máquinas gobierna la entrada de vapor o combustible a los cilindros.

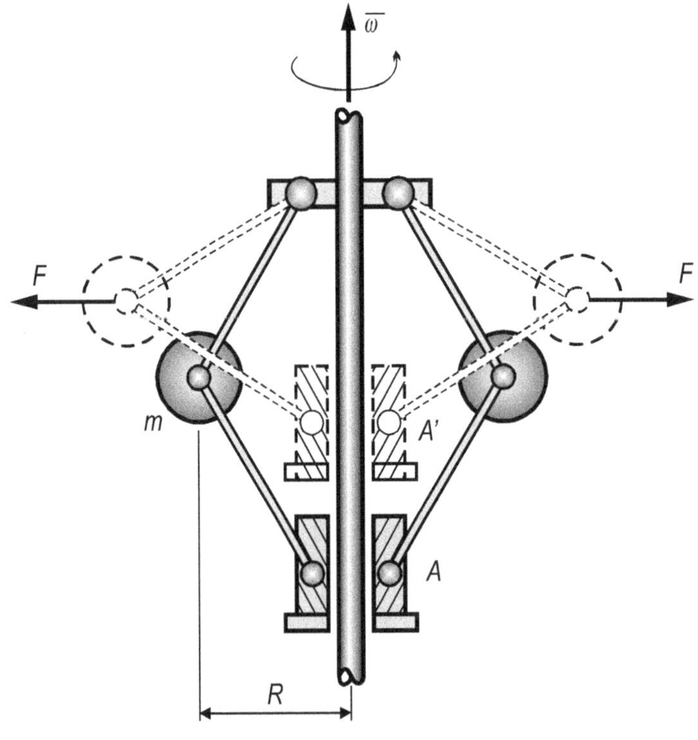

FIGURA 6-8

Mediante el mecanismo que se muestra en la fig.6-8; al girar éste, las masas m se separan desplazando A hasta A' aumentando así el radio R y consecuentemente el momento de inercia, lográndose disminuir la entrada de vapor o combustible y por lo tanto el valor ω_0.

6.11. MOMENTO CINÉTICO Y VELOCIDAD ANGULAR

El momento cinético tiene una interpretación geométrica mediante la "*velocidad aereolar*" la cual, no es otra cosa que el cociente entre el área elemental barrida por el radio vector $\overline{OB}$ y el tiempo dt empleado en hacerlo.

O sea

$$V_a = \frac{dA}{dt}$$

[6-12]

En la fig.6-8 vemos que $dA = \frac{1}{2}\, r\, ds$; pero $ds = V\, dt$; reemplazando y despejando en [6-12]

$$dA = \frac{1}{2}\, r\, V\, dt$$

además; de [6-11]

$$dA = V_A \cdot dt$$

luego

$$V_A\, dt = \frac{1}{2}\, r\, V\, dt$$

de donde

$$V_A = \frac{1}{2}\, r\, V$$

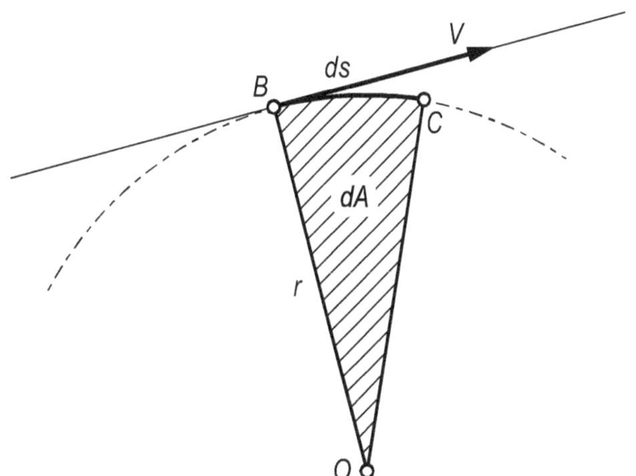

FIGURA 6-9

multiplicando por la masa m; en ambos miembros

$$m\, V_A = \frac{1}{2}\, m\, r\, V$$

pero recordemos que en el caso de una partícula, el momento de la cantidad de movimiento, o momento cinético, es $\overline{L} = \overline{r} \times \overline{p}$; siendo $\overline{p} = m\,\overline{V}$. De acuerdo a esto último, llegamos a la siguiente conclusión que

$$L = 2m\, V_A$$

[6-13]

O sea que el momento cinético es proporcional a la velocidad aereolar. Este concepto se aplicará al estudiar las leyes de *Kepler* en el capítulo correspondiente a gravitación.

6.12. EFECTO GIROSCÓPICO

Se llama así al caso de un cuerpo en rotación respecto a un eje que a su vez también está girando. Este problema es tridimensional y puede ser estudiado aplicando la ecuación $\sum \tau_i = \dfrac{dL}{dt}$; vista anteriormente.

Sea el caso del volante de la fig.6-9 que gira alrededor del eje x-x con velocidad ω_i; su momento cinético será

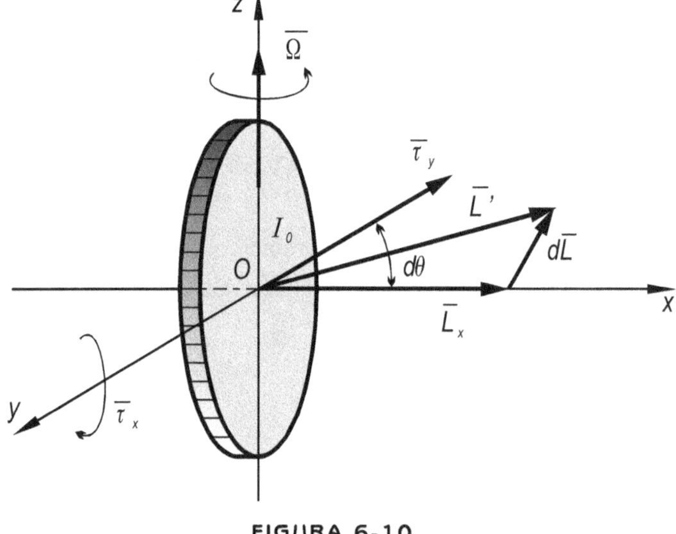

FIGURA 6-10

$$\overline{L}_x = I_x \cdot \overline{\omega}_x \qquad\qquad [6\text{-}14]$$

el que se mantiene constante hasta que en un instante se le aplica el torque $\overline{\tau}_y$; el cual producirá una variación del momento cinético $d\overline{L}_y$ de la misma dirección y sentido, haciendo que $\overline{L}_x$ describa en el tiempo dt un ángulo $d\theta$. Por efecto del totrque τ_y el eje del volante girará alrededor del eje z-z en un movimiento continuo si es que τ_y no se interrumpe.

En el caso de que asi sea, el eje del volante que dará en la nueva posición alcanzada.

La velocidad alrededor del eje z-z se conoce como "*velocidad de precesión*" y puede deducirse partiendo de que

$$\Omega = \frac{d\theta}{dt} \qquad\qquad [6\text{-}15]$$

además

$$dL_y = I_0 \, d\omega$$

y $L = I_0 \, \omega$; podemos hacer

$$dL_y = L_x \, d\theta$$

reemplazando

$$I_0 \, d\omega = I_0 \, \omega \, d\theta$$

de donde simplificando

$$d\omega = \omega \, d\theta$$

y

$$d\theta = \frac{d\omega}{\omega}$$

reemplazando en [6-12]

$$\Omega = \frac{d\omega}{\omega\,dt}$$

pero $\gamma = \dfrac{d\omega}{dt}$; deacuerdo a la segunda ley

$$\tau = I_0\,\gamma$$

por lo que, finalmente quedará

$$\Omega = \frac{\gamma}{\omega} = \frac{\tau}{I_0\,\omega} = \frac{\tau}{L} \qquad\qquad [6\text{-}16]$$

Expresión esta, que pone de manifiesto que la velocidad de precesión es inversamente proporcional al momento cinético.

El hecho de que el eje de rotación tienda a coincidir con la nueva dirección del vector *momento cinético L* girando un ángulo $d\theta$, es aprovechado por los cilistas para efectuar un giro sin necesidad de usar el manubrio. En ese caso, el ciclista genera una cupla en un plano perpendicular al del movimiento.

6.13. APLICACIÓN AL CASO DEL TROMPO Y EL GIROSCOPIO

El trompo es el que se apoya en un punto fijo en el extremo de su eje de rotación "z" tal como se ve en la fig.6-11.

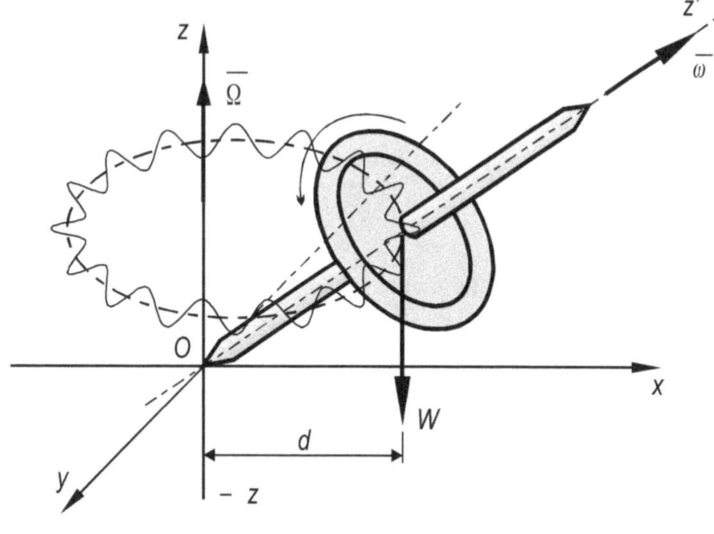

FIGURA 6-11

En este caso, *z'-z'* gira alrededor de *z-z*; debido al torque τ que produce el peso *W*. Al reducirse Ω el eje *z-z* realiza un balanceo, conocido como "*movimiento de nutación*"; el cual va en aumento hasta que el trompo pierde su equilibrio y cae.

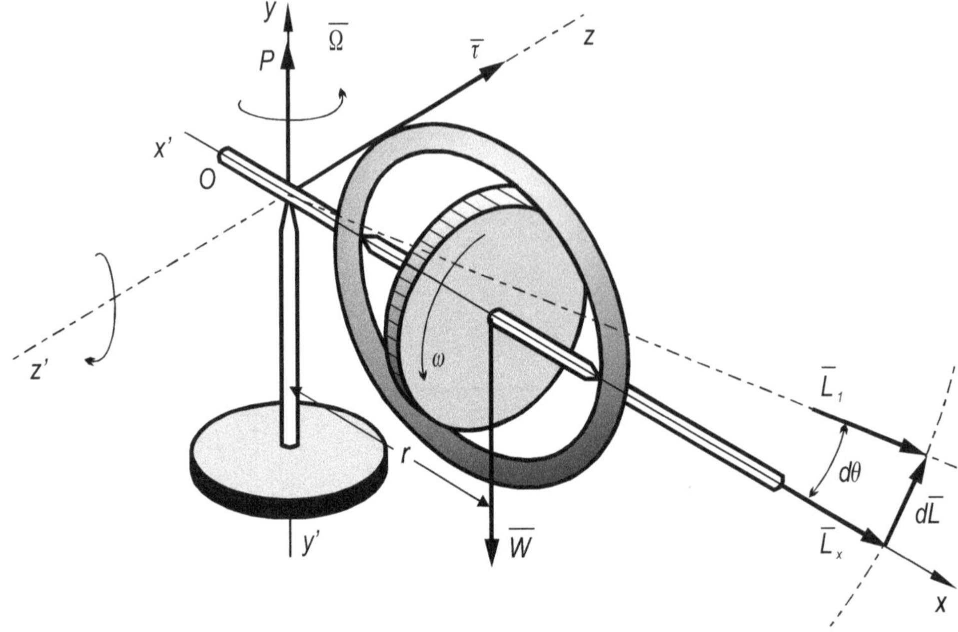

FIGURA 6-12

En la fig.6-12 se ilustra un montaje del trompo o giróscopo pesado que permite visualizar el movimiento. El trompo gira alrededor de su eje de simetría *x-x* con una velocidad angular Ω.

Si no actuasen cuplas exteriores, su momento cinético *L* deberá mantenerse constante y la dirección del eje *x-x* no cambiaría. Pero existe una cupla constante $\tau = W \cdot r$ formada por su peso, aplicado en el *centro de gravedad*; y la reacción igual y contraria que se ejerce en el apoyo *O*. La cupla tiene la dirección del eje *z'-z'*, perpendicular al eje de rotación.

Veamos ahora a que se debe que el giróscopo no cae a causa del torque τ alrededor de *z-z*.

Una justificación la encontramos en que el giróscopo, al estar en rotación, tiende a mantener constante la dirección y sentido del eje. No obstante, ello no es posible por la presencia de la cupla τ, la que en vez de volcar el giróscopo, origina una variación del momento cinético de su misma dirección y sentido; lo que hace cambiar la dirección del eje de rotación y origina el movimiento de precesión.

Debe notarse que la resultante de la fuerzas que actúan sobre el giróscopo pesado o trompo es nula (en ausencia de rozamiento) ya que el peso *W* es equilibrado por una reacción igual y de sentido contrario ejercida en el punto de apoyo.

Para el giróscopo, suspendido de su *C.G.* (fig.6-13), la línea de acción del peso pasa por dicho centro, o sea que coincide con la dirección del vínculo de suspensión. En este caso si no solo se equilibran las fuerzas con la dirección del vículo de suspensión. Este caso no sólo se equilibran las fuerzas (pesos) sino que no existe cupla exterior debida al peso, y entonces

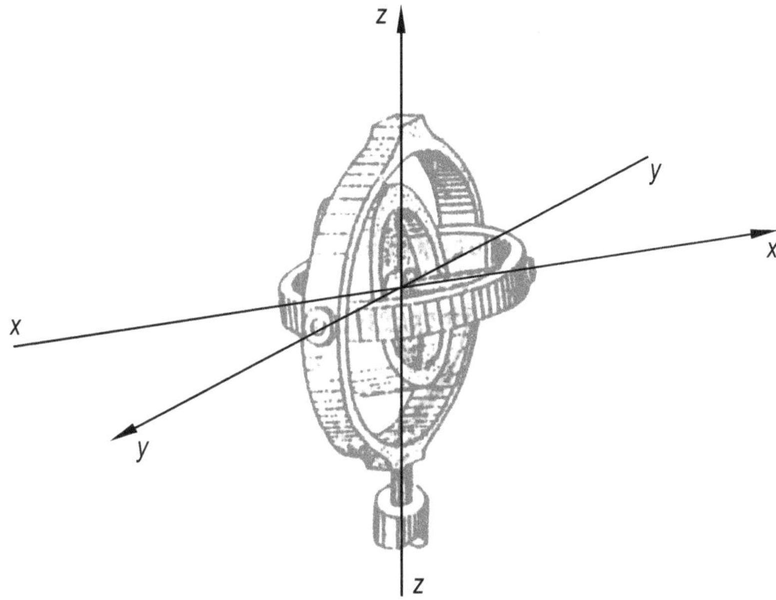

FIGURA 6-13

$$\tau = 0 \qquad dL = 0 \qquad L = cte.$$

El eje de rotación se mantiene constantemente en una misma dirección.

Esta propiedad , denominada *permanencia de la dirección del eje de rotación*; sirvió a Foucault para demostrar la rotación de la tierra. Al cabo de un cierto tiempo de mantener un giroscopio en rotación, se percató que ele eje del mismo cambió de dirección respecto de la habitación. Pero no era el giroscopio el que había girado, sino la tierra juntamente con la habitación.

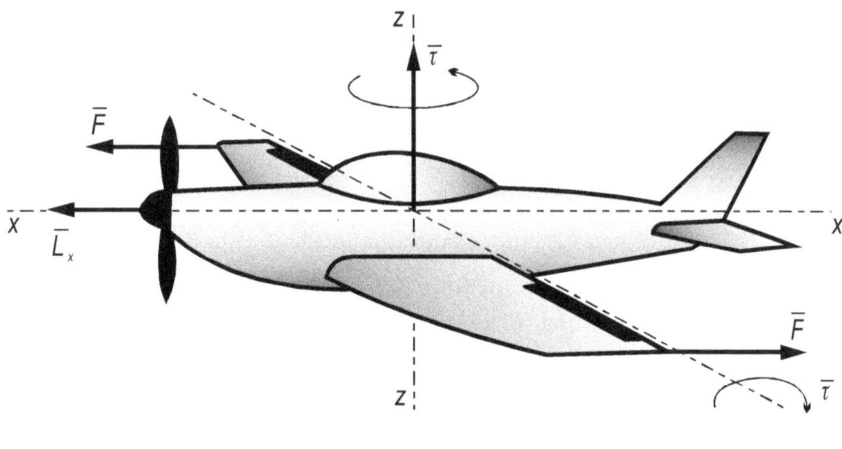

FIGURA 6-14

De allí que al giroscopio se lo pueda mantener apuntando constantemente a un punto fijo y servir de instrumento de guía para la navegación, tanto marítima como aérea.

En el caso de un avión a hélice, la precesión juega un rol importante, ya que la velocidad angular ω de la hélice da origen a un momento ciéntico $\overline{L}_\alpha = I_\alpha \, \overline{\omega}$ en la dirección del eje de la hélice.

Si por acción del timón de cola se produce una rotación hacia la izquierda, debido a la acción de las fuerzas F; aparece un torque τ que origina un dL que provoca un giro alrededor de $(y\text{-}y)$ y el piloto deberá corregir tal situación mediante el uso de los timones de profundidad.

6.14. ANÁLISIS DINÁMICO DE MOVIMIENTOS CARACTERÍSTICOS

En Cinemática, el análisis de los movimientos no tenía en cuenta la existencia de las fuerzas que lo provocaban. Tal como vimos al iniciar este capítulo, el conocimiento de las características de las fuerzas que actúan sobre los cuerpos o partículas, nos permite determinar cual ha de ser el movimiento resultante.

Así decimos que:

a) Cuando no actúan fuerzas $\left(F = 0 \right)$; la partícula o el cuerpo se mueve con *MRU*, o bien está en reposo.

b) Si actúa una fuerza constante (en su centro de gravedad) el cuerpo se moverá con aceleración constante en un *MRUA*.

c) Si actúa una fuerza variable, proporcional al espacio recorrido, el cuerpo se mueve con un *MAS*.

d) Si no actúan cuplas $\left(\tau = 0 \right)$; el cuerpo se mueve con rotación uniforme $\left(\omega = cte. \right)$; o bien, está en reposo.

e) Si actúa una cupla contante τ, el cuerpo se moverá con aceleraicón angular $\gamma = cte.$ en un movimiento de rotación uniformemente acelerado.

Tal como vemos, el análisis de los movimientos debe comenzarse averiguando que fuerzas o que cuplas actúan.

En los movimientos estudiados, no se tuvo en cuenta los frotamientos; y se realizó en el plano, es decir, en dos dimensiones.

Los pasos a seguir han sido:

1) Elegir un sistema de ejes de referencia a los fines de plantear las ecuaciones de las fuerzas y la de los momentos si se tratase de una rotación.

2) Investigar las características de todas las fuerzas que actúan , por medio de su proyección sobre dos direcciones ortogonales.

$$\sum F_x = m \, a_x \qquad \sum F_y = m \, a_y$$

o bien la característica de los momentos o cuplas responsables de la rotación

$$\sum \tau = I_0 \cdot \gamma$$

3) Hallar la aceleración.

4) Analizar las *Leyes Generales* de los movimientos que resultan del análisis de las aceleraciones.

5) Plantear las ecuaciones generales del movimiento que resultan del análisis anterior: velocidades, desplazamientos, trayectoria, etc.

6.15. COMPARACIÓN ENTRE LAS DINÁMICAS DE TRASLACIÓN Y ROTACIÓN

Traslación		Rotación	
Espacio Lineal	e	Espacio Angular	θ
Velocidad Lineal	$V = \dfrac{de}{dt}$	Velocidad Angular	$\omega = \dfrac{d\theta}{dt}$
Aceleración	$a = \dfrac{dV}{dt}$	Aceleración Angular	$\gamma = \dfrac{d\omega}{dt}$
Masa	$m = \dfrac{F}{a}$	Momento de Inercia	$I_0 = \dfrac{\tau}{\gamma}$
		Momento de Inercia	$I_0 = \int r^2 \cdot dm$
Fuerza	$F = m \cdot a$	Cupla	$\tau = I_0\, \gamma$
Trabajo y Energía Potencial	$W = F \cdot e$	Trabajo y Energía Potencial	$W = \tau \cdot \alpha$
Potencia	$P = F \cdot V$	Potencia	$P = \tau \cdot \omega$
Energía Cinética	$E_c = \dfrac{1}{2}\, m \cdot V^2$	Energía Cinética	$E_c = \dfrac{1}{2}\, I_0\, \omega^2$
Impulso	$P = F \cdot t$	Momento de la Cantidad de Movimiento	$L = \tau \cdot t$
Cantidad de Movimiento	$p = m \cdot V$	Momento Cinético	$L = I_0\, \omega$

CAPÍTULO 7

DINÁMICA DE UN SISTEMA DE PARTÍCULAS

7.1. INTRODUCCION

Un sistema de partículas es un sistema de puntos materiales entre los cuales existen fuerzas que pueden ser gravitatorias, elásticas, eléctricas, magnéticas, etc y las mismas solamente pueden ejercerse en un instante como en el caso de un choque, o estar presentes en todo momento.

El sistema además, puede ser sujeto a fuerzas externas que, como más adelante veremos, para ese caso el movimiento del conjunto solo dependerá de ellas y es independiente de las fuerzas internas.

El hecho de que hablemos de puntos, no debe hacernos pensar que se trata de cuerpos pequeños, también el universo puede considerarse como un sistema de partículas cuyos principios se aplican al estudio del movimiento de un planeta y sus satélites o a sistemas binarios de estrellas. Otra aplicación también es el estudio del comportamiento de partículas atómicas y sub-atomicas.

7.2. CENTRO DE MASA

Cada una de las partículas, tiene definida su posición en relación a un sistema de referencia x, y, z mediante sus coordenadas o mediante un vector posición como se ve en la figura 1

El centro de masas CM para un sistema de varias partículas, se define como aquel punto que contiene la recta de acción de la resultante del sistema. Este último también suele llamarse baricentro del sistema. Así, si el punto sombreado en la fig.7-2 nos representa el centro de masas el vector posición del mismo será:

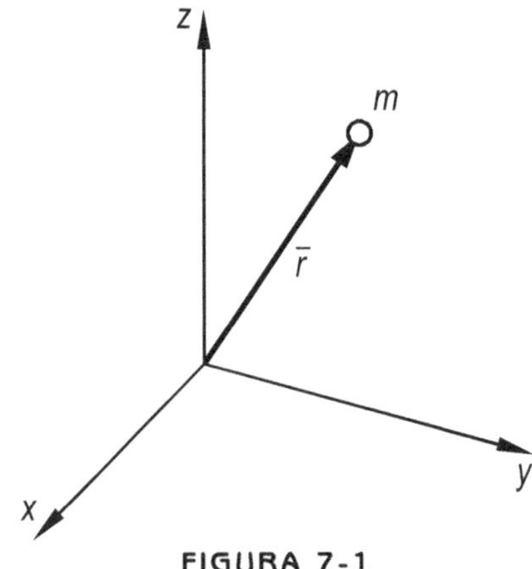

FIGURA 7-1

$$\bar{r}_{CM} = \frac{\left(m_1\,\bar{r} + m_2\,\bar{r}_2 + m_3\,\bar{r}_3 + ...\right)}{\left(m_1 + m_2 + m_3 + ...\right)} = \frac{\sum m_i\,\bar{r}_i}{\sum m_i}$$

luego

$$\bar{r}_{CM} = \sum \frac{m_i\,\bar{r}_i}{M} \qquad [7\text{-}1]$$

siendo $M = \sum m_i$ la masa total del sistema

Si elegimos como origen del sistema de referencia el punto correspondiente al centro de masas, se puede escribir como condición del baricentro que:

$$\bar{r}_{CM} = \sum m_i\,\bar{r}_i = 0 \qquad \text{(tener en cuenta que esta es una igualdad vectorial)}$$

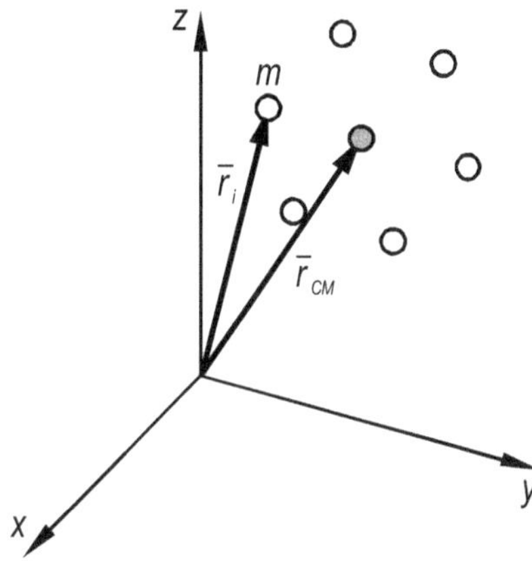

FIGURA 7-2

7.3. Velocidad, Impulso, Fuerzas internas y externas

Si derivamos la ecuación [7-1] con respecto al tiempo.

$$\frac{d\bar{r}}{dt} = \frac{1}{\sum m_i} \cdot \frac{\sum m_i\,d\bar{r}_i}{dt}$$

obtenemos la velocidad del centro de masa

$$V_{CM} = \frac{\sum m_i\,\bar{V}_i}{\sum m_i} \qquad [7\text{-}2]$$

y recordando que, oportunamente se definió al producto de la masa por la velocidad de un cuerpo como su cantidad de movimiento p, la ecuación [7-2] puede escribirse como

$$V_{CM} = \sum \frac{\overline{p}_i}{\sum m_i} = \frac{\overline{P}}{M} \qquad [7\text{-}3]$$

en la que $\overline{P}$ es la cantidad de movimiento total del sistema y M la masa del mismo.

7.3.1. Fuerzas interiores y exteriores

Consideremos ahora el caso de dos partículas, sobre las cuales pueden actuar tanto fuerzas interiores (las que se ejercen mutuamente), como fuerzas exteriores (fig.7-3).

Sobre la partícula 1 actúa la fuerza exterior F_1 y la fuerza que sobre ella ejerce la partícula 2, o sea F_{12} y sobre la partícula 2 actúa la fuerza exterior F_2 además de la fuerza F_{21} que sobre ella ejerce la partícula 1.

El movimiento de cada partícula esta determinado de acuerdo a la ecuación fundamental de la mecánica (segunda ley de Newton) por la fuerza resultante que actúa sobre ella.

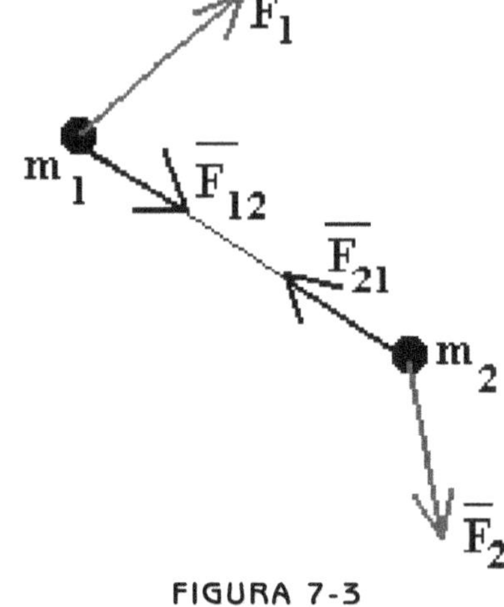

FIGURA 7-3

$$m_1 \overline{a}_1 = \overline{F}_1 + \overline{F}_{21}$$

o también

$$m_1 \frac{d\overline{V}_1}{dt} = \overline{F}_1 + \overline{F}_{21}$$

en una forma más general, la 2da ley se puede escribir como

$$\frac{d\left(m_1 \overline{V}_1\right)}{dt} = \frac{d\left(\overline{p}_1\right)}{dt}$$

pero

$$d\left(m_1 \overline{V}_1\right) = m_1 \frac{d\overline{V}_1}{dt} = m_1 \overline{a}_1$$

siempre que m_1 sea constante. Luego

$$\frac{d\overline{p}_1}{dt} = \overline{F}_1 + \overline{F}_{12} \qquad y \qquad \frac{d\overline{p}_2}{dt} = \overline{F}_2 + \overline{F}_{21}$$

Sumando m. a. m ambas ecuaciones

$$\frac{d\overline{p}_1}{dt} + \frac{d\overline{p}_2}{dt} = \overline{F}_1 + \overline{F}_{12} + \overline{F}_2 + \overline{F}_{21}$$

y como de acuerdo a la tercera ley de Newton $\overline{F}_{12} = -\overline{F}_{21}$; podemos hacer

$$\frac{d\left(\overline{p}_1 + \overline{p}_2\right)}{dt} = \overline{F}_1 + \overline{F}_2 \qquad \text{ó} \qquad \frac{d\overline{P}}{dt} = \overline{F}_{ext}$$

Si consideramos que no hay fuerzas exteriores aplicadas al sistema, lo cual significa considerar que el sistema es aislado, es decir que solo existen fuerzas interiores, tenemos

$$\frac{d\overline{P}}{dt} = 0$$

lo cual significa que $\dfrac{d\left(p_1 + p_2\right)}{dt} = 0$

o sea que

$$\overline{p}_1 + \overline{p}_2 = cte.$$

Esto último, también se aplica para un sistema con cualquier número de partículas en el cual las fuerzas a tener en cuenta son solo las interiores.

Lo anterior, no es más que una aplicación de la ***ley de conservación de la cantidad de movimiento*** para la cual, la cantidad de movimiento de cada partícula puede cambiar pero la cantidad de movimiento total debe permanecer constante si no hay acción de fuerzas exteriores, por lo que de acuerdo a la ecuación [3] se puede concluir que.

> *El centro de masas de un sistema aislado, puede considerarse como un sistema inercial (recordar que v_{CM} es una magnitud vectorial).*

Todos los sistemas inerciales de coordenadas tienen las mismas propiedades y podrá pasarse de uno a otro sin inconveniente

Un sistema de coordenadas asociados al centro de masas, tiene la particularidad que puede considerarse en reposo y definir las velocidades de las partículas en movimiento con respecto a él. Esto último es de uso frecuente en el estudio de partículas en física atómica, donde por lo general se toman dos sistemas de referencia, uno con respecto al laboratorio y el otro asociado al centro de masas del sistema. El impulso total de las partículas respecto a este último, es nulo.

7.4. MASA REDUCIDA

En el sistema de la fig.7-4 tenemos un sistema de dos masas entre las cuales actúan solamente fuerzas de interacción.

Las ecuaciones del movimiento son

$$m_1 \, \overline{a}_1 = m_1 \, \frac{d^2 \overline{r}_1}{dt^2} = \overline{F}_{12} \qquad\qquad [7\text{-}4]$$

$$m_2 \, \overline{a}_2 = m_2 \, \frac{d^2 \overline{r}_2}{dt^2} = \overline{F}_{21} \qquad\qquad [7\text{-}5]$$

El centro de masa del sistema esta en

$$\overline{r}_{cm} = \frac{m_1 \, \overline{r}_1 + m_2 \, \overline{r}_2}{m_1 + m_2}$$

y se puede escribir

$$\overline{r}_1 = \overline{r}_{cm} - \frac{\overline{r} \cdot m_2}{m_1 + m_2}$$

$$\overline{r}_2 = \overline{r}_{cm} + \frac{\overline{r} \cdot m_1}{m_1 + m_2}$$

siendo

$$\overline{r} = \overline{r}_2 - \overline{r}_1$$

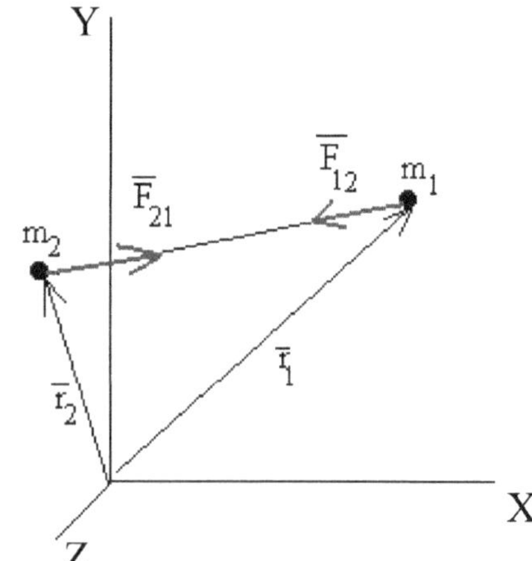

FIGURA 7-4

y sustituyendo luego $\overline{r}_1$ y $\overline{r}_2$ en [7-4] y [7-5] y recordando que el centro de masas de un sistema de partículas aisladas tiene velocidad constante y por lo tanto tiene aceleración nula, o sea que

$$\frac{d^2 \overline{r}_{cm}}{dt^2} = 0$$

encontramos que en ambas ecuaciones [7-4] y [7-5]

$$\overline{F}_{12} = \mu \, \frac{d^2 \overline{r}}{dt^2} \qquad\qquad [7\text{-}6]$$

donde

$$\mu = \frac{m_1 \cdot m_2}{m_1 + m_2}$$

recibe el nombre de "*masa reducida*".

De esta manera se ha convertido el problema original de dos partículas en uno equivalente a una única partícula. En éste último, la fuerza es la misma que actúa en ambos objetos (excepto el signo, en una de ellas).Debemos observar que la masa es diferente y menor tanto a m_1 como a m_2.

Al caso de dos cuerpos moviéndose bajo la acción de una interacción sin fuerzas exteriores aplicadas, se lo suele llamar problema de los dos cuerpos y un caso de aplicación sería el de las llamadas estrellas binarias, (como ya dijimos, no debemos pensar que al hablar de partículas sólo nos referimos a cuerpos pequeños).

Debemos destacar, que aproximadamente la mitad de las estrellas de nuestra galaxia pertenecen al llamado sistema de estrellas binarias el cual consiste, en dos estrellas que orbitan alrededor de su centro de masas y como las distancias que separa a las estrellas del sistema siempre es mucho menor que la distancia entre ellas y las otras estrellas vecinas podemos analizarlo como un problema de dos cuerpos aislados.

En el sistema la interacción es de origen gravitatorio, así la fuerza que la primera estrella ejerce sobre la segunda es

$$\overline{F} = -G \; \frac{m_1 \, m_2 \, \overline{r}}{r^3}$$

G es una constante llamada "constante de gravitación universal" y su valor en el Si de unidades es $6{,}67 \times 10^{-11} \, \mathrm{Nm^2/kg^2}$

$$\overline{r} = \overline{r}_2 - \overline{r}_1$$

de [7-6] reemplazando F

$$\frac{m_1 \, m_2}{m_1 + m_2} \; \frac{d^2 \overline{r}}{dt^2} = -G \; \frac{m_1 \, m_2}{r^3} \; \overline{r}$$

y

$$\frac{d^2 \overline{r}}{dt^2} = -G \; \frac{M}{r^3} \; \overline{r}$$

con $M = m_1 + m_2$

La resolución de esta ecuación da como resultado una orbita elíptica para la segunda estrella. Aplicada a la primera estrella el resultado es también una orbita elíptica, la diferencia entra ambas elipses depende de la relación entre las masas, a mayor masa menor es el eje mayor de la elipse, cuando una de ellas es mucho mayor que la otra se supone que la de menor masa orbita alrededor de la primera y no se tiene en cuenta la orbita de la mayor, esto lo que se usa habitualmente cuando consideramos el sistema tierra-luna o sol-tierra.

El periodo de una revolución es

$$T = \sqrt{\frac{4 \pi a^2}{G M}} \tag{[7-7]}$$

Donde a es la medida del eje mayor de la elipse.

Si elegimos un sistema de coordenadas inercial, en el cual el origen coincide con el centro de masas del sistema, los vectores posición de ambas estrellas son

$$\bar{r}_1 = -\frac{\bar{r} \cdot m_2}{m_1 + m_2} \qquad\qquad [7\text{-}8]$$

$$\bar{r}_2 = -\frac{\bar{r} \cdot m_1}{m_1 + m_2} \qquad\qquad [7\text{-}9]$$

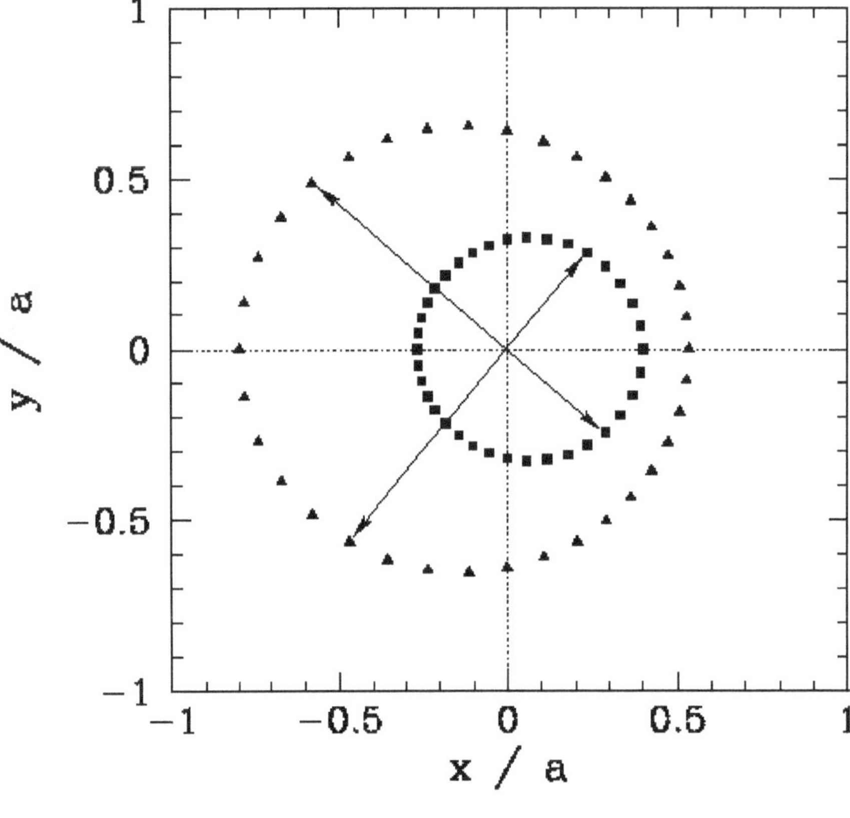

FIGURA 7-5

En la fig.7-5 se pueden ver las orbitas de dos estrellas de un sistema binario en el cual

$$\frac{m_1}{m_2} = 0,5$$

y la excentricidad de las orbitas es

$$e = 0,2$$

El sistema de referencia tiene su origen en el centro de masas y las coordenadas se han normalizado en relación al valor del eje mayor. Ambas estrellas describen elipses en relación al centro de masas.

Los astrónomos a partir de la observación del movimiento de estrellas binarias pueden determinar sus masas, para ello miden el periodo y el valor del eje mayor de la elipse mayor, de donde a partir de la ecuación [7-7].

$$M = m_1 + m_2$$

De las distancias relativas de las masas al centro de masas del sistema se puede determinar a partir de [7-8] y [7-9] la relación entre m_1 y m_2.

Con estos datos se encuentra las masas de la estrellas.

7.5. ENERGIA CINÉTICA

Consideremos un sistema compuesto de dos partículas de masas m_1 y m_2, sujetas a las fuerzas externas F_1 y F F_2 y a las fuerzas internas F_{12} y F_{21}. En un cierto instante las partículas ocupan las posiciones indicadas en la Fig. 6 moviéndose con velocidades v_1 y v_2 a lo largo de las trayectorias C_1 y C_2.

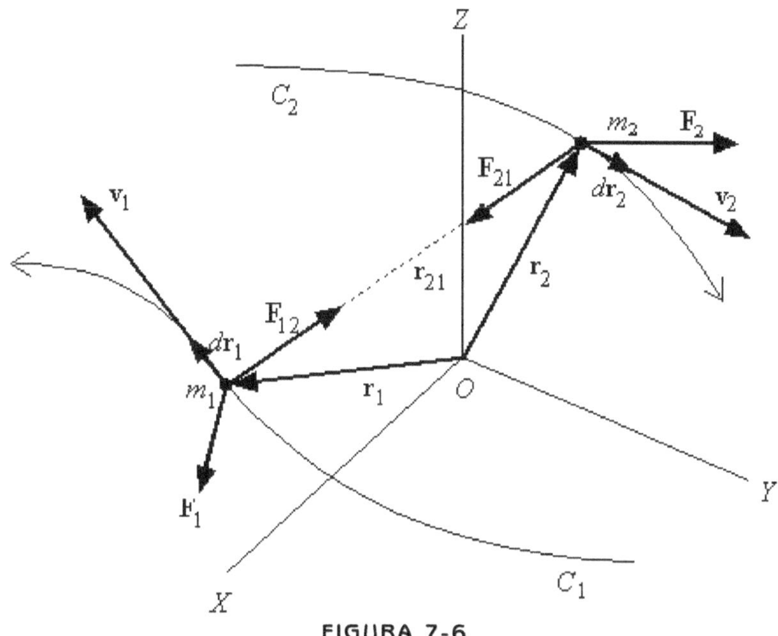

FIGURA 7-6

La ecuación del movimiento de cada partícula es

$$m_1\, \overline{a}_1 = \overline{F}_1 + F_{12}$$

$$m_2\, \overline{a}_2 = \overline{F}_2 + \overline{F}_{21} \tag{7-10}$$

Multiplicando ambas ecuaciones por dr_i, ..., sumando dichas ecuaciones y recordando que $F_{12} = - F_{21}$..., integrando a partir de un tiempo inicial t_0 hasta un tiempo arbitrario t y designando por A y B la posición de *ambas* partículas en los tiempos t_0 y t, obtenemos.

$$E_c - E_{c0} = W_{ext} + W_{int} \qquad [7\text{-}11]$$

$$W_{ext} = \int_A^B \left(\overline{F}_1 \cdot d\overline{r}_1 + \overline{F}_2 \cdot d\overline{r}_2 \right)$$

$$W_{int} = \int_A^B \overline{F}_{12} \cdot d\overline{r}_{12}$$

La primera expresión da el trabajo total W_{ext} hecho por las fuerzas exteriores durante el mismo intervalo de tiempo, y la segunda expresión da el trabajo W_{int} hecho por las fuerzas interiores.

La ec. [7-11] se puede expresar diciendo que

> *el cambio de energía cinética de un sistema de partículas es igual al trabajo efectuado sobre el sistema por las fuerzas exteriores e interiores.*

Esta es la extensión natural de nuestro resultado para una partícula, y es válido para un sistema compuesto de cualquier número de partículas.

7.6. CONSERVACIÓN DE LA ENERGÍA DE UN SISTEMA DE PARTÍCULAS

Supongamos ahora que las fuerzas internas son conservativas, y que por tanto existe una función $E_{p,12}$ dependiente de las coordenadas de m_1 y m_2 tal que

$$W_{int} = \int_A^B \overline{F}_{12} \cdot d\overline{r}_{12} = E_{p,12,0} - E_{p,12} \qquad [7\text{-}12]$$

donde $E_{p,12}$ se refiere al instante t y $E_{p,12,0}$ al instante t_0. Llamaremos a $E_{p,12}$ la **energía potencial interna** del sistema. Si las fuerzas interiores actúan a lo largo de la línea r_{12} que unen las dos partículas, entonces la energía potencial interna depende solamente de la distancia r_{12}, ... En este caso la energía potencial interna es independiente del sistema de referencia ya que contiene sólo la distancia entre las dos partículas, situación que representa razonablemente bien la mayoría de las interacciones que se encuentran en la naturaleza. Sustituyendo la ec. [7-12] en la ec. [7-11], obtenemos

$$E_c + E_{p,12} - \left(E_c + E_{p,12} \right)_0 = W_{ext} \qquad [7\text{-}13]$$

La cantidad

$$U = E_k + E_{p,12} = \frac{1}{2}\, m_1\, V_1^2 + \frac{1}{2}\, m_2\, V_2^2 + E_{p,12} \qquad [7\text{-}14]$$

será llamada la **energía propia** del sistema. Esta es igual a la suma de las energías cinéticas de las partículas relativas a un observador inercial y su energía potencial interna, la cual, como lo mostramos antes, es (bajo nuestra suposición) independiente del sistema de referencia.

Si en vez de dos partículas tenemos varias, la energía propia es

$$U = E_k E_{p,int} = \sum_{\text{Todas las partículas}} \frac{1}{2} m_1 V_i^2 + \sum_{\text{Todos los pares}} E_{p,ij} \qquad [7\text{-}15]$$

Sustituyendo la definición [7-15] de la energía propia en la ec. [7-14], obtenemos

$$U - U_0 = W_{ext} \qquad [7\text{-}16]$$

lo que establece que

> *el cambio de la energía propia de un sistema de partículas es igual al trabajo efectuado sobre el sistema por las fuerzas externas.*

Este importante enunciado se llama la *ley de conservación de la energía*. Hasta ahora la ley ha aparecido como una consecuencia del principio de conservación del cantidad de movimiento y la suposición de que las fuerzas interiores son conservativas. Sin embargo, esta ley parece ser verdadera en todos los procesos que observamos en el universo, y por tanto se le concede validez general, más allá de las suposiciones especiales bajo las cuales la hemos derivado. La ec. [7-16] expresa la interacción con el medio mediante el cambio de energía del sistema.

Consideremos ahora un sistema aislado en el cual $W_{ext} = 0$, ya que no hay fuerzas exteriores. Entonces $U - U_0 = 0$ o sea $U = U_0$. Esto es,

> *la energía propia de un sistema aislado de partículas permanece constante*

bajo la suposición de que las fuerzas internas son conservativas. Si la energía cinética de un sistema aislado aumenta, su energía potencial interna debe disminuir en la misma cantidad de manera que la suma permanezca igual...

El principio de conservación de la cantidad de movimiento, junto con las leyes de la conservación de la energía y del cantidad de movimiento angular, son reglas fundamentales que según parece gobiernan todos los procesos que pueden ocurrir en la naturaleza.

Puede suceder que las fuerzas externas actuantes sobre un sistema sean también conservativas de modo que W_{ext} se puede escribir como $W_{ext} = E_{p,ext,0} - E_{p,ext}$, donde $E_{p,ext,0}$ y $E_{p,ext}$ son los valores de la energía potencial asociada con las fuerzas externas en los estados inicial y final. Entonces la ec. [7-16] se transforma en

$$U = U_0 = E_{p,ext,0} - E_{p,ext} \qquad [7\text{-}17]$$

La cantidad

$$E = U + E_{p,ext} = E_c + E_{p,int} + E_{p,ext} \qquad [7\text{-}18]$$

se llama la *energía total* del sistema. Permanece constante durante el movimiento del sistema bajo fuerzas conservativas internas y externas. Este resultado es similar al obtenido para una sola partícula...

Dado que la energía cinética depende de la velocidad, el valor de la energía cinética depende del sistema de referencia usado para discutir el movimiento del sistema. Llamaremos *energía cinética interna* $E_{k,\text{CM}}$ a la energía cinética referida al centro de masa. La energía potencial interna que depende únicamente de la distancia entre las partículas, tiene el mismo valor en todos los sistemas de referencia (como se explicó antes) y, por tanto, definiremos la *energía interna* del sistema como la suma de las energías cinética y potencial internas.

$$U_{int} = E_{c,CM} \qquad\qquad [7\text{-}19]$$

Es habitual, al tratar de la energía de un sistema de partículas, el referirse en general solamente a la energía interna.

7.7. MECÁNICA ESTADÍSTICA (SISTEMAS CON UN GRAN NÚMERO DE PARTÍCULAS)

El resultado expresado por la ec. [7-16] o su equivalente, la ley de conservación de la energía, al ser aplicado a un sistema compuesto de un número pequeño de partículas, tal como nuestro sistema planetario o un átomo con posos electrones, requiere el cómputo de varios términos que forman la energía interna, de acuerdo con la ec. [7-15]. Sin embargo, cuando el número de partículas en muy grande, tal como en un átomo de muchos electrones o un gas compuesto de millones de moléculas, el problema resulta demasiado complicado matemáticamente. Debemos entonces usar ciertos métodos estadísticos para computar valores promedio de las cantidades dinámicas en vez de valores individuales precisos para cada componente del sistema. Además, en los sistemas complejos no estamos interesados en el comportamiento de cada componente individual (ya que dicho comportamiento no es observable en general) sino en el comportamiento del sistema como un todo. La técnica matemática para tratar esos sistemas constituyen lo que se llama la mecánica estadística. Si nos olvidamos por un momento de la estructura interna del sistema y simplemente aplicamos la ec. [7-16], usando valores medidos experimentalmente para U y W, estamos empleando otra rama de la física, la termodinámica.

7.7.1. Temperatura

Definamos primero la temperatura T del sistema como una cantidad relacionada con la energía cinética promedio de las partículas en el sistema. Por tanto la temperatura es definida independientemente del movimiento del sistema relativo al observador. La energía cinética promedio de una partícula es

$$\langle E_k \rangle = \frac{1}{N}\left(\sum \frac{1}{2} m_i V_i^2 \right) \qquad\qquad [7\text{-}20]$$

donde N es el número total de partículas y V_i es la velocidad de la partícula en el sistema...

No necesitamos indicar aquí la relación precisa entre la temperatura y la energía cinética promedio. Es suficiente por el momento suponer que, dada la energía cinética promedio en un sistema, podemos computar la temperatura del sistema, y recíprocamente. En este sentido hablamos de la temperatura de un sólido, de un gas, y aún de un núcleo complejo...

Un sistema que tiene la misma temperatura a través de todas sus partes, de modo que la energía cinética promedio de las partículas en cualquier región del sistema es la misma, se dice que está en equilibrio térmico. En un sistema aislado, cuya energía interna es constante, la temperatura puede cambiar si la energía cinética interna cambia, debido a un cambio en la energía potencial interna... Pero si la energía potencial interna de un sistema aislado permanece constante, que es el caso de un gas contenido en un caja rígida, entonces la energía cinética promedio del sistema permanecería constante; esto es, su temperatura no cambiará. Cuando el sistema no está aislado, puede intercambiar energía con el resto del universo, lo que puede resultar en un cambio de su energía cinética interna y, por tanto, de su temperatura.

La temperatura debiera ser expresada en *joules por partícula*. Sin embargo, es costumbre expresarla en grados. La escala de temperatura usada en física es la escala absoluta. La unidad se llama *Kelvin*, y se denota por K. En esta escala, la temperatura de fusión del hielo a presión atmosférica normal es $273,15\ K$ y la temperatura de ebullición del agua a presión atmosférica normal es $373,15\ °K$.

7.7.2. Trabajo

El intercambio de energía de un sistema con el mundo exterior es representado por el trabajo externo Wext en la ec. [7-16]. Esto es,

$$U - U_0 = W_{ext}$$

Si el trabajo es hecho en el sistema (W_{ext} *positivo*), su energía interna aumenta, pero si el trabajo es hecho por el sistema (W_{ext} *negativo*), su energía interna disminuye. Este trabajo externo es la suma de los trabajos externos individuales hechos en cada una de las partículas del sistema, pero a veces puede ser fácilmente computado estadísticamente.

Consideremos, por ejemplo, un gas dentro de un cilindro, una de cuyas paredes es un pistón movible. Es gas puede intercambiar energía y cantidad de movimiento con las vecindades a través de los choques e interacciones de sus moléculas con las moléculas de las paredes. El intercambio del cantidad de movimiento está representado por una fuerza ejercida por cada molécula en el punto de colisión con la pared. Estas fuerzas individuales fluctúan en cada punto, pero debido a que hay un gran número de colisiones sobre un área grande, el efecto total puede ser representado por una fuerza F actuante sobre la totalidad del área. Si A es el área y p la presión del gas, definida como la fuerza promedio por unidad del área, entonces

$$p = \frac{F}{A} \qquad ó \qquad F = p \cdot A \qquad\qquad [7\text{-}21]$$

Si una de las paredes del recipiente es movible, tal como el pistón de la fig.7-7, la fuerza ejercida por el gas puede producir un desplazamiento dx de la pared. El intercambio de energía del sistema con el mundo exterior puede entonces ser expresado como el trabajo hecho por esta fuerza durante

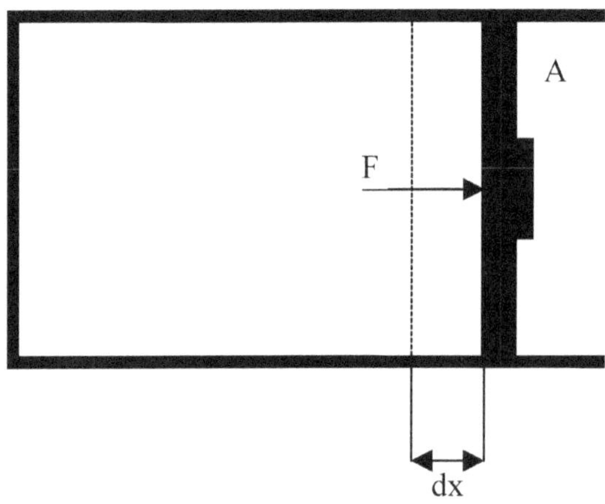

FIGURA 7-7

el desplazamiento. Ya que éste es trabajo hecho por el sistema y no trabajo hecho en el sistema, podemos considerarlo negativo. Por consiguiente

$$dW_{ext} = -F\,dx = -p\,A\,dx = -p \cdot dV \qquad\qquad [7\text{-}22]$$

donde $dV = A\,dx$ es el cambio de volumen del gas. Entonces si el volumen cambia de V_0 a V, el trabajo externo hecho en el sistema será

$$W_{ext} = -\int_{V_0}^{V} p\,dV \qquad\qquad [7\text{-}23]$$

Para computar esta integral, debemos conocer la relación entre p y V. Esta relación ha sido estudiada para gases y otras sustancias en gran detalle.

CAPÍTULO 8

MOVIMIENTO OSCILATORIO ARMÓNICO SIMPLE (M.O.A.S.)

Este movimiento es de gran importancia por cuanto interviene de una u otra manera en la mayoría de los fenómenos físicos y se trata de un *movimiento rectilíneo* en el cual la aceleración oscila entre cero y un máximo al igual que la velocidad, además es armónico porque responde a las funciones seno y coseno. Es simple porque no se considera la influencia del rozamiento.

Una partícula que se mueve a lo largo del eje x tiene un movimiento oscilatorio armónico simple cuando su desplazamiento x respecto del origen del sistema de coordenadas está dado en función del tiempo por la relación:

$$x = A \operatorname{sen}\left(\omega t + \varphi\right)$$

La cantidad $\left(\omega t + \varphi\right)$ se denomina fase donde φ es la fase inicial, esto es, su valor cuando $t = 0$.

La cantidad ω se denomina pulsación de la partícula oscilante.

Sea el caso de una masa suspendida de un resorte de longitud propia ℓ y constante elástica k.

Si sometemos al resorte a la acción de un peso éste se estirará. La elongación $\Delta\ell_0$ correspondiente al equilibrio entre la fuerza elástica y la gravitatoria estará dada por la relación

$$m\,g = k\,\Delta\ell_0$$

Elijamos la posición de equilibrio como origen y apartemos la masa una longitud x, tomada positiva hacia abajo. La fuerza total ejercida sobre el cuerpo de masa m será:

$$f = m\,g - k\left(\Delta\ell_0 + x\right) = -k\,x$$

$$-k\,x = m\,a$$

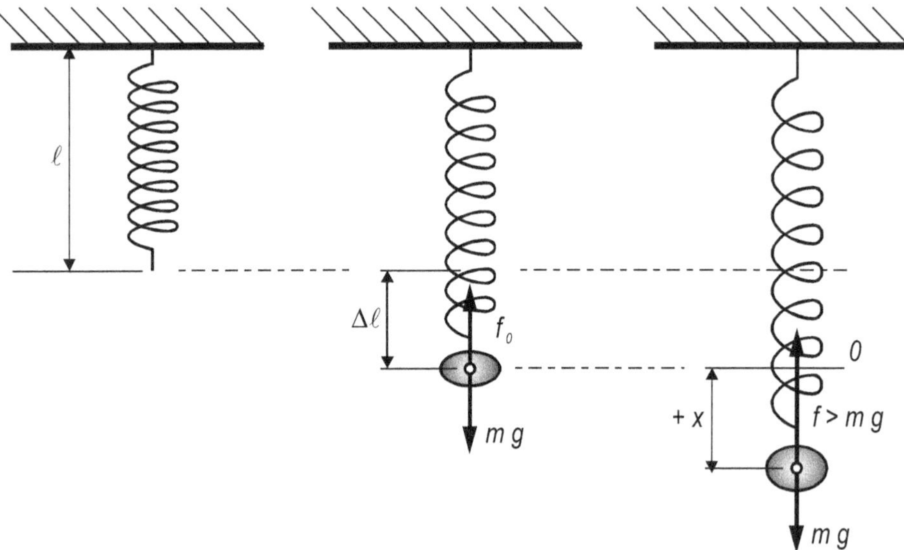

FIGURA 8-1

es decir que

$$a = \frac{d^2x}{dt^2} = -\frac{k}{m}\,x$$

y

$$\frac{d^2x}{dt^2} - \frac{k}{m}\,x = 0 \qquad\qquad\qquad [8\text{-}1]$$

La ecuación [8-1] es una ecuación diferencial de segundo orden lineal. Su solución es la función $X = x(t)$ que representa el movimiento de la masa m suspendida del resorte.

Una solución de esta ecuación es la función:

$$X = A\operatorname{sen}\big[\omega(t) + \varphi\big] \qquad\qquad\qquad [8\text{-}2]$$

solución general de la ecuación diferencial [8-1], donde

    A: representa la máxima elongación o amplitud

    ω: es la pulsación del movimiento y además $\omega^2 = k/m$ y luego $\omega = \sqrt{k/m}$

    φ: es la fase inicial

Un sistema como el considerado, que obedece a la ecuación [8-2] se denomina "oscilador" lineal".

Para encontrar la velocidad del movimiento realizaremos:

$$V = \frac{dx}{dt} = A\,\omega\cos\left[\omega t + \varphi\right]$$

Como vemos, la velocidad también varía sinusoidalmente con el tiempo con una amplitud máxima que será:

$$V_{m\acute{a}x} = A\,\omega$$

La función velocidad V está desfasada (adelantada) en $\pi/2$ respecto de la función X.

La velocidad es máxima cuando la elongación es nula y viceversa.

Para obtener la aceleración del movimiento hacemos:

$$a = \frac{d^2x}{dt^2} = -A\,\omega^2\,\mathrm{sen}\left[\omega t + \varphi\right]$$

$$a = -\omega^2 \cdot X$$

El valor máximo de la aceleración es:

$$a = -\omega^2 \cdot X$$

La función sinusoidal está adelantada en π respecto de la función elongación. De esta manera la aceleración es máxima cuando la elongación es máxima pero de sentido opuesto.

Se cumple que:

$$\frac{d^2x}{dt^2} = -\omega^2\,X = -\frac{k}{m}\,X$$

Analicemos ahora los parámetros: ω, A y φ que intervienen en la descripción del M.O.A.S.

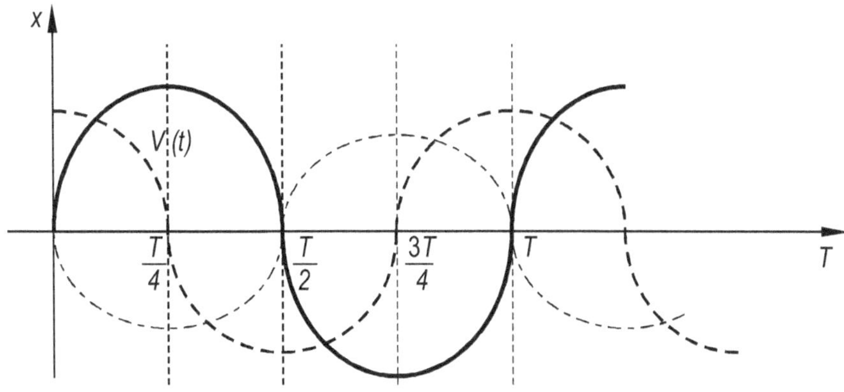

FIGURA 8-2

Conjuntamente con la pulsación ω podemos introducir otra cantidad que es el período del movimiento armónico simple T.

El período del movimiento es el intervalo de tiempo que transcurre entre dos pasajes sucesivos del cuerpo, en el mismo sentido, por el mismo punto x.

Si t es el instante de tiempo en que el cuerpo pasa por x, para $t + T$ debemos obtener el mismo valor de X, V y a. Es decir:

$$\omega\left(t + T - t_0\right) + \varphi = \omega\left(t - t_0\right) + 2\pi$$

Lo que implica que

$$\omega T = 2\pi$$

o sea que

$$T = \frac{2\pi}{\omega} = 2\pi\sqrt{\frac{k}{m}}$$

La inversa del período

$$v = \frac{1}{T} = \frac{1}{2\pi}\sqrt{\frac{k}{m}}$$

se denomina frecuencia del movimiento armónico simple, la cual es:

> *El número de veces que el móvil pasa por un punto dado en el mismo sentido, en la unidad de tiempo.*

Tanto la frecuencia como el período solo dependen de la masa del cuerpo y de la constante elástica del resorte, siendo independientes de las condiciones iniciales. Son características del proceso de interacción elástica entre sí que no pueden ser influenciadas desde el exterior.

Ésta es una característica esencial de las interacciones elásticas que las distingue de todas las demás.

Nótese que cuando mayor sea la masa del cuerpo menor será la frecuencia (mayor el período), se hace más lenta la vibración. En cambio cuanto mayor sea K (más fuerte el resorte) tanto mayor será la frecuencia.

La amplitud A es función de las condiciones iniciales, por lo que:

En el caso de que $V_0 = 0$, la amplitud estará dada directamente por la elongación inicial.

En cambio si la masa parte de la posición de equilibrio $\left(X_0 = 0\right)$ la amplitud estará determinada por V_0 en la forma

$$A = |V_0| \, \omega$$

En este caso la V_0 es también $V_{máx}$

Una vez determinada la amplitud quedan fijados los valores para la velocidad máxima

$$V_{máx} = (A\omega) \quad \text{y para la aceleración máxima} \quad a = (\omega^2 A)$$

Finalmente, corresponde analizar la fase inicial, la cual se llama así por cuanto fija el valor de la posición inicial:

$$X_0 = A \operatorname{sen} \varphi$$

Para determinar la fase inicial en función de las condiciones iniciales, no es suficiente la relación anterior ya que un ángulo no está fijado por su seno exclusivamente. Si así fuera, no se distinguiría entre los ángulos φ ó $(\pi - \varphi)$ que tienen el mismo seno.

Teniendo en cuenta que los dos ángulos siempre tienen el coseno de signos opuestos, bastará entonces, determinar el signo del coseno de la fase inicial para fijarla unívocamente. El signo vendrá dado por el de la velocidad inicial

$$V = A \, \omega \, \cos \varphi$$

Resumiendo, el ángulo de la fase inicial estará dado en uno de los cuatro cuadrantes según los signos de la elongación y velocidad inicial.

Veamos algunos casos particulares:

Si se aparta a la masa en X_0 de su posición de equilibrio dejándola libre $(V_0 = 0)$ tendremos $\varphi = \dfrac{\pi}{2}$ si $X_0 > 0$ (posición inicial por debajo del punto de equilibrio) o $X_0 < 0$ (posición inicial encima de 0).si $\varphi = \dfrac{3\pi}{2}$

Además, si el cuerpo parte de la posición de equilibrio con cierta velocidad inicial V_0 la fase inicial será $\varphi = 0$ si $V_0 > 0$ (velocidad inicial hacia abajo). Si $V_0 < 0$ (velocidad inicial hacia arriba) será $\varphi = \pi$

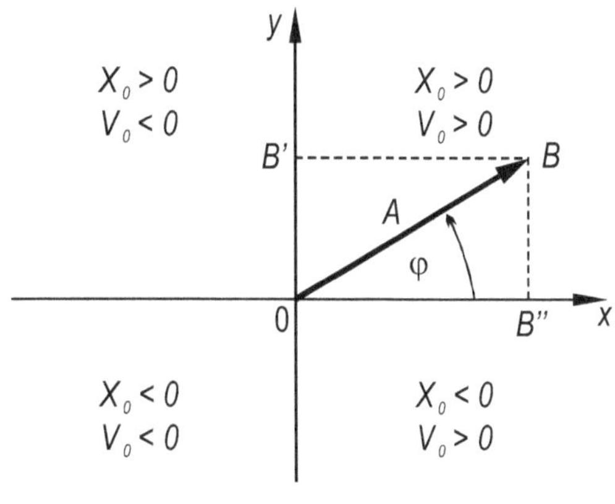

FIGURA 8-3

Obsérvese que la determinación de la fase inicial depende de la convención sobre el sentido que se haya adoptado para el eje X.

8.1. Fuerza y energía en el Movimiento Armónico Simple

Siendo la aceleración de un cuerpo que describe un M.O.A.S. de la forma:

$$a = \frac{d^2 x}{dt^2} = -A\,\omega^2\,\operatorname{sen}(\omega t + \varphi) = -\omega^2\,X$$

podemos calcular la fuerza que actúa sobre una partícula de masa m que oscile con un M.O.A.S. Aplicando la ecuación $F = m\,a$ y sustituyendo tenemos:

$$F = -m\,\omega^2\,X = -k\,X$$

Donde

$$k = m\,\omega^2 \qquad \text{o bien} \qquad \omega = \sqrt{\frac{k}{m}}$$

Esto indica que en el *M.O.A.S.* la fuerza es proporcional al desplazamiento y opuesta a él. Por ello, la fuerza siempre está dirigida hacia el origen O. Éste es el punto de equilibrio ya que en el origen $F = 0$ por ser $X = 0$.

Podemos decir que la fuerza F es de atracción siendo el centro de atracción el punto O.

La fuerza en este caso, es del tipo de fuerza que aparece cuando uno deforma un cuerpo elástico tal como un resorte. La constante $k = m\,\omega^2$, muchas veces llamada constante elástica, representa la fuerza necesaria para desplazar la partícula en una unidad de distancia.

Combinando las ecuaciones podemos escribir:

$$T = 2\pi\,\sqrt{\frac{m}{k}} \qquad \text{y} \qquad f = \frac{1}{T} = \frac{1}{2\pi}\,\sqrt{\frac{k}{m}}$$

ecuaciones que expresan el período y la frecuencia del *M.O.A.S.* en función de la masa de la partícula y la constante elástica.

La energía cinética de la partícula es :

$$E_c = \frac{1}{2}\,m\,V^2 = \frac{1}{2}\,m\,A^2\,\omega^2\,\cos^2(\omega t + \varphi)$$

Pero $\cos^2\varphi = 1 - \operatorname{sen}^2\varphi$; por lo que reemplazando obtenemos la expresión:

$$E_c = \frac{1}{2}\,m\,A^2\,\omega^2\,\left[1 - \operatorname{sen}^2(\omega t + \varphi)\right] = \frac{1}{2}\,m\,\omega^2\,\left(A^2 - X^2\right) \qquad [8\text{-}3]$$

Obsérvese que la energía cinética es máxima cuando $X_0 = 0$, es decir en el centro de la trayectoria y es igual a cero en los extremos de oscilación cuando $X = \pm A$.

Para obtener la energía potencial E_p podemos hacer:

$$F = - \frac{dE_p}{dx}$$

$$\frac{dE_p}{dx} = k\,X \qquad\qquad y \qquad\qquad E_p = k\,X\,dx$$

Integrando, escogiendo el cero de la energía potencial en el origen o posición de equilibrio obtenemos:

$$\int dE_p = \int k\,X\,dx$$

$$E_p = \frac{1}{2}\,k\,X^2 = \frac{1}{2}\,m\,\omega^2\,X^2 \qquad\qquad\qquad [8\text{-}4]$$

La E_p es igual a cero (mínimo) en el centro $(X = 0)$ y aumenta a medida que la partícula se aproxima a los extremos de la oscilación $(X = \pm A)$

Sumando las ecuaciones [8-3] y [8-4] obtenemos la expresión de la energía mecánica total del oscilador armónico simple:

$$E = E_c + E_p = \frac{1}{2}\,m\,\omega^2\,A = \frac{1}{2}\,k\,A^2$$

la cual es constante, relación que era de esperar puesto que la fuerza F es conservativa. Por lo tanto podemos decir que, durante una oscilación hay un intercambio continuo energías potencial y cinética.

Al alejarse de la posición de equilibrio, la energía potencial aumenta a expensas de la energía cinética; lo inverso sucede cuando la partícula se acerca a la posición de equilibrio.

La fig. muestra la $E_p = \frac{1}{2}\,k\,X^2$ representada por una parábola. Para una energía total dada E correspondiente a la línea horizontal, los límites de la oscilación están dados por sus intersecciones con la curva representativa de la E_p.

Como la parábola E_p es simétrica, los límites de oscilación se encuentran a distancias iguales $\pm A$ del origen. En cualquier punto x la energía cinética E_c está dada por la distancia entre la curva $E_p(x)$ y la línea E.

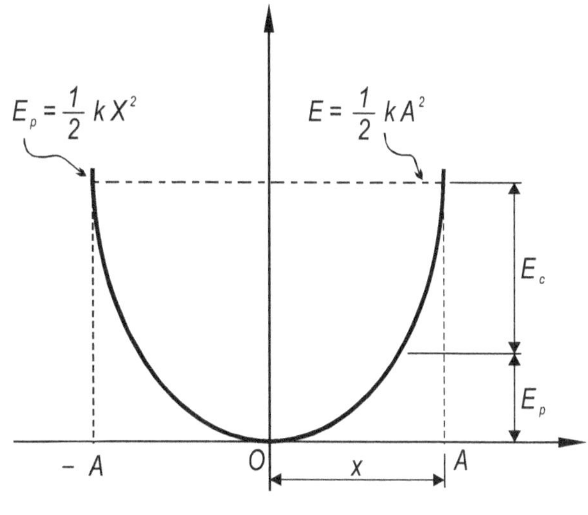

FIGURA 8-4

8.2. PÉNDULO SIMPLE

El péndulo simple o ideal , consiste en una masa de pequeñas dimensiones (generalmente se la considera un punto material), suspendida de un hilo inextensible y sin peso.

Cuando se lo desvía de su posición de equilibrio y se lo abandona, el punto oscila alrededor de la posición de equilibrio, con un movimiento que será a la vez periódico y oscilatorio.

Vamos a analizar qué clase de movimiento se trata a través del análisis de la fuerza responsable del movimiento.

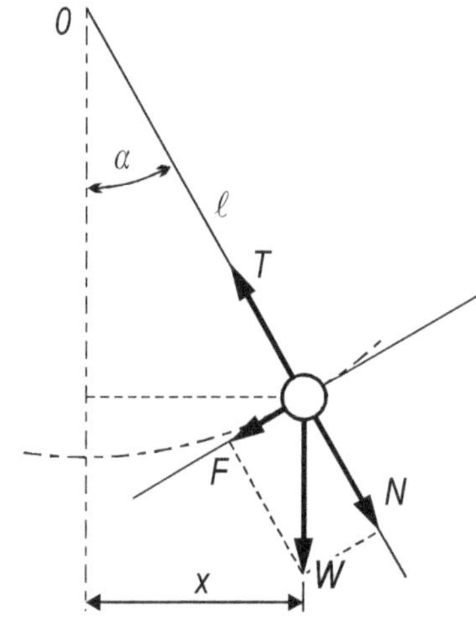

FIGURA 8-5

Para que se pueda asimilar un movimiento oscilatorio armónico simple y se puedan aplicar las ecuaciones del mismo se debe hacer cumplir que el movimiento sea rectilíneo, para lo cual, en el movimiento la cuerda debe confundirse con el arco. Para logra lograr lo anterior debemos cuidar que ℓ sea grande y el ángulo pequeño.

La fuerza actuante es el peso W, que descomponemos en una normal N, que no produce ningún efecto pues está equilibrada por la reacción igual que ejerce el hilo y otra tangencial F.

$$F = -W \operatorname{sen} \alpha = -m\,g \operatorname{sen} \alpha \qquad\qquad [8\text{-}5]$$

Teniendo en cuenta el valor del *sen α* en el triángulo formado;

$$\operatorname{sen} \alpha = \frac{x}{\ell}$$

reemplazando luego en la [8-1]

$$F = -m\,g\,\frac{x}{\ell} \qquad\qquad [8\text{-}6]$$

Siendo m, g y ℓ constantes, la fuerza dada es proporcional a la elongación y de signo contrario a ésta. Luego, el movimiento analizado (para ángulos pequeños) es Armónico Simple.

Nos proponemos hallar el periodo de este movimiento.

Como se trata de un *M.A.S.*, la fuerza adopta la forma general de:

$$F = m\,a$$

en la

$$a = \omega^2\,x$$

luego

$$F = -m\,\omega^2 x \qquad\qquad [8\text{-}7]$$

Igualando [8-2] y [8-3] obtenemos:

$$-m\omega^2 e = -m\,g\,\frac{x}{\ell}$$

$$\omega^2 = \frac{g}{\ell}$$

pero

$$\omega = \frac{2\,\pi}{T}$$

$$\frac{4\,\pi^2}{T^2} = \frac{g}{\ell}$$

y despejando T obtenemos:

$$T = 2\,\pi\,\sqrt{\frac{\ell}{g}} \qquad\qquad [8\text{-}8]$$

En esta ecuación, están contenidas las Leyes del Péndulo Ideal.

1) Las oscilaciones de pequeña amplitud (menores que 4°) son isócronas, es decir que el periodo T es independiente de la amplitud.

2) El periodo de oscilación es independiente de la masa y de la sustancia de que está hecha la esfera.

3) Las oscilaciones permanecen en un mismo plano vertical.

4) El periodo es proporcional a la raíz cuadrada de la longitud e inversamente proporcional a la aceleración de la gravedad. De acuerdo a las leyes del péndulo.

Para péndulos de igual longitud. El cuadrado de los períodos es inversamente proporcional a la aceleración de la gravedad.

Para péndulos de igual longitud. El cuadrado de los períodos es directamente proporcional a las longitudes de cada péndulo.

Mediante el uso de la expresión [8-4] y conociendo el período de oscilación podemos determinar la aceleración de la gravedad g.

La aplicación más común del péndulo es en los relojes. El péndulo sirve para regular la velocidad, ya que dándole una longitud fija su periodo de oscilación será siempre el mismo.

8.3. PÉNDULO FÍSICO

Todo cuerpo suspendido de un eje, alrededor del cual puede oscilar, se denomina péndulo físico.

Es un aparato en el cual, la masa no puede suponerse concentrada en un punto.

Si G es el centro de gravedad del cuerpo, la distancia de este al centro de suspensión 0 es "d", y en una posición definida, forma un α ángulo con la posición de equilibrio.

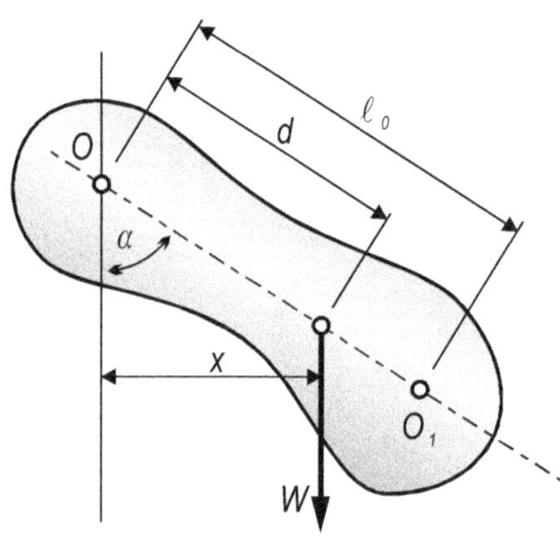

FIGURA 8-6

Abandonado en esa posición, comenzará a oscilar, con un movimiento Armónico Simple, tal como en el péndulo ideal.

El movimiento de rotación de un cuerpo alrededor de O tiene una cupla responsable cuyo momento es :

$$\tau = -W\,x \qquad \text{(negativa por el sentido de la rotación convenido]}$$

$$\tau = I_0\,\gamma$$

siendo I_0 el momento de inercia del cuerpo con respecto al punto O y γ la aceleración angular del movimiento en una posición cualquiera. Si d es el radio de la trayectoria del punto G se tiene:

$$a = \gamma\,d \qquad\qquad \gamma = \frac{a}{d}$$

$$-m\,g\,e = I_0\,\frac{a}{d}$$

$$a = -\omega^2\,x \qquad \omega^2 = \frac{4\pi^2}{T^2}$$

$$m\,g\,x = I_0\,\frac{4\pi}{T^2}\,\frac{x}{d}$$

de donde:

$$T = 2\pi\,\sqrt{\frac{I_0}{m\,g\,d}}$$

que es el valor del periodo de una oscilación completa, siempre que su amplitud sea pequeña.

En el caso de figuras irregulares se recurre a la experimentación para determinar el momento de inercia baricentrico, mediante la utilización del Péndulo que nos da en función del período T y las características del cuerpo el momento de inercia respecto al eje de oscilación. Luego mediante la aplicación del Teorema de Steiner determinamos I_G

8.3.1. Longitud de un péndulo ideal sincrónico

La longitud de un péndulo ideal que tenga el mismo periodo que un péndulo físico será:

$$2\pi\sqrt{\frac{\ell_0}{g}} = 2\pi\sqrt{\frac{I_0}{mgd}}$$

$$\ell_0 = \frac{I_0}{md}$$

y se llama la "longitud reducida" de ese péndulo físico. Si se toma esa longitud desde O sobre la recta o-d, se encuentra un punto como el O_1 al que se lo llama *centro de percusión* " del cuerpo respecto al punto O. Todo sucede como si en el movimiento de rotación alrededor de O la masa del cuerpo estuviese concentrada en el punto O_1. La distancia O - $O_1 = l_0$ es mayor que $O - G$.

Los puntos O y O_1 son conjugados a los efectos del movimiento pendular del cuerpo; es decir, que si se lo suspende por el eje que pasa por O_1 el centro de percusión estará en O y el periodo será el mismo. Además la distancia al centro de percusión viene a constituir lo que se denomina radio de giro i .De forma tal que:

$$I = m\, i^2$$

8.4. PÉNDULO DE TORSIÓN

Otro ejemplo de *M.O.A.S.* es el péndulo de torsión, el que es de uso frecuente para la determinación del momento de inercia de cuerpos complicados ya sea en su constitución como en su forma, como puede ser el caso del rotor de una dínamo.

Consiste en un cuerpo suspendido por un alambre o fibra, de tal manera que la línea **OC** pase por el centro de masa del cuerpo.

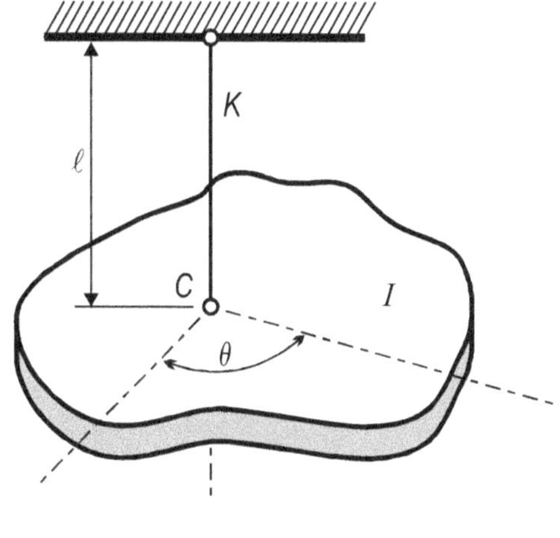

FIGURA 8-7

Cuando el cuerpo se rota un ángulo θ a partir de la posición de equilibrio, el alambre se tuerce ejerciendo sobre el cuerpo un torque τ alrededor de OC que se opone al desplazamiento θ y de magnitud proporcional al ángulo.

$$\tau = -k\,\theta$$

donde k es el coeficiente de torsión del alambre.

Si I es el momento de inercia del cuerpo con respecto al eje OC, la ecuación de movimiento es :

$$\tau = I\,\gamma = I\,\frac{d^2\theta}{dt^2}$$

$$I\,\frac{d^2\theta}{dt^2} = -k\,\theta$$

$$\frac{d^2\theta}{dt^2} + \frac{k\,\theta}{I} = 0$$

Obtenemos una ecuación diferencial representativa del M.O.A.S. donde $\omega^2 = \dfrac{k}{\ell}$ y el período de oscilación es $T = \dfrac{2\pi}{\sqrt{\dfrac{I}{k}}}$

Este resultado es interesante debido a que podemos usarlo experimentalmente para determinar el momento de inercia de un cuerpo cuyo coeficiente de torsión k se conoce midiendo el período de oscilación T y reemplazando convenientemente.

8.5. Composición de movimientos armónicos simples

Es un problema que se presenta frecuentemente en física, en los fenómenos acústicos, ópticos y eléctricos. Mecánicamente se produce cuando un punto se mueve con MAS respecto de un sistema que a su vez se mueve con otro MAS respecto de un sistema fijo.

Distinguimos dos casos extremos: cuando ambos movimientos son de igual dirección (paralelos) o perpendiculares. A su vez, en cada caso podrá variar su periodo (y frecuencia).

Los movimientos armónicos simples se caracterizan por su

amplitud : $A = r$

pulsación: ω

ángulo de fase inicial: φ_0

En lugar de la pulsación, pueden darse el periodo T o la frecuencia ν que le son proporcionales.

8.6. MOVIMIENTOS PARALELOS DE IGUAL PERÍODO

Tienen una frecuencia común ν y una pulsación ω. Entre ambos se presenta una diferencia de A_1 y A_2 y de fase inicial φ_{01} y φ_{02}.

Las ecuaciones de la elongación serán para cada uno:

$$X_1 = A \operatorname{sen}\left(\omega t + \varphi_{01}\right)$$

$$X_2 = A \operatorname{sen}\left(\omega t + \varphi_{02}\right)$$

La composición de ambos movimientos podría hacerse gráficamente, sumando con sus signos las ordenadas de cada punto de las curvas de elongación, velocidad y aceleración representativas de ambos. Uniendo los puntos así obtenidos, se tendrá la nueva representación gráfica de las características cinemáticas (X, v, a) del movimiento compuesto. En la fig.8-8 se representan las elongaciones X_1 y X_2.

Este movimiento será solamente en algunos casos, un nuevo *M.A.S.*, pero en general, un movimiento complejo.

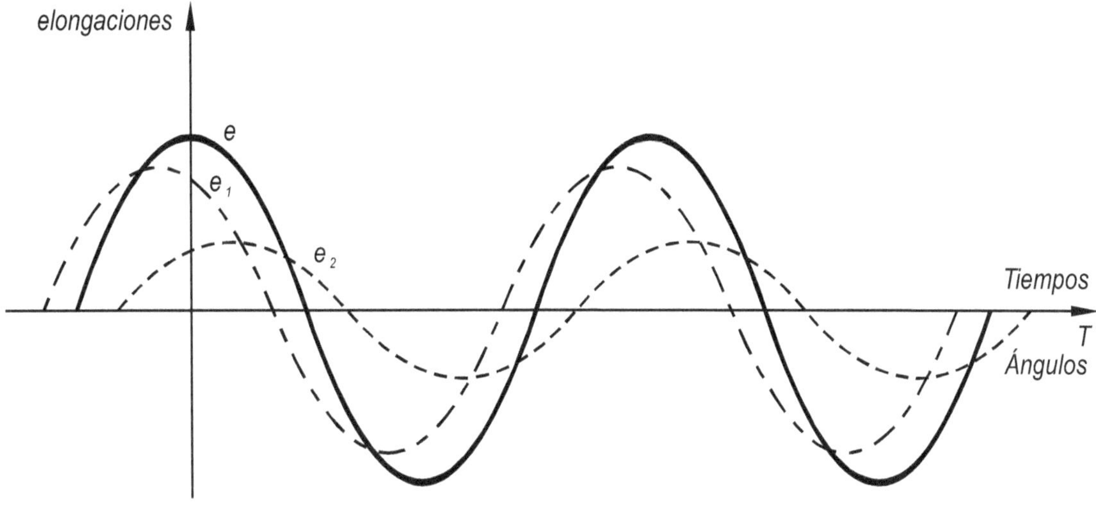

FIGURA 8-8

El M.A.S. resultante de sumar en cada punto las elongaciones X_1 y X_2 de cada movimiento, dará un nuevo valor de elongación:

$$X_1 + X_2 = A_R \operatorname{sen}\left(\omega t + \varphi_0\right)$$

donde A_R es la amplitud del nuevo movimiento periódico resultante y φ_0 su ángulo de fase inicial.

Inversamente, cualquier movimiento periódico puede ser descompuesto en dos o más M.A.S., aplicando series de Fourier.

8.7. REGLA DE FRESNEL

Consiste en hallar los valores característicos del M.A.S. resultante, A_R y φ_0 Ap por un método tráfico.

Para ello, consideramos primeramente un M.A.S. cualquiera cuya elongación es

$$X = A \operatorname{sen}(\omega t + \varphi_0)$$

En el plano orientado (ejes x-y) de la fig.8-9 dibujamos un vector OB, de módulo igual a la amplitud A de este M.A.S.

Imaginemos a este vector, girando alrededor de 0 con una velocidad angular igual a la pulsación ω.

Para el tiempo "t", OB ocupa una posición formando con el eje x un ángulo: $\omega t + \varphi$

Consideremos la proyección $\overline{OB}'$ de $\overline{OB}$ sobre el eje y. El valor de esta proyección es:

$$\overline{OB}' = \overline{OB} \operatorname{sen}(\omega t + \varphi_0)$$

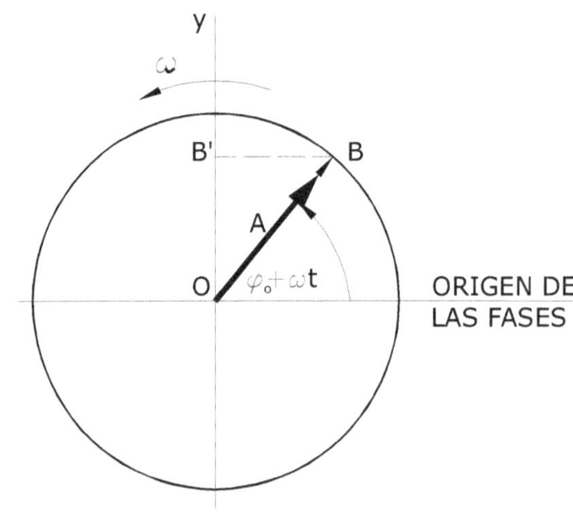

FIGURA 8-9

Pero $\overline{OB}' = X$ es la elongación del movimiento armónico resultante de proyectar en cada instante el punto B sobre el eje y. Además, $\overline{OB} = A$, de modo que:

$$X = A \operatorname{sen}(\omega t + \varphi_0)$$

Para el tiempo "t", el segmento $\overline{OB}' = X$ representa la elongación del M.A.S. Debe notarse que al hacer referencia al movimiento armónico nos referimos a la proyección sobre el eje y no al movimiento circular que usamos para estudiarlo.

Vamos a aplicar ahora esta construcción a dos M.A.S. cada uno representado por las ecuaciones correspondientes:

$$X_1 = A \operatorname{sen}(\omega t + \varphi_{01})$$

$$X_2 = A \operatorname{sen}(\omega t + \varphi_{02})$$

resultando los vectores A_1 de módulo OB y A_2 de módulo OC. Los vectores A_1 y A_2 giran alrededor de o con igual velocidad.

Para un instante dado t, el vector A_1, forma un ángulo ángulo φ_{01} el eje x y el vector A_2 un ángulo $\omega t + \varphi_{02}$.

Proyectemos OB y OC sobre el eje "y" :

$$OB' = A \operatorname{sen}\left(\omega t + \varphi_{01}\right) = X_1$$

$$OC' = A \operatorname{sen}\left(\omega t + \varphi_{02}\right) = X_2$$

Se demostró ya al hablar de vectores, que la proyección sobre un eje de la suma geométrica de varios vectores, tiene como valor la suma algebraica de las proyecciones de esos vectores sobre dicho eje.

Siendo A_R el vector suma geométrica de los vectores A_1 y A_2, su proyección OD' será:

$$OD' = OB' + OC'$$

Pero

$$OB' = X_1 \qquad OC' = X_2 \qquad OD' = X$$

Pero

$$X = A_R \operatorname{sen}\left(\omega t + \varphi_0\right)$$

De donde se desprende que:

$$X = X_1 + X_2 = A_1 \operatorname{sen}\left(\omega t + \varphi_{01}\right) + A_2 \operatorname{sen}\left(\omega t + \varphi_{02}\right) = A_R \operatorname{sen}\left(\omega t + \varphi_0\right)$$

La proyección D' (del extremo D del vector A_R se mueve sobre el eje 'y' con un M.A.S. que es la suma de los dos movimientos propuestos.

La regla de Fresnel permite así obtener la elongación de un movimiento oscilatorio armónico, resultado de la superposición de dos o varios movimientos de elongaciones paralelas, reemplazando cálculos trigonométricos largos y penosos.

Si la pulsación ω es igual para ambos movimientos (igual frecuencia), el triángulo OCD es indeformable; todo el polígono gira alrededor de 0 con velocidad angular constante.

Si los movimientos componentes, tienen frecuencias diferentes hacen que el triángulo OCD se deforme constantemente y la construcción de Fresnel puede ser utilizada para hallar la elongación resultante pero ella es sólo válida para un tiempo t determinado.

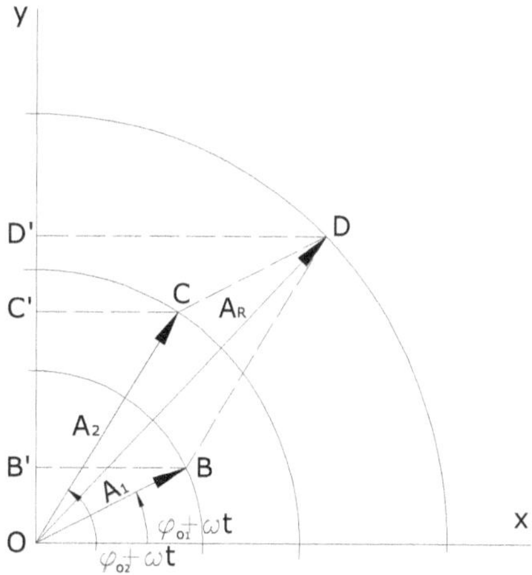

FIGURA 8-10

8.8. MOVIMIENTOS PARALELOS DE DIFERENTE PERIODO

Si las frecuencias y las pulsaciones son diferentes, la solución es bastante compleja y resulta más sencillo dejarlo expresado como suma de ambas funciones sinusoidales:

$$X_1 = A_1 \operatorname{sen}\left(\omega t + \varphi_{01}\right) \qquad\qquad [8\text{-}9]$$

$$X_2 = A_2 \operatorname{sen}\left(\omega t + \varphi_{02}\right) \qquad\qquad [8\text{-}10]$$

La composición, en general, debe hacerse por puntos, sin embargo, es frecuente encontrarse con dos M.A.S. paralelos en los que la diferencia entre las frecuencias es muy pequeña, es decir:

$$\omega_2 = \omega_1 + \delta \qquad \text{con} \qquad \delta \ll \omega_1$$

Reemplazando nos queda:

$$X_2 = A_2 \operatorname{sen}\left(\omega t + \delta t + \varphi_{02}\right) \qquad\qquad [8\text{-}11]$$

y las ecuaciones [8-9] y [8-11] representan ahora dos *M.A.S.* de la misma frecuencia ω_1 pero con un ángulo de fase inicial que en primer caso es φ_{01} y en el segundo caso $\delta t + \varphi_{02}$.

Como δ es pequeño, el ángulo de fase inicial del segundo movimiento variando lentamente en función del tiempo; si se hace el trazado se verá que el vector A_2 girará alejándose del A_1 con la velocidad angular δ y la diferencia de posición angular (fase) entre ambos variará desde el valor *0* hasta.

En el primer caso, la amplitud del M.A.S. resultante será igual a la suma de las de los dos movimientos; en el segundo será igual a su diferencia resultando una curva como la indicada en la fig. [8-11].

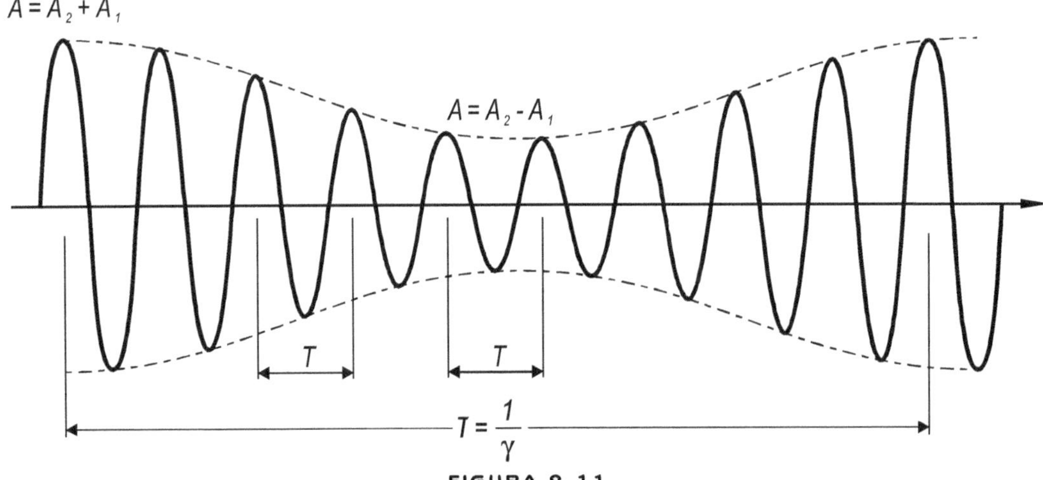

FIGURA 8-11

Si se unen las crestas de la sinusoide de amplitud variable así formada, se obtienen dos curvas (de trazos) que representan un movimiento periódico, de una frecuencia:

$$v = \omega_2 - \omega_1 = \delta$$

y de un periodo $T = \dfrac{1}{\delta}$ relativamente largo. Este fenómeno se llama de "batido" o de pulsaciones.

8.9. Movimientos perpendiculares de igual periodo

La composición de dos M.A.S. perpendiculares entre si da lugar a una representaión por curvas de las más variadas formas, según que sean éstos de la misma o de distinta frecuencia. Dos M.A.S. perpendiculares y de igual frecuencia están representados también por las mismas ecuaciones y la "trayectoria" resultante se obtiene por puntos, combinando las proyecciones de los dos puntos M_1 y M_2 sobre los ejes $y\text{-}y'$ y $x\text{-}x'$ como indica la figura, tomando a escala los correspondientes valores de sus amplitudes A y de fase inicial φ_0.

El resultado es una elipse tangente a los lados del rectángulo que tiene por lados $2.A_1$ y $2.A_2$ y su forma variará según sea el valor de la diferencia de fases iniciales φ_{01} y φ_{02} a saber:

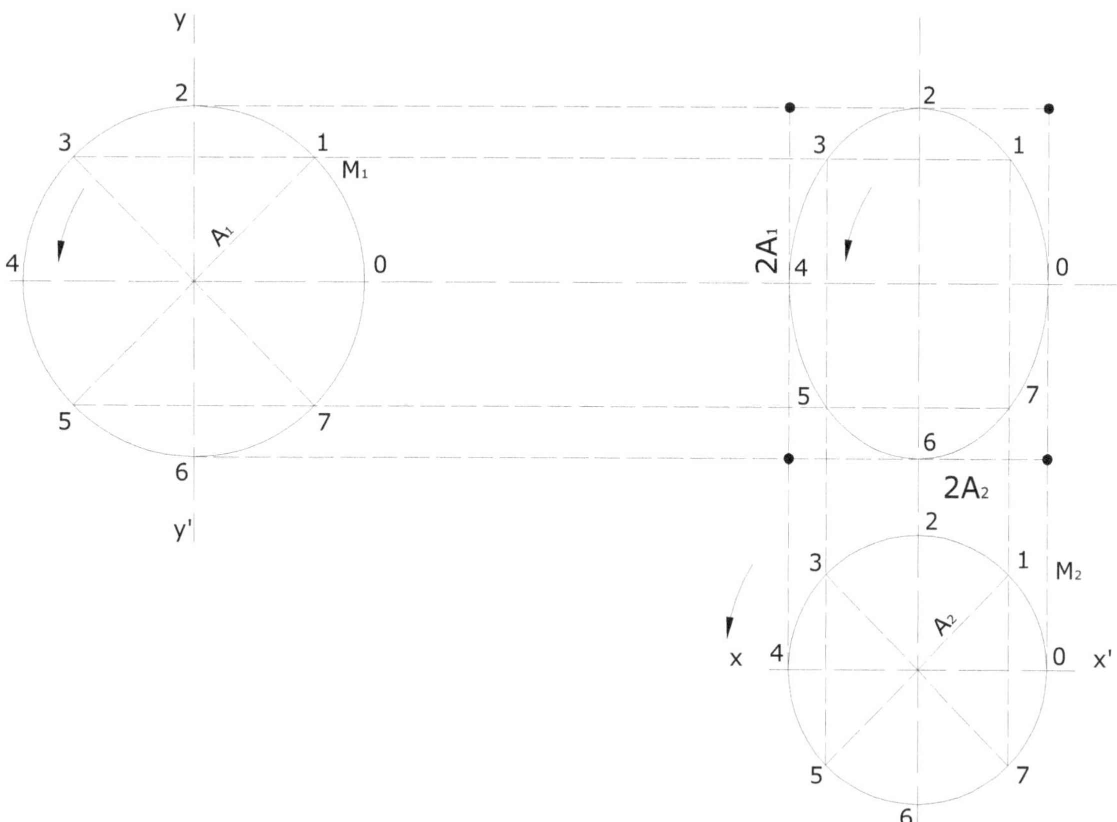

FIGURA 8-12

8.9.1. Igual fase

$$\varphi_{01} = \varphi_{02} \qquad \Delta = \varphi_{02} - \varphi_{01} = 0$$

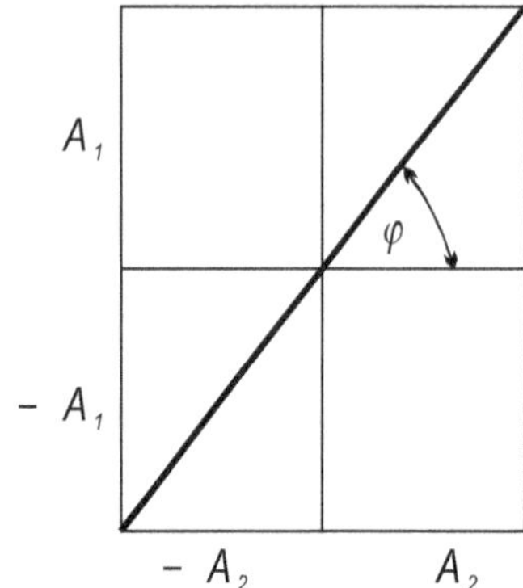

FIGURA 8-13

Dividiendo miembro a miembro las ecuaciones de las elongaciones se obtiene:

$$\frac{X_1}{X_2} = \frac{A_1}{A_2}$$

por lo tanto

$$X_1 = \frac{A_1}{A_2} X_2 \qquad \Rightarrow \qquad \text{ecuación de una recta}$$

8.9.2. Diferente fase

Supongamos una diferencia de fase igual a $\pi/2$.

$$\Delta = \varphi_{02} - \varphi_{01} = \frac{\pi}{2} \qquad \Rightarrow \qquad \varphi_{02} = \varphi_{01} + \frac{\pi}{2}$$

La figura resultante es una elipse. Si además si $A_1 = A_2$ la figura será un círculo. El círculo y la línea recta son pues dos casos particulares de la elipse.

Si la diferencia de fase hubiese sido $\pi/4$ o $3\pi/4$, la elipse hubiese resultado con su eje mayor inclinado y si la diferencia de fase fuese π , el resultado sería una recta como en fig.8-14.

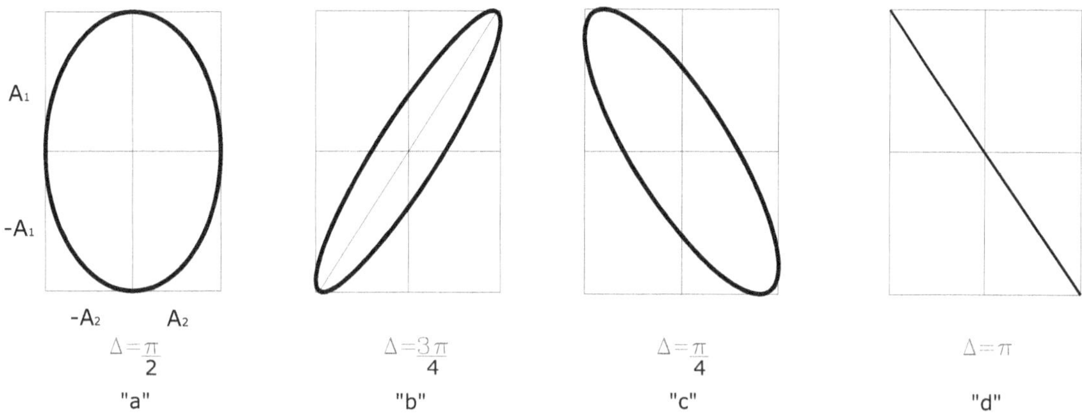

FIGURA 8-14

8.10. MOVIMIENTOS PERPENDICULARES DE DISTINTO PERIODO

El trazado de las figuras se hace de la misma manera, pero dividiendo las circunferencias en números de partes n_1 y n_2 directamente proporcionales a las frecue cias v_1 y v_2 o sea a las pulsacianes ω_2 y ω_2. El resultado será una curva caraterística sigún sea la relación n_2/n_1.

Las curvas llevan el nombre de "Figuras de Lissajous".

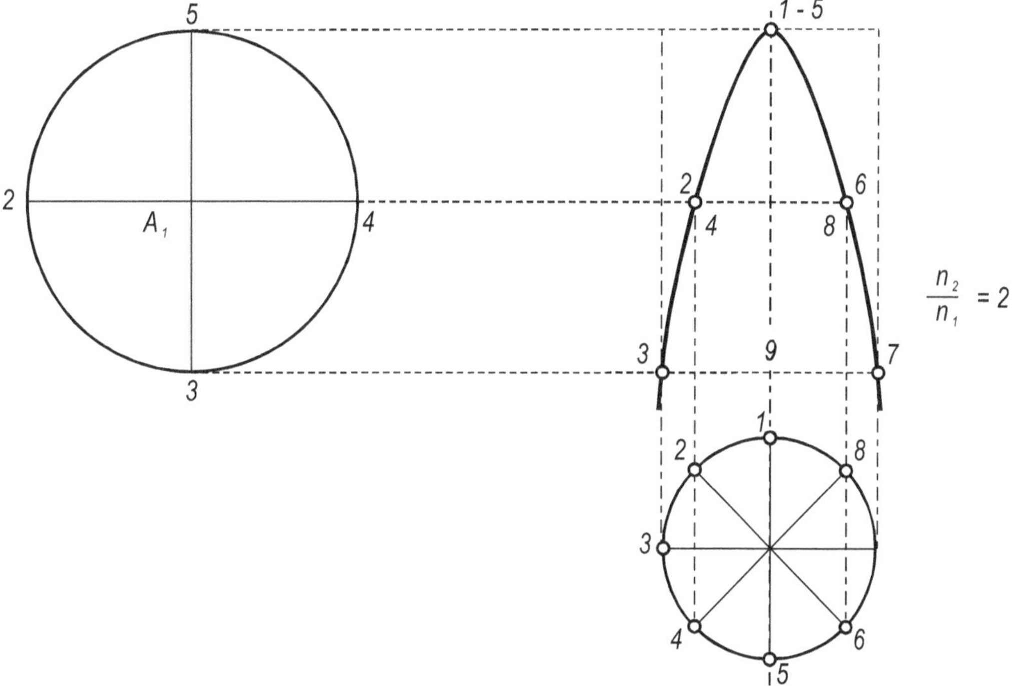

FIGURA 8-15

En la fig.8-15 vemos un caso sencillo. El movimiento de amplitud A_2 tiene una frecuencia doble al de A_1 , $v_2 / v_1 = 2$. Variando la relación de frecuencias, las curvas toman formas diferentes, manteniéndose cerradas siempre que la diferencia sea múltiplo entero a la vez de los períodos de los movimientos que la componen. Si esta condición no se cumple, el punto no se repetirá jamás y la figura tomará forma como la indicada en la fig.8-15.

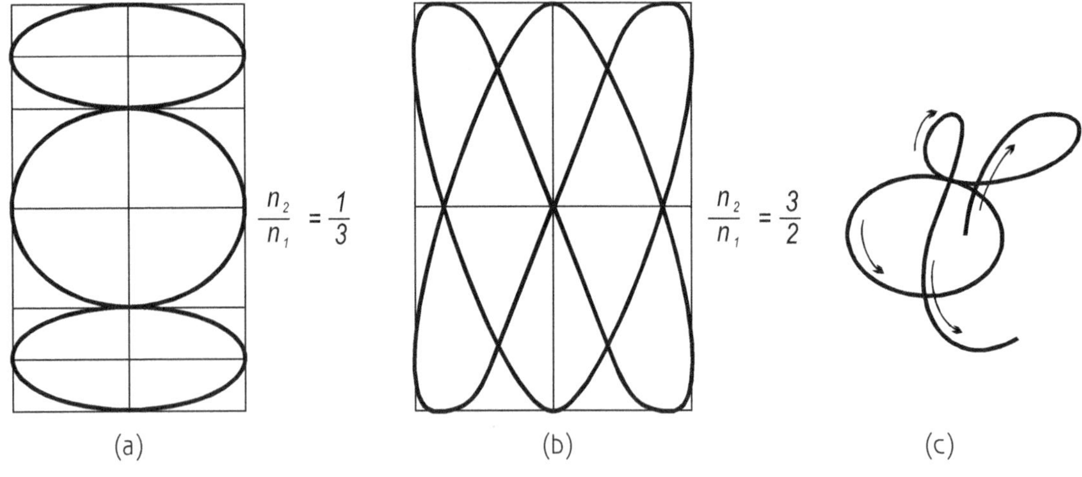

FIGURA 8-16

8.11. OSCILACIONES AMORTIGUADAS

La discusión del movimiento armónico simple en las secciones previas indica que las oscilaciones tienen amplitud constante. Sin embargo, por experiencia, sabemos que la amplitud de un cuerpo vibrante tal como un resorte o un péndulo, tienen una amplitud que decrece gradualmente hasta que se detiene. Esto es, el movimiento oscilatorio es amortiguado.

Para explicar dinámicamente el amortiguamiento podemos suponer que, en adición a la fuerza elástica $F = -K X$, actúa otra fuerza, opuesta a la velocidad. Consideramos una fuerza de esta clase, debida a la viscosidad del medio en el cual el movimiento tiene lugar. Escribiremos esta fuerza como $F' = - \lambda v$, donde λ, es una constante y v es la velocidad. El signo negativo se debe al hecho que F' se opone a v. La fuerza resultante sobre el cuerpo es $F + F'$, y su ecuación de movimiento es

$$m a = -k X - \lambda v$$

y, recordando que $V = \dfrac{dX}{dt}$ y que $a = \dfrac{d^2 X}{dt^2}$ tenemos

$$m \frac{d^2 X}{dt^2} + \lambda \frac{dX}{dt} + k X = 0$$

Esta ecuación se escribe usualmente en la forma

$$\frac{d^2 X}{dt^2} + 2\gamma \frac{dX}{dt} + \omega_0^2 X = 0$$

donde $2\gamma = \dfrac{\lambda}{m}$ es la frecuencia angular sin amortiguamiento.

Esta es una ecuación diferencial que difiere de la ecuación del movimiento armónico simple, en que contiene el término adicional $2\gamma\,\dfrac{dX}{dt}$. Su solución puede obtenerse mediante la aplicación de técnicas de cálculo. Escribamos su solución para el caso de pequeño amortiguamiento, cuando $\gamma < \omega_o$. La solución es entonces

$$X = A\,e^{-\gamma t}\,\text{sen}\left(\omega t + \varphi\right)$$

donde A y φ son constantes arbitrarias determinadas por las condiciones iniciales, y

$$\omega = \sqrt{\omega_0^2 - \gamma^2} = \sqrt{\dfrac{k}{m} - \dfrac{\lambda^2}{4m^2}}$$

Esta ecuación indica que el efecto del amortiguamiento es disminuir la frecuencia de las oscilaciones.

La amplitud de las oscilaciones no es constante y está dada por $A\,e^{-\gamma t}$. Debido al exponente negativo, la amplitud decrece a medida que el tiempo aumenta, resultando un movimiento amortiguado. La fig.8-17 muestra la variación de X función de t.

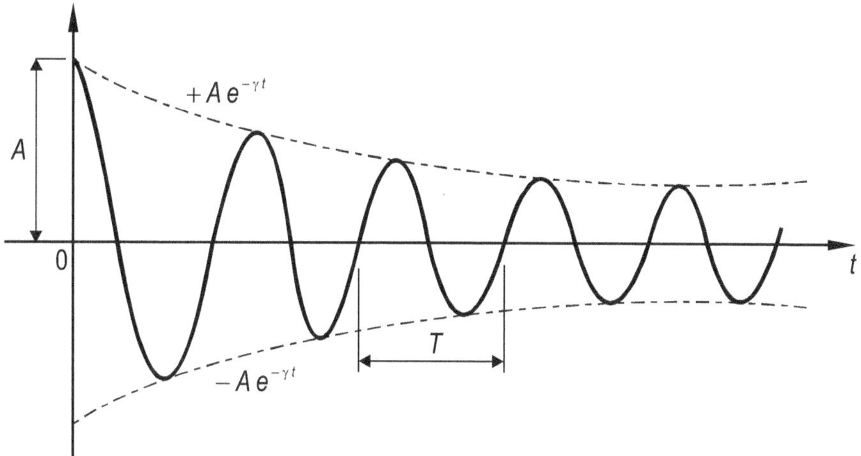

FIGURA 8-17

Si el amortiguamiento es muy grande, γ puede ser mayor que ω_o y ω, y la ecuación de movimiento se vuelve imaginaria. En este caso no hay oscilaciones y la partícula si se la desplaza y se la deja libre, se aproxima gradualmente a la posición de equilibrio sin pasarla, o a lo más pasándola una sola vez. La energía perdida por la partícula en una oscilación amortiguada es absorbida por el medio que la rodea.

8.12. Oscilaciones Forzadas

Otro problema de gran importancia es aquel de las vibraciones de un oscilador, esto es, las vibraciones que resultan cuando aplicamos una fuerza oscilatoria externa a una partícula sometida a una fuerza elástica. Esto sucede, por ejemplo, cuando colocamos un vibrador en una caja resonante y forzamos las paredes de la caja (y el aire dentro), a oscilar, o cuando las ondas electromagnéticas, absorbidas por una antena, actúan sobre el circuito eléctrico de nuestro radio o nuestra televisión, produciendo oscilaciones eléctricas forzadas.

Sea $F = F_o \, cos \, \omega_f \, t$ la fuerza oscilante aplicada, siendo su frecuencia angular ω_f. Suponiendo que la partícula está sometida a una fuerza elástica - KX y a una fuerza de amortiguamiento - $\lambda \, v$, su ecuación de movimiento es $ma = - K X - \lambda \, v + F_o \, cos \, \omega_f \, t$. Realizando las sustituciones $v = d X / d t$ y $a = d^2 X / d t^2$ tenemos:

$$m \, \frac{d^2 X}{dt^2} + \lambda \, \frac{dX}{dt} + k X = F_0 \, \cos\left(\omega_f t\right)$$

y si suponemos que $2 \, \gamma = \lambda / m$ y $\omega_o^2 = K / m$ puede escribirse:

$$\frac{d^2 X}{dt^2} + 2\gamma \, \frac{dX}{dt} + \omega_0^2 \, X = \frac{F_0}{m} \, \cos\left(\omega_f \, t\right)$$

Esta es una ecuación diferencial similar a la obtenida para oscilaciones amortiguadas, difiriendo solamente en que el miembro de la derecha no es cero. Podríamos resolverla por métodos matemáticos normales; en lugar de ello usemos nuestra intuición física como guía.

Parece lógico que en este caso la partícula no oscilará con su frecuencia angular no amortiguada ω_o, ni con la frecuencia angular amortiguada $\sqrt{\omega^2 - \gamma^2}$. En su lugar, la partícula será forzada a oscilar con la frecuencia angular ω_f de la fuerza aplicada. Luego supondremos como posible solución una expresión de la forma

$$X = A \, \text{sen}\left(\omega_f t - \varphi\right)$$

donde, por conveniencia, se ha dado un signo negativo a la fase inicial φ . La sustitución directa en la ecuación demuestra que será satisfactoria si la amplitud está dada de la forma:

$$A = \frac{\dfrac{F_0}{m}}{\sqrt{\left(\omega_f^2 - \omega_0^2\right)^2 + 4\gamma^2 \, \omega^2}}$$

y la fase inicial del desplazamiento por:

$$\text{tg} \, \varphi = \frac{\left(\omega_f^2 - \omega_0^2\right)}{2\gamma \, \omega_f}$$

Nótese que tanto la amplitud A como la fase inicial φ no son ya constantes arbitrarias, sino cantidades fijas que dependen de la frecuencia ω_f de la fuerza aplicada. Matemáticamente esto significa que hemos obtenido una solución "particular" de la ecuación diferencial. La solución indica que las oscilaciones forzadas no están amortiguadas, pero tienen amplitud constante y frecuencia igual a aquella de la fuerza aplicada. Esto significa que la fuerza aplicada supera a las fuerzas de amortiguamiento, y proporciona la energía necesaria para mantener las oscilaciones.

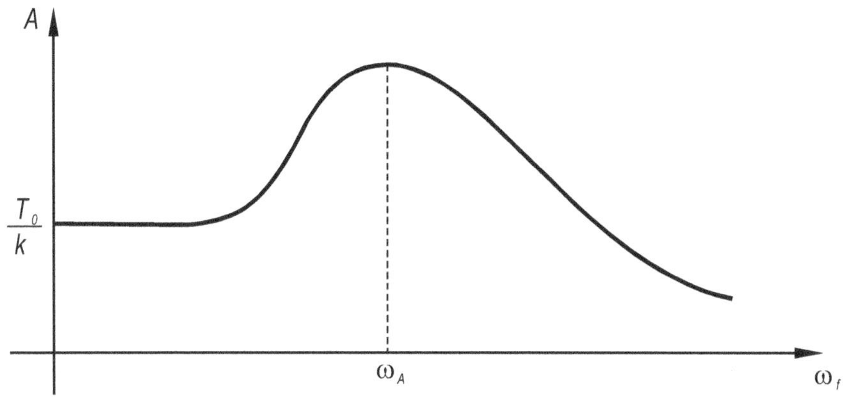

FIGURA 8-18

En la fig.8-18 la amplitud A está representada en función de la frecuencia ω_f para un valor dado de λ. La amplitud tiene un máximo pronunciado cuando el denominador de la ecuación tiene su valor mínimo. Esto ocurre para la frecuencia ω_A dada por:

$$\omega_A = \sqrt{\omega_0^2 - 2\gamma^2} = \sqrt{\frac{k}{m} - \frac{\lambda^2}{2m}}$$

Cuando la frecuencia ω_f, de la fuerza aplicada es igual a ω_A , se dice que hay resonancia en la amplitud. Cuanto menor es el amortiguamiento más pronunciada es la resonancia, y cuando λ es cero, la amplitud de resonancia es infinita y ocurre para $\omega_A = \omega_0 = \sqrt{\dfrac{k}{m}}$. La fig.8-19 muestra la variación de la amplitud A en función de la frecuencia ω_f para diferentes valores del amortiguamiento λ.

$$V = \frac{dX}{dt} = \omega_t \, A \cos\left(\omega_f t - \varphi\right)$$

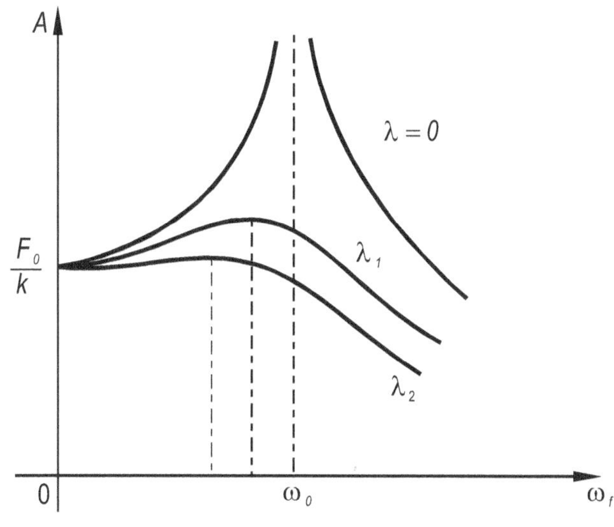

FIGURA 8-19

La velocidad del oscilador forzado es:

Comparando con la expresión $F = F_o \, cos \, \omega_f \, t$ de la fuerza aplicada, vemos que φ representa el desfasaje de la velocidad con respecto a la fuerza. La amplitud de la velocidad v_o es

$$V_0 = \omega_f \, A = \frac{\left(\dfrac{\omega_f \, F_0}{m}\right)}{\sqrt{\left(\omega_f^2 - \omega_0^2\right)^2 + 4\gamma^2 \, \omega^2}}$$

la cual puede escribirse también en la forma

$$V_0 = \frac{F_0}{\sqrt{\left(m \, \omega_f - \dfrac{k}{\omega_f}\right)^2 + \lambda^2}}$$

La cantidad v_o varía con ω_f, como se indica en la fig.8-20(a), y adquiere su máximo valor cuando la cantidad dentro del paréntesis del denominador es cero:

$$m \, \omega_f - \frac{k}{\omega_f} = 0$$

A esta frecuencia de la fuerza aplicada, la velocidad e igualmente la energía cinética de las oscilaciones son máximas, y se dice que hay resonancia en la energía. Nótese que si sustituímos este valor da $\varphi = 0$. Es decir la resonancia en la energía ocurre cuando la frecuencia de la fuerza aplicada es igual a la frecuencia natural del oscilador sin amortiguamiento, y en este caso la velocidad se encuentra en fase con la fuerza aplicada. Estas son las condiciones más favorables para transferencia de energía al oscilador, ya que la variación con respecto al tiempo del trabajo hecho sobre el oscilador por la fuerza aplicada es $F \, v$, y esta cantidad es siempre positiva cuando F y v están en fase. Por consiguiente cuando hay resonancia en la energía la transferencia de energía de la fuerza aplicada al oscilador forzado es máximo.

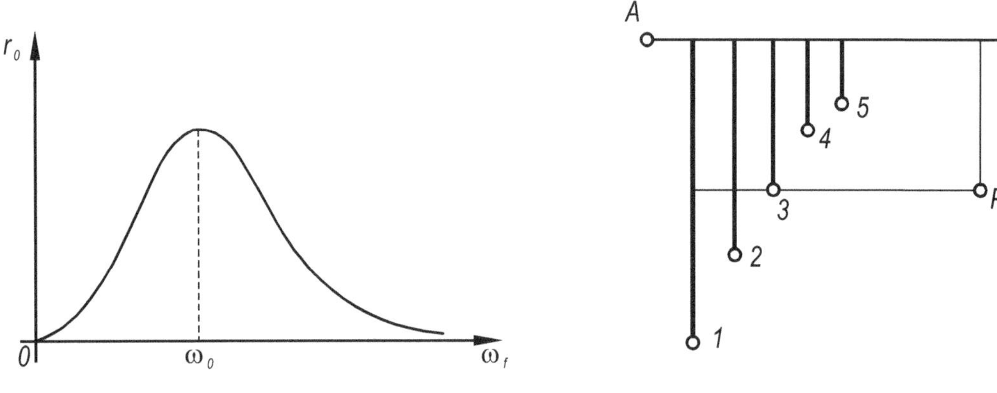

FIGURA 8-20

Cuando el amortiguamiento es muy pequeño no hay gran diferencia entre las frecuencias correspondientes a la resonancia en la amplitud y la resonancia en la energía.

La resonancia puede ilustrarse con un experimento muy simple. Si de una misma cuerda, suspendemos varios péndulos como se indica en la fig.8-20(b), y ponemos el péndulo P en movimiento, los otros comenzarán también a oscilar debido a su acoplamiento. Sin embargo, de los cinco péndulos forzados a oscilar, aquel que oscila con la mayor amplitud es el número 3, el cual tiene la misma longitud que P y por consiguiente la misma frecuencia natural, ya que el amortiguamiento es despreciable y no hay distinción entre las resonancias en la amplitud y en la energia en este caso.

El fenómeno de resonancia se encuentra en casi todas las ramas de la física. Se observa siempre que un sistema es sometido a una acción externa que varía periódicamente con el tiempo. Por ejemplo, si un gas está colocado en una región en la cual existe un campo eléctrico oscilatorio tal como una onda electromagnética, se inducirán oscilaciones forzadas en los átomos que forman las moléculas del gas. Considerando que, las moléculas tienen frecuencia naturales de vibración definidas, la energía de absorción será un máximo cuando la frecuencia del campo eléctrico aplicado coincida con una de las frecuencias naturales de vibración de las moléculas. Por medio de este principio podemos obtener el espectro vibracional de las moléculas. Similarmnente, podemos considerar los electrones en un átomo como osciladores que tienen ciertas frecuencias naturales.

La energía que absorbe un átomo de un campo eléctrico oscilante es máxima cuando la frecuencia del campo coincide con una de las frecuencias naturales del átono. Algunos cristales, tales corno el cloruro de sodio, están compuestos de partículas positivas y negativas (llamadas iones). Si el cristal es sometido a un campo eléctrico oscilante externo, los iones positivos oscilan relativamente con respecto a los iones negativos. La energía de absorción por el cristal será máxima cuando la frecuencia del campo eléctrico coincida con la frecuencia natural de la oscilación relativa de los iones, la cual en el caso de cristales de cloruro de sodio es aproximadamente de 5×10^{12} Hz.

Quizás el ejemplo más familiar de resonacias sea lo que sucede cuando sintonizamos una radio a una estación radioemisora. Todas las estaciones radioemisoras están produciendo todo el tiempo oscilaciones forzadas en el circuito del receptor. Pero, para cada posición del sintonizador corresponde una frecuencia natural de oscilación del circuito electrónico del receptor. Cuando esta frecuencia coincide con aquélla de la radio emisora, la energía de absorción es máxima y por ello es la única estación que podemos oír. Si dos estaciones tienen frecuencias muy próximas, algunas veces las oímos simultáneamente lo que da lugar a un efecto de interferencia.

CAPÍTULO 9

GRAVITACIÓN

El sistema planetario solar está constituido por nueve planetas: Mercurio, Venus, Tierra, Marte, Júpiter, Saturno, Urano, Neptuno y Plutón. Hasta el siglo XVI, nada se sabia de las leyes que gobiernan el movimiento de los cuerpos celestes, ni de las fuerzas responsables. Es más, no se habia formulado todavia con claridad el concepto de *fuerza*. Ptolomeo (siglo II) imaginó un sistema solar en el cual al *Tierra* se encuentra fija en el centro del Universo, en tornoa ella, el Sol, la Luna y los planetas se mueven a su alrededor en órbitas complejas (*teoría geocéntrica*). Pero esta teoría, aceptada durante 15 siglos era muy compleja para dar respuestas a las crecientes observaciones de los astrónomos. Copérnico, en el siglo XVI propuso considerar al Sol en reposo en el centro del Universo y a la Tierra girando sobre su eje y moviéndose en torno al Sol. Los restantes planetas tendrán movimientos similares (*teoría heliocéntrica*). La controversia estimuló a los astrónomos. Tycho Brahe, el último en hacer observaciones precisas sin usar el telescopio, descubrió persistentes regularidades en el movimiento planetario, que serían más tarde aprovechadas por *Kepler* para enunciar sus leyes. En los comienzos del Siglo XVII (1609) *Galileo* construye el primer telescopio asociando dos lentes, lo que permite a Kepler observaciones que condujeron a enunciar tres leyes: Las Leyes del Movimiento Planetario.

9.1. LEYES DE KEPLER

1) *Ley de las órbitas:* los planetas se mueven en órbitas elípticas, alrededor del Sol el cual ocupa uno de sus focos.
2) *Ley de las áreas:* las áreas barridas por el radio vector que une al planeta con el Sol, son proporcionales a los tiempos empleados en recorrerlas. Áreas iguales en tiempos iguales.
3) *Ley de los tiempos:* el cuadrado del período de revolución de cualquier planeta alrededor del Sol, es proporcional al cubo de la distancia media al Sol.

9.2. SIGNIFICADO DE LA LEYES DE KEPLER

Las leyes de Kepler fueron un gran apoyo para la teoría de Copérnico pues mostraron con gran simplicidad, que el movimiento planetario podía describirse considerando al Sol como cuerpo de referencia. Pero eran leyes empíricas que solo describían el movimiento. Sin embargo, fueron el punto de partida para la genial concepción de Newton de la Ley de Gravitación Universal. La *Primera Ley* significa que si la trayectoria es curvilínea, deberá existir una Fuerza Central responsable, dirigida hacia el Sol. Esta será una fuerza variable, ya que varía el radio de atracción pues la curvatura esta vuelta hacia el Sol.

$$F = \frac{c}{r^2} \qquad\qquad [9\text{-}1]$$

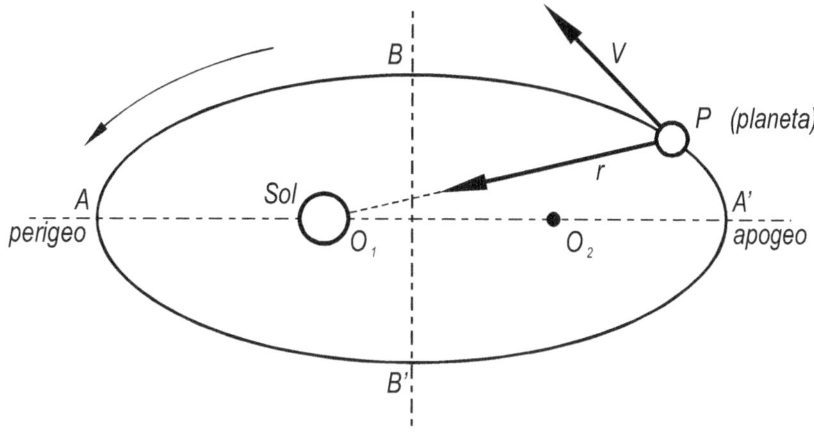

FIGURA 9-1

La excentrentricidad $e = \dfrac{O_1 \cdot O_2}{AA'}$ de la órbita elíptica para la Tierra es pequeña siendo

$$e_T = \frac{1}{60} = 0,0166$$

La mayor excentricidad corresponde a *Mercurio*, $e = 0{,}2$ y la menor a *Neptuno*, $e = 0{,}008$. Cuando los dos focos de la elipse coinciden, $e = 0$ y se trata de un cículo. De allí que, dado su pequeña excentricidad, no cometemos error apreciable aplicando al movimiento sobre la trayectoria elíptica, las consideraciones del movimiento circular.

La ***Segunda Ley*** significa que la velocidad areolar es constante

$$V_a = \frac{dA}{dt} = cte.$$

el momento cinético correspondiente a un cuerpo que se mueve con V_a cte. es:

$$L = 2\, m\, V_a = cte.$$

luego el impulso angular

$$\tau\, dt = dL = 0$$

lo que significa que la resultante de las cuplas es nula $\tau = 0$

Si no hay cupla, la fuerza actuante sobre el planeta deberá pasar por el eje de rotación coincidente con el Sol. Es pues, como lo enunciara la primera ley, una fuerza central.

La igualdad de las áreas A_1 y A_2 barridas en el mismo tiempo, implica que la velocidad tangencial o velocidad orbital del planeta deberá ser mayor cuando el Sol está en el perigeo (fig.9-2)

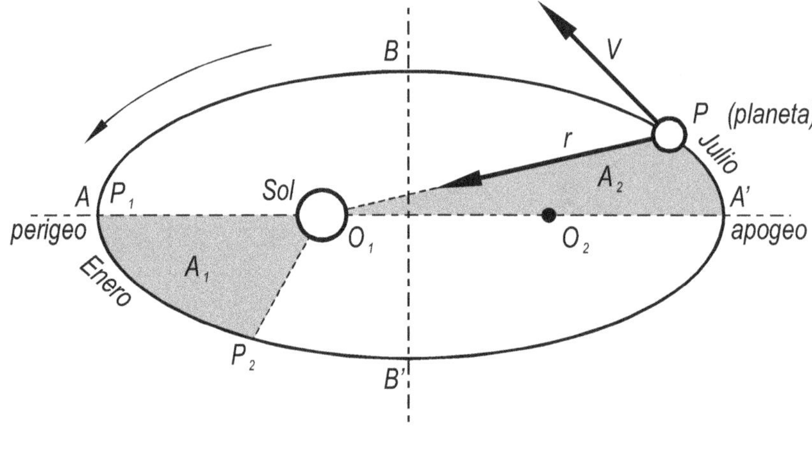

FIGURA 9-2

El promedio de la velocidad orbital de la Tierra es

$$V = 29,8 \ \frac{km}{seg}$$

La **Tercera Ley** se expresa así

$$\frac{T^2}{r^3} = cte. \qquad\qquad [9\text{-}2]$$

Para la Tierra

$$0,3 \ \frac{A\tilde{n}o^2}{km^3 \times 10^8}$$

Siendo del mismo orden para los restantes planetas.

El período "T" de un planeta o satélite es el tiempo necesario para dar una vuelta completa alrededor de su órbita y "r" es el promedio de sus distancias al Sol. Al referirnos a la Ley de la Gravitación Universal, demostraremos la veracidad de esta Ley y su compatibilidad con todas las leyes de la Mecánica.

9.3. LEY DE GRAVITACIÓN UNIVERSAL

> *Cada partícula del Universo atrae a todas las restantes con una fuerza directamente proporcional al producto de sus masas e inversamente proporcional al cuadrado de sus distancias.*

$$F = G\ \frac{m_1 \cdot m_2}{r^2} \qquad\qquad\qquad [9\text{-}3]$$

Dos partículas de masa m_1 y m_2 separadas a una distancia r, se atraen con una fuerza F. El término G, se denomina *"Constante de la Gravitación Universal"* y tiene el mismo valor para todas las parejas de partículas.

Una biografía de Newton, escrita por su amigo Stukeley, cuenta que estando el sabio descansando bajo un árbol, vio caer una manzana. El hecho, natural para la mayoría, despertó sin embargo la curiosidad de Newton, a quién se le ocurrió la idea de que el peso del cuerpo debería considerarse como una fuerza de atracción entre la Tierra y el cuerpo.

Luego extendió este concepto a los cuerpos celestes. La misma fuerza que atrae a la manzana hacia la Tierra, debería atraer la Luna hacia ella, con lo cual estaba proponiendo que los movimientos celestes y terrestres estarían sometidos a leyes similares. La diferencia estriba en que la Luna, por tener una velocidad tangencial V, realiza un movimiento casi circular alrededor de la Tierra a pesar de ser atraída por esta (fig.9-3).

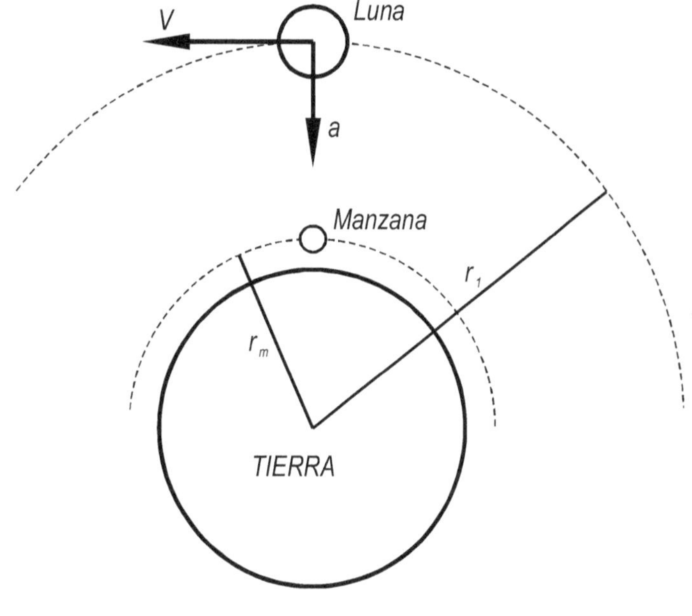

FIGURA 9-3

Las fuerzas de atracción gravitatoria que responden a la fórmula [9-3] están sobre una misma recta de acción, son iguales y de sentido contrario y actúan sobre cuerpos diferentes, constituyen pues, una ***pareja de acción y reacción*** (fig.9-4].

No hay que confundir "G" con "g". G es un ***escalar***, es universal y es constante; "g" es un ***vector***, no es universal ni es constante. La fuerza de gravitación definida en [9-3] es independiente de la presencia de otros cuerpos o de las propiedades del espacio existente entre ellos.

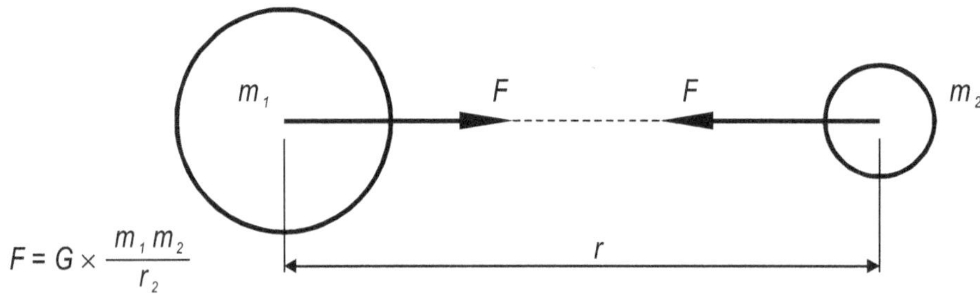

FIGURA 9-4

En 1666, Newton dedujo la Ley de la Gravitación Universal, partiendo de la primera y tercera Ley de Kepler.

Asumiendo, como consecuencia de la pequeña excentricidad, que la órbita de la Tierra alrededor del Sol es circular, existiría una ***fuerza central o centrípeta*** *F*, que es precisamente la misma definida por la Primera Ley de Kepler.

$$F = m\,\frac{v^2}{r} \qquad F = \frac{c}{r^2} \qquad\qquad [9\text{-}4]$$

Igualando ambas y reemplazando $v^2 = \omega^2 r^2$

$$m\,\omega^2 r = \frac{c}{r^2}$$

pero $\omega = \dfrac{2\pi}{T}$

$$m\,\frac{4\pi^2}{T^2} = \frac{c}{r^3}$$

despejando $\dfrac{T^2}{r^3}$

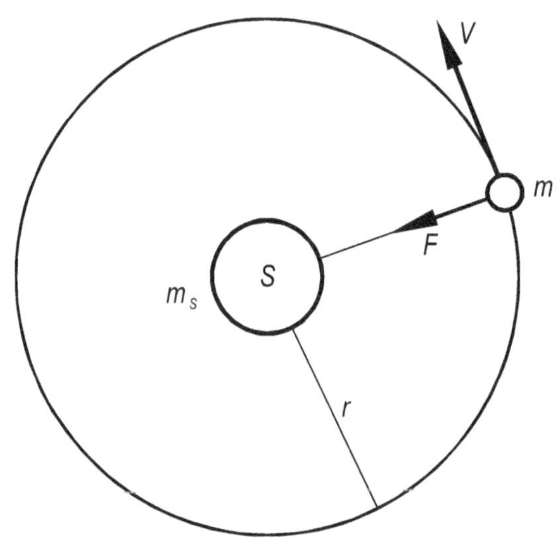

FIGURA 9-5

$$\boxed{\frac{T^2}{r^3} = \frac{m\,4\,\pi^2}{c} \qquad 3^\circ \text{ ley de Kepler} \qquad\qquad [9\text{-}5]}$$

en la cual *c* es una constante y siendo también *m = cte.*, resultará la validéz de la rotación

$$\frac{T^2}{r^3} = cte.$$

De las constancia del término

$$\frac{m \cdot 4 \cdot \pi^2}{c}$$

surge que

$$\frac{c}{m} = k = cte.$$

Newton supuso que esta nueva constante k, debía ser proporcional a la masa m_S del Sol.

$$k = G \cdot m_S$$

de modo que

$$\frac{c}{m} = G \cdot m_S$$

o bien

$$c = G \cdot m \cdot m_S$$

Por lo cual, reemplazando en [9-4]

$$F = G \, \frac{m \cdot m_S}{r^2} \qquad\qquad [9\text{-}6]$$

Válida para todo cuerpo o partícula del universo, cualquiera sea su tamaño o naturaleza. Es ***independiente de la velocidad*** de la que puedan estar animadas. G es una constante universal o de Gauss, independiente de la naturaleza de los cuerpos o partículas, que puede ser determinada por método experimental.

Es interesante destacar que el Sol concentra el 99,88 % de la masa total del sistema solar y sólo el 0,12 %, está repartido entre los 9 planetas, sus satélites y asteroides. Por esta circunstancia, puede considerarse al Sol como el Centro de Masa del Sistema Planetario correposndiente y por consecuencia, a los planetas girando alrededor de una centro estacionario.

La gravitación se manifiesta como una acción a distancia. No se conoce con que velocidad esta acción se propaga en el espacio, pero por deducciones basadas en el movimiento de los planetas se infiere que ha de ser muchísimo mayor que la velocidad de la luz.

La interacción gravitacional entre los planetas tiene una influencia muy pequeña en la determinación precisa del movimiento de cada uno de ellos.

9.4. Determinación de "*G*": Balanza de Cavendish

Newton no pudo determinar con exactitud el valor de *G* a partir de sus observaciones astronómicas, ya que podía conocer la masa exacta de la Tierra, pero no la del Sol o los planetas. Recién , después de 100 años pudo realizarse la primera medición exacta de *G*, que fue llevada a cabo por *Lord Cavendish* en 1798, usando un instrumento al cual llamó *"Balanza de Cavendish"* (fig.9-6).

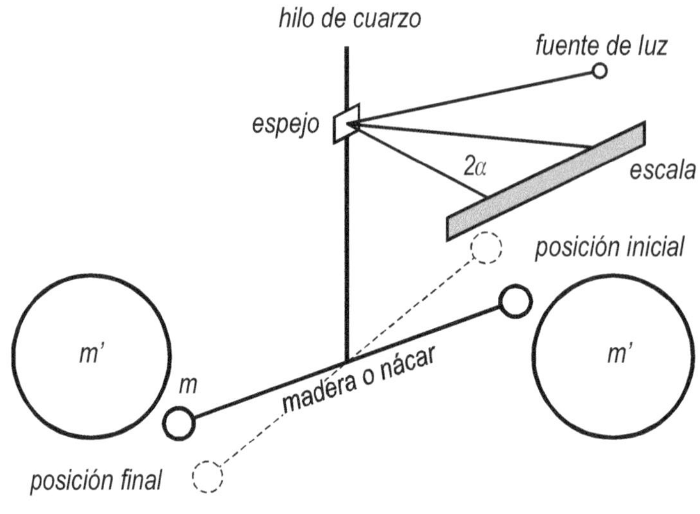

FIGURA 9-6

Hoy, gracias a la ingeniería espacial que proporciona satélites artificiales de masa conocida, se ha podido precisar aun más las mediciones realizadas en laboratorio.

La Ley de la Gravitación Universal daría para el conjunto de masas que componen la Balanza

$$F = G \, \frac{m \cdot m'}{r^2}$$

Despejando *G*

$$G = \frac{F \cdot r^2}{m \cdot m'}$$

Si hacemos las masas *m* y *m'* iguales a 1 *kg* y la distancia que las separa igual a 1 *m*, podemos interpretar el significado físico de *G*:

> *"Es la Fuerza con que se atraen dos cuerpos de masa unitaria, colocados a la unidad de distnacia"* (fig.9-7).

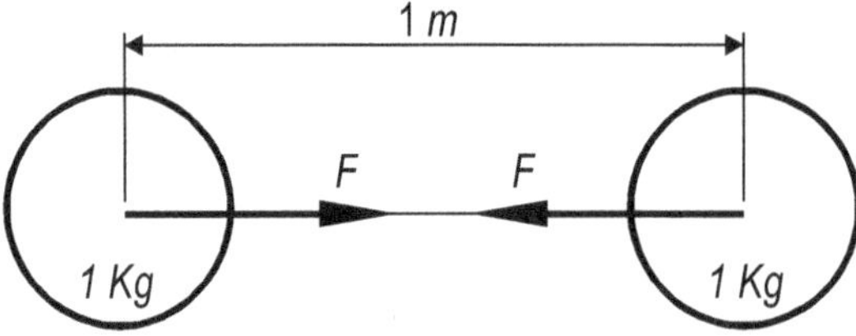

FIGURA 9-7

G es un valor muy pequeño, lo que da la razón de las dificultades que existen para para su medición con precisión adecuada en el laboratorio.. El valor aceptado actualmente es el obtenido en el Nacional Barema of Standards de los E.E.U.U En 1942.

$$G = 6,67 \times 10^{-11} N.m^2 , kg^{-2} \left(S.I \right)$$

Valor sensiblemente igual al obtenido por *Cavendish*.

Para obtener G con la balanza de *Cavendish* existen dos métodos basados ambos en en el movimiento oscilatorio de la barra, que se origina al acercarle las masas m' en dos posiciones diametrales. Uno de ellos consiste en medir la aceleración del movimiento, siguiendo con un cronómetro el desplazamiento del rayo de luz en la escala.

9.5. MASA DE LA TIERRA

La fuerza de atracción que la Tierra ejerce sobre un cuerpo de masa m próximo a su superficie es el *Peso del cuerpo*.

$$W = m \cdot g \qquad\qquad [9\text{-}7]$$

esta fuerza de atracción es la misma definida según la Ley de Newton [9-5], siendo m_T la masa de la Tierra y R la distancia al centro de la misma, aproximadamente igual al radio de la Tierra.

$$F = G \cdot \frac{m\, m_T}{R^2} \qquad\qquad [9\text{-}8]$$

Entonces, igualando [9-5] y [9-6]

$$m\,g = G \cdot \frac{m\, m_T}{R^2} \qquad\qquad [9\text{-}9]$$

Simplificando y despejando m_T, masa de la Tierra

$$m_T = \frac{g\, R^2}{G} \qquad\qquad [9\text{-}10]$$

$$m_T = 5,98 \times 10^{24}\ Kg = 6 \times 10^{21}\ Tn$$

La determinación de la masa de la Tierra [9-9] fue posible por medio de la utilización del valor exacto de G, al cual arribase por primera vez Cavendish. Por eso pudo decirse de él, que fue el primer hombre que pudo "*pesar la Tierra*".

La densidad media de la Tierra será entonces

$$\delta = \frac{m_T}{V} = \frac{\dfrac{g\,R^2}{G}}{\dfrac{3}{4}\,\pi\,R^3} = \frac{3\,g}{4\,G\,\pi\,R} = 5,520\ \frac{Kg}{m^3} = 5,52\ \frac{gr}{cm^3}$$

Este valor de la masa especificada o densidad, $\delta = 5,52 \, \dfrac{gr}{cm^3}$ es mayor que la densidad media de las partícumnas próximas a la superficie terrestre, lo que está indicando que hay mayor densidad en el centro de la Tierra.

Corolario

Despejando "g" en la [9-9] y considerando ahora una distancia r al centro de la Tierra

$$g = \frac{G \cdot m_T}{r^2} \qquad\qquad [9\text{-}11]$$

Siendo G y m_T constantes, el valor de "g" dependerá sólo de "r". De acuerdo a esta ecuación "g" disminuye con la distancia al centro de la Tierra, es decir, con la altura. Del mismo modo, si hay alteraciones en la masa especificada (densidad δ) de la Tierra, variará m_T y ello provocará variaciones de g. En ello se basan los métodos gravimétricos para la prospección del subsuelo.

9.6. VELOCIDAD ORBITAL DE UN CUERPO. (VELOCIDAD DE SATELIZACIÓN)

Todos los planetas se mueven en órbitas elípticas de poca excentricidad. Su velocidad orbital dependerá de la distancia al Centro de Masa del Sistema planetario, el Sol, que es variable como se ha visto y también de la masa de éste. Estas velocidades son fácilmente calculables.

También podemos conocer la velocidad orbital de la Luna, Satélite natural de la Tierra. Supongamos ahora que nos imponemos conocer la velocidad tangencial que debemos imprimir a un cuerpo de masa m cualquiera para que se transforme en un satélite artificial de la Tierra, girando a una distancia "r" de su centro.

La velocidad orbital de este cuerpo, sería la misma velocidad inicial V_0 con la cual debiéramos lanzarlo desde una altura r (fig.9-8).

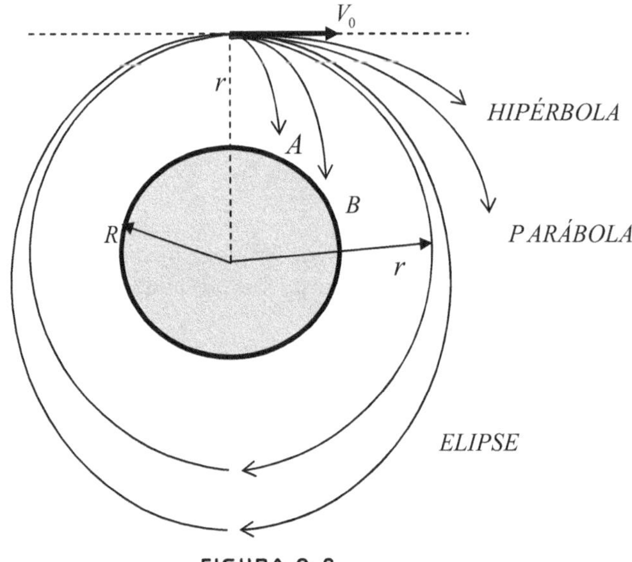

FIGURA 9-8

Si lanzamos el cuerpo con una velocidad inicial baja, el cuerpo seguirá una trayectoria parabólica, cayendo sobre la Tierra en A o en B si la velocidad fuese un poco mayor. Pero si la velocidad es adecuada a la distancia r del centro de la tierra será posible que se origine una fuerza centrípeta capaz de mantener al cuerpo en una órbita de radio r.

Si la velocidad inicial fuese mayor que la necesaria para mantenerlo en órbita circular, el cuerpo seguirá una trayectoria elíptica cerrada, o si es todavía mayor, una órbita parabólica o hiperbólica escapando de la atracción terrestre y entrando en la órbita solar.

9.6.1. Determinación de V_0

Suponemos primeramente al cuerpo de masa m en reposo sobre la superficie de la Tierra o próximo a ella. La atracción ejercida sobre él es el peso, igual también a la fuerza gravitacional F_1 para una distancia R igual al radio de la Tierra.

$$F_1 = G\,\frac{m\,m_T}{R^2} = m\,g \qquad \therefore \qquad \frac{G \cdot m_T}{R^2} = g \qquad\qquad [9\text{-}12]$$

Considerando ahora al cuerpo moviéndose, como satélite de la Tierra, a una distancia r, la fuerza F_2 definida por la Ley de la Gravitación, será la misma que resulta ser proporcional a la aceleración centrípeta a_c, por la segunda ley del movimiento.

$$F_2 = G\,\frac{m\,m_T}{r^2} = m\,a_c \qquad \therefore \qquad \frac{G \cdot m_T}{r^2} = a_c \qquad\qquad [9\text{-}13]$$

Dividiendo miembro a miembro la [9-13] y [9-12]

$$\frac{a_c}{g} = \frac{R^2}{r^2} \qquad\qquad [9\text{-}14]$$

despejando

$$a_c = g\,\frac{R^2}{r^2} \qquad\qquad [9\text{-}15]$$

Esta aceleración centrípeta que actúa sobre cualquier satélite orbital es la necesaria para mantenerlo en órbita y para impedir que el cuerpo salga por al tangente. Recordando ahora que a_c depende de la velocidad tangencial, que será en este caso la velocidad orbital V_0

$$a_c = \frac{V_0^2}{r}$$

podemos igualar esta expresión de a_c con la dada por la [9-14]

$$\frac{V_0^2}{r} = g\,\frac{R^2}{r^2}$$

Despejando V_0

$$V_0 = R \sqrt{\frac{g}{r}} \qquad\qquad [9\text{-}16]$$

Velocidad orbital, llamada también, velocidad de satelización

Es importante destacar que V_0 es independiente de la masa m del satélite. Esta velocidad de satelización V_0 es la que produce la fuerza centrípeta necesaria para imprimirle al satélite un movimiento de trayectoria circular alrededor de la tierra y a mantenerse en él. En el ejemplo de la fig.9-8 se ha supuesto un cuerpo lanzado fuera de la capa atmosférica con un impulso inicial suficiente para imprimirle la velocidad V_0. Pero en la práctica, el cuerpo llega a la órbita elegidad por medio de un cohete impulsor que parte verticalmente de la tierra y a medida que va ganando altura sus aletas van estabilizándolo de forma que llegue a la órbita elegida y entre en ella tangencialmente, con la velocidad adecuada.

La ecuación [9-16] supone que g es constante con diferentes valores de r, de allí que sea válida para órbitas muy próximas a la superficie de la Tierra, donde tendríamos $R = r$.

$$V_0 = \sqrt{g\,R} \qquad\qquad [9\text{-}17]$$

para

$$9{,}8\ \frac{m}{seg^2} = 127.000\ \frac{km}{hora^2}$$

$$R = 6.370\ km$$

Resulta

$$V_0 = 28.400\ \frac{km}{h} = 8\ \frac{km}{seg}$$

Las órbitas de los satélites artificiales tienen alturas variables respecto de la Tierra.

El valor de la velocidad V_0 disminuirá con la altura "r" de la órbita según la [9-16]. En esta ecuación, al aumentar r disminuye g. Para calcular con exactitud el valor de V_0 en cada órbita, debiéramos introducir en la [9-16] el valor de g dado en la [9-12]

$$g = \frac{G \cdot m_T}{r^2}$$

osea que V_0 a una distancia r cualquiera del centro de la Tierra será

$$V_0 = R \sqrt{\frac{G \cdot m_T}{r^3}} \qquad\qquad [9\text{-}18]$$

Una órbita que presenta un interés particular en la astronáutica, es la que corresponde a un $r = 35.790\ Km$, ya que el período correspondiente es de 24 horas. Un satélite en dicha órbita, gira a la misma velocidad angular que la Tierra y parecerá fijo en un mismo punto geográfico. Se trata de un satélite geoestacionario, utilizado en la actualidad para comunicaciones.

La observación de las trayectorias de satélites artificiales, ha provisto de un medio particularmente exacto para el estudio de la forma de la Tierra, como así también de su campo gravitacional. Se ha medido con gran presición, por ejemplo, el radio ecuatorial y la constante geocéntrica de la gravitación $G \cdot m_T$.

9.7. CAMPOS GRAVITACIONALES

La acción gravitatoria de la Tierra alcanza hasta puntos muy alejados de ella, teóricamente hasta el infinito. Toda la región del espacio en la cual actúa la atracción de la Tierra se denomina campo gravitacional terrestre.

También el Sol, los planetas, la Luna, las estrellas, tienen sus campos gravitacionales. Vivimos supergidos en un universo de múltiples campos gravitacionales que influyen mutuamente, y algunos de ellos preponderan. Nosotros percibimos fácilmente el terrestre aunque no el lunar, no obstante que el mismo origina las mareas.

Una forma de valorar el campo gravitacional de un planeta, o de un cuerpo cualquiera, es determinar la intensidad de campo I.

> *La intensidad de Campo I, en cualquier punto A del espacio que rodea a una masa cualquiera m_c, se define como la fuerza por unidad de masa, que actua sobre cualquier masa m colocada en dicho punto.*

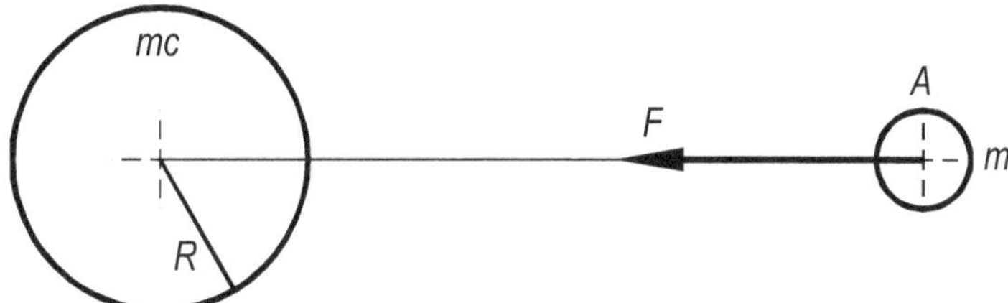

FIGURA 9-9

La magnitud de la fuerza F, de la figura 9-9 está dada por la ley de Newton

$$F = G \cdot \frac{m_c\, m}{r^{\,2}}$$

La intensidad de Campo I será entonces

$$I = \frac{F}{m} \tag{9-19}$$

Que es un vector dirigido hacia el centro del cuerpo m_c

La intensidad de Campo I en cada punto es un valor constante de modo que, duplicando al masa m, se duplicará la fuerza. La masa m es usada entonces solamente como una forma de detectar y medir el campo gravitacional en un determinado punto A. Reemplazando F dado por Newton en la [9-19]

$$I = G \cdot \frac{m_c}{r^2}$$ [9-20]

Lo que muestra que la intensidad de campo en un punto es independiente del valor de la masa ubicada en dicho punto.

La dirección del campo en una masa esférica es radial, hacia el centro, y el espaciamiento de las líneas de la fig.9-10 indica que el campo es más intenso en la superficie.

$$I = cte.$$

Para todo punto equidistante del centro

Para cualquier punto, a una distancia r del centro, la intensidad de campo es la misma. El número de líneas gravitacionales de fuerza que penetran un una superficie esférica como la de la figura, es la misma a cualquier distancia. Disminuye si, la densidad de líneas a medida que se aleja del centro de la esfera.

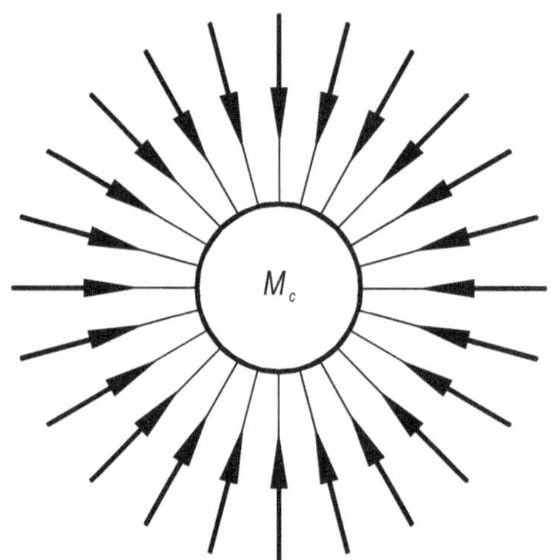

FIGURA 9-10

Despejando F en la ecuación [9-16]

$$F = m \cdot I$$ [9-21]

Interpretada esta ecuación [9-20] significa que cualquer masa m situada en un campo gravitacional de intensidad I experimenta una fuerza F, proporcional a dicha masa.

En al superficie de la Tierra, el campo gravitacional es igual a "g".

$$I = g$$

A medida que aumenta r, I disminuye haciéndose nulo en el infinito. En cambio teóricamente, en el centro de la tierra, la intensidad de campo sería infinita (fig.9-11).

A la distancia "r" el campo gravitacional tendrá el valor dado por la [9-20] (fig.9-11).

El campo gravitacional de la Tierra puede considerarse **uniforme**, entendiendo como tal un campo en el cual las líneas de fuerza están uniformemente espaciadas. Es también estacionario, porque el valor del campo en un punto dado no cambia con el tiempo.

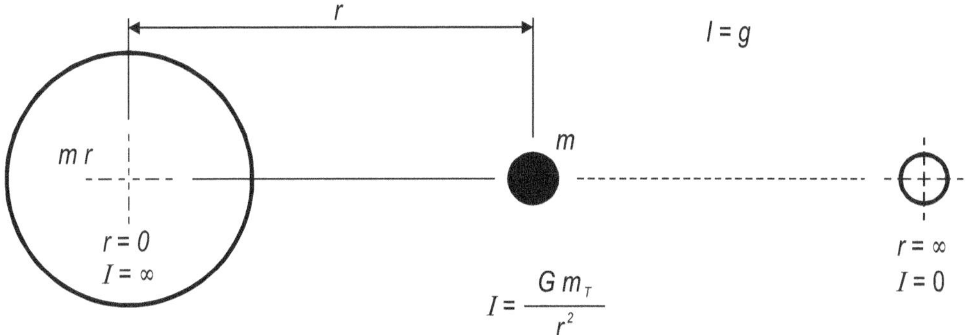

$$I = \frac{G\,m_T}{r^2}$$

FIGURA 9-11

El valor de g es proporcional al número de líneas de fuerza que pasan por la unidad de área tomada perpendicularmente a las líneas.

El campo gravitacional es un ejemplo de *campo vectorial*, porque en este campo cada punto tiene un vector asociado con él. También hay campos escalares como es el campo de temperatura en un sólido conductor de calor.

El concepto de campo no se usó en la época de Newton. Fue desarrollado mucho más tarde por Faraday para el electrostático y luego se lo aplicó a la gravitación, siendo de gran importancia en el desarrollo de la Teoría de la Relatividad.

(*Campo electrostático*: dos partículas cargadas eléctricamente se atraen con un fuerza que varía en razón inversa al cuadrado de la distancia).

9.8. ENERGÍA POTENCIAL GRAVITACIONAL. POTENCIAL GRAVITATORIO

Anteriormente ya se analizó la energía potencial gravitacional de una partícula de masa "*m*", próxima a la superficie de la tierra.

$$E_p = m\,g\,h$$

variable sólo con la altura h, suponiendo a "*g*" constante, para un distancia R al centro del la Tierra.

En este capítulo, se elimina esta restricción, considerando para ello la energía potencial de una masa "*m*" a cualquier distancia "*r*" del centro de la Tierra.

Para llevar una masa m desde una distancia r del centro de la Tierra al infinito, se necesita efectuar un trabajo que será igual a la energía potencial gravitacional que adquiera viniendo desde el infinito, y llegando a esa distancia r.

Si se toma un desplazamiento "*dr*" para el cual se debe realizar un trabajo dW

$$dW = -F \cdot dr \qquad \text{en la que} \qquad F = G\,\frac{m\,m_T}{r^2} \qquad [9\text{-}22]$$

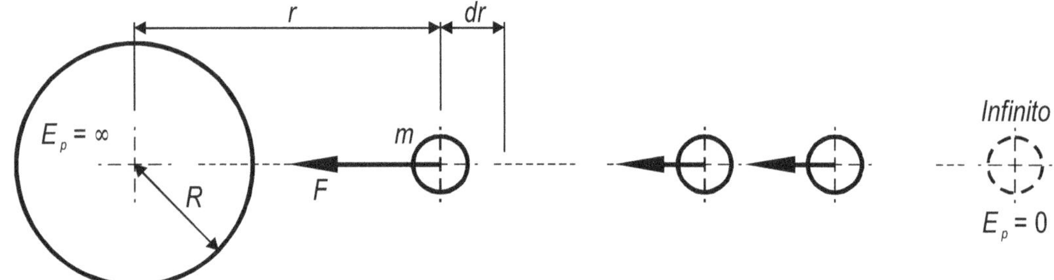

FIGURA 9-12

ahora integrando la [9-22]

$$W = -G \ m \ m_T \ \int \frac{dr}{r^2} \qquad\qquad [9\text{-}23]$$

Para resolver la integral es preciso fijar sus límites. Hemos supuesto llevar la masa m desde la distancia r a ∞, luego

$$\int_r^\infty \frac{dr}{r^2} = \left|-\frac{1}{r}\right|_r^\infty = \frac{1}{\infty} + \frac{1}{r} = \frac{1}{r}$$

reemplazando en [9-23]

$$W = -G \ \cdot \ \frac{m \ m_T}{r}$$

este trabajo es igual a la ***Energía potencial gravitacional*** a la distancia r, luego

$$E_p = -G \ \frac{m \ m_T}{r} \qquad\qquad [9\text{-}24]$$

El signo negativo se explica porque la fuerza gravitacional aumenta en valor absoluto, pero decrece por ser negativa. En consecuencia, si tenemos un sistema formado por dos masas que interactúan gravitacionalmente entre ́si y queremos separarlas, es preciso agregar más energía hasta lleva la Energía Potencial a cero.

Definimos ahora el ***Potencial gravitatorio P*** de un punto cualquiera del espacio alrededor de una masa gravitacional como la de la tierra m_T, como "*la energía potencial por unidad de masa de cualquier masa **m** localizada en dicho punto*"

$$P = \frac{E_p}{m} = -G \ \frac{m_T}{r}$$

Cualquier masa m situada en la superficie de la tierra, requiere una cantidad de energía $E_p = P \cdot m$ para ser llevada fuera del campo gravitatorio, al espacio libre.

Si hiciéramos una gráfica del potencial gravitatorio alrededor de la Tierra tendríamos que para

$$r = R = 6370 \ km$$

$$G \ m_T = -39,86 \times 10^4 \ km^3 \cdot seg^{-2}$$

y para

$$r = \infty$$

$$P = 0$$

Si nos acercamos a la tierra, P crece en valor absoluto pero es negativo

Al gráfico de la fig.9-13, se lo denomina comunmente *"pozo gravitacional"* y para nosotros que vivimos en la superficie de la tierra, todo ocurre como si estuviesemos sumergidos en el fondo de ese pozo gravitacional, de miles de *km* de profundidad. Para alcanzar la Luna, los planetas o el espacio exterior en general, debiéramos *"trapar"* fuera de ese pozo gravitacional sobre un plano horizontal que llamamos: ***espacio libre sin gravitación.***

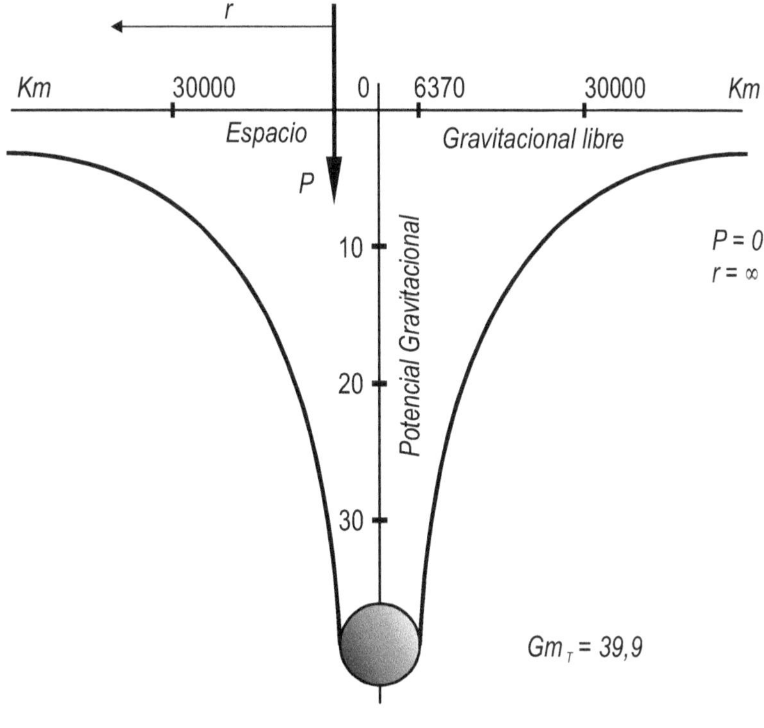

FIGURA 9-13

Claro está que difícil será encontrar un punto del espacio libre de la atracción gravitatoria del algún cuerpo celeste. Un modelo mecánico del pozo gravitacional que nos permite demostrar las órbitas de los satélites, se obtiene girando la gráfica de la fig.9-13 alrededor de un eje vertical. Suponiendo que los satélites giran alrededor de dicho eje certical, sus órbitas serán circualres o elípticas (fig.9-14) miradas desde arriba, es decir, quedando la tierra en el centro de la órbita circular o en un foco de la elíptica.

En el modelo de la fig.9-14, se ha incluido a la Luna, con el pequeño pozo gravitacional que ella da origen. En el punto de enlace Q la atracción gravitacional de la Tierra y de la Luna son iguales y opuestos.

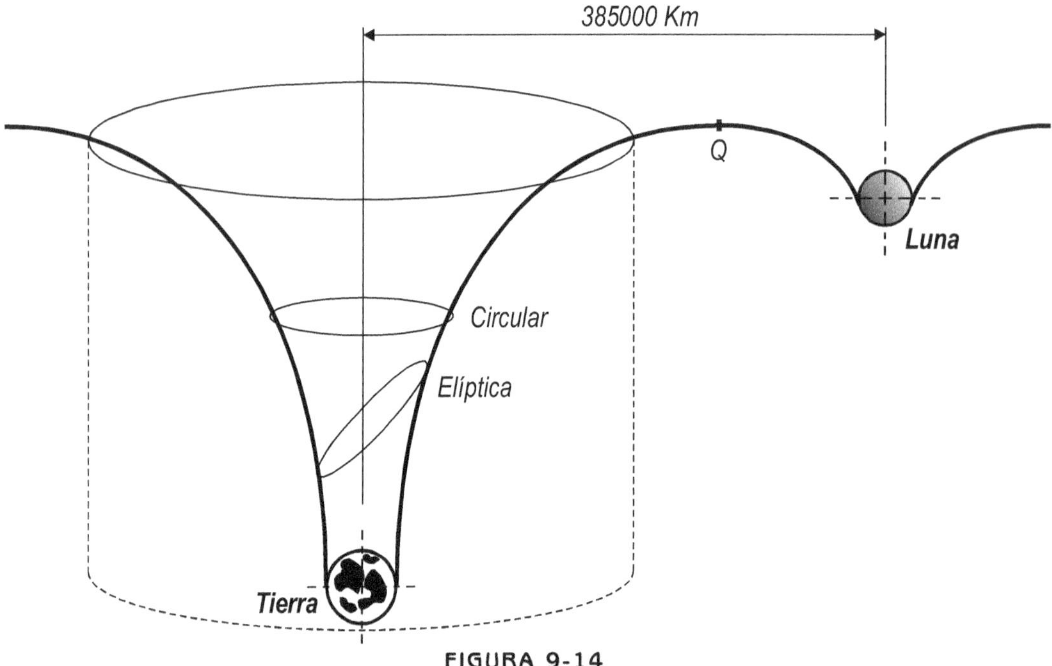

FIGURA 9-14

9.9. VELOCIDAD DE ESCAPE

Un cuerpo de masa m que escapa a la atracción gravitatoria de la Tierra y no regresa, debe ser lanzado desde la superficie del planeta con una velocidad inicial V_e en dirección del radio terrestre (vertical o perpendicular a la superficie del geoide).

Este problema fue planteado antes que la posibilidad de satelizar un cuerpo, analizada en el punto 9-6 de este capítulo. Implica transformar a un cuerpo en un proyectil, de modo que expulsado de la Tierra con solo el impulso inicial que le permite adquirir la velocidad V_e pueda liberarse del campo gravitacional terrestre, cuyo efecto sabemos se ejerce hasta el infinito.

La velocidad V_e incial, es también la misma velocidad que alcanzara el proyectil viniendo desde ∞ al llegar a la superficie de la tierra. Ello suponiendo ausencia de rozamientos con las partículas de gas que rodean la Tierra.

Para determinar V_e tomemos en consideración el proyectil a la distancia r del centro de la tierra. Estará sometido a una fuerza de atrcción F que a esa distancia tendrá un valor de

$$F = G \ \frac{m \cdot m_T}{r^2} \qquad\qquad [9\text{-}25]$$

variable a medida que varía r

El trabajo efectuado para sacar el proyectil, de la superficie de la tierra a una distancia r, será

$$dW = F \cdot dr$$

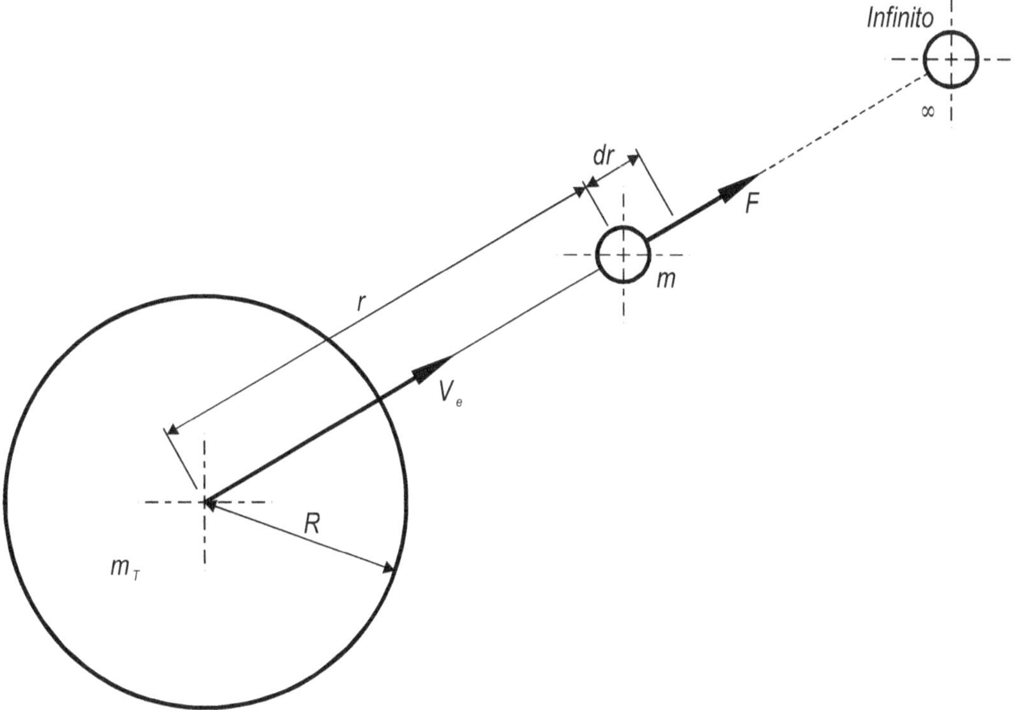

FIGURA 9-15

Reemplazando F por el valor dado en la [9-25]

$$dW = G \cdot m \cdot m_T \ \frac{dr}{r^2}$$

Reemplazando en esta última ecuación el valor de G, dado en función de otros conocidos recordamos que sobre la superficie de la Tierra

$$F = G \ \frac{m \ m_T}{R^2} = m \ g \qquad \therefore \qquad G = \frac{g \ R^2}{m_T}$$

luego

$$dW = -\frac{g \ R^2}{m_T} \cdot m \ m_T \cdot \frac{dr}{r^2} = -g \ R^2 \ m \ \frac{dr}{r^2} \qquad\qquad [9\text{-}26]$$

Si ahora quisiéramos conocer el trabajo necesario para llevar el proyectil de masa m desde la superficie de la tierra hasta infinito, debemos integrar la [9-26] entre R e ∞

$$W = m \ g \ R^2 \ \int_{R}^{\infty} \frac{dr}{r^2} \qquad\qquad [9\text{-}27]$$

resolviendo primeramente la integral

$$\int_{R}^{\infty} \frac{dr}{r^2} = \left| -\frac{1}{r} \right|_{R}^{\infty} = \frac{-1}{\infty} + \frac{1}{R} = \frac{1}{R}$$

reemplazando en la [9-27]

$$W = m\,g\,R^2 \left(\frac{1}{R} \right) \qquad \therefore \qquad W = m\,g\,R \qquad\qquad [9\text{-}28]$$

este trabajo debe ser igual a la ***energía cinética*** que adquiere el proyectil viniendo desde el infinito, al momento de llegar a la superficie de la tierra, con velocidad v_e

$$E_c = \frac{1}{2}\,m\,v_e^2$$

$$W = E_c = \frac{1}{2}\,m\,v_e^2 = m\,g\,R \qquad \therefore \qquad \frac{1}{2}\,v_e^2 = g\,R$$

$$\boxed{v_e = \sqrt{2\,g\,R}}$$

independiente de la masa del proyectil.

Nótese que esta velocidad de escape es la raíz de 2 multiplicada por la velocidad orbital definida anteriormente. Dando valores $g = 9,8\ \dfrac{m}{seg^2}$ y $R = 6370\ Km$.

La solución al problema de enviar un cuerpo, fuera de la atracción gravitatoria terrestre, se logra hoy con proyectiles autopropulsados, o vehículos espaciale que, generando fuerza propia en forma continua pueden partir de la superficie de la Tierra con velocidades que van creciendo a medida que disminuye la resistencia de los gases que rodean la Tierra.

Se aplicó el cálculo de v_e a la determinación de la posibilidad de fuga de los gases que rodean la tierra y la pérdida de la atmósfera, como ha ocurrido en otros cuerpos celestes.

La velocidad molecular de los gases, especialmente de aquellos existentes en los altos niveles (400-500 Km) podría llegar a valores suficientemente grandes, como para permitir que gases como el hidrógeno y el helio, escapen si esa velocidad molecular es superior a la de escape.

Ello ha ocurrido en Marte, pero afortunadamente la Tierra, por su elevada velocidad de escape, superior a la velocidad molecular de los gases de su atmósfera, está a salvo de muerte por asfixia.

CAPÍTULO 10

ELASTICIDAD

10.1. LEY DE HOOKE

La constitución de la materia en los sólidos presupone un estado de equilibrio entre las fuerzas de atracción y repulsión de sus elementos constituyentes (cohesión) o sea que cuando no actúan sobre el cuerpo fuerzas exteriores, este se mantendrá en equilibrio permanente y conservará por lo tanto su forma y dimensiones teóricamente inalterables durante el tiempo indefinido. Al actuar fuerzas exteriores, se rompe el equilibrio interno y se modifican la atracción y repulsión aumentando una con respecto a la otra según que la carga aplicada tiende a alejar o acercar a los átomos generándose por lo tanto una fuerza interna que tenderá a restaurar la cohesión, cuando ello no ocurre el material se rompe.

Los esfuerzos no tienen en cuenta la dimensiones del material, por lo que, con el fin de considerar su dependencia y tamaño, los esfuerzos se refieren a la unidad de sección obteniéndose en este caso el esfuerzo **unitario** ó **tensión** que se define como *"la resistencia interna de la unidad de área a una carga externa"*.

La tensión puede ser normal (σ) o tangencial (τ), según la dirección del esfuerzo que la origina.

Los esfuerzos se pueden clasificar en **esfuerzos normales** y **tangenciales**, como se ve a continuación:

a) Esfuerzos Normales

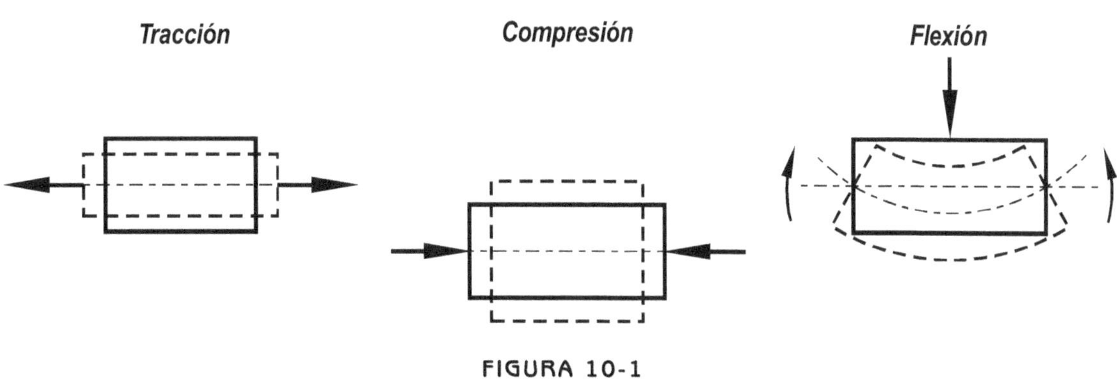

FIGURA 10-1

b) Esfuerzos tangenciales

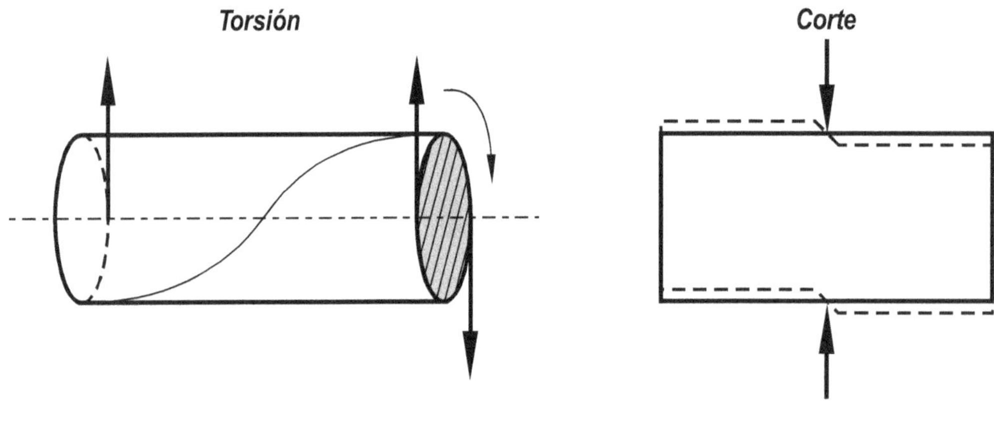

FIGURA 10-2

Los esfuerzos pueden ser simples o compuestos según aparezcan solos o combinados.

En cuanto a las cargas, estas pueden ser **estáticas** o **dinámicas** como así también, **concentradas** o **distribuidas**.

La aplicación creciente de una carga sobre un cuerpo fijo tiende a producir su deformación y rotura, fenómeno éste que nos permite determinar su **capacidad de deformación** y **resistencia**, propiedades básicas para la selección de un material.

Si a la barra recta de sección transversal contante le aplicamos una carga P de tracción o compresión, experimenta a medida que ésta aumenta una alargamiento o acortamiento de cuya magnitud depende de la naturaleza y dimensiones del material.

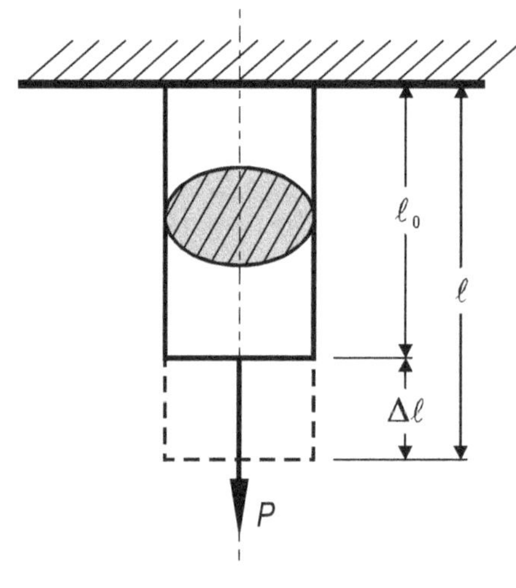

Para considerar el número representativo de la deformación, sin necesidad de tener presente a qué distancia inicial corresponde, el mismo se indica por unidad de longitud, obteniéndose la **deformación unitaria** o **específica**; por ejemplo

$$\xi = \frac{\Delta \ell}{\ell_0} = \frac{\ell - \ell_0}{\ell_0} = \frac{\ell}{\ell_0} - 1$$

FIGURA 10-3

Cuando el esfuerzo no excede un determinado límite, podemos decir que

"las deformaciones son proporcionales a las tensiones" (Hooke)

En este caso la energía acumulada es devuelta por el mismo al cesar la carga, esto se denomina **resilencia** que significa elasticidad.

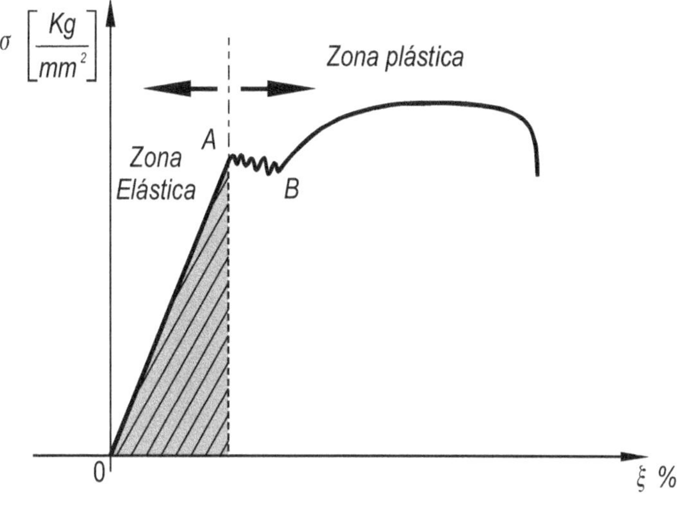

FIGURA 10-4

Se puede decir que en el período elástico los alargamientos son directamente proporcionales a la carga P, a la longitud inicial ℓ_0 e inversamente proporcionales a la sección transversal A **y al módulo de Young** o capacidad de deformación elástica E; o sea

$$\Delta\ell = \frac{P \cdot \ell_0}{A\,E}$$

y teniendo en cuenta que la tensión σ es

$$\sigma = \frac{P}{A} \qquad y \qquad \xi = \frac{\Delta\ell}{\ell_0}$$

reemplazando obtenemos que

$$\frac{P}{A} = E\,\frac{\Delta\ell}{\ell_0}$$

por lo tanto

$$\sigma = E\,\xi$$

En el diagrama de la fig.10-4, $\overline{OA}$ es el período elástico, luego $\overline{AB}$ corresponde a lo que se conoce como **zona de fluencia**, a continuación de la cual está la zona de deformaciones plásticas. Este diagrama corresponde a un ensayo de tracción del acero dulce. Además, cada material posee un valor de E que lo identifica de los demás y es único en cada caso. Existen tablas que dan el valor de E para cada caso en particular.

El área encerrada entre OA y σ nos dá la energía acumulada en la deformación.

CAPÍTULO 11

HIDROSTÁTICA

11.1. CLASIFICACIÓN DE LOS FLUIDOS

Se denomina fluido a toda sustancia que puede fluir. La fluidez, es decir la poca resistencia a la deformación por cizallamiento o deslizamiento es la característica que distingue a los líquidos y gases de los sólidos como vimos antes, por consiguiente, el término incluye a líquidos y gases.

Existen sin embargo, notables diferencias entre los gases y los líquidos. Por ejemplo, en los líquidos es necesario aplicar sobre ellos fuerzas considerables para producir pequeños cambios de volumen, mientras que los gases ofrecen poca resistencia a una variación semejante. Esta diferencia se puede reducir al caracter que tiene la relaicón entre la densidad y la presión a que está sometido el fluido, es decir, a la incompresibilidad práctica de los líquidos y la sensible compresibilidad de los gases.

Al estudiar el comportamiento mecánico de los fluidos solo se usarán las propiedades que están relacionadas con la facultad de fluir, es decir que comprenden a líquidos y gases. Por consiguiente, las mismas leyes fundamentales rigen el comportamiento estático y el comportameinto dinámico de los líquidos y de los gases.

Se denomina *"Hidrostática"* al estudio de los fluidos en reposo, es decir que la hidrostática se ocupa de estudiar las condiciones y leyes que rigen el equilibrio de los líquidos y de los gases teniendo en cuenta la acción de las fuerzas a que se hallan sometidos.

Se conoce con el nombre de *"Hidrodinámica"* al estudio de los fluidos en movimiento, es decir que estudia las leyes del movimiento de los líquidos y de los gases y sus interaciciones con los sólidos. La parte especial de la Hidrodinámica que se ocupa del movimiento de los gases y del aire en particular se denomina *"Aerodinámica"*.

11.2. PROPIEDADES GENERALES DE LOS FLUIDOS

11.2.1. Densidad

Si bien el comportamiento de los sólidos rígidos depende en general de su masa total, en los fluidos en cambio, interesa conocer perfectamente las propiedades en cada uno de sus puntos. Por ese motivo, el concepto de masa es sustituido en los fluidos por el de densidad o masa de la unidad de volumen.

Se define entonces la densidad "δ" como el cociente de dividir la masa de una porción del sistema en estudio por su correspondiente volumen, o mejor aún, como el valor de la masa de la unidad de volumen.

$$\delta = \frac{m}{V} \qquad \delta = \text{densidad} \qquad V = \text{volumen}$$

Sistemas	Unidades
C.G.S.	$\dfrac{g}{cm^3}$
S.I.	$\dfrac{Kg}{m^3}$
Técnico	$\dfrac{\overrightarrow{Kg} \cdot s^2}{m^4}$

La "densidad relativa" δ_r de una sustancia es la relación entre su densidad y la del agua a la misma temperatura. Su valor es un número abstracto.

$$\delta_r = \frac{\delta}{\delta_a}$$

Para cada sustancia el valor de la densidad es independiente del lugar donde se la mida, ya que tanto la masa como el volumen son también independientes del lugar. Sin embargo, la densidad de los fluidos pueden depender de muchos factores, tales como la temperatura, y podemos a veces considerarla constante para ciertos fines, en cambio en los gases, la densidad es muy sensible a las variaciones de temperatura y de presión. La diferencia que existe entre un líquido y un gas se reduce unicamente al carácter que tiene la relación entre la densidad y la presión a que esta sometido, es decir a la incompresibilidad práctica de los líquidos y la sensible conpresibilidad de los gases.

De acuerdo a este carácter se define como "*fluido incompresible*" al líquido o gas en el cual la relación de dependencia entre la densidad y la presión se puede despreciar. Por el contrario, recibe el nombre de "*fluido compresible*" el gas cuya densidad depende de la presión en una forma no despreciable.

11.2.2. Peso específico

El peso específico "ρ" o peso de la unidad de volumen es el cociente que resulta de dividir el peso de una porción de sistema en estudio por su correspondiente volumen.

$$\rho = \frac{w}{V} \qquad w = \text{peso}$$

El peso específico está directamente relacionado con la densidad pues

$$w = m \cdot g$$

por lo tanto

$$\rho = \frac{m \cdot g}{V} = \delta \cdot g$$

g = aceleración de la gravedad

m = masa

Sistemas	Unidades
C.G.S.	$\dfrac{dinas}{cm^3}$
S.I.	$\dfrac{N}{m^3}$
Técnico	$\dfrac{\overrightarrow{Kg}}{m^3}$

El peso específico al igual que el peso de una sustancia, depende del lugar de donde se lo mida ya que la aceleración de la gravedad varía de un lugar a otro. No obstante, la aceleración de la gravedad puede considerarse aproximadamente constantte sobre la superficie de la Tierra, tomandose un valor de $9,8 \ \dfrac{m}{s^2}$.

11.2.3. Presión

Así ocmo en el estudio de los fluidos, conviene sustituir los conceptos de masa y peso, por los de densidad y peso específico respectivamente, también conviene utilizar en lugar del concepto de fuerza el de presión. Esto se debe a que los fluidos no tienen forma propia y por elllo se considera que la fuerza aplicada sobre una superficie de fluido se distribuye uniformemente sobre tal superficie. En los sólidos, en cambio, las fuerzas se pueden aplicar en un punto de la superficie y se transmiten en su interior siguiendo la misma dirección en que se aplican, a diferencia de los fluidos donde se transmiten en todas direcciones.

Por otra parte, una fuerza aplicada en un solo punto de un sólido puede ser resistida por él, en cambio a un fluido solo puede aplicarse una fuerza cuando se encuentra en un depósito, cerrado por un superficie, y solo así podrá resistirla. Además dicha fuerza estará dirigida siempre en forma perpendicular a la superficie, porque un fluido en reposo no puede resistir una fuerza tangencial, ya que si se lo sometiera a tal fuerza, las capas de fluido resbalarían una sobre otras.

Por las razones expuestas anteriormente es conveniente describir la fuerza que actua sobre un fluido especificando *la presión P* que *se define como la magnitud de la fuerza normal por unidad de área de la superficie.*

Consideremos un superficie cerrada que contiene un fluido. Un elemento de superficie puede representarse por un vector $\overrightarrow{\Delta A}$ cuya magnitud dá el área del elemento y cuya dirección se toma como normal a la superficie del elemento y de sentido hacia fuera.

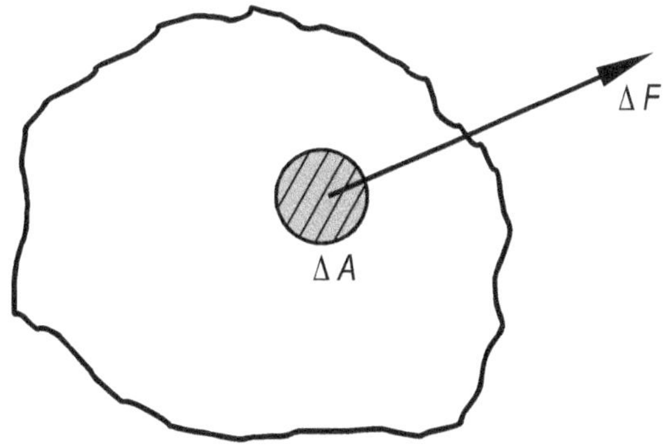

FIGURA 11-1

Contra este elemento de superficie, el fluido que se encuentra sometido a presión ejerce una fuerza que llamaremos $\overrightarrow{AF}$.

Como ΔF y ΔA tienen la misma dirección

$$P = \frac{\overrightarrow{\Delta F}}{\overline{\Delta A}}$$

La presión es entonces una magnitud escalar.

La presión en la superficie de un fluido puede variar de punto a punto. Para definir un punto de la superficie tomamos un pequeño elemento de supericie que contenga el punto y consideremos la relación *fuerza/superfice* suponiendo que el elemento se va reduciendo hacia el punto.

$$P = \lim_{\Delta S \to 0} \frac{\overrightarrow{\Delta F}}{\overline{\Delta A}}$$

$$P = -\frac{dF}{dA} \qquad\qquad [11\text{-}1]$$

por lo tanto

$$dF = p \cdot dA$$

Si la preisón es la misma en todos los puntos de una superficie plana

$$P = \frac{F}{A} \qquad \therefore \qquad F = P \cdot A$$

Sistemas	Unidades
C.G.S.	$\dfrac{dinas}{cm^2} = baria$
S.I.	$\dfrac{N}{m^2} = Pascal$
Técnico	$\dfrac{\overline{Kg}}{m^2}$

11.3. Ecuación general de la hidrostática

Se vió que cuando se aplica una fuerza a una porción de fluido, tal fuerza estará dirigida siempre en forma perpendicular a la superficie, puesto que un fluido en reposo o en equilibrio no puede resistir una fuerza tangencial.

Supongamos que dentro de un cilindro provisto de un pistón se encuentra alojado un fluido sobre el cual se ejerce una fuerza hacia abajo "F". Tomemos para generalizar, una porción cualquiera de fluido en forma de cuña. Si despreciamos por ahora el peso del fluido, las únicas fuerzas que actuan sobre la porción son las que ejercen el resto del fluido, y dado que estas fuerzas no pueden tener componentes tangenciales, han de ser normales a las superficies de la cuña.

Representemos con F, F_x, F_y las fuerzas que actuan normalmente sobre las caras de la cuña de fluido de superficies A, A_x A_y respectivamente. Como el fluido esta en equilibrio

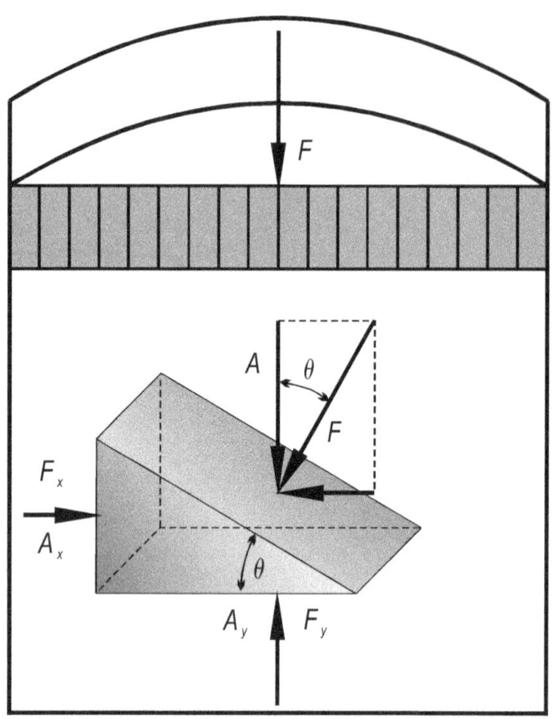

FIGURA 11-2

$$F_x = F \cdot \operatorname{sen}\theta \qquad y \qquad F_y = F \cdot \cos\theta$$

además

$$A_x = A \cdot \operatorname{sen}\theta \qquad y \qquad A_y = A \cdot \cos\theta$$

por lo tanto

$$\frac{F_x}{A_x} = \frac{F}{A} = \frac{F_y}{A_y}$$

Este resultado indica que la fuerza por unidad de superficie es la misma independientemente de la orientación de la superficie, y es siempre una compresión.

Las relaciones anteriores entre las fuerzas F y las superficies A se denominan "*presión hidrostática*" en el interior del fluido.

Luego la presión hidrostática es

$$p = \frac{F}{A} \qquad \therefore \qquad F = p \cdot A$$

Se podría inferir entonces, que la presión hidorstática en un fluido es la misma en todas las direcciones, sin embargo, no olvidemos que para obtener tal resultado hemos despreciado el peso del fluido.

En la naturaleza observamos que desde la superficie del océano hacia arriba la presión de la atmósfera disminuye, mientras que desde la superficie hacia a bajo, la presión del agua de mar aumenta.

Para encontrar la ecuación general que vincula la presión "p" en cualquier punto de un fluido, con la distancia de dicho punto a un nivel de referencia "y" tomaremos un fluido en equilibrio y dentro de él un elemento cualquiera de volumen que se encuentra también en equilibrio.

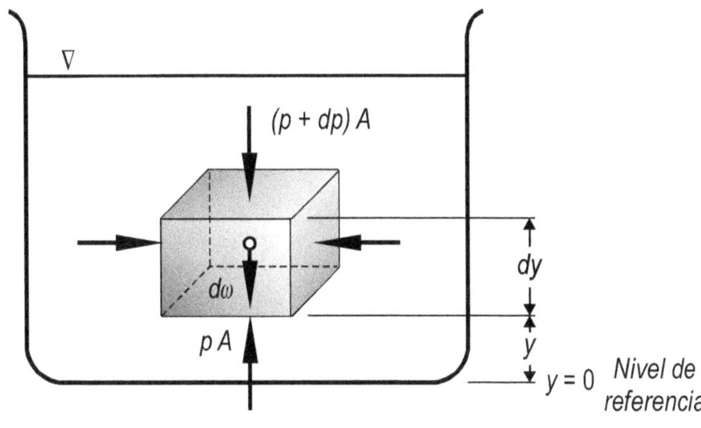

FIGURA 11-3

Consideremos un cubo elemental de fluido cuyas caras tienen una superficie A y están separadas una distancia dy. Si la densidad del fluido es δ, tendremos

$$dm = \delta\,A \cdot dy \qquad \text{Masa del elemento}$$

$$dw = \delta\,g\,A \cdot dy \qquad \text{Peso del elemento}$$

Como las fuerzas ejercidas por el fluido en cualquier punto del elemento son normales a las superficies, la resultante de las fuerzas que actuan horizontalmente es nula. La fuerza que actua en la superficie inferior del elemento hacia arriba será

$$F_y = p \cdot A$$

y la fuerza que actua en la misma dirección pero en sentido contrario será

$$F_{y+dy} = \left(p + dp \right) A + \delta\,g\,A\,dy$$

Puesto que el elemento se encuentra en equilibrio

$$p \cdot A = \left(p + dp \right) A + \delta\,g\,A\,dy$$

finalmente será

$$\frac{dp}{dy} = -\delta \cdot g$$

Como δ y g son magnitudes positivas, se cumple que al aumentar la altura y, disminuye la presión p. La causa de esta variación de presión se debe entonces al peso del elemento de fluido ubicado entre los puntos cuya diferencia de presiones se mide.

Se hace notar que el producto $\delta \cdot g = \rho$, es decir que puede escribirse

$$\frac{dp}{dy} = -\rho \qquad \text{"Ecuación fundamental de la Hidrostática"} \qquad [11\text{-}2]$$

Si tomamos dos puntos 1 y 2 en el interior del fluido, cuyas presiones son p_1 y p_2 y sus alturas y_1 e y_2, integrando la ecuación general de la hidrostática, tomando a δ y g constante

$$\int_{P_1}^{P_2} dp = -\int_{y_1}^{y_2} \delta \cdot g \cdot dy$$

por lo tanto

$$p_2 - p_1 = -\delta \cdot g (y_2 - y_1)$$

o también

$$p_1 - p_2 = \delta \cdot g (y_2 - y_1)$$

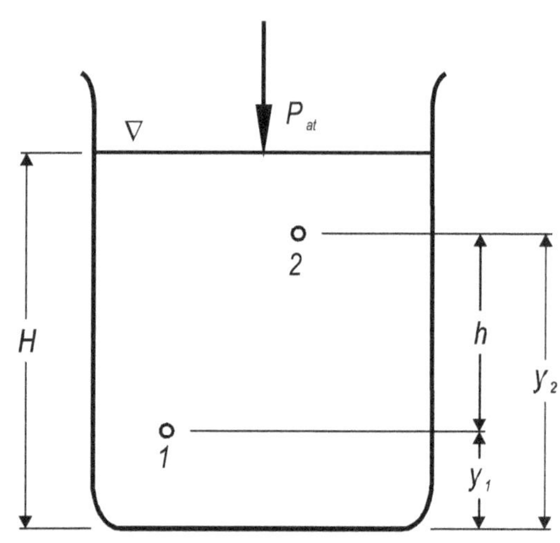

FIGURA 11-4

es decir que, siendo

$$h = y_2 - y_1 \qquad \text{(Profundidad del punto)}$$

se llega a que

$$\Delta p = \delta \cdot g \cdot h = \rho \cdot h \qquad\qquad [11\text{-}3]$$

De esta ecuación se observa claramente que las presiones en todos los puntos del interior de un líquido que se encuentra a igual profundidad tienen el mismo valor.

Para los gases, como la densidad es relativamente pequeña, la diferencia de presiones entre dos puntos normalmente es insignificante. Por ejemplo, en un recipiente que contiene un gas, se puede considerar que la presión es la misma en todos sus puntos. No obstante, si la distancia vertical entre los puntos considerados es muy grande, la diferencia de presiones ya no puede considerarse despreciable. Por ejemplo, la diferencia entre le valor dela presión atmosférica a nivel del mar y el valor a grandes alturas puede ser notable, debido a la disminución que sufre a medida que se asciende de nivel.

11.4. Principio de Pascal

De la ecuación general de la hidrostática se deduce que en un fluido en reposo, la diferencia de presión entre dos puntos, depende solamente e la diferencia de nivel entre los puntos y del peso específico del fluido.

Como consecuencia de ello, si se aumenta la presión en un punto, para que se mantenga el equilibrio y siempre que la densidad no varíe, deberá producirse un cambio de presión igual en todos los puntos del fluido. Por ejemplo, si se aumenta la presión exterior por medio de un pistón, o bien aumentara la presión atmosférica, la presión en cualquier punto del interior del fluido, cualquera sea su profundidad, deberá aumentar en el mismo valor. En la ecuación

$$p_1 - p_2 = \delta \cdot g \cdot h$$

Al aumentar por ejemplo p_2 deberá aumentar p_1 en la misma proporción para mantener la igualdad.

Este resultado se denomina *"Principio de Pascal"* porque fue enunciado en 1653 por el físico francés *Blaise Pascal*. El principio de pascal puede enunciarse así: *"La presión aplicada a un fluido encerrado en un deposito se trasmite con el mismo valor a todos los puntos del fluido y a las paredes del depósito que lo contiene"*.

Debemos hacer notar que este principio está basado en la definición del fluido y no tiene en cuenta la superposición de que el fluido sea incompresible. En efecto, cuando el fluido es incompresible, el cambio de presión se transmite instantáneamente a todas las partes del fluido, mientras que si el fluido es compresible, el cambio de presión se propaga a la velocidad del sonido en tal fluido, hacia todos sus puntos. En este caso, cuando cesa la perturbación y se reestablece el equilibrio, el resultado final es similar a la aplicación del principio de Pascal para un fluido incompresible. En los fluidos compresibles ocurren también cambios de temperatura cuando son sometidos a cambios de presión.

11.4.1. Prensa Hidráulica

Una importante aplicación del principio de Pascal es la *"Prensa Hidráulica"*, nombre que se da a un dispositivo mecánico por medio del cual es posible transmitir y mantener presiones muy elevadas.

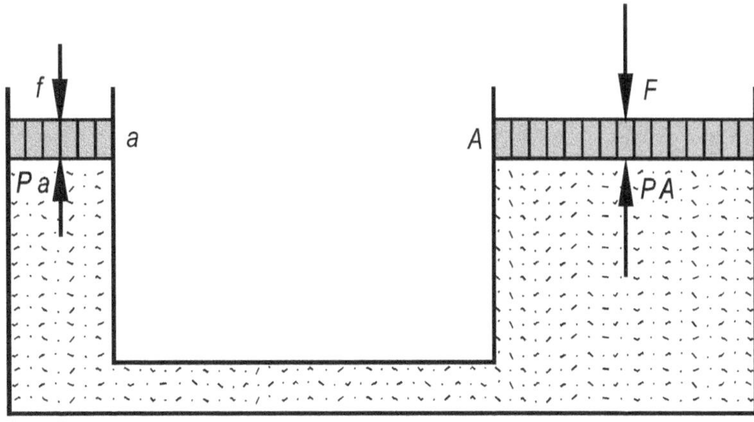

FIGURA 11-5

El aparato consiste en un recipiente completamente lleno de un líquido, que puede ser por ejemplo aceite, provisto de dos cilindros con émbolos pistones de secciones diferentes.

Supongamos que el pistón de sección menor "a" ejerce sobre el líquido una fuerza pequeña "f" que determina una presión

$$p = \frac{f}{a}$$

De acuerdo al principio de Pascal, esta presión se transmite en todo el recipiente a través del líquido y se aplicará sobre el pistón del cilindro de sección mayor A, determinando la fuerza F.

Como la presión es la misma en ambos cilindros

$$p = \frac{f}{a} = \frac{F}{A}$$

Como $p = cte.$ (*Pascal*)

$$\frac{f}{a} = \frac{F}{A}$$

de donde

$$\frac{F}{f} = \frac{A}{a} \qquad [11\text{-}4]$$

También por el principio de la Conservación de la energía será

$$\frac{F}{f} = \frac{y}{Y} \qquad [11\text{-}5]$$

finalmente

$$F = \frac{A}{a} \cdot f \qquad [11\text{-}6]$$

De esta relación se deduce que la prensa hidráulica provoca un efecto multiplicador de la fuerza f, siendo el factor de multiplicación la razón de las secciones de ambos pistones.

Entre las numerosas aplicaciones de la prensa hidráulica para producir grandes fuerzas ejerciendo fuerzas pequeñas, mencionaremos el freno hidráulica de los automóviles.

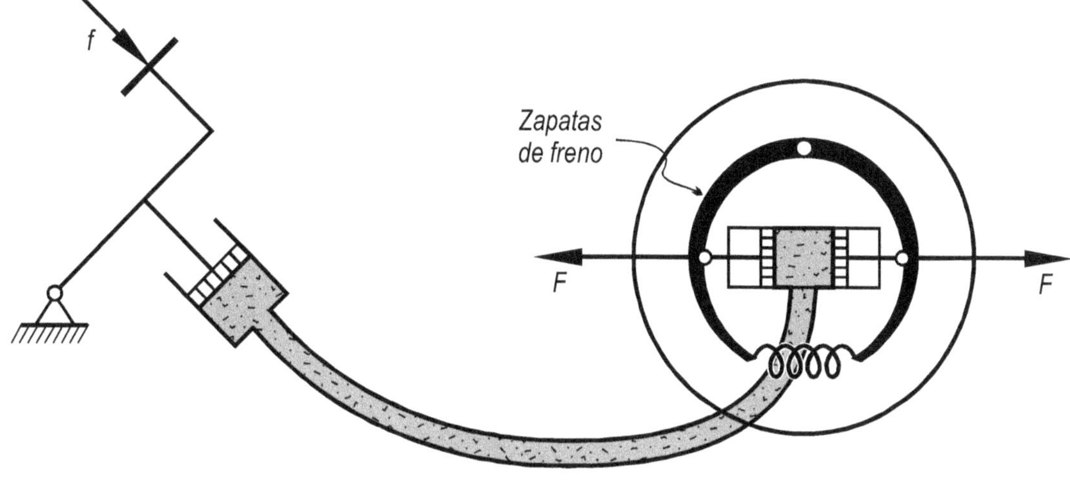

FIGURA 11-6

11.4.2. Vasos comunicantes

Se denominan así a dos o más recipientes que se comunican entre sí y en los cuales, como vimos en le fenómeno anterior, la superficie libre del líquido alojado en ellos alcanza el mismo nivel.

Son ejemplos de vasos comunicantes, las cañerías de agua, los pozos artesianos, etc. El denominado *"nivel de agua"* es un ejemplo del fenómeno de los vasos comunicantes que es muy utilizado en las construcciones para determinar las diferencias de nivel entre dos puntos muy distantes entre sí. Consiste en un tubo flexible en cuyos extremos se colocan tubos d vidrio. Agregando agua hasta que dichos tubos estén casi completamente llenos, el nivel que alcance el agua en ambos tubos será el mismo cualquiera sea la distancia que los separe.

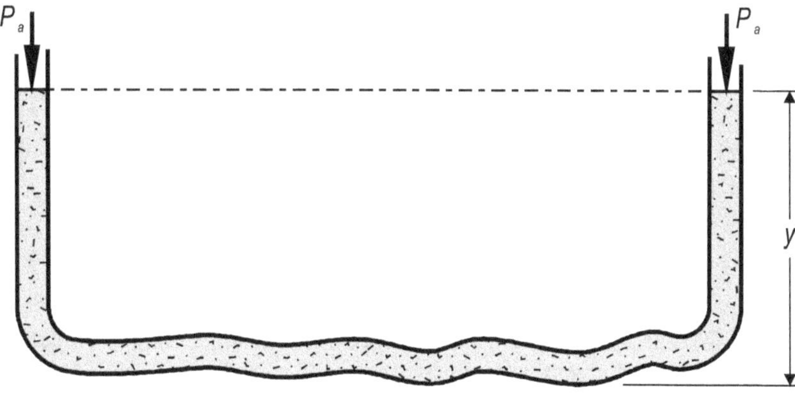

FIGURA 11-7

En el caso de que los vasos comunicantes contengan líquidos no mezclables entre sí, por ejemplo un tubo en U que contenga agua y mercurio, la presión en todo plano horizontal con líquido en ambas ramas debe ser la misma, pero las superficies libres de los líquidos en ellas alojados no tendrán ya el mismo nivel.

Si respecto a un nivel de referencia determinado por el plano horizontal que paso por la superficie de separación de los dos líquidos, las alturas de las columnas son y_1 e y_2, se cumple que la presión ejercida por las columnas a dicho nivel de referencia son

Para el agua

$$p_1 = p_{at} + \rho_1 y_1$$

donde ρ_1 = peso específico del agua

Para el mercurio

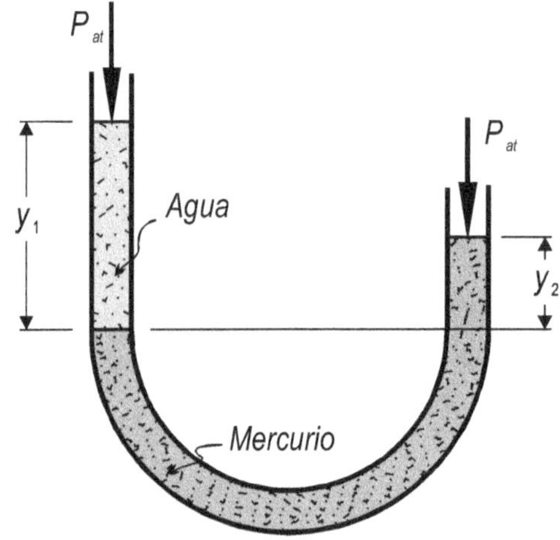

FIGURA 11-8

$$p_1 = p_{at} + \rho_2 y_2 \qquad \text{donde } \rho_2 = \text{peso específico del mercurio}$$

Es decir que los niveles de las columnas de dos líquidos diferentes, comunicados entre sí guardan una relación inversa respecto a la de los respectivos pesos específicos. Esta relación suele utilizarse para medir pesos específicos.

11.5. Principio de Arquímides

Este principio es también una consecuencia de la ley fundamental de la hidrostática.

Supongamos que en el interior de un fluido aislamos una porción limitada por una superficie A. En el equilibrio la resultante R de la fuerzas f que ejerce el resto del líquido sobre A deberá ser igual, y de signo contrario al peso $w = m \cdot g$, de la porción de fluido considerado.

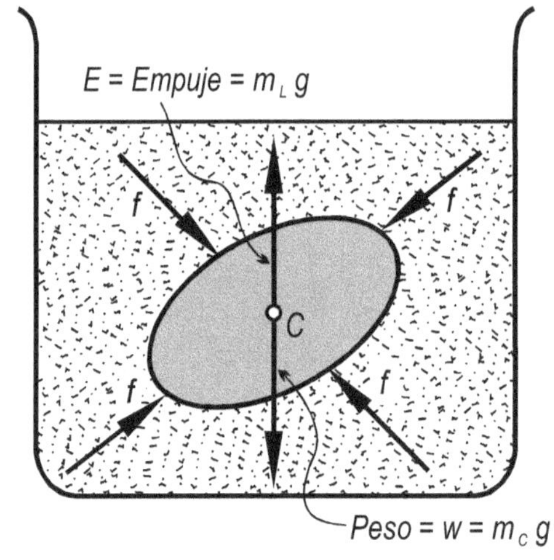

FIGURA 11-9

Resulta evidente que la acción que el resto del líquido ejerce sobre la superficie A no depende de la sustancia que se imagine dentro de dicha superficie, es decir que en todos los casos la resultante de la fuerzas f será un fuerza vertical, dirigida hacia arriba, igual al peso del líquido que ocuparía el volumen delimitado por la superficie, y aplicada en la línea de acción que pasa por su centro de gravedad. Esta resultante se denomina ***empuje***.

Si $E > w$ el cuerpo asciende

Si $E < w$ el cuerpo se hunde

Si $E = w$ el cuerpo *"flota"*

Se deduce que el principio de Arquímedes puede enunciarse:

> *"Todo cuerpo que se encuentra total o parcialmente sumergido en un líquido recibe un empuje ascendente aigual al peso del volumen del líquido desalojado".*

Por ejemplo, el peso de un globo aerostático que flota en el aire, o el de un submarino sumergido a cierta profundidad por debajo de la superficie del agua, es exactamente igual al peso de un volumen del aire idéntico al del globo, o de agua igual al del submarino.

Los densímetros o aerómetros, usados para medir densidades se basan también en este principio, ya que se hunden hasta que el peso del fluido que desplazan sea exactamente igual a su propio peso. Cuanto mayor es la densidad del líquido desplazado por el instrumento, mayor será el empuje que recibirá y menor la porción sumergida. Es decir que la parte del densímetro que sobresale a la superficie nos dará una medida de la densidad del líquido considerado.

Muchos métodos de determinación de pesos específicos de sólidos y líquidos también se basan en el principio de Arquímedes. Por ejemplo el método de la balanza hidrostática, y el método del picnómetro en el caso de cuerpos sólidos, y el método de la balanza de *Mohr* y el del picnómetro en el caso de líquidos.

11.5.1. Metacentro

Consideremos ahora un cuerpo que flota en un líquido, en reposo. Ello querrá decir que el sistema de fuerzas que sobre él actúa está en equilibrio. El sistema de fuerzas está compuesto por dos sistemas parciales

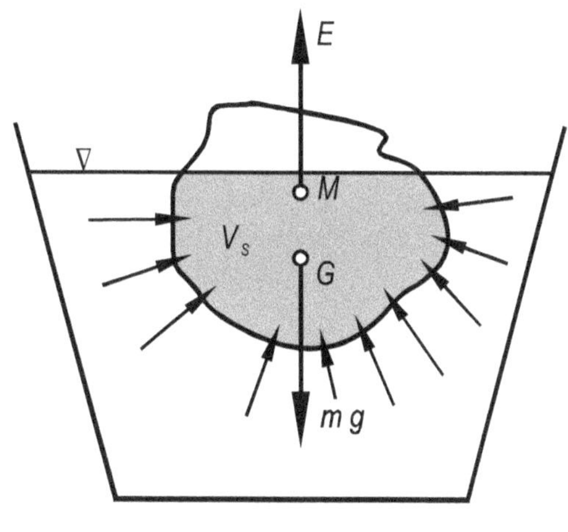

FIGURA 11-10

1) El sistema de fuerzas gravitatorias, aplicadas a cada elemento de volumen. Ya hemos visto anteriormente que el sistema equivalente es una única fuerza $\overrightarrow{m\,g}$ aplicada al centro de gravedad G del cuerpo.

2) Un sistema de fuerzas superficiales, que actúan normalmente a cada elemento de área de la superficie A de contacto con el líquido, y que provienen de la tensión elástica (presión) en el mismo.

Hallaremos para esas fuerzas superficiales un sistema equivalente, dado por una única fuerza, llamada *"empuje"*. Este sistema equivalente, se obtiene fácilmente a partir de la siguiente consideración: supongamos que quitamos el cuerpo flotante, y que reemplazamos el volumen sumergido V_s (parte rayada del dibujo) con el líquido en cuestión. Dado que el sistema resultante estará en equilibrio, y como las tensiones serán las mismas que en el caso anterior (puesto que la presión en un punto de la superficie A solo depende de la posición z y no de "lo que hay detrás" de A), el peso de la porción rellenada de líquido debe mantener el equilibrio con las fuerzas superficiales. Como ese peso tiene valor

$$\delta V_s \, g$$

estando aplicado en un punto M, centro de gravedad de la porción de líquido que ocupa V_s, el empuje o fuerza equivalente al sistema de tensiones sobre la superficie A, deberá estar aplicado en ese punto M, y tener un valor

$$F = -\delta V_s \, g \qquad\qquad\qquad [11\text{-}7]$$

El punto M, centro de gravedad de la porción del líquido que reemplaza el volumen sumergido del cuerpo, se llama "***metacentro***".

En un cuerpo homogéneo de densidad ρ_c constante, totalmente sumergido, el metacentro y el centro de gravedad coinciden. Si en un cuerpo totalmente sumergido se cumple

$$|E| > m\,g$$

el cuerpo subirá a la superficie (flotará). Esta condición se traduce en

$$\delta V \, g > m\,g$$

donde V es el volumen total del cuerpo. O sea, debe cumplirse la condición para las densidades

$$\delta > \frac{m}{V} = \delta_c$$

δ_c es la densidad media del cuerpo. La condición para que un cuerpo flote en un líquido de densidad δ, es entonces que su densidad media sea menor que la del líquido.

La condición de equilibrio para un cuerpo que flota parcialmente sumergido es que el centro de masa y el metacentro estén sobre la vertical, y que $E = m\,g$. Si el metacentro está por debajo del centro de masa, el equilibrio será inestable, por cuanto una pequeña desviación hará aparecer un par de fuerzas E, $m\,g$ que tenderá a desviar aún más el cuerpo.

El equilibrio estable se obtiene solo si M está por encima de G: en un pequeño desplazamiento, el par E, $m\,g$ tenderá a volver el cuerpo a su posición inicial. Obsérvese finalmente que el metacentro no es un punto fijo al cuerpo, sino que depende de la forma de la porción sumergida.

Todas estas consideraciones valen también para el caso de cuerpos "*sumergidos*" en un gas. El empuje que un cuerpo recibe en el aire es

$$E = -\delta_{aire} V \, g$$

y como $\rho = \delta g$; la condición para que un globo de volumen V, inflado con un gas de densidad δ_g remonte con una carga total P, estará dada por

$$\delta_{aire} \, V_g > P + P_g V_g$$

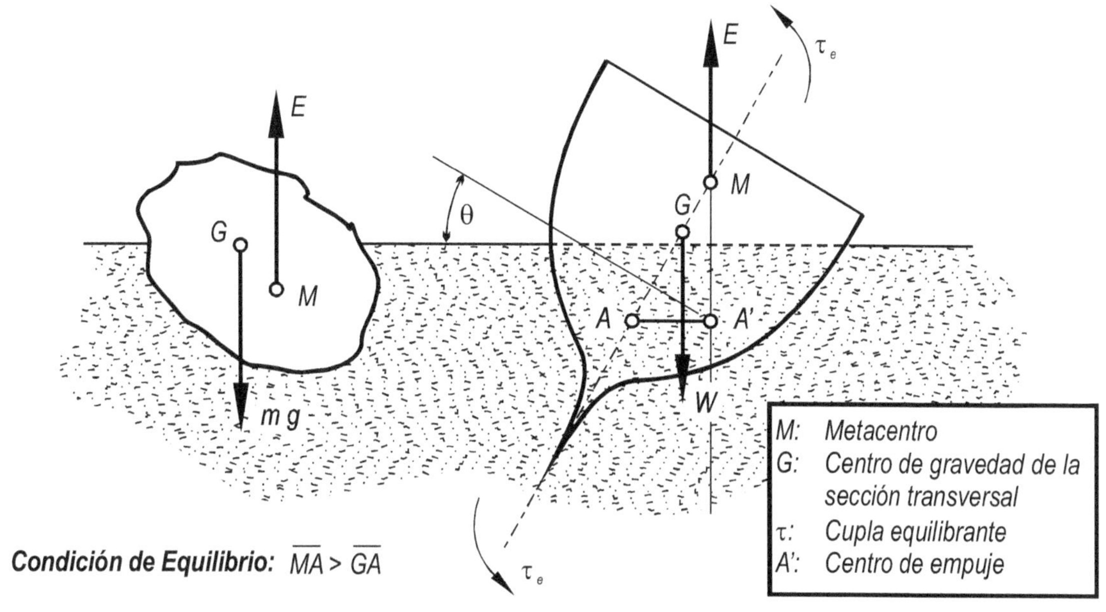

Condición de Equilibrio: $\overline{MA} > \overline{GA}$

FIGURA 11-11

donde $\rho_g V_g$ es el peso del gas. O sea, se lo debe inflar a un volumen que cumpla la condición

$$V > \frac{P}{\left(\rho_a - \rho_g\right)}$$

Obsérvese que solo podrá remontar, si se lo infla con un gas cuya densidad sea menor que la del aire (hidrógeno, helio, etc.)

Consideremos ahora un recipiente cerrado, Totalmente lleno de líquido en equilibrio, que está en un sistema no-inercial, que se mueve con movimiento uniformemente acelerado. Estudiemos nuevamente el equilibrio de un pequeño volumen (ver figura). Para la dirección vertical z, obtenemos una relación idéntica a la [11-2], según la dirección horizontal x, dirigida en el sentido de la aceleración $\vec{a}$, las fuerzas actuantes serán ahora

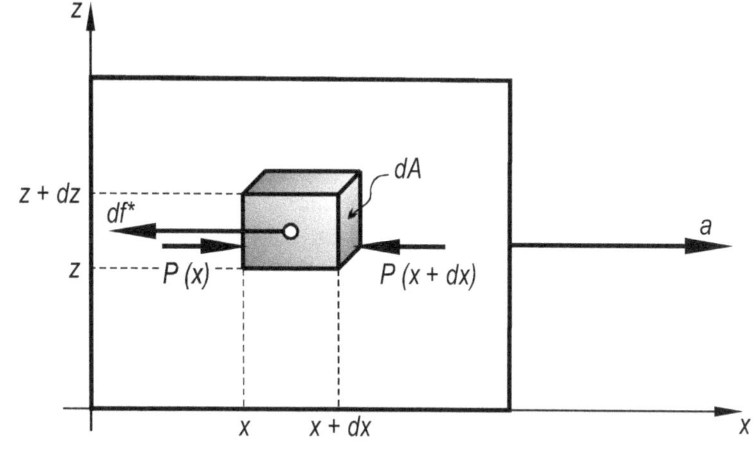

FIGURA 11-12

$$p\left(x\right) dA \qquad -p\left(x + dx\right) dA$$

y la fuerza inercial

$$df = -\rho \, dA \, dx \cdot a$$

por lo tanto, por la condición de equilibrio, tenemos, para puntos de un mismo valor de z

$$p(x) - p(x + dx) - \rho a \, dx = 0$$

o sea

$$\frac{\partial p}{\partial x} = -\rho a$$

Hemos escrito una derivada parcial por cuanto la presión depende ahora de las dos variables z y x. Integrando y teniendo en cuenta la [11-2], obtenemos

$$p = p_0 - g(z - z_0) - a(x - x_0)$$

p_0 es la presión en el punto x_0, z_0. Obsérvese que la presión no solo aumenta hacia abajo, sino también en dirección opuesta a la aceleración $\vec{a}$ del recinto.

Si ahora tenemos un cuerpo totalmente sumergido en el seno del líquido no-inercial, actuarán sobre él las siguientes fuerzas (fig.11-13).

En la dirección de z: su peso, y el empuje correspondiente dado por la [11-7]; en la dirección de la aceleración, actuará la fuerza inercial $f = -ma$, y un empuje inercial que se calcula análogamente al caso de la [11-7], y que vale

$$E = \rho V a$$

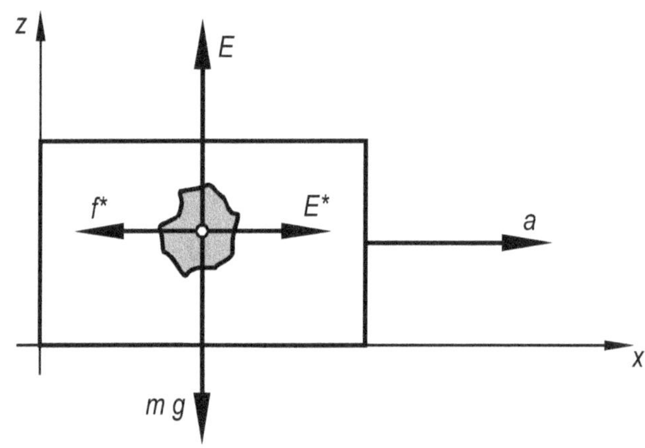

FIGURA 11-13

Proviene físicamente del hecho que la presión en el líquido que está a la izquierda del cuerpo (en sentido opuesto a a es mayor que la presión del líquido a la derecha, dando una resultante neta del mismo sentido que la aceleración $\vec{a}$. Obsérvese que si el empuje gravitatorio

$$E = -\rho V g$$

es mayor que el peso del cuerpo ($\rho_c < \rho$; cuerpo que flota), también el empuje inercial E será mayor que la fuerza f (equivalencia entre campo gravitatorio y sistema no-inercial,

11.6. MEDIDA DE LA PRESIÓN

11.6.1. Manómetro

Se denomina manómetro a todo instrumento utilizado para medir la presión de gases y líquidos. En general pueden agruparse en hidrostáticos y metálicos, También llamados aneroides.

11.6.2. Manómetro de Tubo en U

El tipo más sencillos de manómetro de tubo en forma de U, es un tubo abierto a la atmósfera y por ello se denomina también *"aire libre"*. Una de las ramas del tubo se encuentra conectada al recipiente cuya presión se quiere medir, y la otra comunica directamente a la atmósfera.

De acuerdo a la ley fundamental de la hidrostática, el nivel del líquido (por ejemplo mercurio) alojado en el tubo en U será mayor en la rama, y lo contrario sucederá en la otra rama.

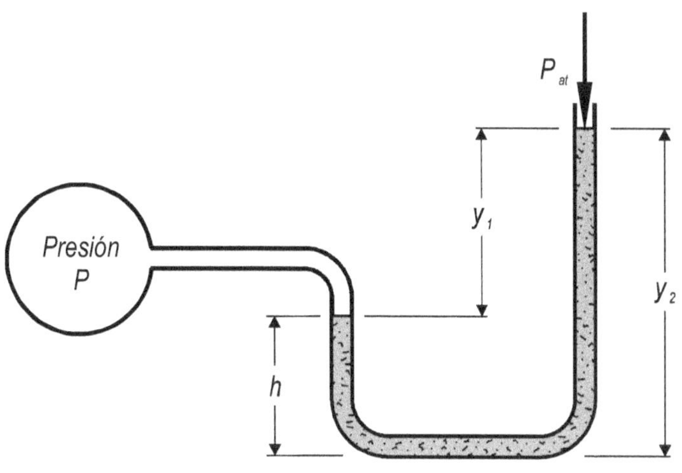

FIGURA 11-14

Por ejemplo, si la presión a medir es mayor que la atmosférica se cumple que

$$P_i = P + \delta g y_1 \qquad \text{Presión en la rama izquierda}$$

$$P_d = P_{at} + \delta g y_2 \qquad \text{Presión en la rama derecha}$$

Como en el equilibrio $P_i = P_d$,

$$P + \delta g y_1 = P_{at} + \delta g y_2$$

luego

$$P = P_{at} + \delta g (y_2 - y_1) = P_{at} + \delta g h = P_{at} + \rho \cdot h$$

La presión *"P"* medida por el manómetro se denomina **"presión absoluta"**; mientras que la diferencia $P - P_{at} = \delta g h$ se llama **"presión manométrica o relativa"**. La presión manométrica es proporcional a la diferencia de altura de las columnas de líquido.

11.7. BARÓMETROS

11.7.1. Experiencia de Torricelli

Se denomina **barómetro** al aparato que mide la presión atmosférica.

El aparato más sencillo, está basado en la "*experiencia de Torricelli*", realizada por el físico Evangelista Torricelli en 1643.

La experiencia consistió en llenar un tubo largo de vidrio con mercurio y después invertirlo dentro de una cubeta con mercurio. El espacio que queda en la parte superior de la columna, una vez que esta ha alcanzado el equilibrio con la presión que ejerce la atmósfera sobre la superficie del mercurio contenido en la cubeta, posee solamente vapor de mercurio y su presión puede despreciarse. Suele llamarse "*vacío de Torricelli*".

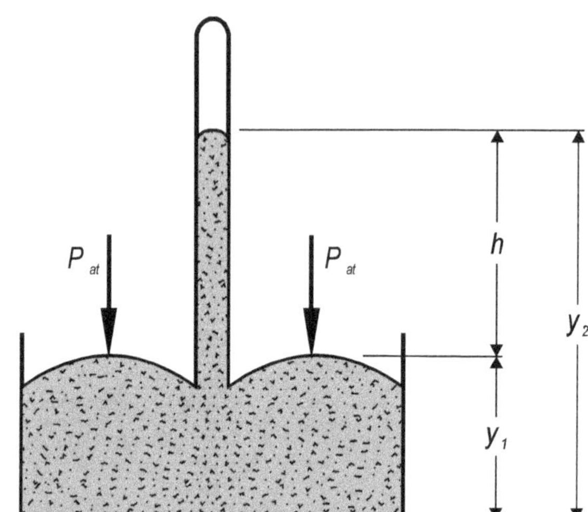

FIGURA 11-15

Por ley fundamental de la hidrostática se ve que

$$p_{at} + \delta g\, y_1 = \delta g\, y_2$$

luego

$$p_{at} = \delta g\,(y_2 - y_1) = \delta g\, h \qquad \text{ó} \qquad p_{at} = \rho \cdot h \qquad [11\text{-}8]$$

El mismo dispositivo empleado en el experimento de Torricelli constituye el llamado "*barómetro de cubeta*" en el cual la medida de la presión se reduce a medir la columna de mercurio en una escala colocada paralelamente al tubo, dividida en *cm* y *mm*, haciendo las lecturas enrasando la visual con el vértice del menisco.

Para medidas más precisas puede utilizarse un barómetro del tipo "*Fortín*" en el cual la escala puede subir o bajar por medio de una cremallera, y el nivel de la cubeta se mantiene siempre en cero regulado por una guía de marfil que toca la superficie del mercurio. El nivel del mercurio en la cubeta puede subir o bajar ya que el fondo de la cubeta es de gamuza y puede ascender o descender por la acción de un tornillo.

En las lecturas se deben corregir los errores provocados por efecto de la temperatura y la capilaridad.

11.7.2. Barómetros metálicos

Si bien son menos exactos que los de mercurio, su uso está más extendido por ser más manejables. Se denominan también **"aneroides"**, y se basan en relacionar los cambios de presión atmosférica con las variaciones de curvatura que experimenta una lámina ondulada que cubre una caja conteniendo aire enrarecido (a baja presión), o bien un tubo de paredes flexibles arrollados en espiral y también vacío en su interior.

Estos barómetros se gradúan por comparación con uno de mercurio.

Unidades

Como vimos anteriormente, la presión se mide en el sistema internacional en

$$\frac{Newton}{m^2} = \frac{N}{m^2} = Pa \ (\text{Pascal})$$

En base al experimento de Torricelli se acostumbra utilizar como unidad de presión, especialmente para los gases, la presión ejercida por una columna de mercurio de 76 cm de altura, exactamente a la temperatura de $0°\ C$ bajo la aceleración de la gravedad normal $g = 980,665 \ \dfrac{cm}{seg^2}$.

Esta presión se denomina **"una atmósfera normal"** "1 atm". Siendo la densidad del mercurio a $0°\ C$ igual a $13,5950 \ \dfrac{g}{cm^3}$, se cumple que

$$1 \ atm = P_{at} = \delta \, g \, h = \left(13,5950 \ \frac{g}{cm^3}\right) \times \left(980,665 \ \frac{cm}{seg^2}\right) \times \left(76 \ cm\right)$$

$$1 \ atm = 1,013 \times 10^5 \ \frac{N}{m^2} = 1,013 \ Pa$$

Como $1 \ \overrightarrow{Kg} = 9,8 \ N$

$$1 \ atm = 10330 \ \frac{\overrightarrow{Kg}}{m^2} = 1,033 \ \frac{\overrightarrow{Kg}}{m^2}$$

También se suele especificar la presión en base a la altura de la columna de líquido que ejerce la misma presión que 1 atm a la temperatura de $0°\ C$ y bajo la gravedad normal. De acuerdo a esto

$$1 \ atm = 76 \ cm \ Hg = 760 \ mm \ Hg = 1033 \ cm \ H_2O = 10,33 \ m \ H_2O$$

En honor a Torricelli, se utiliza también la unidad "*torr*", que equivales a la altura de 1 mm de columna de mercurio, luego

$$1 \ atm = 760 \ torr$$

Finalmente, en meteorología suelen emplearse las siguientes unidades:

$$1 \ baria = 1 \ \frac{dina}{cm^2} \qquad\qquad 1 \ bar = 10^5 \ \frac{N}{m^2} = 10^6 \ barias$$

como $1 \ \dfrac{dina}{cm^2} = 0,1 \ \dfrac{N}{m^2}$, luego

$$1 \ atm = 1,013 \times 10^6 \ \frac{dina}{cm^2} = 1,013 \times 10^6 \ barias$$

y también

$$1 \ atm = 1,013 \ bar = 1013 \ milibares$$

11.8. TENSIÓN SUPERFICIAL

Los líquidos reales no carecen de energía potencial de forma; pues su superficie libre se comporta como una membrana elástica cuyos cambios de forma se realizan con trabajo exterior.

Esto se prueba experimentalmente con los fenómenos de: formación de gotas, aguja encerada ligeramente que flota en el agua, etc.

En general el fenómeno se presenta en la superficie de separación entre dos fases diferentes: líquidos, gas o entre dos líquidos no miscibles, y se denominan *tensión interfasial*.

Como medida se toma: la fuerza que actúa por unidad de longitud sobre una línea trazada en la superficie de separación de ambas fases.

La fuerza actúa tangencialmente sobre la superficie y se mide en el sistema $C.G.S.$ en $\dfrac{dina}{cm}$

Líquidos	Temperatura °C	$\tau = \dfrac{dina}{cm}$
H_2O	0°	75,6
	20°	72,8
	60°	66,2
	100°	58,9
Disolución jabonosa	20°	28,9
CO_1	20°	465
Aceite oliva	20°	32
Glicerina	20°	63,1

Se puede observar muy bien el efecto de la tensión superficial mediante un marquito de alambre como el del croquis y un alambre deslizante $\underline{AB}$ que se sumerja en agua jabonosa, si se le aplica una fuerza F al alambre móvil, se forma una lámina x; cuando deja de actuar F; esta se contrae arrastramos al alambre hacia arriba.

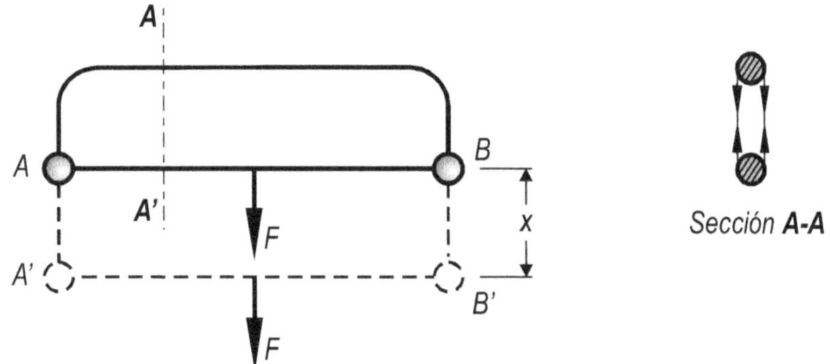

FIGURA 11-16

Si llamamos τ a la tensión superficial; F a la fuerza necesaria por unidad de longitud; y ℓ a la longitud del alambre móvil y tenemos en cuenta que la membrana tiene dos superficies límites, la fuerza para el equilibrio será

$$F = 2 \cdot \ell \cdot \tau \qquad \therefore \qquad \tau = \frac{F}{2\ell} \left[\frac{Dinas}{cm} \right]$$

También al aplicar esa fuerza y desplazar una distancia x el alambre se realizará un trabajo

$$W = F \cdot x = 2\,\ell\,x\tau$$

que es igual al aumento ΔE_p de energía potencial de la membrana que aumentó también en superficie $\Delta A = 2\,\ell\,x$ de donde resulta que la tensión superficial τ será igual.

$$\tau = \frac{\Delta E_p}{\Delta A} = \frac{F \cdot x}{\Delta A} \left[\frac{Ergio}{cm^2} \right]$$

O sea que: tensión superficial es el aumento de energía potencial por unidad de superficie.

Como consecuencia de ello, el problema del equilibrio de los líquidos reales se plantea como problema de mínimo de la energía potencial.

Ello explica porqué una gota flotando en un líquido no soluble, toma forma esférica: pues la esfera es el sólido de menor superficie frente a otros de igual volumen (fig.11-17).

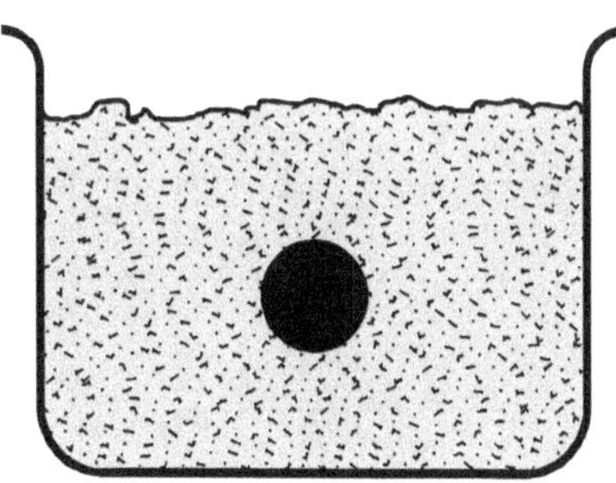

FIGURA 11-17

11.9. CAPILARIDAD

En los casos anteriores, hemos analizado fenómenos de superficies de láminas que separan líquidos y gas (vapor); hay sin embargo otros límites en los cuales existen láminas superficiales.

Uno es el límite entre pared sólida y líquida y otro entre sólidos y gas (vapor).

Los tres límites que son láminas de pocas moléculas las representaremos según el croquis y nos dan tensiones superficiales que deben analizarse.

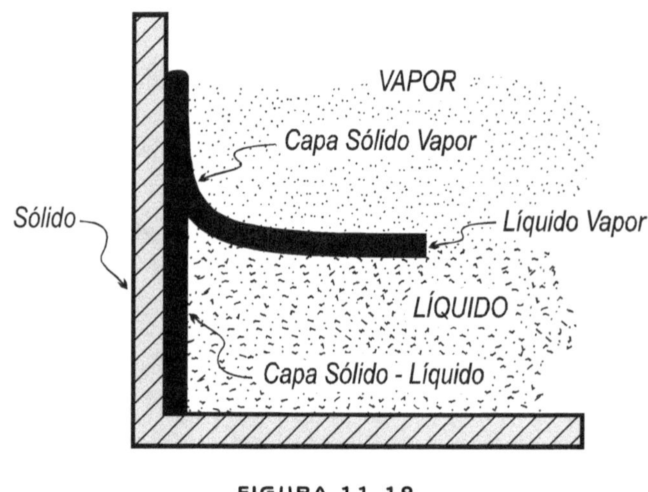

FIGURA 11-18

Esta lámina, de algunas moléculas de espesor, tienen asociada una tensión correspondiente.

τ_{sL} = tensión superficial de láminas sólidos líquidos

τ_{sv} = tensión superficial de láminas sólidos vapor

$\tau_{e.v}$ = tensión superficial de láminas líquido vapor

Consideremos la porción de pared de contacto líquido vidrio; en ella se cortan las tres láminas y si aislamos un paralelepípedo elemental este se halla en equilibrio por acción de cuatro fuerzas; tres de los cuales son tensión superficial de las tres láminas y la cuarta es la atracción de la porción aislada y la pared que llamamos fuerza adherente (A)

Aplicando las condiciones de equilibrio estático tenemos

$$\sum F_x = \tau_{Lv} \operatorname{sen} \theta - A = 0$$

$$\sum F_y = \tau_{sv} - \tau_{sL} - \tau_{Lv} \cos \theta = 0$$

donde surge

$$A = \tau_{Lv} \operatorname{sen} \theta$$

$$\tau_{sv} - \tau_{sL} = \tau_{Lv} \cos \theta$$

FIGURA 11-19

La primera ecuación nos permite calcular la fuerza adherente A en función de la τ_{Lv} tensión superficial líquido vapor y del ángulo de contacto θ.

La segunda ecuación demuestra que el ángulo de contacto que es una medida de la curvatura de la superficie *líquido-vapor* adyacente a la pared depende de la diferencia de tensión superficial *SV* y *SL*.

$$\tau_{sv} > \tau_{sL}\cos\theta \qquad \text{es positivo } (+) \qquad \theta \text{ entre } 0° \text{ y } 90° \text{ (moja la superficie)}$$

$$\tau_{sv} < \tau_{sL}\cos\theta \qquad \text{es negativo } (-) \qquad \theta \text{ entre } 90° \text{ y } 180° \text{ (no moja la superficie)}$$

Impurezas y adulteraciones en los líquidos pueden adulterar el ángulo de contacto θ.

En nuestros tiempos se han obtenido sustancias químicas de gran eficacia como agentes humectantes o detergentes, estos hacen variar el ángulo de contacto mayores de 90° a menores de 0° e inversamente, impermeabilizantes aplicados a tejidos hacen que el ángulo de contacto del agua y tejido sean superiores a 90°.

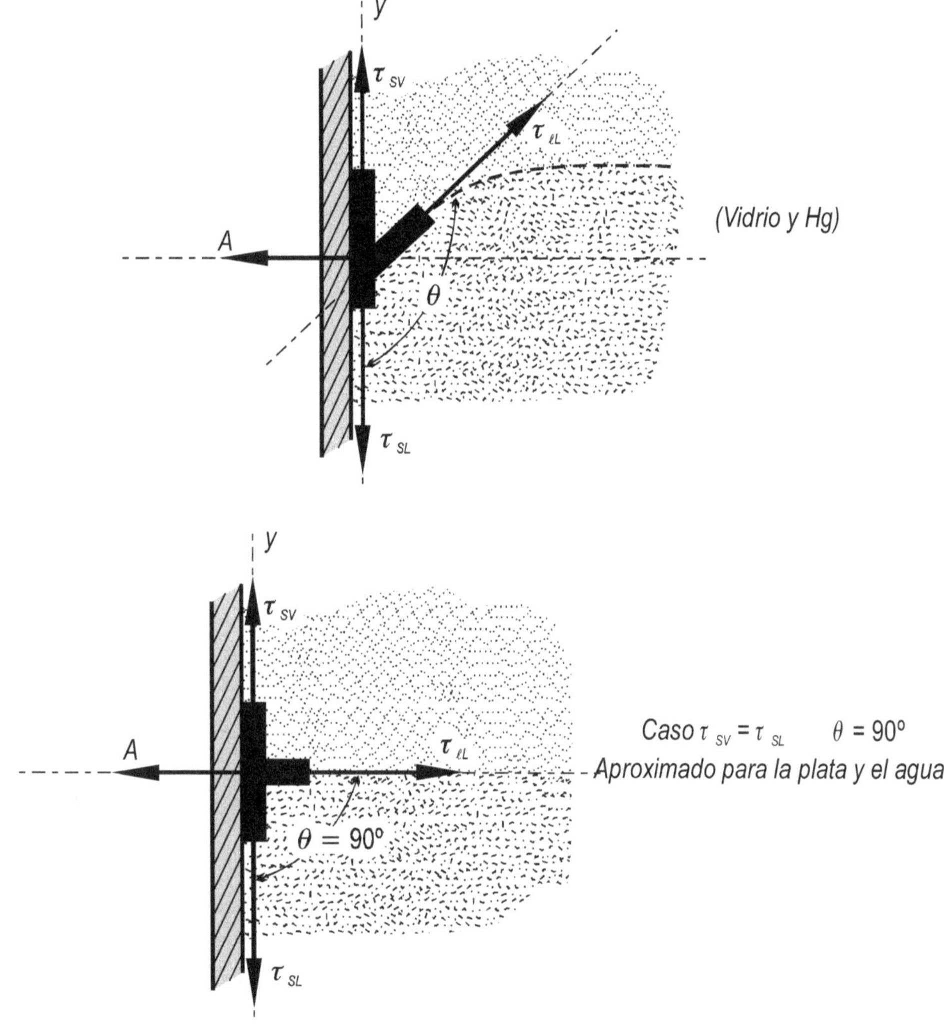

FIGURA 11-20

11.10. LEY DE JURIN

Si el líquido moja a las paredes del sólido, el menisco es cóncavo y si no lo moja es convexo.

Se observa a raíz de la capilaridad un ascenso o descenso del líquido en pequeños tubos denominados capilares (análogos al cabello). Veremos cómo determinar la altura o descenso de la columna líquida en tubos de pequeño diámetro.

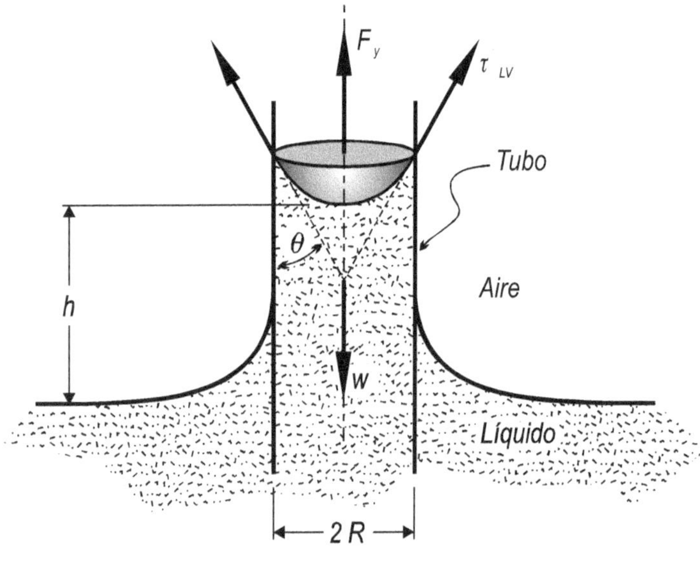

FIGURA 11-21

Al subir (caso croquis) el líquido lo hace por acción de la tensión líquido vapor τ_{Lv} que actúa en la circunferencia superior adherida al tubo y que genera la fuerza que proyectada se designa F y que se equilibra con el peso de la columna líquida w.

$$\sum F_y = 0 \quad (equilibrio)$$

$$F_y = 2\pi R\, \tau_{Lv} \cos\theta$$

$$w = \pi R^2 h \rho$$

$$F_y = w$$

$$2\pi R \tau_{Lv} \cos\theta = \pi R^2 h \rho$$

$$h = \frac{2\tau_{Lv} \cos\theta}{\rho \cdot R} \qquad\qquad [11\text{-}9]$$

El signo de y varía con $\cos\theta$, luego será $+$ para θ de (0° a 90°), cuando el líquido no moja al sólido; y será negativo para θ (90° a 180°) en ese caso el líquido no moja al sólido; caso del Hg y vidrio).

Si multiplico por R tendré

$$h_R = \frac{2\,\tau_{Lv}\cos\theta}{\rho} = a^2$$

que se denomina constante de capilaridad

$$a^2 = h \cdot R$$

pues tanto R como y son magnitudes lineales, luego a^2 significa una medida de superficie.

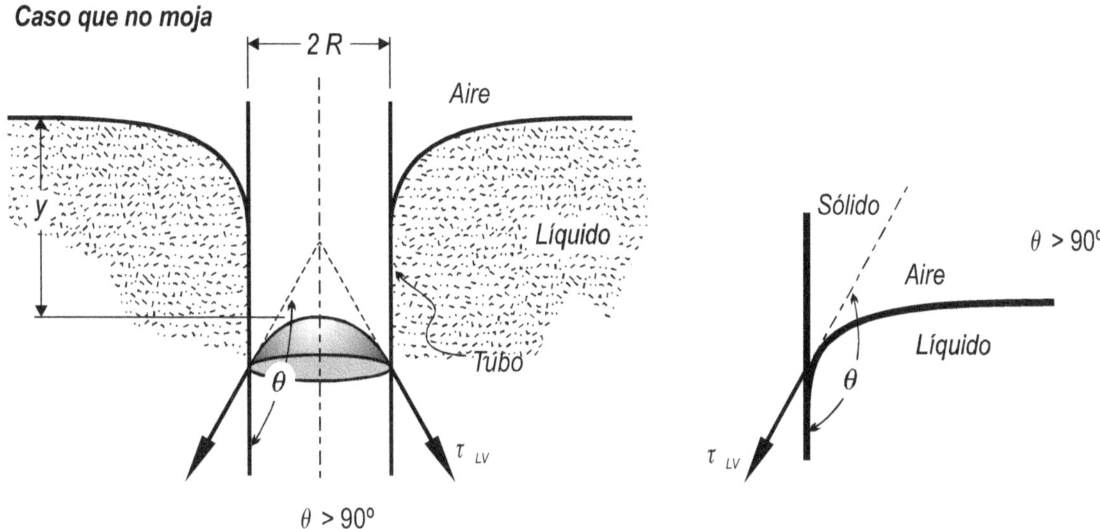

FIGURA 11-22

En este caso según la [11-9]

$$h = \frac{C}{R}$$

donde

$$C = \frac{2\,\tau_{Lv}\cos\theta}{\rho}$$

por lo tanto se trata de una hipérbola equilátera cuya representación es tal como se muestra en la fig.11-23.

Como vemos cuando $R \to 0$, $h \to \infty$; o sea los capilares más pequeños pueden alcanzar una mayor altura

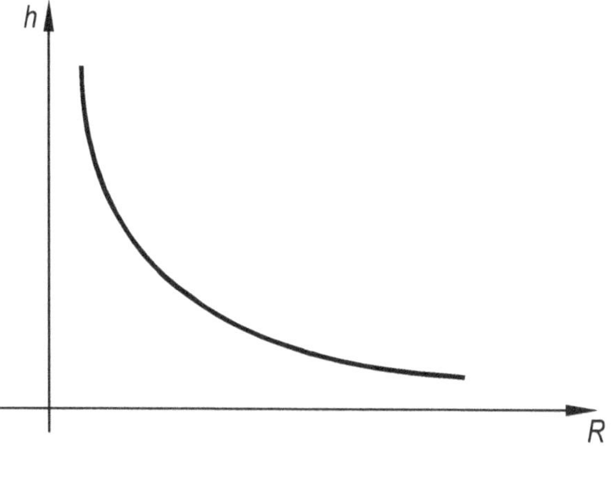

FIGURA 11-23

11.11. PARADOJA HIDROSTÁTICA

La presión aumenta linealmente desde la superficie a medida que se penetra en el seno del líquido. Para el caso del agua, la presión aumenta por cada metro de profundidad, en

$$\Delta p = p \cdot g \cdot 100 \ cm = 100 \ \frac{gr \ fuerza}{cm^2}$$

o sea que cada 10 m de profundidad, la presión aumenta una atmósfera $\left(1 \ atm = 1 \ \frac{\overline{Kg}}{cm^2} \right)$.

El hecho de que la presión en el interior de un líquido solo dependa del nivel (y no de factores geométricos, como la forma del recipiente, etc.) conduce a la clásica *"paradoja hidrostática"*. Sea un cilindro con un pistón, de área A. En un caso le sobreponemos un recipiente tipo embudo; en el otro, un tubito estrecho. En ambos casos llenamos el recipiente con líquido hasta el nivel Δz sobre el pistón.

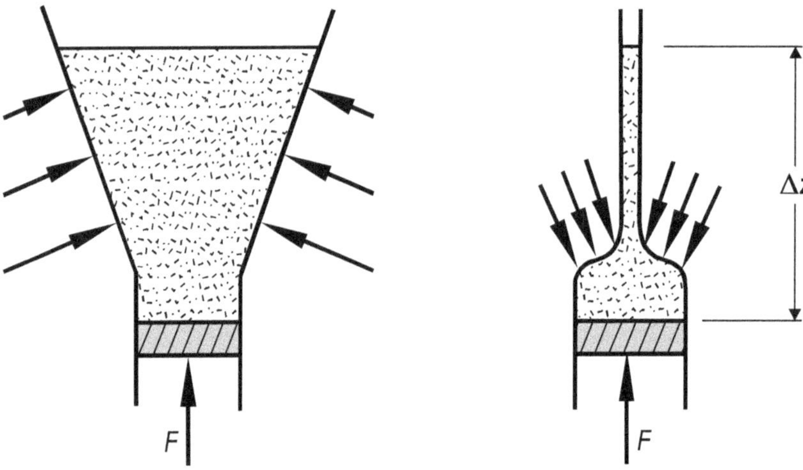

FIGURA 11-24

En el recipiente de la izquierda debemos echar, por ejemplo, 10 Kg de agua, si el área es 100 cm^2 y $\Delta z = 30 \ cm$, la fuerza para mantener en equilibrio el pistón es de

$$F = p \, g \, \Delta z = 3 \ Kg \ fuerza$$

Pregunta: ¿Dónde "quedan" los 7 Kg fuerza del peso del agua restantes?

Evidentemente son absorbidos por las fuerzas de reacción en las paredes del embudo cuya resultante deberá ser exactamente de 7 kg dirigida hacia arriba.

En el caso del tubo estrecho, necesitamos echar, por ejemplo, solo 100 gr de agua, sin embargo la fuerza sobre el pistón es de 3 Kg *fuerza*.

¿De dónde salen los 2,9 Kg restantes?

Nuevamente provienen de la resultante de la reacción de las paredes del recipiente, que, en este caso, estará dirigida hacia abajo.

11.12. FÓRMULA DE LAPLACE

En el caso de que la superficie del líquido sea curva, existe una presión normal a la misma debido a la tensión superficial.

Sea el caso de una superficie elemental como se muestra en la fig.11-25 cuya tensión superficial es τ y r es el radio respectivo correspondiente a los planos normales que determinan el eje z y además α y β son los ángulos que forman los arcos contenidos en los mismos.

Si consideramos el plano (x-z) de acuerdo a lo que muestra la fig.11-26 tenemos que

$$R_1 = 2\, f_1\, \frac{\alpha}{2} = f_1\, \alpha$$

pero como $\tau = \dfrac{f_1}{AB}$, entonces

$f_1 = AB\ \tau$; además $\alpha = \dfrac{AC}{r_1}$; luego

$$R_1 = \tau\, \frac{AB \times AD}{r_1}$$

de igual forma para el plano (y-z)

$$\beta = \frac{AB}{r_2} \qquad \text{y} \qquad f_2 = AD\ \tau$$

de donde

$$R_2 = 2\, f_2\, \frac{\beta}{2} = f\, \beta$$

y reemplazando

$$R_2 = \frac{AC \times AB}{r_2}$$

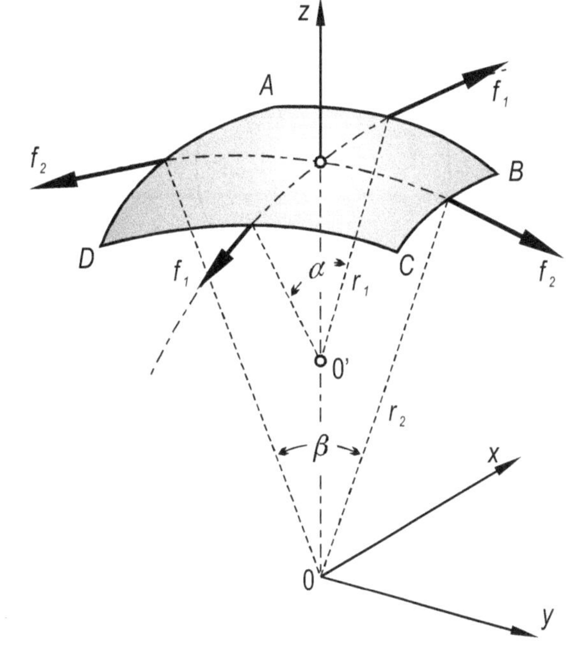

FIGURA 11-25

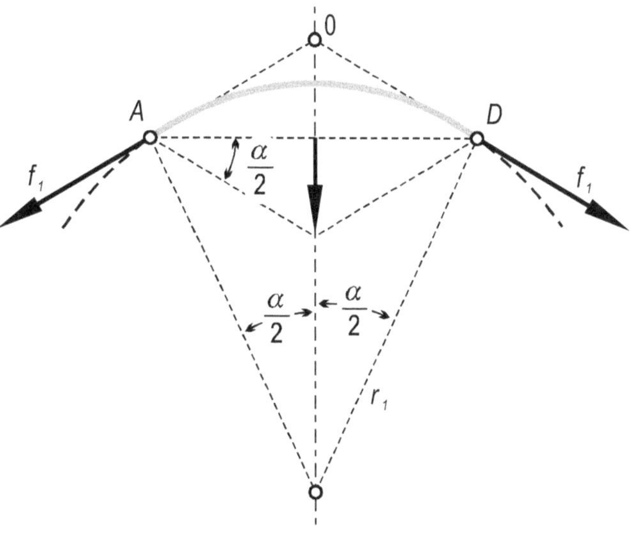

FIGURA 11-26

Finalmente la presión normal resultará de dividir la resultante total por la superficie; así

$$p = \frac{R_1 + R_2}{AB \times AC}$$

y sustituyendo por lo anterior

$$p = \tau \left(\frac{1}{r_1} + \frac{1}{r_2} \right) \qquad \text{Fórmula de Laplace} \qquad [11\text{-}10]$$

Fórmula que para el caso de una esfera nos da que

$$p = 2\,\frac{\tau}{r}$$

En ésta última expresión vemos que si $\tau = cte.$ y $p = f(r)$, se trata de una ecuación cuya representación es una hipérbola equilátera en la que para $r \to 0$; $p \to \infty$, con lo que se pone en evidencia que a medida que disminuye el radio de la burbuja, la presión es mayor.

FIGURA 11-27

11.12.1. Diferencia de presiones entre ambas caras de una lámina líquida

Supongamos un elemento de superficie tal como se muestra en la fig. el cual en su lado izquirdo soporta una presión p y en su lado derecho otra p_a que puede ser la atmosférica

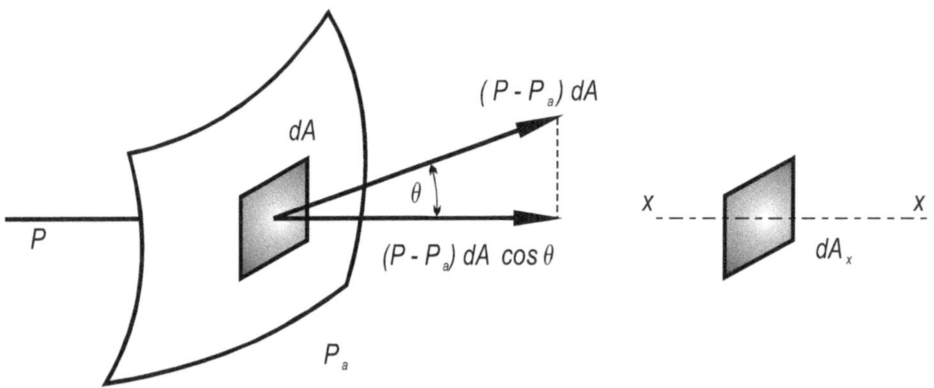

FIGURA 11-28

En este caso las fuerzas normales al elemento dA serán

$$F = (p - p_a)\,dA \qquad \therefore \qquad (p - p_a) = \frac{F}{dA}$$

Además

$$F_x = \left(p - p_a \right) dA \, \cos\theta = \left(p - p_a \right) \, dA \, x$$

siendo

$$dA \, \cos\theta = dA \, x$$

de donde la fuerza sigue el eje x será la diferencia de presiones multiplicada por el área proyectada perpendicularmente al eje (x-x).

Al tratarse de una burbuja formada por dos láminas esféricas superpuestas como se muestra en la fig.11-30

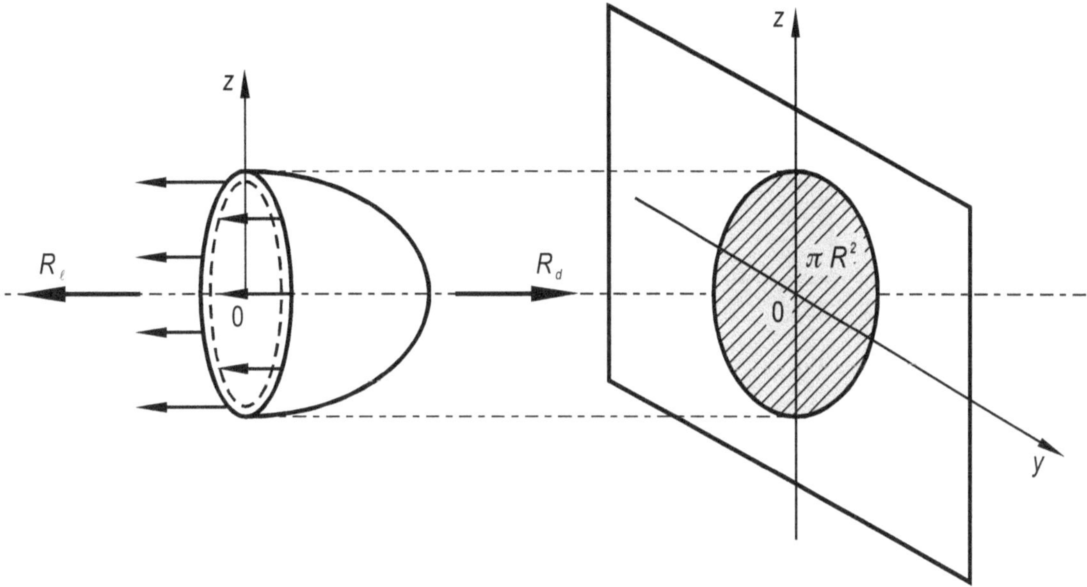

FIGURA 11-29

Si aislamos parte de la burbuja aplicando en su lugar las fuerzas que mantienen el equilibrio entre la parte izquierda y derecha respecto al plano imaginario de corte, tendremos que hacia la izquierda la resultante de la fuerzas debido a la tensión superficial τ será

$$R_i = 2 \, \tau \, 2 \, \pi \, r = 4 \, \pi \, \tau \, R$$

mientras que hacia la derecha la resultante vendrá dada por

$$R_d = \left(p. - p_a \right) \, \pi \, R^2$$

En el estado de equilibrio tendremos

$$R_i = R_d$$

$$4 \pi \tau R = \left(p - p_a \right) \pi R^2$$

de donde

$$\left(p - p_1 \right) = \frac{4 \tau}{R} \qquad\qquad [11\text{-}11]$$

en esta última expresión se observa que si al igual que en la ecuación de Laplace $\tau = cte.$ el diferencial de presiones tiende a infinito cuando $r \to 0$. Esto es así porque se trata de una hipérbola equilátera como se muestra en la fig.11-31

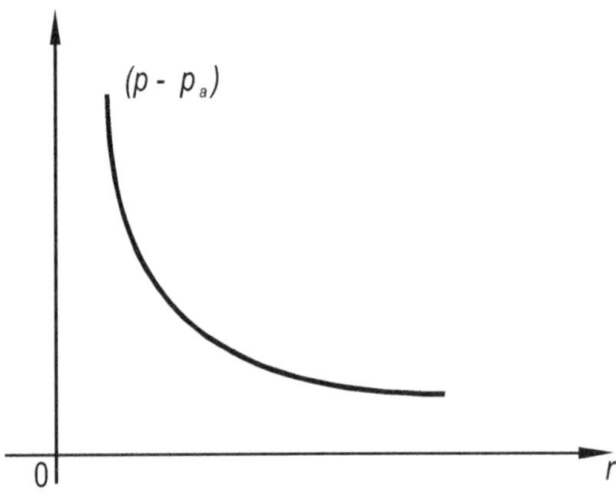

FIGURA 11-30

CAPÍTULO 12

HIDRODINÁMICA

En el momento de iniciarse el movimiento de un líquido, entre las distintas capas del mismo se genera una resistencia debida al rozamiento interno producida por la viscosidad del fluido, que se opone al deslizamiento y que persiste mientras continúa el mismo. Al realizarse el movimiento, se vence esta resistencia y ello se logra consumiendo energía en la circulación.

Se denomina **líquido real** a aquel que tiene un comportamiento similar al que se presenta en la práctica, y que por ser viscoso deberá existir un gasto de energía para vencer la resistencia que se opone al movimiento.

A los fines de realizar un estudio sencillo sobre el comportamiento de estos líquidos, admitiremos las hipótesis que simplificando el problema, permiten llegar a resultados bastantes exactos, en el caso de que esto no suceda se recurre a coeficientes de corrección determinados experimentalmente, con los cuales nos aproximamos al movimiento de los líquidos reales.

Una de las hipótesis introducidas, es la de "**líquido perfecto**", el cual se caracteriza por su incompresibilidad y porque sus partículas se deslizan unas sobre otras sin consumir energía, lo cual evidencia que no existe ninguna clase de rozamiento interno y por lo tanto el líquido no es viscoso.

El líquido no viscoso en realidad no existe, ya que en todos los líquidos siempre existe rozamiento interno.

12.1. TRAYECTORIAS

La partícula fluida es la mínima porción de la masa total que sigue las leyes generales del movimiento y su volumen es despreciable respecto al total.

Se llama **trayectoria** a las líneas recorridas por estas partículas en su movimiento. La trayectoria permite conocer el movimiento del fluido siguiendo el de las partículas luego mediante las ecuaciones de la trayectoria es posible conocer a través del análisis matemático, las aceleraciones y velocidades.

12.2. LÍNEAS DE CORRIENTES

Según el método de *Euler* si se observan todas las partículas que pasan por puntos del espacio a través del tiempo y para un tiempo *t* se considera las posiciones que ocupan las distintas partículas y las velocidades de que están animadas. Trazando luego las curvas que sean tangentes en todos los puntos a dichas velocidades, se obtienen las *"líneas de corrientes"* del movimiento.

Las *"líneas de corriente"* son una representación de la circulación en un tiempo dado, ya que para otro, su conformación cambia.

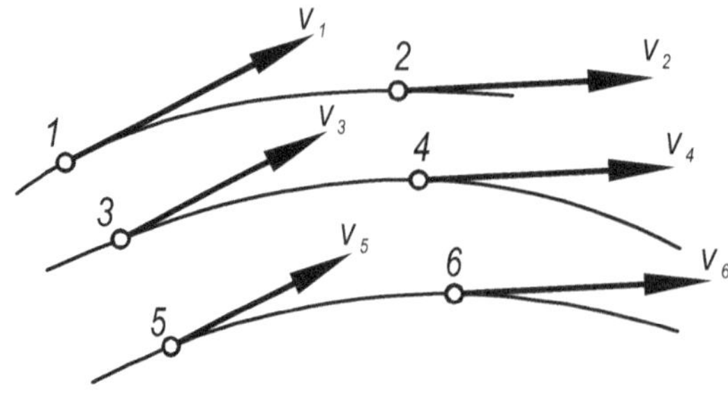

FIGURA 12-1

Resumiendo:

Trayectoria se refiere a las líneas recorridas por cada partícula líquida al variar el tiempo.

Líneas de corriente, son aquellas que están constituidas por una envolvente de las velocidades de todas las partículas en un instante dado.

Filete: es la línea que une las posiciones instantáneas de las partículas líquidas que pasan por cada punto (x, y, z) en un tiempo determinado.

12.3. MOVIMIENTO PERMANENTE O ESTACIONARIO

Cuando la velocidad no depende del tiempo y es función solamente de las coordenadas (x, y, z), se dice que el movimiento es *"permanente o estacionario"* y en este caso

$$\frac{\partial V}{\partial t} = 0$$

En este caso las partículas que pasan por (x, y, z) tienen la misma velocidad, cualquiera sea el tiempo y seguirán la misma trayectoria.

Si la velocidad varía en cada punto con el tiempo, el movimiento es *"no permanente o inestacionario"* o sea

$$\frac{\partial V}{\partial t} \neq 0$$

12.4. Gasto o caudal

Se llama "gasto o caudal" de una corriente, a la cantidad de líquido que pasa en la unidad de tiempo por una sección transversal dada. Si consideramos el volumen elemental que atraviesa la sección A será

$$\dot{Q} = \frac{d\,vol}{dt} = A\,\frac{dx}{dt}$$

luego

$$\dot{Q} = A \cdot V$$

Además

$$d\dot{Q} = V \cdot dA$$

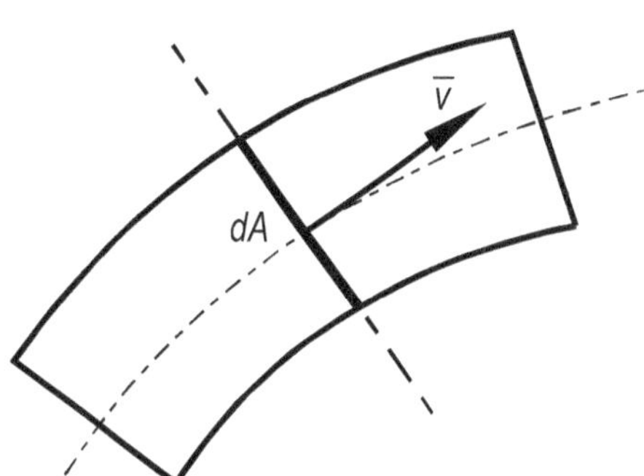

FIGURA 12-2

Siendo v la componente normal de la velocidad de cada partícula líquida.

Como $[V] = \left[m \cdot seg^{-1} \right]$ y $[dA] = \left[m^2 \right]$

$$\left[d\dot{Q} \right] = \frac{\left[m^3 \right]}{\left[seg \right]}$$

Luego para una sección A

$$\dot{Q} = \int_0^A V \cdot dA \qquad\qquad [12\text{-}1]$$

Como en el caso de líquidos reales, la velocidad de cada partícula varía a lo largo de la sección transversal, es necesario introducir el concepto de velocidad media v_m la cual viene dada como el cociente del caudal y la sección

$$V_m = \frac{\dot{Q}}{A} \qquad\qquad [12\text{-}2]$$

teniendo en cuenta esto último, de [12-1] y [12-2]

$$V_m = \frac{Q}{A} = \frac{1}{A}\int_0^A V \cdot dA$$

y deduciendo de [12-2]

$$Q = v_m \cdot A \qquad\qquad [12\text{-}3]$$

12.5. Teorema de Bernoulli

Consideremos el caso de un fluido no viscoso que circula con movimiento permanente, como se muestra en la figura 12-3.

De acuerdo al principio de la conservación de la energía, la suma algebraica de las energías mecánica puestas en juego en las secciones I y II deberá ser constante.

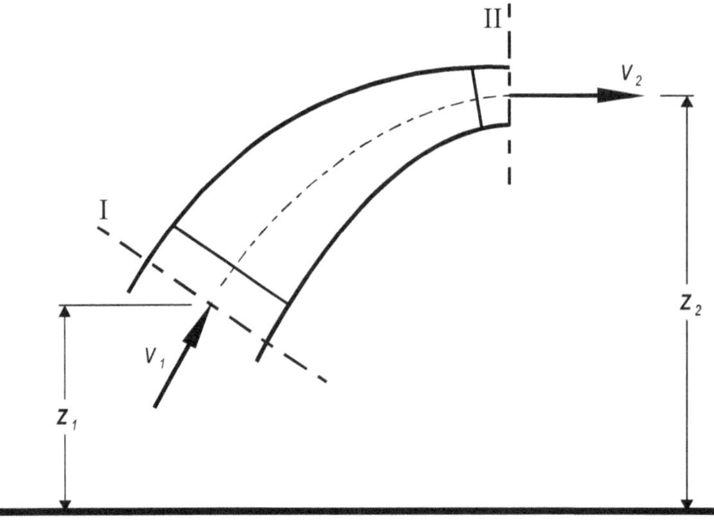

FIGURA 12-3

Es así que

$$\dot{m}\,g\,z_1 + \dot{m}\,\frac{V_1^2}{2} + p_1\,V_1\,A_1 = \dot{m}\,g\,z_2 + \dot{m}\,\frac{V_2^2}{2} + p_2\,V_2\,A_2$$

donde $p \cdot V \cdot A$ constituye la energía de flujo debida a la presión y $\dot{m} = \dfrac{dm}{dt}\left[\dfrac{kg}{s}\right]$

Considerando ahora la unidad de masa, será

$$g\,z_1 + \frac{v_1^2}{2g} + p \cdot v_1 = g\,z_2 + \frac{v_2^2}{2g} + p\,v_2$$

donde $v = \dfrac{Vol}{m}$ (volumen por unidad de masa) en $\left[\dfrac{m^3}{Kg}\right]$

dividiendo luego por g y teniendo en cuenta que $v = \dfrac{1}{\delta}$ nos queda

$$z_1 + \frac{V_1^2}{2g} + \frac{p_1}{\delta g} = z_2 + \frac{V_2^2}{2g} + \frac{p_2}{\delta g} \qquad [12\text{-}4]$$

y como $\rho = g\,\delta$, finalmente podemos expresar que

$$z + \frac{V^2}{2g} + \frac{p}{\rho} = cte. \qquad [12\text{-}5]$$

Esta expresión nos define la posición de un plano de carga hidrodinámico *PCH* dado por la suma de la altura geométrica z, la altura representativa de la presión, que se deduce de

$$p = \rho \cdot h \qquad \Rightarrow \qquad h = \frac{P}{\rho}$$

y la altura de velocidad, ya que

$$h = \frac{V^2}{2g}$$

la fórmula [12-5] constituye el ***teorema de Bernoulli*** (1700 - 1782) que dice:

> *"en el movimiento permanente de una partícula de un líquido o de un fluido incompresible que circula sin rozamiento, la suma de la altura geométrica, la altura representativa de la presión y la altura representativa de la velocidad es constante en cualquier sección transversal".*

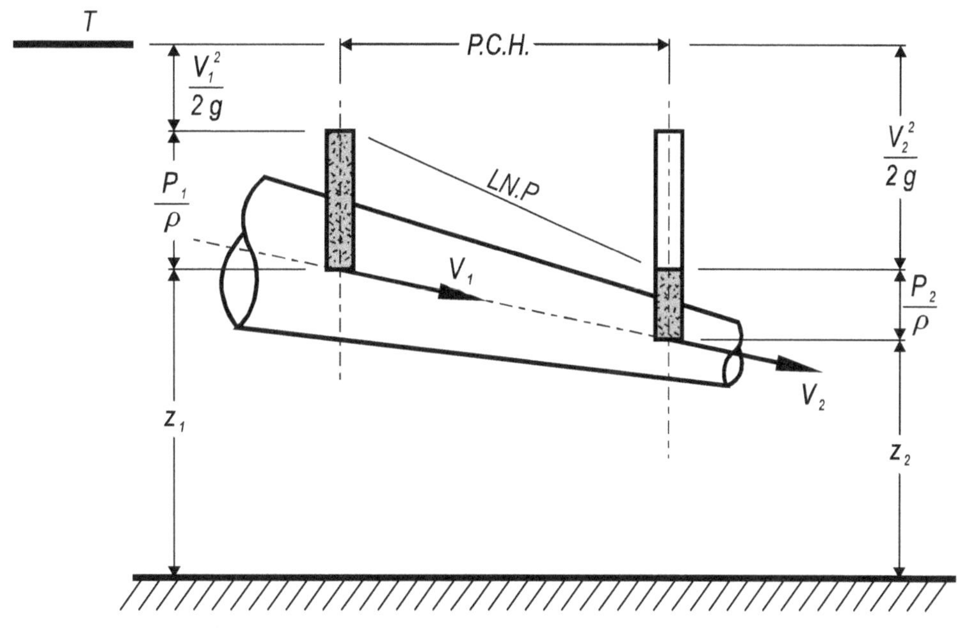

FIGURA 12-4

Al mismo resultado podríamos arribar aplicando el teorema de las fuerzas vivas en el que la ***"suma de los trabajos de las fuerzas exteriores que actúan sobre una partícula durante un desplazamiento es igual a la variación de la energía cinética de la misma"***, o sea

$$m g \left(z_1 - z_2 \right) \qquad \Rightarrow \qquad \text{trabajo debido a la fuerza gravitatoria}$$

$$\left(p_1 - p_2 \right) v \qquad \Rightarrow \qquad \text{trabajo de flujo debido a las presiones sobre el sistema}$$

Como $\delta = \dfrac{m}{v}$ y $\rho = g\,\delta$ tenemos que

$$v = \frac{m}{\delta} = \frac{m\,g}{\rho}$$

luego

$$\left(p_1 - p_2\right)\frac{m\,g}{\rho}$$

la suma de estos dos trabajos equivalen a la variación de energía cinética

$$m\,\frac{\left(V_1^2 - V_2^2\right)}{2}$$

igualando, desarrollando y ordenando

$$m\,g\left(z_1 - z_2\right) + m\,g\,\frac{\left(p_1 - p_2\right)}{\rho} = m\,\frac{\left(V_2^2 - V_1^2\right)}{2}$$

$$z_1 - z_2 + \frac{p_1 - p_2}{\rho} = \frac{V_2^2 - V_1^2}{2\,g}$$

$$z_1 + \frac{p_1}{\rho} + \frac{V_1^2}{2\,g} = z_2 + \frac{p_2}{\rho} + \frac{v_2}{2\,g}$$

o sea

$$z + \frac{p}{\rho} + \frac{v}{2\,g} = cte. \qquad\qquad [12\text{-}6]$$

Como se puede apreciar en la figura, la suma de $z + \dfrac{p}{\rho}$ nos da la línea de niveles piezométricos a la cual al sumarle $\dfrac{V^2}{2\,g}$, se obtiene el "plano de carga hidrodinámico" (*PCH*).

Debemos destacar que le teorema de Bernoulli se refiere solamente a una determinada partícula y en el caso de que como ocurre en los líquidos reales, la velocidad varíe a o largo de una sección, se debe introducir un coeficiente que permita trabajar con velocidades medias.

12.6. Tubo de Pitot

Es un manómetro que permite medir la velocidad de un fluido por diferencia entre la presión hidro-dinámica e hidrostática tuberías.

$$y_1 = y_2 = y$$

En la sección ℓ cuando se produce el equilibrio hidrostático de la columna y el hidrodinámica del líquido la velocidad de las sección 1 es cero en cambio la misma condición en la sección 2 será v_2; aplicando Bernoulli a ambas tendremos

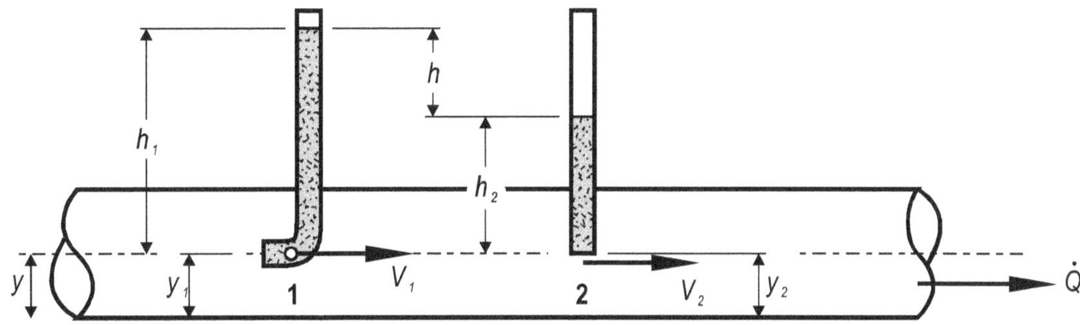

FIGURA 12-5

$$\frac{1}{g} + \frac{v_1^2}{2g} + y_1 = \frac{p_2}{\delta g} + \frac{v_2^2}{2g} + y_2$$

$$\frac{1}{g} - \frac{p_2}{\delta g} = \frac{v_2^2}{2g} \qquad \therefore \qquad p_1 - p_2 = \frac{\delta v^2}{2}$$

$$\left.\begin{array}{l} p_1 = \delta\,g\,h_1 \\ p_2 = \delta\,g\,h_2 \end{array}\right\} \qquad \therefore \qquad \delta g\left(h_1 - h_2\right) = \frac{\delta v_2}{2}$$

$$p_1 - h_2 = h \qquad \text{luego} \qquad \delta\,g\,h = \frac{\delta v^2}{2}$$

$$\boxed{v = \sqrt{2\,g\,h}}$$

Lo que nos da la velocidad del escurrimiento de un fluido perfecto por la tubería.

Conocida la velocidad y la sección de la tubería puede calcularse el caudal que escurre.

12.7. TEOREMA DE TORRICELLI

Consideremos un recipiente de pared delgada, de diámetro grande (sección grande) y un orificio pequeño en la pared (sección pequeña), lo llenemos de agua hasta una altura y_2 que se mantendrá, pues ingresa igual caudal por 2 que el que sale por el orificio 1 a cota y_1.

Sobre la superficie 2 y a la salida del orificio 1 la presión actuante es la presión atmosférica. Dado que el orificio de salida es de pequeña sección, la salida del líquido hará descender muy lentamente las partículas de líquido que se encuentran en la posición 2, por lo tanto $v_2 \cong 0$ y aplicando Bernoullli a las posiciones 1 y 2, tendremos

$$\frac{p_1}{\delta g} + \frac{v_1^2}{2g} + y_1 = \frac{p_2}{\delta g} + \frac{v_2^2}{2g} + y_2 = cte.$$

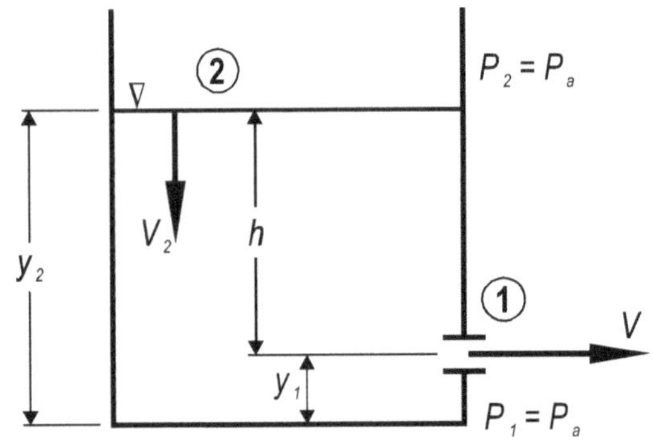
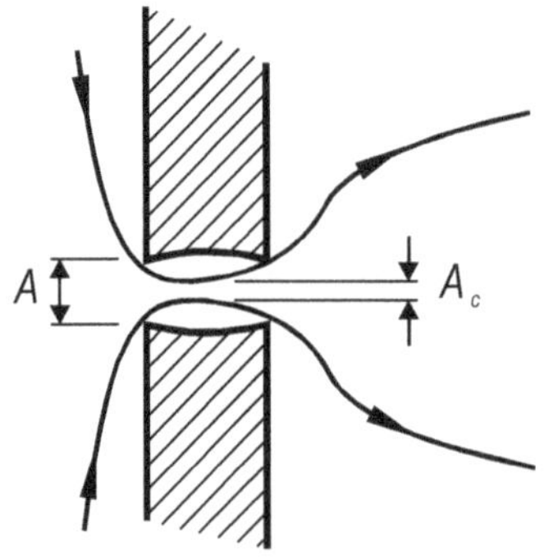

FIGURA 12-6

$$p_1 = p_2 = p_a \qquad v_2 \cong 0$$

despejando v_1 tendremos

$$v_1^2 = 2g(y_2 - y_1) = 2gh$$

$$v_1 = \sqrt{2gh}$$

Expresión matemática del teorema de Torricelli que dice:

La velocidad de salida de un fluido por un orificio pequeño y en pared delgada es igual a la velocidad que adquiriría un cuerpo cayendo en el vacío desde la altura h.

Este vector velocidad v_1 es normal a la sección del orificio y nos sirve para calcular el caudal de escurrimiento o gasto.

$$\dot{Q} = A \cdot v = A\sqrt{2gh}$$

En el escurrimiento a través de la pared del orificio se produce la convergencia de los filetes líquidos y se despegan de la sección produciendo una restricción, es decir, reducen la sección real de pasaje, esta reducción depende de la forma del orificio luego se determinan los coeficientes de reducción que en el caso de *sección circular* ese coeficiente llega a ser $K = 0,65$ es decir que la sección se reduce en un 35 %.

$$\dot{Q} = k \cdot A\sqrt{2gh} \qquad k \cdot A = A_c \qquad \therefore \qquad k = \frac{A_c}{A}$$

A esto se debe la convergencia de la pared que da lugar a las toberas.

Por último, variando convenientemente la velocidad del fluido pueden obtenerse presiones hidrostáticas muy bajas. Esto se aplica en el caso de carburadores e inyectores.

En la fig.12-8 se ven dos casos de aplicación del teorema de Bernoulli.

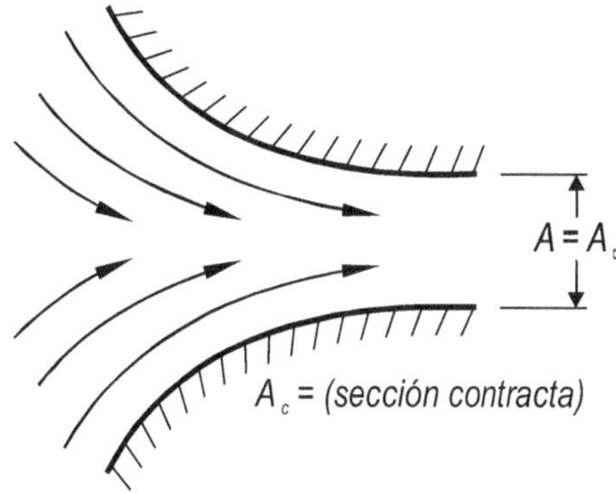

FIGURA 12-7

Ejemplos

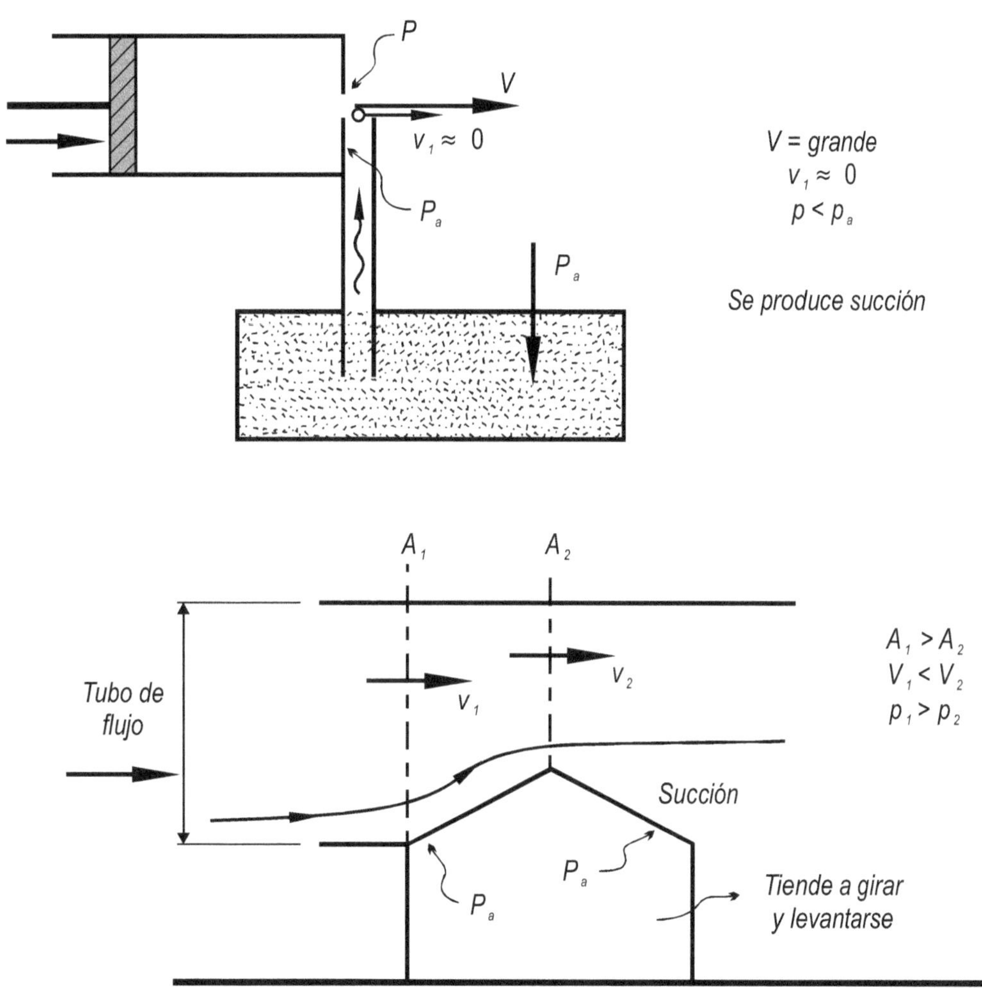

FIGURA 12-8

12.8. Viscosidad

Puede decirse que se entiende por "*viscosidad*" al rozamiento interno de un fluido.

Se dijo antes que la ecuación de Bernoulli se aplica solamente al movimiento estacionario de los fluidos ideales. Los fluidos reales o viscosos, se apartan del comportamiento ideal debido a que en ellos existen fuerzas de rozamiento entre las capas de fluido que se deslizan unas sobre otras. La ecuación de Bernoulli no puede regir exactamente el movimiento de los fluidos reales porque en su deducción se supuso que el frotamiento es nulo.

En una masa de fluido real en movimiento laminar, donde sucesivas capas se mueven con velocidades diferentes, aparecen entre dos capas contiguas fuerzas de rozamiento interno que tienden a acelerar la capa más lenta y a frenar la más veloz. Ocurre como las capas "*veloces*" arrastraran las "*lentas*" y estas a su vez las frenaran.

Debido a la viscosidad sucede también que es necesario aplicar una fuerza para hacer que una capa de fluido se deslice sobre otra, o bien para que una superficie se desplace sobre otra de la cual está separada por una capa de fluido.

Si bien todo fluido presenta viscosidad, este fenómeno es mucho más notable en los líquidos que en los gases. Imaginemos dos láminas muy delgadas en el interior de un fluido, cuyas superficies llamaremos A, separadas una distancia h por una capa de fluido.

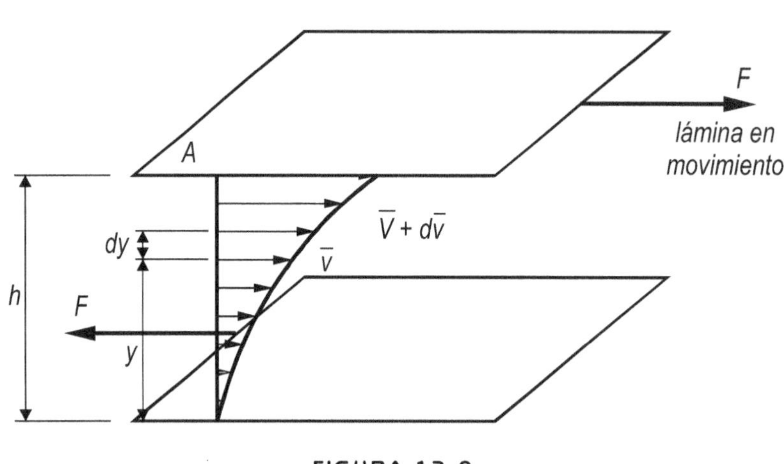

FIGURA 12-9

Supongamos que la lámina superior se desliza paralelamente con velocidad uniforme v respecto de la lámina inferior que supondremos en reposo. La experiencia muestra que las velocidades de las láminas intermedias de fluido disminuyen uniformemente, de una lámina a otra, desde ω a 0.

El flujo de este tipo se denomina laminar porque las láminas o capas de líquido se deslizan unas sobre otras en forma suave y ordenada, así como lo hacen los naipes de un mazo colocado sobre la mesa cuando se aplica una fuerza horizontal sobre la que está ubicada más arriba, o como se mueven las hojas de un libro si se aplica una fuerza semejante sobre una de las tapas.

Si el fluido del caso considerado fuerza ideal no haría falta aplicar ninguna fuerza para mantener el movimiento uniforme de las capas superiores respecto a la que se encuentra en reposo. La experiencia muestra que si el fluido es real, resulta necesario aplicar a la lámina superior una fuerza F, tanto mayor cuanto mayor sea la velocidad V, cuanto mayor sea A y cuanto menor sea h. Como la fuerza F tiende a "*arrastrar*" el fluido que se encuentra debajo de la lámina, también tenderá a mover la lámina inferior en la misma dirección, por lo tanto para mantener esta última en reposo será necesario aplicar sobre ella una fuerza F igual y de sentido contrario.

Estos resultados pueden expresarse matemáticamente por al ecuación

$$F = \eta \, \frac{V \cdot A}{h} \qquad \therefore \qquad \eta = \frac{F \cdot h}{V \cdot A} \qquad\qquad [1]$$

donde η es un coeficiente de proporcionalidad denominado *"coeficiente de viscosidad"* del fluido.

El término V/h en general no es uniforme. Su valor en cualquier punto puede escribirse dv/dy y se lo denomina *"gradiente de velocidad* grad $\overline{V}$ "*, donde dv es la pequeña diferencia de velocidad entre dos puntos del fluido separados por una distancia dh medida perpendicularmente a la dirección del flujo.

La ecuación puede escribirse entonces:

$$F = \eta \, A \, \frac{dV}{dh} \qquad \text{luego será} \qquad \eta = \frac{F}{a \, \text{grad}\left(V\right)}$$

De acuerdo a la ecuación anterior el coeficiente de viscosidad que es una propiedad del fluido, podría definirse como la fuerza que se debe aplicar a una lámina de superficie unitaria, para desplazarla paralelamente sobre otra de igual superficie y separadas por una distancia unitaria, con la velocidad uniforme también unitaria.

Los fluidos que cumplen las ecuaciones establecidas anteriormente se denominan *"newtonianos"*, mientras que aquellos en los cuales no son aplicables se denominan *"no newtonianos"*, por ejemplo las suspensiones coloidales o dispersiones macromoleculares.

12.8.1. Unidades de viscosidad

Viscosidad dinámica

El coeficiente de viscosidad definido por las ecuaciones anteriores se denomina *"viscosidad dinámica"*, aunque también suele denominársela impropiamente *"viscosidad absoluta"*.

En el sistema c.g.s.

$$\eta = \frac{fuerza \; por \; longitud}{velocidad \; por \; superficie} = \frac{dina \times cm}{cm/seg \times cm^2} = \frac{dina \times seg}{cm^2} = P \; \left(Poise\right)$$

$$1\,P = 1 \, Poise = 100 \; c.P. \; \left(centipoise\right)$$

En el sistema S.I.

$$\eta = \frac{Newton \times seg}{m^2} = Pa \cdot seg$$

En el sistema *Técnico*

$$\eta = \frac{\overline{Kg} \times seg}{m^2}$$

12.8.2. Viscosidad cinemática

En la técnica se usa corrientemente la *"viscosidad cinemática"* que se define como el cociente entre el coeficiente de viscosidad dinámica y la densidad del fluido. Es decir que

$$\eta_c = \frac{\eta}{\delta}$$

En el sistema *c.g.s.*

$$\eta_c = \frac{Poisae}{g/cm^3} = \frac{Poise \times cm^3}{g} = Stok$$

$$1\ Stok = 100\ centistokes$$

En el sistema *S.I.*

$$\eta_c = \frac{Newton \times seg}{m^2}\ \frac{1}{Kg/m^3} = Kg\ \frac{m/seg^2}{m^2}\ \frac{1}{Kg/m^3}$$

$$\eta_c = \frac{m^2}{seg}$$

12.8.3. Viscosidad relativa

Otra forma de expresar la viscosidad es mediante la *"viscosidad relativa"*, que indica cuantas veces un líquido cualquiera es más viscoso que el agua pura a 20° C. Como la viscosidad dinámica del agua pura a 20° C es de 1 *c.P.*; aproximadamente, el valor de la viscosidad relativa de un líquido indica con gran aproximación el valor de la viscosidad dinámica en *centipoises*.

$$\eta_R = \frac{\eta_{20°C}}{\eta_{20°C}\ Agua} \cong \frac{\eta_{20°C}}{1\ c.P.} = \eta\left(c.P.\right)$$

12.9. LEY DE POISEUILLE

Supongamos que un fluido se mueve con flujo laminar estacionario en el interior de una tubería cilíndrica de sección circular constante. Si en el estudio del movimiento introducimos las fuerzas de rozamiento interno, es decir, consideramos que el fluido es viscoso, resultará que en una sección transversal de la tubería las velocidades serán distintas, aumentando desde las paredes hasta el centro. Esto se debe a que la capa más externa tiende a adherirse a la pared del tubo y su velocidad puede considerarse nula. A su vez esta capa frena a la que se encuentra inmediatamente próxima, y así sucesivamente ocurre con las demás capas hasta el centro de la tubería.

Como se puede apreciar, debido a la viscosidad y siempre que el fluido se mueva no demasiado rápido, con flujo laminar, la velocidad será máxima en el centro de la tubería y disminuirá hasta anularse en las paredes. Las superficies que formarán los puntos de igual velocidad serán cilindros circulares coaxiales entre sí y con la tubería. El flujo es análogo al movimiento que se produce en una antena telescópica al desplegarla, ya que los tubos se deslizan unos respecto a otros, avanzando más rápidamente el central y quedando en reposo el exterior.

Supongamos que tenemos una tubería cilíndrica de radio interior R en la cual deseamos estudiar el flujo de fluido que se mueve dentro de un elemento de radio r y longitud ℓ.

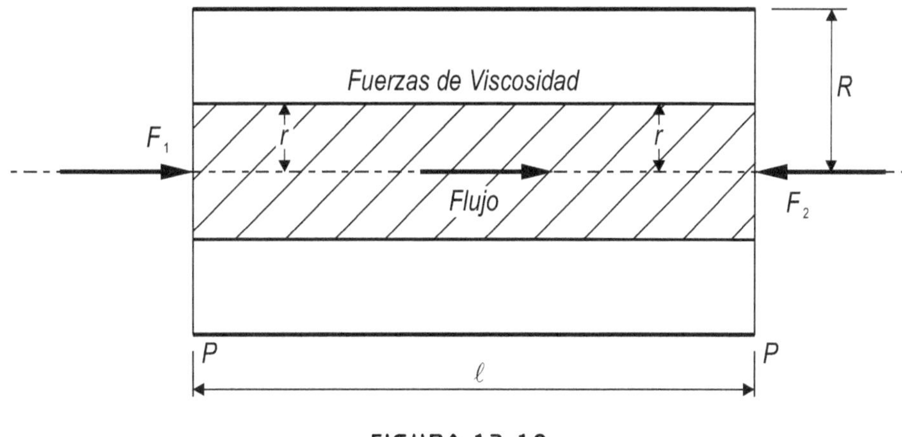

FIGURA 12-10

Si la presión a la entrada a la tubería es de P_1, la fuerza que actúa en dicha sección será

$$F_1 = P_1 \, \pi \, r^2$$

y siendo la presión de salida P_2 la fuerza a la salida será

$$F_2 = P_2 \, \pi \, r^2$$

La fuerza neta será

$$F = F_1 - F_2 = \left(P_1 - P_2\right) \pi \, r^2$$

La fuerza F debe equilibrar las fuerzas de rozamiento producidas por la viscosidad. Estas fuerzas actúan sobre toda el área lateral del cilindro elemental, es decir que

$$A = 2 \, \pi \, r \, \ell$$

Teniendo en cuenta la ecuación de viscosidad que vimos antes, reemplazando en ella el valor de A y del gradiente de velocidad dV / dr; e igualando

$$\left(P_1 - P_2\right)\,\pi\,r^2 = \eta\,2\pi\,r\,\ell\,\frac{dV}{dr}$$

luego

$$-\frac{dV}{dr} = \frac{\left(P_1 - P_2\right)\,r}{2\eta\,\ell}$$

El signo negativo se debe a que un aumento del radio implica disminución de velocidad.

Integrando entre un radio cualquiera r; al cual corresponde una velocidad V; y el radio R al cual corresponde la velocidad $V = 0$ (en la pared)

$$-\int_{v}^{0} dV = \frac{P_1 - P_2}{2\eta\,h}\,\int_{r}^{R} r \cdot dr$$

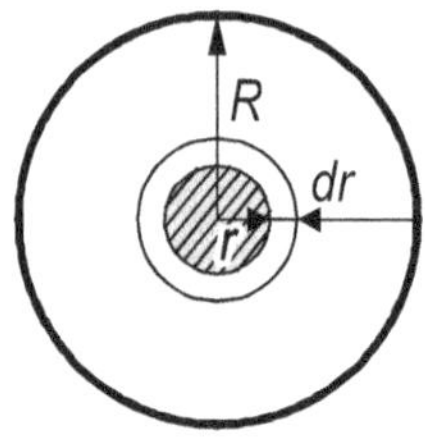

FIGURA 12-11

luego

$$V = \frac{P_1 - P_2}{4\eta\,\ell}\,\left(R^2 - r^2\right)$$

La ecuación anterior indica que la velocidad disminuye desde el centro, donde $r = 0$ y entonces

$$V_{máx} = \frac{P_1 - P_2}{4\eta\,\ell}\,R^2$$

hasta al pared, donde $r = R$ y por lo tanto $v_{min} = 0$

La velocidad máxima es proporcional al cuadrado del radio de la tubería y al término $\dfrac{P_1 - P_2}{4\eta\,\ell}$; denominado "*gradiente de presión*" o cambio de presión por unidad de longitud.

Si representamos gráficamente la ecuación de la velocidad en función del radio r, se obtiene la distribución de velocidades del fluido viscoso en el interior de la tubería.

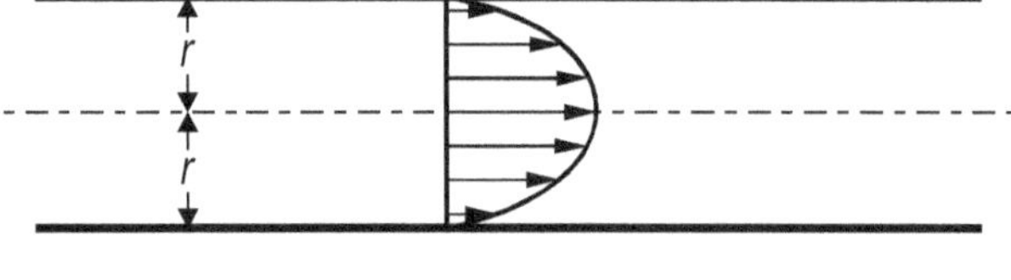

FIGURA 12-12

Como la velocidad de flujo en cada punto es proporcional al gradiente de presión, el gasto o caudal deberá ser también proporcional a esta magnitud.

Si tomamos un elemento de fluido que fluye a través de una sección $dA = 2\pi\, r\, dr$; en un tiempo dt y a una velocidad v; el volumen correspondiente será: $dV_{vol} = v \cdot dA \cdot dt$; luego haciendo los respectivos reemplazos

$$dV_{vol} = \frac{P_1 - P_2}{4\eta\,\ell}\left(R^2 - r^2\right) 2\pi\, r\, dr\, dt$$

El volumen que fluye en toda la sección de la tubería estaría dado por la integral de esta ecuación entre los radios $r = 0$ y $r = R$; en consecuencia

$$V_{vol} = \frac{\pi\left(P_1 - P_2\right)}{2\eta\,\ell} \int_0^R \left(R^2 - r^2\right) r\, dr\, dt$$

$$V_{vol} = \frac{\pi\left(P_1 - P_2\right)}{2\eta\,\ell} \left[\int_0^R R^2 r\, dr - \int_0^R r^3\, dr\right] dt$$

$$V_{vol} = \frac{\pi}{8}\,\frac{R^4}{\eta}\,\frac{P_1 - P_2}{\ell}\, dt$$

El gasto o caudal, es decir, el volumen que pasa por la sección de la tubería en el tiempo dt será entonces

$$V_{vol} = \frac{dV_{vol}}{dt} = \frac{\pi}{8}\,\frac{R^4}{\eta}\,\frac{P_1 - P_2}{\ell}$$

Esta relación se denomina: Ley de Poiseuille, y establece que el "*gasto o caudal es directamente proporcional al gradiente de presión y a la cuarta potencia del radio de la tubería, e inversamente proporcional a la viscosidad del fluido*".

De ello se deduce que si el radio aumenta el doble, el caudal se incrementará 16 veces. También se deduce que para igual diferencia de presión: $\left(P_1 - P_2\right)$, el caudal disminuye proporcionalmente al largo de la tubería.

O sea que para mantener un caudal constante, al aumentar la longitud de la tubería, la presión P_2 deberá disminuir en magnitud tal que mantenga invariable el valor del gradiente de presión.

La diferencia de comportamiento entre un fluido ideal y otro viscoso, se puede apreciar también en un gráfico que indique las respectivas caídas de presión a la largo de una tubería horizontal de sección variable.

La línea de trazos muestra la caída de presión a lo largo del tubo, que indican las alturas alcanzadas por un fluido ideal en los tubos verticales son proporcionales a las respectivas presiones manométricas. La presión en el punto "a" es la atmosférica; y en "b" es aproximadamente la presión hidrostática: $P_1 = P_{at} + g \cdot h$; ya que supondremos que la velocidad del fluido en el depósito es muy reducida por ser este de gran tamaño. La presión en "c" es menor que en "b" porque al ser menor la sección, el fluido se moverá a mayor velocidad (Ecuación de Bernoulli). Las presiones en "*c*" y "*d*" son iguales ya que las velocidades también lo son. En "*e*" hay una nueva caída de presión al disminuir otra vez la sección de la tubería, y luego se mantiene hasta "*f*". La presión manométrica en "*g*" es nula por encontrarse el punto a la salida de la tubería donde actúa la presión atmosférica.

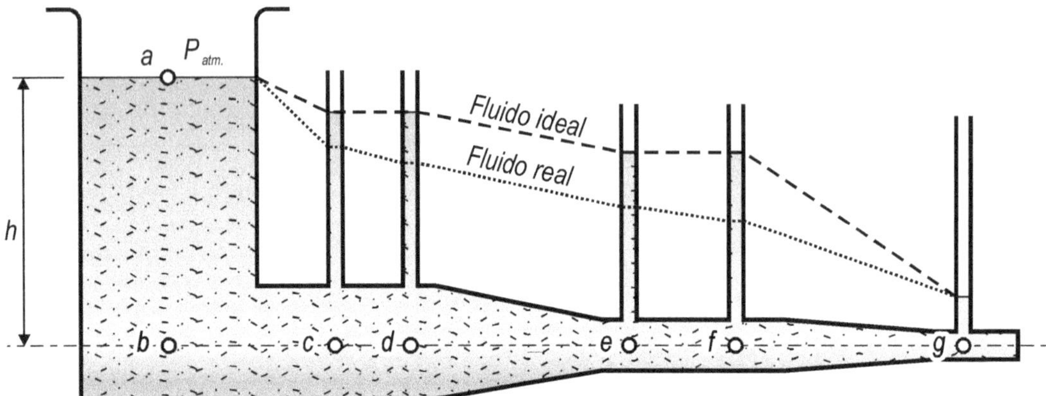

FIGURA 12-13

La línea de puntos y trazos esquematiza la caída de presión correspondiente a un fluido real o viscoso, dada por las alturas manométricas alcanzadas por el fluido en los tubos verticales. En "*b*" observamos el mismo valor de presión hidrostática que antes, pero en este caso se aprecia una caída de presión entre "*b*" y "*c*" no solamente por cambio de sección sino también a causa de la viscosidad. Por la viscosidad también hay caída de presión entre "*c*" y "*d*".

De la misma manera cae la presión entre "*d*" y "*e*", es decir por efecto combinado de la viscosidad. En el punto "*g*" la presión del fluido es ligeramente superior a la atmosférica debido al gradiente de presión que existe entre este punto y el extremo de la tubería.

12.10. LEY DE STOKES

Esta ley está referida al caso de un fluido que circula alrededor de una esfera sólida, o bien al caso en que una esfera se mueve a través de un fluido en reposo.

Si el fluido es ideal, las líneas de corriente se ubican simétricamente alrededor de la esfera, y la presión en todo punto de la semiesfera que enfrenta a la corriente es igual a la que corresponde a todo punto ubicado simétricamente en la semiesfera opuesta. Como resultado de ello, la fuerza resultante sobre la esfera es nula.

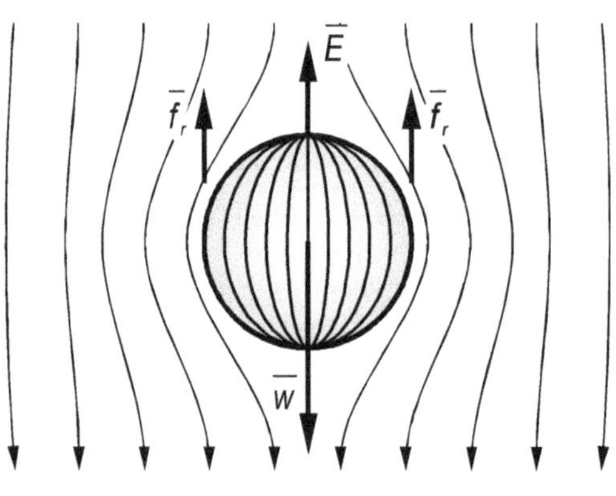

FIGURA 12-14

Si el fluido que se mueve alrededor de la esfera es real o viscoso, las fuerzas de rozamiento provocarán un arrastre sobre la esfera que será mayor cuanto más viscoso sea el fluido

George Stokes, determinó qué magnitudes determinan la fuerza resultante de los efectos de viscosidad de un fluido sobre una esfera y la relación matemática que las vincula.

Así es como estableció la siguiente ecuación conocida como "*Ley de Stokes*".

$$f = 6\pi \, \eta \, r$$

en la cual, *f* es la fuerza resultante de la viscosidad η del fluido, *r* el radio de la esfera y *v* su velocidad respecto al fluido o sea

$$\sum \overline{F}_i = m \, \overline{a} \qquad \text{luego} \qquad \overline{w} - \overline{E} - \overline{f}_r = m \, \overline{a}$$

Cuando una esfera cae en el interior de un fluido viscoso, su velocidad de caída se ve retardada por la viscosidad del fluido.

Cuando las fuerzas de rozamiento y la que ejerce el empuje del fluido sobre la esfera, igualan el peso propio de ésta la esfera alcanza una velocidad límite, y se cumple que $\sum F_i = 0$

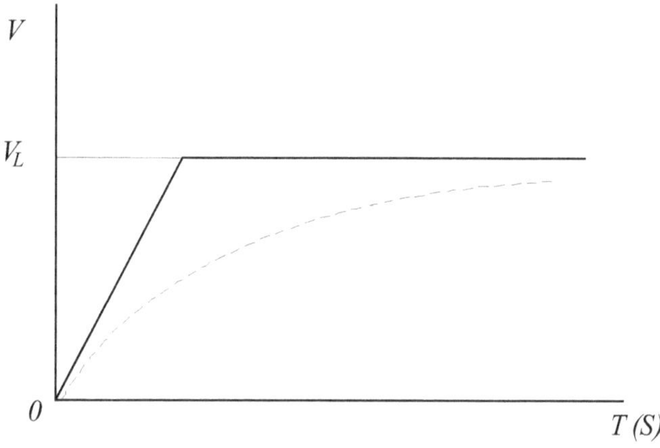

FIGURA 12-15

Fuerza de Viscosidad – Empuje – Peso de la esfera $= 0$, ver la fig. 12-14.

$$f - E - w = 0$$

o sea que operando

$$6\pi \, \eta \, r \, v_L + \frac{4}{3} \, \pi \, r^3 \, \delta^1 \, g = \frac{4}{3} \, \pi \, r^3 \, \delta \, g$$

luego

$$v_L = \frac{2}{9} \, \frac{r^2 g}{\eta} \, (\delta - \delta') = \frac{g}{18} \, \frac{(\delta - \delta')}{\eta} \, D^2$$

donde v_L es la "*velocidad límite*", D el diámetro de la esfera, δ su densidad y δ' la densidad del fluido.

De la ecuación anterior se deduce que es posible determinar la viscosidad de un fluido midiendo la velocidad límite v_L de una esfera de radio y densidad conocidos que cae en su interior.

$$\eta = \frac{g}{18}\,\frac{(\delta - \delta')}{V_L}\,D^2$$

La viscosidad es una función de la temperatura $\eta = f(T)$

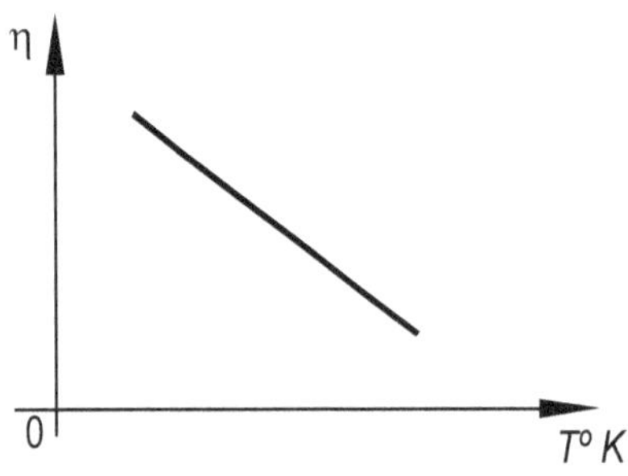

FIGURA 12-16

12.11. La Tobera de Venturi

Aplicando la ecuación de Bernoulli a un fluido que se escurre por un conducto, tal como se muestra en la fig.12-17, se puede determinar su velocidad y con ella el caudal volumétrico.

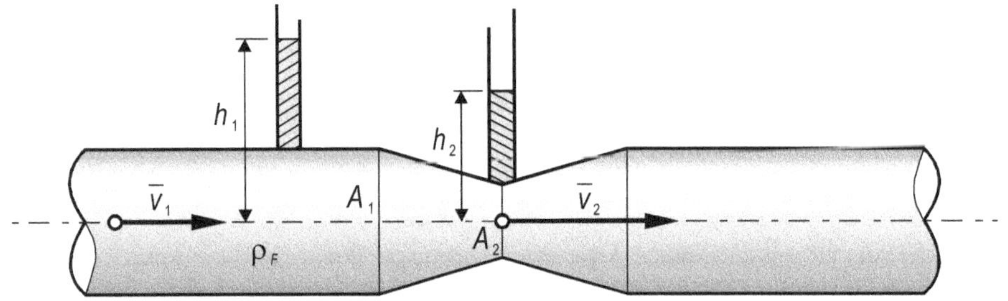

FIGURA 12-17

$$\frac{\overline{v}_1^{\,2}}{2g} + \frac{p_1}{\rho_F} = \frac{\overline{v}_2^{\,2}}{2g} + \frac{p_2}{\rho_F}$$

$$\overline{v}_1^{\,2} = \overline{v}_2^{\,2} + \frac{(p_2 - p_1)}{\rho_F}\,2g$$

Además $\dfrac{\bar{v}_1}{v_2} = \dfrac{A_2}{A_1}$ $\quad\therefore\quad$ $\bar{v}_2^{\,2} = \bar{v}_1^{\,2}\,\dfrac{A_1^2}{A_2^2}$ $\qquad$ reemplazando

$$\bar{v}_1^{\,2} = \bar{v}_1^{\,2}\left(\dfrac{A_1}{A_2}\right)^2 + \dfrac{p_2 - p_1}{\rho_F}$$

luego

$$\bar{v}_1^{\,2}\left[1 - \left(\dfrac{A_1}{A_2}\right)^2\right] = \dfrac{p_2 - p_1}{\rho_F}\,2g$$

de donde

$$v_1 = \sqrt{\dfrac{2g\left(p_1 - p_2\right)}{\rho_F\left[\left(\dfrac{A_1}{A_2}\right)^2 - 1\right]}}$$

Siendo $\left(p_1 - p_2\right) = \rho_L\left(h_1 - h_2\right)$; donde ρ_L es el peso específico del fluido.

Conocida la velocidad v_1 se determina el caudal volumétrico mediante

$$\dot{Q} = A_1\,\bar{v}_1\left[\dfrac{m^3}{s}\right]$$

TERMOMETRÍA Y DILATACIÓN

13.1. CONCEPTO DE TEMPERATURA

Entre las sensaciones que nos producen algunos cuerpos en nuestro organismo, se halla la del calor que recibimos por medio del tacto, así cuando corrientemente decimos, frío, tibio, templado o caliente, no es otra cosa que las distintas sensaciones térmicas que percibimos. Pero el tacto no nos permite diferenciar la intensidad de dos sensaciones, que difieren poco, ni nos sirve cuando esa intensidad es excesiva.

Concebimos de tal modo que un cuerpo m puede variar de una manera continua, desde el estado caliente hasta el que denominamos frio, lo que significa admitir estados intermedios.

Dos cuerpos puestos en contacto, uno caliente y el otro frio, comprobamos que el más caliente pierde energía y lógicamente el más frío gana energía; esos dos hechos simultáneos deben obedecer a una misma causa y esa causa es el pasaje de eso que llamaremos calor.

El ordenamiento de las distintas intensidades o estados térmicos permite elaborar la escala. Esa ordenación numérica no puede ser sino enteramente arbitraria. El número que corresponde a un estado térmico cualquiera se llama temperatura. Los aparatos que permiten establecer prácticamente la escala se denominan *termómetros*.

Las siguientes definiciones (Maxwell y Rayleigh) tienen un hondo sentido y constituyen el fundamento de la termometría.

1. ***Definición de la temperatura***. La temperatura de un cuerpo es su estado térmico considerado con respecto de comunicar calor a otros cuerpos.

2. ***Definición de temperatura más alta y más baja.*** Si puestos en comunicación térmica dos cuerpos, uno pierde y el otro gana calor, se dice que el que entrega calor se encuentra a más alta temperatura que el que recibe. Si ninguno gana ni pierde calor, se dice que estan en equilibrio térmico, o sea que se encuentran a la misma temperatura.

3. ***Ley de las temperaturas iguales.*** Los cuerpos cuyas temperaturas sean iguales a la de un mismo cuerpo, están a la misma temperatura entre si.

13.2. Calor. Su naturaleza

De acuerdo a la concepción aceptada de la naturaleza del calor, por la *teoría cinética, el calor es debido al movimiento de las moléculas.* Según dicha teoría, es un concepto estadístico cuyo origen es mecánico, por cuanto tiene se debe a la *cantidad de movimiento* molecular, que deja de tener sentido solamente en el cero absoluto. Desde este punto de vista, el calor es una "*energía en transferencia*" ya que su carácter es dinámico.

13.2.1. Fuentes de calor

Las fuentes de calor más importantes son

1) Las acciones mecánicas, tales como fricción, compresión, etc.

2) Reacciones químicas, tales como la combustión, especialmente por combinación de carbono y oxígeno.

3) El sol que directa o indirectamente es la fuente principal de la energía que utilizamos.

4) La corriente eléctrica.

5) Los cambios moleculares, tales como la evaporación, etc.

6) Las fuentes termales, volcanes, etc. que son manifestaciones de las altas temperaturas que se encuentran en el interior de la tierra.

13.2.2. Efectos del calor

Los efectos que produce el calor pueden expresarse por:

1) Cambio de volumen.

2) Cambio de temperatura.

3) Cambio en la configuración molecular o estructura, tal como fusión, vaporización, etc. Además de estos pueden también enumerarse los efectos eléctricos y mecánicos.

13.3. Escalas termométricas

13.3.1. Escala centígrada:

Se denomina cero grado a la temperatura de fusión del hielo a la presión normal y cien grados a la ebullición del agua. El intervalo entre los 2 puntos se divide en cien partes iguales, puede continuarse graduando por encima y por debajo de los puntos fijos.

El intervalo comprendido entre dos líneas se denomina un grado celsius o centígrado, que se escribe $1° C$.

Si llamamos V_{100} y V_0, los volúmenes aparentes de la masa de Hg a la temperatura del vapor de agua en ebullición y del hielo en fusión respectivamente se tiene por definición que, el aumento de volumen por calentamiento de $0°\,C$ a $100°\,C$, será:

$$\Delta V = v_{100} - v_0$$

Si para otro estado térmico el volumen es v_t diremos que la variación $v_t - v_0$ corresponde al calentamiento de $0°\,C$ hasta la temperatura t.

Podemos escribir entonces

$$\frac{v_{100} - v_0}{t} = \frac{v_{100} - v_0}{100} \qquad \Rightarrow \qquad \frac{v_t - v_0}{v_{100} - v_0} = \frac{t}{100}$$

Resulta que t es

$$t = 100\,\frac{v_t - v_0}{v_{100} - v_0} \qquad \text{Definición de temperatura} \qquad [13\text{-}1]$$

Si la sección A del tubo es constante

h_{100} = longitud del capilar entre dos puntos fijos

h_x = longitud entre un punto cualquiera y el punto cero

$$\begin{aligned} v_{100} - v_0 &= A \cdot h_{100} \\ v_t - v_0 &= A \cdot h_x \end{aligned} \qquad [13\text{-}2]$$

Reemplazando [13-2] en [13-1], nos queda:

$$t = 100\,\frac{h_x}{h_{100}} \qquad\qquad [13\text{-}3]$$

que nos hace ver que t es directamente proporcional a h_x, de suerte que se puede dividir al intervalo h_{100} en cien partes iguales. Si la longitud de estos intervalos es ℓ, se tiene:

$$h_{100} = 100 \cdot \ell$$

$$h_x = x \cdot \ell$$

y por consiguiente

$$t = 100 \; \frac{x \cdot \ell}{100 \cdot \ell} = x \qquad\qquad\qquad [13\text{-}4]$$

de modo que el número x de divisiones comprendidas entre el nivel de Hg cuando su volumen es v_t y el punto cero da directamente el valor de la temperatura.

13.3.2. Escala Fahranheit

Se hace corresponder al punto de fusión del hielo la temperatura de $32° F$ y la de ebullición $212 °F$, el intervalo queda dividido en 180 partes iguales, continuándose la división hacia arriba y hacia abajo.

13.3.3. Escala Reamur

Está dividida en 80 partes, correspondiente el 80° a la temperatura de ebullición del agua y 0° a la del hielo en fusión.

13.3.4. Reducción de escalas

La fórmula es:

$$\frac{°C}{100} = \frac{°F - 32}{180} = \frac{°R}{80} \qquad\qquad [13\text{-}5]$$

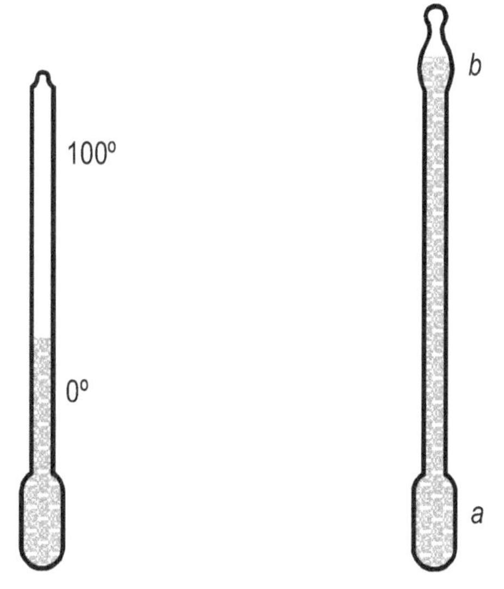

FIGURA 13-1   FIGURA 13-2

13.4. TERMÓMETRO DE MERCURIO

Es el dispositivo que sirve para ordenar numéricamente los estados térmicos de los cuerpos (fig.13-1).

13.4.1. Construcción

Se toma un tubo capilar en uno de cuyos extremos se sopla una ampolla a, cerrada y en el otro un estrechamiento b; abierto que convienen que termine un una punta afilada (fig.13-2).

Para llenarlo se calienta a y b en una llama a fin de hacer dilatar el aire que contenga. Se introduce enseguida la punta abierta en el seno de una masa de mercurio bien puro, el que asciende en el tubo a medida que se contrae al enfriarse el gas que este limita, llenándolo en parte el bulbo a. Se hace penetrar nuevas masas de mercurio calentando y dejando enfriar sucesivamente esa ampolla y finalmente haciendo hervir el mercurio que contiene. Los vapores que se originen arrastrarán hasta el último vestigio de aire de suerte que al dejar enfriar el aparato aquellos se condensan y el tubo se llena por completo.

Los principios y los métodos en que se funda la construcción y la elaboración de la escala debe ser de la mayor precisión posible.

Una vez llenado el termómetro, lo primero que hay que hacer es señalar o marcar dos posiciones de su columna de mercurio llamados ***puntos fijos***.

Con tal objeto se ha elegido las temperaturas del hielo en fusión y el vapor del agua en ebullición a la presión normal o sea 560 *mm* de *Hg*.

Para determinar el ***primer punto fijo*** se introduce el termómetro verticalmente sobre una vasija llena de trozos de hielo y agua (químicamente puros); veremos que en seguida el nivel de mercurio desciende rápidamente luego lentamente hasta una posición que permanece fija mientras el termómetro se encuentra rodeado de la masa de hielo en fusión (fig.13-3) se marca ese nivel en el vidrio (u otra señal) y corresponde al ***punto de fusión***.

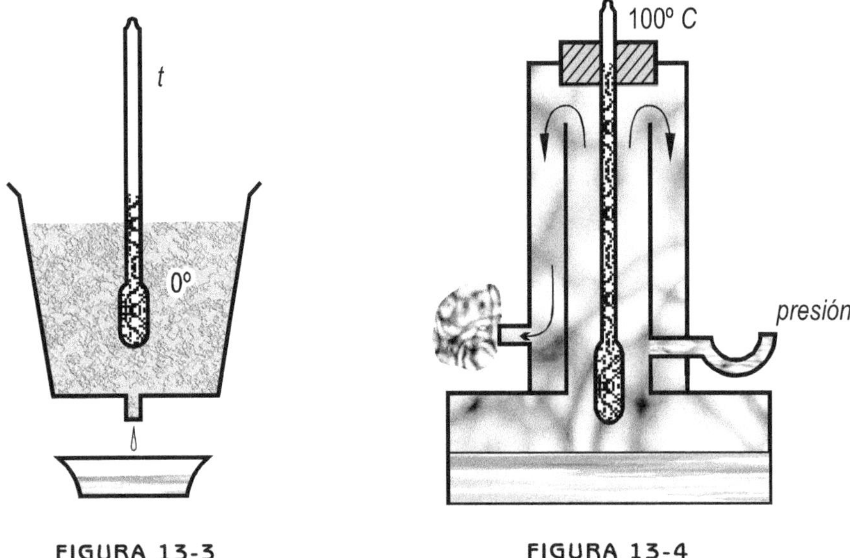

FIGURA 13-3   FIGURA 13-4

El otro punto llamado ***ebullición***, se determina situando el termómetro (fig.13-4) en el seno de los vapores de agua, que debe ser pura, no debe situarse directamente en el seno del líquido, porque la temperatura del agua de ebullición depende del recipiente que lo contiene.

El nivel del mercurio veremos que alcanza un máximo y es efectivamente el otro punto fijo que luego se marca.

La división en partes iguales entre los puntos fijos significa admitir que el capilar sea constante.

La graduación o calibración es una operación que requiere mucha precisión ya que es fundamental, existen varios métodos, pero el más sencillo es dividir en 100 partes iguales (si se trata de escala centígrada) entre los llamados puntos fijos. La división se prolonga por debajo de cero y más allá del 100.

De todos los termómetros el más empleado es el de mercurio, porque su ley de dilatación se aproxima notablemente a la de los gases.

Los termómetros de mercurio sirven para temperaturas comprendidas entre $-38°$ C y gracias a la presencia de un gas comprimido hasta poco más de $550°$ C.

Se han realizado estudios experimentales respecto a la calidad del vidrio que debe usarse en esta clase de aparatos, con el fin de evitar el desplazamiento del cero. Este inconveniente es debido a las lentas deformaciones del vidrio, que prosiguen durante muchos años después de su fabricación, no desaparecen nunca por completo, a causa de que el vidrio presenta, con los cambios de temperatura fenómenos de histéresis y de deformación subsiguiente.

Existen unos vidrios especiales para reducir al mínimo estos inconvenientes y es el llamado *vidrio normal de Jena*.

Existen termómetros especiales como la de máxima y mínima termómetros metálicos y termómetros de resistencia y termoeléctricos, etc.

Entre los termómetros para temperaturas bajas tenemos:

    a) El termómetro de alcohol etílico, sirve para unos $-80°$ C.

    b) El de tolueno alcanza también hasta los $-80°$ C.

    c) El termómetro de pentano que sirve para medir temperaturas de $-200°$ C.

En las industrias se usan los pirómetros que son termómetros y que con ellos se pueden medir altas temperaturas con las de los hornos por ejemplo.

13.5. DILATACIÓN LINEAL

Toda variación de temperatura de los cuerpos va acompañada siempre de una variación de volumen. Estas variaciones de volumen se denominan dilataciones, ya que en general a un aumento de temperatura le corresponde un aumento de volumen. Estos aumentos de volumen en los cuerpos delgados como por ejemplo, alambres se suele considerar solo como un aumento de longitud, esto es lo que llamaremos ***dilatación lineal***.

Sea una varilla BC (fig.13-5) supuesta inicialmente a la temperatura de $0°\ C$ y llamaremos ℓ_0 a su longitud.

Calentada a t grados su longitud se hará igual a ℓ_t habiendo dilatado en una longitud

$$CC' = \ell_t - \ell_0$$

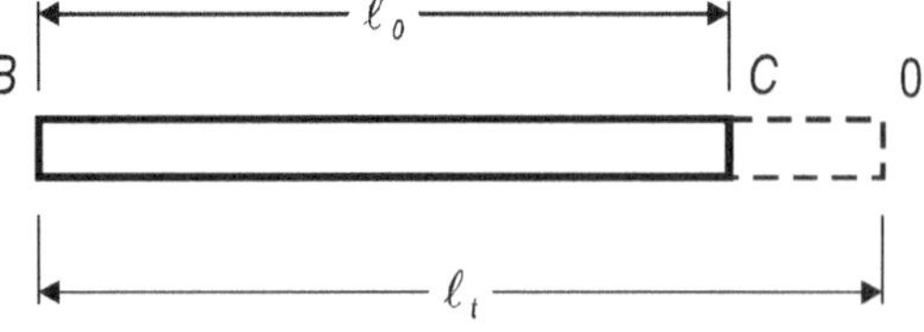

FIGURA 13-5

Deseamos ahora saber si existe alguna relación sencilla entre la longitud inicial de la varilla, su longitud final y la variación de temperatura.

Si la longitud de la varilla a $0°\ C$ es ℓ_0, la temperatura $t°\ C$ y la longitud final ℓ_t, se encuentra que, con una aproximación, la longitud final ℓ_t está dada por

$$\ell_t = \ell_0 (1 + \alpha t)$$

[13-6]

En esta expresión α se considera constante en todo el intervalo t.

De [13-6], podemos obtener

$$\alpha = \frac{\ell_t - \ell_0}{\ell_0} \cdot \frac{1}{t}$$

[13-7]

Expresión que nos dice que α representa la variación de longitud por grado y por unidad de longitud inicial y es por lo tanto independiente de las longitudes particulares de los cuerpos, pero depende del valor del grado de temperatura.

La constante α llamada **_coeficiente de dilatación lineal_** está claramente definida por la expresión [13-7] como la variación específica de longitud por variación de un grado de temperatura.

Si usamos una notación deferente, tal como

$$\Delta\ell = \text{variación de longitud}$$

$$\Delta t = \text{variación de temperatura o salto térmico}$$

la [13-7] puede ponerse

$$\alpha = \frac{\Delta\ell}{\ell_0\ \Delta t}$$

[13-8]

La experiencia nos dice que sería necesario representar la longitud ℓ_t mediante una ecuación empírica del tipo

$$\ell_t = \ell_0 \left(\ell + \alpha_0\, t + \alpha_1\, t^2 + \alpha_2\, t^3 + ...\right) \qquad [13\text{-}9]$$

donde las constantes α_0, α_1, α_2, se deben determinar experimentalmente. En la práctica cuando la temperatura no es muy elevada, los términos cuadráticos, cúbicos, etc., pueden despreciarse de modo que se puede simplificar la expresión [13-9].

Ahora bien si ℓ_i y ℓ_t son las longitudes de una misma barra a las temperaturas t_i y t_t respectivamente, las relación que vincula a las dos primeras de acuerdo con la fórmula [13-6] es:

$$\ell_t = \ell_i \left(1 + \alpha\left(t_t - t_i\right)\right) = \ell_i \left(1 + \alpha\, \Delta t\right) \qquad [13\text{-}10]$$

En la que $t_t - t_i = \Delta t$ es el salto térmico

De [13-6] despejando el valor α, tenemos

$$\alpha = \frac{\ell_t - \ell_i}{\ell_i\, \Delta t} = \frac{\Delta t}{\ell_i\, \Delta t} \qquad [13\text{-}11]$$

En esta última expresión ℓ_i y Δt se puede conocer inmediatamente, no así $\Delta\ell$ por ser muy pequeño, ofrece dificultades.

13.5.1. Determinación experimental del coeficiente

Las primeras experiencias fueron hechas por *Lavoisier* y *Laplace*.

Existen dos métodos para la determinación, uno que consiste en aprovechar el fenómeno óptico que se denomina anillos de Newton y el otro el de Lavoisier y Laplace que pasaremos a estudiar.

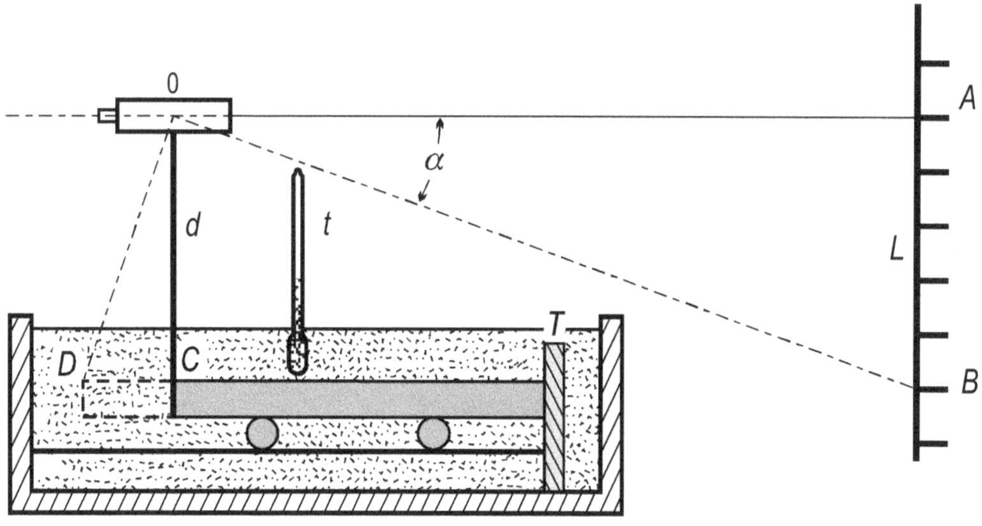

FIGURA 13-6

El dispositivo (fig.13-6) consiste en un recipiente en donde se coloca una barra metálica de material cuyo coeficiente se desea determinar. Esta barra descansa sobre dos rodillos y puede deslizarse fácilmente. En uno de sus extremos toca a un tope T fijo de modo que por allí no habrá alargamiento; el extremo libre toca a una palanca OC que a su vez se une perpendicularmente a un anteojo O; cuando el anteojo está en posición horizontal, la barra OC estará en posición vertical, que es la posición inicial del experimento; observando a través del anteojo se lee sobre la escala la división A coincidente con el eje óptico de dicho anteojo.

La barra se encuentra rodeada de hielo machacado y por lo tanto está a $0°\ C$. Se calienta luego el recipiente, el hielo se funde y se eleva paulatinamente la temperatura del agua que rodea a la barra, cuando se llega a una temperatura t, que se determina con el termómetro, la barra se habrá dilatado, pasando su extremo C a la posición D y la nueva lectura del anteojo en la escala es B.

La dilatación total de la barra es CD, valor que determinamos de la siguiente manera: los triángulos $ODC \sim OAB$, luego

$$\frac{DC}{OC} = \frac{AB}{OA} \qquad \Rightarrow \qquad \frac{OC \cdot AB}{AO}$$

$OC = d$ distancia anteojo – barra

$AB = L$ longitud medida en la escala

$OA = D$ distancia del anteojo a la escala

d y D son medidas fijas del aparato, bastará medir AB para obtener la dilatación CD de la barra.

Como se conoce la longitud inicial ℓ_0 y el salto térmico Δt tenemos

$$\alpha = \frac{d \cdot L}{\ell_0\ \Delta t\ D} \qquad\qquad\qquad\qquad [13\text{-}12]$$

13.5.2. Aplicaciones

La dilatación lineal de los cuerpos tiene muchas aplicaciones entre las que podemos citar

a) Construcción de termómetros de líquidos y sólidos

b) Compensación de relojes de péndulo, cuando aumenta la temperatura aumenta la longitud del péndulo y por ello atrasa el reloj, en caso contrario se adelantará el reloj. Para ello se construye un péndulo compensado (volante compensado).

c) Otras aplicaciones son la colocación de rieles, llantas en las ruedas, etc.

13.6. DILATACIÓN CÚBICA. COEFICIENTES

Es natural que los cuerpos que tienen tres dimensiones, como por ejemplo un cubo sólido de cobre, si se calienta, su volumen aumenta.

Tomamos un cubo cuya arista ℓ_0 cm a $0°\,C$ y calentándolo uniformemente a $t°\,C$. Suponiendo que cada arista del cubo experimenta un aumento de longitud del mismo valor, de modo que la arista llegue a ser ℓ_t a $t°\,C$ tendremos

$$V_t = \left[\ell_0\left(1+\alpha t\right)\right]^3 = \ell^3\left(1+3\alpha t+3\alpha^2 t^2+\alpha^3 t^3\right) \qquad [13\text{-}13]$$

en la práctica se desprecia los valores cuadráticos, cúbicos, etc., o sea

$$V_t = V_0\left(1+3\alpha t\right) \qquad [13\text{-}14]$$

$$3\alpha = \beta$$

$$\boxed{V_t = V_0\left(1+\beta t\right) \qquad\qquad [13\text{-}15]}$$

de donde

$$\beta = \frac{V_t - V_0}{V_0\, t} \qquad [13\text{-}16]$$

Siendo β el ***coeficiente de dilatación cúbica***

Si la temperatura inicial en vez de ser $0°\,C$ fuese $t°\,C$, podemos volver a escribir la ecuación [13-17] con un grado suficiente de aproximación

$$\boxed{V_2 = V_1\left(1+\beta\left(t_2 - t_1\right)\right) \qquad\qquad [13\text{-}17]}$$

Expresión válida para la dilatación cúbica de cuerpos huecos.

13.7. DILATACIÓN DE LOS LÍQUIDOS

En los cuerpos sólidos las dilataciones en general son tan pequeñas que es difícil apreciarlas a simple vista, en cambio la dilatación de los líquidos es visible aún para pequeñas variaciones de temperatura. Para estudiar la dilatación de los líquidos se emplean los ***dilatómetros.***

La fig.13-7 muestra el esquema de un dilatómetro formado por un recipiente R y un tubo largo calibrado, cuyas divisiones permiten apreciar cm^3.

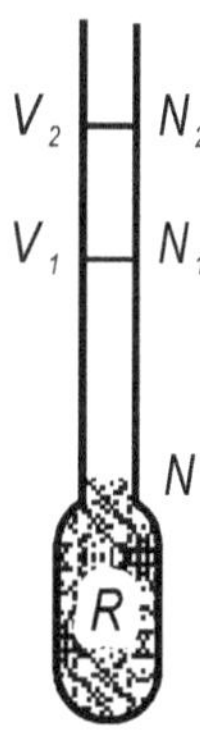

FIGURA 13-7

Se conoce exactamente el volumen V contenido a $0°\,C$ hasta el enrase N y las divisiones del tubo están graduadas para esta temperatura.

Si colocamos líquido en R hasta llegar al enrase N manteniendo la temperatura $0°$, sabemos que su volumen es V_0.

Calentando el dilatómetro a t^o, el nivel del líquido llegará al nivel N_1, correspondiente a un volumen V_1 a cero grado.

Aparentemente la dilatación del líquido ha sido

$$\Delta_a = V_1 - V_0 \qquad\qquad [13\text{-}18]$$

esta es lo que se llama *dilatación aparente* del líquido.-

Pero como el recipiente también se ha dilatado, aumentando su capacidad, resulta que el volumen contenido a t^o hasta el nivel N_1 es igual al que contenía a $0°$ hasta un nivel superior N_2 y cuyo valor es V_2.

La *dilatación real* o *absoluta* del líquido es entonces

$$\Delta = V_2 - V_0 \qquad\qquad [13\text{-}19]$$

restando algebraicamente [13-19] y [13-18] obtenemos la dilatación del recipiente

$$\Delta = V_2 - V_0 = \Delta_a + \Delta_r$$

la dilatación del recipiente no es de fácil determinación por ello se recurre a un método indirecto. Se halla previamente la dilatación absoluta del mercurio y luego en base a las dilataciones aparentes de este líquido, se calcula la del dilatómetro en que está colocado, para distintas temperaturas.

Una vez hecha esa determinación es posible hallar previamente las dilataciones reales o absolutas de cualquier otro líquido, usando el mismo aparato.

Sea V_0 el *volumen* del líquido a $0°$; V_{at} el *volumen aparente* a t^o y V_t el *volumen* a t^o

$$\gamma_a = \frac{V_{at} - V_0}{V_0 t} \qquad\qquad [13\text{-}20]$$

Esta es la expresión del *coeficiente medio de dilatación aparente* y nos expresa el aumento medio de volumen aparente por unidad de volumen inicial y por grado de aumento de temperatura

En cambio la expresión

$$\gamma = \frac{V_t - V_0}{V_0 t} \qquad\qquad [13\text{-}21]$$

Nos expresa el aumneto de volumen por unidad de volumen inicial y por grado de aumento de temperatura. A esto le llamamos *coeficiente medio de dilatación absoluta*.

De la [13-20] deducimos el volumen aparente a t^o

$$V_{at} = V_0 \left(1 + \gamma_a t\right)$$

[13-22]

El volumen real es

$$V_t = V_0 \left(1 + \gamma t\right)$$

[13-23]

Este valor coincide con el volumen real a t^o de una parte del dilatómetro ocupada a t^o, o sea V_{at}; siendo γ_r el coeficiente de dilatación cúbica del recipiente

$$V_t = V_{at} \left(1 + \gamma_r t\right)$$

[13-24]

reemplazando el valor V_{at} de [13-22] nos queda

$$V_t = V_0 \left(1 + \gamma_a t\right)\left(1 + \gamma_r t\right)$$

[13-25]

La [7] y la [9] podemos igualar

$$V_0 \left(1 + \gamma t\right) = V_0 \left(1 + \gamma_a t\right)\left(1 + \gamma_r t\right)$$

$$1 + \gamma t = 1 + \gamma_a t + \gamma_r t + \gamma_a \gamma_r t^2$$

$$\gamma = \gamma_a + \gamma_r + \gamma_a + \gamma_r t$$

El último término por ser muy pequeño puede despreciarse, resultando finalmente

$$\gamma = \gamma_a + \gamma_r \qquad\qquad [13\text{-}26]$$

Esta expresión nos dice que el coeficiente de dilatación absoluto es igual a la suma de las coeficientes de dilatación aparente y del recipiente.

13.7.1. Dilatación absoluta del *Hg*. Método de Dulong y Petit

El dispositivo empleado (fig.13-8) consiste en dos tubos con mercurio a temperatura 0° y t^o respectivamente, que se logra rodeando de dos recipientes (vasos) a ambos tubos estando uno de ellos lleno de hielo fundente mientras que en el otro de agua hirviendo, el tubo horizontal que une a ambos tubos es casi capilar, que asegura el equilibrio hidrostático del mercurio y determina también, con suficiente aproximación, el nivel de separación entre el mercurio, caliente y frío.

Midiendo las alturas h_0 y h_t de las columnas de mercurio se tiene de acuerdo con la hidrostática

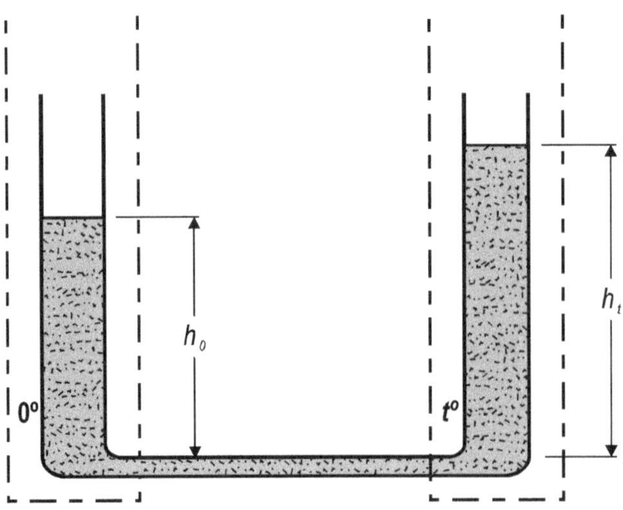

FIGURA 13-8

$$\frac{h_t}{h_0} = \frac{\delta_0}{\delta_t}$$

[13-27]

llamando γ al coeficiente medio de dilatación cúbica del mercurio y teniendo en cuenta que

$$\delta_t = \frac{M}{V_t} = \frac{M}{V_0(1+\gamma t)} = \frac{\delta_0}{1+\gamma t}$$

luego la [13-27] podemos poner

$$\frac{h_t}{h_0} = \frac{\delta_0}{\delta_0}\,(1+\gamma t)$$

despejando el valor del coeficiente tenemos finalmente

$$\gamma = \frac{h_t - h_0}{h_0\,t}$$

[13-28]

13.8. Dilatación y estudio de los gases

En general los cuerpos de la naturaleza podemos dividirlos en sólidos y fluidos, esta clasificación no es estricta ya que existen cuerpos cuya inclinación en una u otra es dudosa.

Llamamos fluidos a los líquidos y gases, ambos se caracterizan por carecer de forma propia es decir adquieren la forma del recipiente que los contienen.

Los gases no tienen un volumen determinado, al contrario de los líquidos.

Toda masa de gas ocupa íntegramente el recipiente en que está colocado y si este es de volumen variable, el gas se comprime o se dilata de acuerdo a las modificaciones que experimenta el recipiente. Entonces la característica principal de los gases es la *compresibilidad*.

Los gases a su vez pueden clasificarse en gases perfectos o ideales o gases reales.

Se llaman gases perfectos a los gases que cumplen rigurosamente las leyes de *Boyle-Mariotte* y *Gay-Lussac* o de Charles.

Gases reales son aquellos que no cumplen con las leyes antes dichas y son los gases tal como se presentan en la naturaleza.

13.8.1. Variables de estado y transformaciones

Se denomina transformación a una sucesión continua de estados diferentes que puede sufrir un cuerpo. Como cada punto en un diagrama representa un estado, la transformación estará representada por una sucesión de puntos, es decir por una línea.

Cualquier transformación está caracterizada por la relación o ley de variación de sus parámetros térmicos y esa ley puede ser expresada mediante una ecuación que se llama ***ecuación de transformación***.

Las leyes que rigen las transformaciones de los gases perfectos son la ***ley de Boyle-Mariotte,*** de ***Gay-Lussac*** y la ley combinada de los gases, también llamada de ***Clayperon***.

Las variables de estado o también llamados parámetros térmicos p (presión), V (volumen), T (temperatura) y Q (calor); determinan las transformaciones.

A continuación estudiaremos las diferentes transformaciones que se presentan.

Transformación isobárica o isóbara es aquella en donde la presión p es constante y está regida por la *primera ley de Gay-Lussac*.

$$V_t = V_0 \left(1 - \alpha\, t\right)$$

Su representación gráfica será paralela al eje OV (fig.13-9).

Se llaman ***transformaciones isovolumétricas*** o ***isócoras*** a aquellas en donde el volumen V es constante, están regidas por la *segunda ley de Gay-Lussac*.

$$p_t = p_0 \left(1 - \beta\, t\right)$$

vemos en la figura 13-9 que son paralelas al eje OP.

Se dice que una transformación es ***isotérmica*** o ***isoterma*** cuando en la relación que vincula los parámetros, la temperatura es constante, su característica principal es que hay intercambio de calor con el exterior para ellos es necesario que las paredes del recipiente que contiene el gas debe ser conductora del calor.

Está regida por la *ley de Boyle-Mariotte*.

$$p \cdot V = cte.$$

Su representación gráfica es una hipérbola equilátera cuyas ramas como veremos más adelante no llegan a cortar a los ejes.

Finalmente la transformación es ***adiabática*** cuando el calor Q es constante, es decir que el cuerpo (gas) evoluciona en el interior del recinto totalmente aislado o imperturbable al calor que lo diferencia de la transformación isotérmica, en otras palabras las paredes del recipiente deben ser impermeables o aislante porque no hay intercambio de calor Q con el exterior.

Su representación gráfica (fig.13-9) es también una hipérbola paro no es equilátera y su característica fundamental es que si el cuerpo (gas) realiza un trabajo externo, debe hacerlo a expensas de su energía interna pues no recibe calor del exterior, inversamente, si absorbe energía o trabajo del exterior, su energía interna aumenta en una cantidad equivalente.

En el proceso adiabático también puede ocurrir que las paredes del recipiente no sean impermeables al calor, entonces la evolución de la masa fluida (gas) deba ser suficientemente rápida para que pueda considerarse cumplida la condición adiabática.

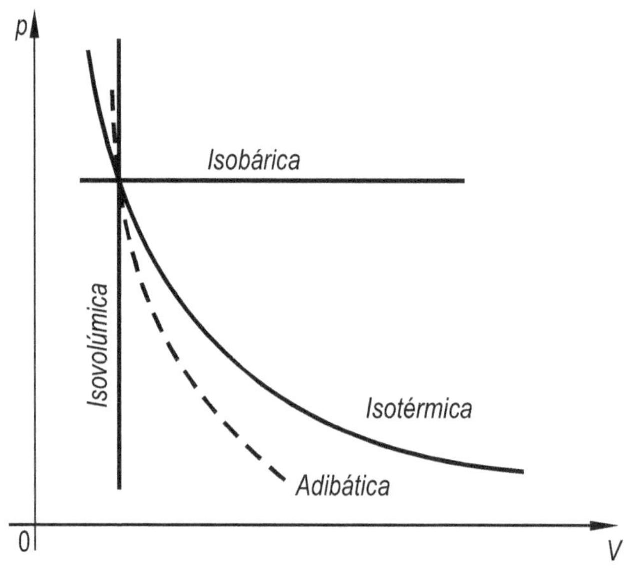

FIGURA 13-9

Por otra parte hemos dicho que la característica de los gases es la compresibilidad y además que si su volumen es variable podrá ocurrir una ***compresión*** cuando el volumen disminuye o una ***expansión*** cuando su volumen aumenta en forma lenta o en forma brusca.

Esquematizando podemos decir:

Transformaciones

Isotérmica:	$T = cte.$	(temperatura)
Isobárica:	$P = cte.$	(presión)
Isovolumétrica:	$V = cte.$	(volumen)
Adiabática:	$Q = cte.$	(calor)

13.8.2. Primeras consideraciones fenomenológicas

Expansión brusca .... enfriamiento

Compresión brusca.................... calentamiento

Ex. o Comp. lenta..................... temperatura $= cte.$

Gas limitado por paredes aislantes $\Bigg\}$ Proceso Adiabático

Transformación brusca

13.9. LEY DE BOYLE MARIOTTE

Es la primera ley que rige las transformaciones de los gases perfectos, fue estudiada y enunciada independientemente por los físicos, el inglés Boyle y el francés Mariotte.

Llamando p_1 y p_2 a las presiones correspondientes a dos estados de una misma masa gaseosa y V_1, V_2 a los volúmenes respectivos, se tiene

$$\frac{p_1}{p_2} = \frac{V_2}{V_1} \qquad\qquad [13\text{-}29]$$

esta fórmula nos expresa la ley de *Boyle-Mariotte* y se enuncia diciendo: ***A temperatura constante, los volúmenes de una misma masa gaseosa son inversamente proporcionales a las presiones que soporta.*** De la [13-29] podemos deducir

$$p_1 V_1 = p_2 V_2 = cte. \qquad\qquad [13\text{-}30]$$

Refiriéndonos a dos valores correspondientes cualesquiera de la presión y del volumen, podemos establecer la expresión más general de la ley

$$p \cdot V = C \ \ (constante)$$

expresión que nos dice: ***El producto de la presión por el volumen de un gas a la temperatura constante es constante.***

13.9.1. Representación gráfica

Sea un sistema de ejes cartesianos (fig.13-10) sobre el eje de las abcisas, tomamos los volúmenes (V) en cm^3 y sobre las ordenadas las presiones (p) en atmósferas. Sabemos según la ley que la temperatura T es constante, además la función a representar es

$$p = \frac{cte.}{V}$$

hipérbola equilátera

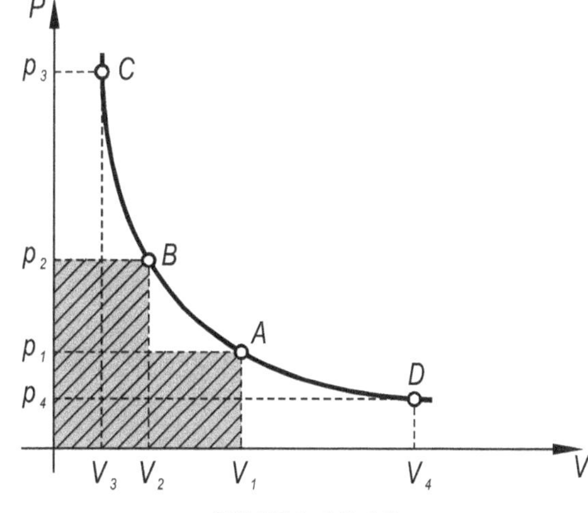

FIGURA 13-10

Cada estado del gas podemos representar por un punto del plano, uniendo todos esos puntos se tiene la curva representativa del fenómeno.

Las ramas de la hipérbola, no llegan a cortar los ejes puesto que

$$\text{Para } p = 0 \qquad V = \infty \qquad \left(V = \frac{cte.}{p} = \frac{cte.}{0} = \infty \right)$$

$$\text{Para } V = 0 \qquad p = \infty \qquad \left(p = \frac{cte.}{V} = \frac{cte.}{0} = \infty \right)$$

Haciendo variar la temperatura de la masa de gas estudiada, cambia la constante pero no el tipo de curva.

Luego para cada temperatura, la *isoterma* o *línea isotérmica* se desplaza en el plano pV (fig.13-14); es decir que si $t_2 >$ t_1 la línea isotérmica de t_2 estará por arriba de la t_1 y análogamente si $t < t_1$ la curva de t estará por debajo de t_1.

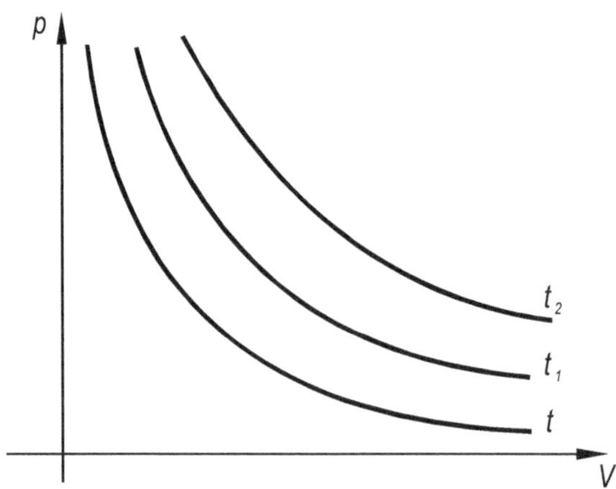

FIGURA 13-11

13.9.2. Significado de la constante

El producto $p \cdot V$ dimensionalmente representa un ***trabajo*** o ***energía***.

$$\left(p \cdot V \right) = \frac{F \left[Kg \right]}{A \left[cm^2 \right]} \cdot A \cdot \ell \left[cm^3 \right] = F \cdot \ell = \tau \left[Kg \cdot cm \right]$$

En la fig.13-10 vemos que la superficie rayada representa un ***trabajo*** o ***energía***. Además vemos que los rectángulos $O\,p_1\,A\,V_1$ y $O\,p_2\,B\,V_2$ son iguales, luego podemos concluir diciendo que par cada punto de la isoterma la energía es constante, es decir el producto $p \cdot V = C$ *cte*.

Si observamos en la fig.13-11 vemos que para aumentar la energía tenemos que incrementar la temperatura.

Se puede decir con ciertas restricciones que el producto

$$p \cdot V = \frac{2}{3} \, \overline{E}_{Cm}$$

siendo $\overline{E}_{Cm}$ la energía cinética media molecular

Se ha comprobado que la energía interna no depende ni de la presión ni del volumen, solo depende de la temperatura.

Por ejemplo si el gas se expande ***isotérmicamente*** está realizando un trabajo al medio exterior, para realizar dicho trabajo gasta energía, para que no se enfríe, es decir para mantener $T = cte.$ hay que darle calor desde el exterior; para ello las paredes del recipiente deben ser conductoras del calor (ej. de Cu).

13.9.3. Densidad y presión

Se llama ***densidad*** o masa específica de un cuerpo homogéneo al cociente de la masa por su volumen.

$$\delta = \frac{m}{V}$$

Ahora bien, si tenemos una misma masa de gas, sometida a las presiones p_1 y p_2 las respectivas densidades serán

$$\delta_1 = \frac{m}{V_1} \qquad \delta_2 = \frac{m}{V_2}$$

dividiendo miembro a miembro tenemos

$$\frac{\delta_1}{\delta_2} = \frac{V_2}{V_1}$$

pero de acuerdo a la ley de *Boyle-Mariotte*

$$\frac{V_2}{V_1} = \frac{p_1}{p_2}$$

por lo que nos queda finalmente

$$\frac{\delta_1}{\delta_2} = \frac{p_1}{p_2} \qquad\qquad [13\text{-}31]$$

Esta expresión nos dice que ***las densidades de una masa de gas, consideradas a temperaturas constate, son proporcionales a las presiones que soporta.***

Densidad del aire a $0°\ C$ y $760\ mm.$ de Hg

$$\delta_a = 0{,}00129\ \frac{gr}{cm^3}$$

13.10. DILATACIÓN DE LOS GASES. LEY DE GAY-LUSSAC

Hemos visto que elevando la temperatura de los sólidos y fluidos aumentaba su volumen, entre los últimos están incluidos los gases.

Si tenemos una masa de gas, elevando su temperatura, su volumen aumentará si el recipiente que lo contiene se lo permite. Si éste último es indeformable, el volumen de la masa gaseosa no cambia, pero su presión aumenta.

El caso de t, constante ya lo hemos estudiado en la ley de Boyle-Mariotte. Ahora veremos los casos correspondientes a variaciones de la temperatura t, a los que llamaremos dilataciones.

Si $p = cte.$, variará la presión y el fenómeno recibirá el nombre de dilatación a presión constante.

Si $V = cte.$, variará la presión y el fenómeno recibirá el nombre de dilatación a volumen constante.

13.10.1. Dilatación a presión constante

Para realizar la dilatación de un gas a presión constante se emplea el dispositivo del esquema (fig.13-12). El gas se coloca en el recipiente R que lleva un tubo horizontal en cuyo interior corre un índice i de mercurio.

El tubo está graduado y constituye un dilatómetro, la posición del índice i en la escala del tubo, dá el volumen V del gas encerrado en R.

Colocando hielo en fusión, en la caja metálica C, el termómetro t marcará $0°$ y el índice i se correrá hacia adentro deteniéndose en una posición que nos dará un volumen V_0.

Calentando la caja metálica C se podrá determinar los distintos volúmenes que ocupa el gas encerrado en R a medida que cambia la temperatura del agua de fusión del hielo.

La presión del gas queda invariable e igual a la presión atmosférica.

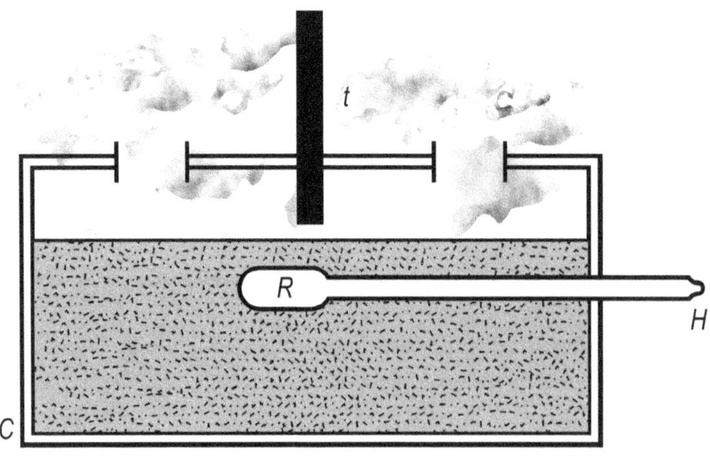

FIGURA 13-12

Si al llegar a la temperatura t^o, el volumen es V_t, el aumento de volumen habrá sido

$$\Delta V = V_t - V_0$$

Llamaremos coeficiente medio de dilatación del gas a presión constante entre 0° y t^o, al valor

$$\alpha = \frac{V_t - V_0}{V_0 \, t} \qquad\qquad [13\text{-}32]$$

El cual representa el aumento medio de volumen que experimenta cada unidad de volumen del gas, por cada grado de elevación de temperatura siempre que se mantenga constante la presión.

De [13-32] podemos obtener el volumen a t^o C

$$V_t = V_0 \left(1 + \alpha \, t\right) \qquad\qquad [13\text{-}33]$$

Esta expresión suele conocerse con el nombre de la primera expresión de la Ley de Gay-Lussac

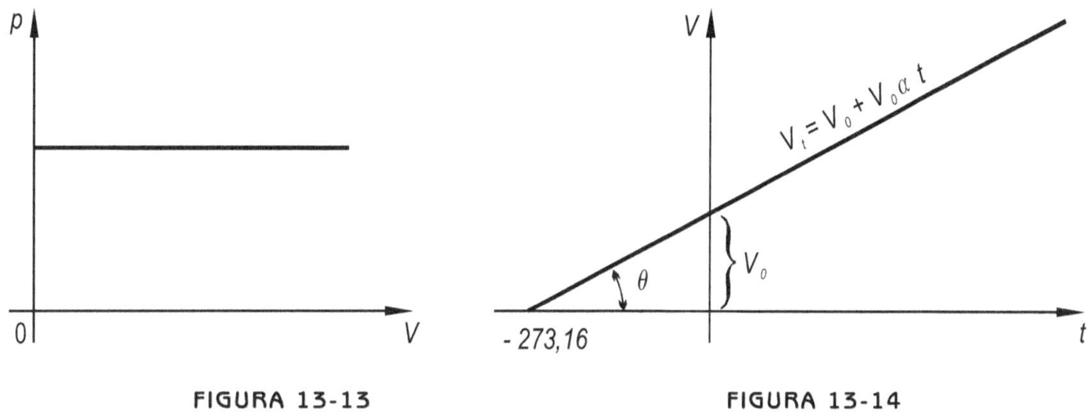

FIGURA 13-13FIGURA 13-14

La representación en el diagrama p-V sería una recta normal al eje de las ordenadas (fig.13-13) puesto que es una transformación isobárica.

La ecuación [13-33] puede representarse también en un diagrama V-t (fig.13-14) y vemos que es una recta cuya ordenada al origen es V_0 y tiene por coeficiente angular θ.

13.10.2. Ley de Gay-Lussac

Gay-Lussac operando con diferentes gases y con ayuda de aparatos bastante calibrados (análogo al esquema anterior) logró establecer la siguiente ley: ***El coeficiente de dilatación de un gas entre 0° y t^o bajo presión constante, es independiente de la temperatura t, de la presión p y de la naturaleza del gas.***

Todos los gases se dilatan igualmente, el coeficiente α es una constante para todos los gases

$$\alpha = \frac{1}{273,16} = 0,003665 \qquad\qquad [13\text{-}34]$$

La dimensión que se saca de la expresión [13-34] es

$$[\alpha] = \frac{1}{[t]}$$

vemos que es la inversa de la temperatura t.

13.10.3. Transformación a volumen constante

Es un proceso en que $V = cte.$ y $p = f(t)$, es decir que la presión es una función de la temperatura. Para determinar la relación entre presiones y temperaturas, podemos usar un dispositivo cuyo esquema es la fig.13-15.

El recipiente R, en el que se coloca el gas a estudiar, se comunica con un manómetro de aire libre que permite medir las presiones p que corresponden a cada temperatura.

Inicialmente en la caja metálica se coloca hielo, en ese momento el termómetro marcará $0°$ y la presión toma un valor p_0.

$$p_0 = (H - h_0)\, \rho$$

Se marca con un enrase el nivel del Hg en N, que es límite del volumen gas encerrado en R.

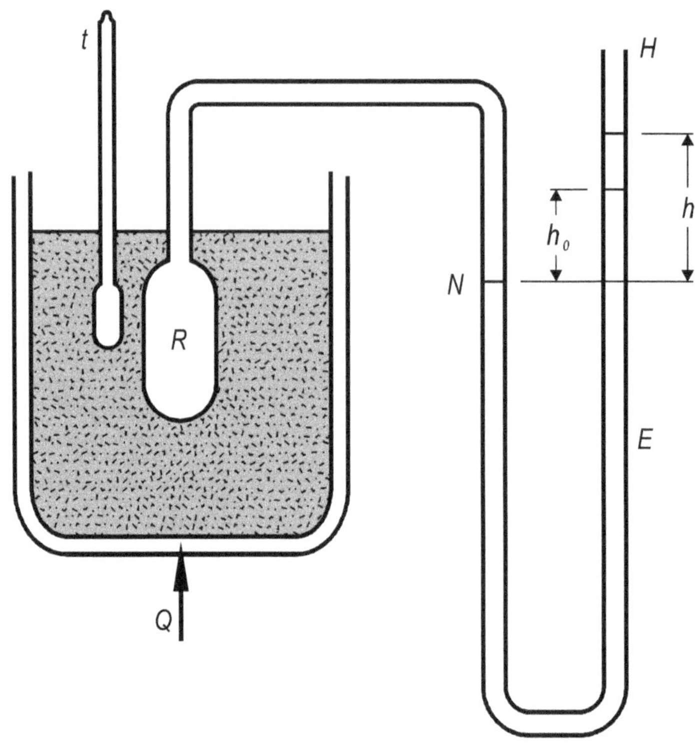

FIGURA 13-15

Si lo sometemos al calor Q, se elevará a $t°$ la temperatura del agua de fusión el gas aumenta su volumen y su presión empujando el mercurio.

Pero tenemos que mantener el $V = cte.$, para ello se levanta la otra rama del manómetro E, hasta que el mercurio vuelva al enrase N. El desnivel h dará la presión p_t del gas, o sea:

$$p_t = (H - h)\, \rho$$

ρ = peso específico del Hg

Al variar la temperatura de $0°$ a $t°$, se ha producido una variación de presión

$$p_t - p_0 = (h - h_0)\rho \qquad\qquad [13\text{-}35]$$

Se llama coeficiente medio de aumento de presión del gas a volumen constante

$$\beta = \frac{p_t - p_0}{p_0\, t} = \frac{\Delta p}{p_0\, t} \qquad\qquad [13\text{-}36]$$

que representa el aumento medio de presión del gas, por cada unidad de presión inicial y por cada grado de elevación de temperatura, entre $0°$ y $t°$. A β también suele definirse como el incremento de presión por unidad de temperatura y tiene el mismo valor de α pero su significación es distinta como lo vamos a demostrar más adelante

De la expresión [13-36] podemos obtener

$$p_t = p_0 (1 + \beta t) \qquad\qquad [13\text{-}37]$$

vemos que es una ley lineal y se conoce también con el nombre de segunda expresión de Gay-Lussac. Además vemos que es una transformación isovolúmica (isócora) por ser $V = cte$.

En el diagrama p-V (fig.13-16) vemos que es una normal al eje de la abcisas. En cambio en el diagrama p-t será una recta como indica la fig.13-17.

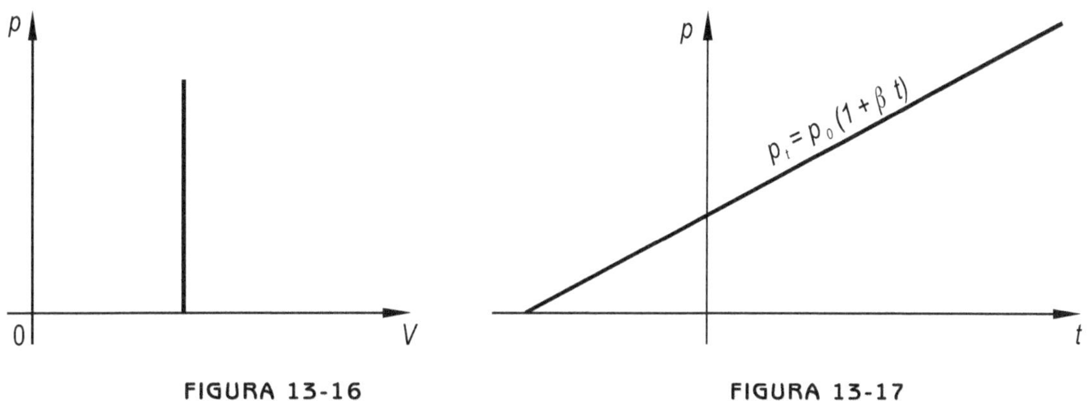

FIGURA 13-16   FIGURA 13-17

13.11. APLICACIÓN AL TERMÓMETRO DE GAS

Su funcionamiento se basa en las propiedades generales de los gases permanentes y en particular, en las leyes de Gay-Lussac cuyas expresiones ya son conocidas

$$P_t = p_0 (1 + \alpha t) \qquad\text{(1) para volumen constante}$$

$$V_t = V_0 (1 + \alpha t) \qquad\text{(2) para presión constante}$$

Habrá por lo tanto dos formas de funcionamiento del termómetro de gas, según se mantenga constante el volumen o la presión, siendo la primera de ellas la más correcta.

El termómetro de gas es una simplificación del termómetro normal de hidrógeno, está constituido en sus partes fundamentales por un recipiente o bulbo A que comunica por medio de un tubo horizontal casi capilar con un tubo manométrico de aire libre B-C destinado a medir presiones. En el tubo horizontal hay una llave o robinete L de tres vías, que permite comunicar el recipiente A con la atmósfera o con una fuente productora de gas o bien aislarlo dejándolo únicamente comunicado con el tubo manométrico.

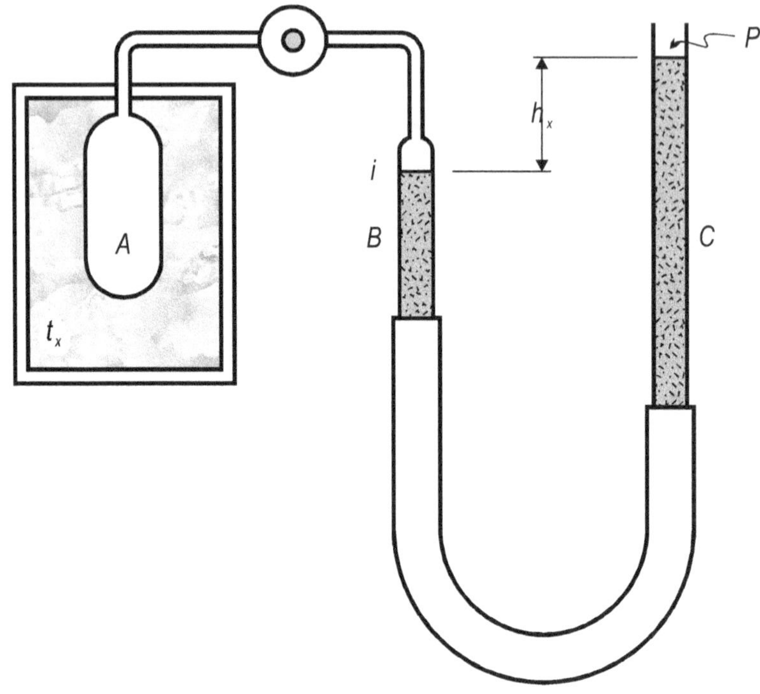

FIGURA 13-18

Como se va a trabajar a volumen constante, existe en la parte superior del tubo B, un índice o señal (i) con la finalidad de mantener la constancia del volumen.

Completa el aparato una escala graduada en milímetros, para hacer las lecturas de las alturas del mercurio en ambas ramas. Se debe determinar primeramente el valor medio del coeficiente de presión del gas utilizado entre dos temperaturas. Para ello se rodea al bulbo con hielo fundente y al cabo de unos minutos se enrasa el mercurio en (i) para lo cual será necesario desplazar la rama C del manómetro. Cuando todo el gas se ha enfriado a 0° C, lo que se reconoce porque la posición del manómetro que sumado a la presión atmosférica H leída en un barómetro preciso nos da la presión del gas contenido en el bulbo.

$$P_0 = H - h_0 \qquad\qquad [13\text{-}38]$$

Se retira el hielo y se coloca un recipiente con agua que se calienta hasta la ebullición quedando el bulbo con gas a la temperatura de los vapores que se desprenden (100° C para $h = 760$ mm de Hg).

Simultáneamente se levanta la rama C para conseguir el enrase y cuando se haya llegado a la temperatura de 100° C se lee el desnivel h_{100} del agua en ebullición a la presión del día, de modo que la presión será

$$p_{100} = H - h_{100} \qquad\qquad [13\text{-}39]$$

de acuerdo con la fórmula [1] vista en un comienzo

$$P_t = P_0 \left(1 + \alpha\, t\right) \qquad\qquad [13\text{-}40]$$

se tiene

$$\alpha = \frac{P_{100} - P_0}{P_0\, t} = \frac{h_{100} - h_0}{100\; P_0} \qquad\qquad [13\text{-}41]$$

Conocido α podemos determinar la temperatura t_x de un recinto cualquiera. Para ello basta colocar el bulbo en el recito cuya temperatura deseamos medir y se lee el desnivel h_x. La presión es

$$P_x = P_0 - h_x = P_0 \left(1 + \alpha\, t_x\right) \qquad\qquad [13\text{-}42]$$

de donde

$$t_x = \frac{P_x - P_0}{P_0\; \alpha} = \frac{h_x - h_0}{P_0\; \alpha} \qquad\qquad [13\text{-}43]$$

que permite calcular la temperatura t_x.

Si reemplazamos el valor de α dado por la [13-41] en la expresión [13-43] resulta

$$t_x = \frac{100}{h_{100} - h_0}\; \left(h_x - h_0\right) \qquad\qquad [13\text{-}44]$$

Por ejemplo si se desea calcular la temperatura ambiente una vez determinado, se baja la rama G del manómetro y se retira la caldera para que tome la temperatura del ambiente. Cuando haya llegado a ese estado se enrasa y se lee el desnivel h_x.

Como el índice i está colocado lo más alto posible para reducir al mínimo el volumen de gas que queda fuera del bulbo, contenido parte en el tubo horizontal y parte en la rama manométrica B, existe el peligro de que, por haber levantado demasiado la rama C del manómetro o por haberse enfriado el gas el mercurio pase al bulbo, entonces se debe desarmar el aparato.

Por ello se trabajará teniendo especial cuidado de que tal cosa no ocurra, bajando la rama C cada vez que exista la posibilidad de una disminución de volumen.

13.12. GASES IDEALES

Ya hemos visto que los gases ideales también se llamaban gases perfectos. En ellos se verifican las leyes de *Boyle-Mariotte* y *Gay-Lussac* o de *Charles* o sea que se cumple

$$P_1 V_1 = P_2 V_2 = cte. \qquad \textit{Boyle-Mariotte}$$

$$\left.\begin{array}{l} V_t = V_0 \left(1 + \alpha\, t\right) \\[2mm] P_t = P_0 \left(1 + \beta\, t\right) \end{array}\right\} \qquad \textit{Gay-Lussac}$$

Además vamos a demostrar que se verifica en los gases ideales que $\alpha = \beta$. Pasando una masa de gas de $0^\circ\,C$ a $t^\circ\,C$ (fig.13-19).

$$V_t = V_0\left(1+\alpha\,t\right)$$

$$P_t = P_0\left(1+\beta\,t\right)$$

Entre A y B existe la relación isotérmica. Podemos poner

$$P_t\,V_0 = P_0\,V_t$$

Reemplazando P_t y V_t por sus valores anteriores

$$P_0\left(1+\alpha\,t\right)V_0 = P_0\,V_0\left(1+\beta\,t\right)$$

$$1+\alpha\,t = 1+\beta\,t$$

$$\boxed{\alpha = \beta \qquad\qquad [13\text{-}45]}$$

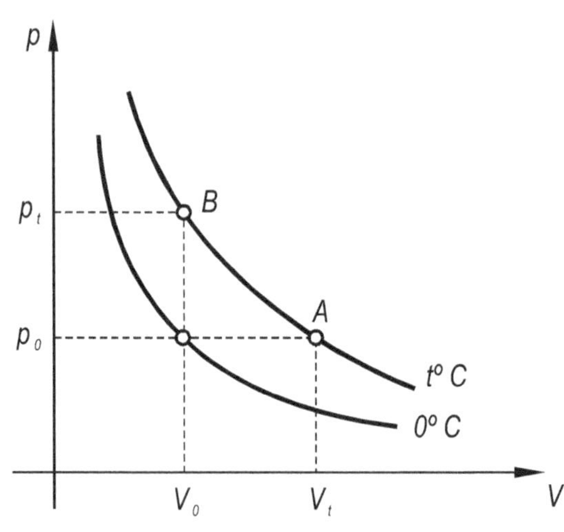

FIGURA 13-19

13.12.1. Temperatura absoluta

En el diagrama $V\text{-}t$ se representa la ley lineal (fig.13-20)

$$V = f\left(t\right)$$

$$V = V_0\left(1+\alpha\,t\right)$$

$$V = V_0\left(1+\alpha\,t\right)$$

$$V = V_0\,\alpha\left(\frac{1}{\alpha}+t\right)$$

$$V = V_0\,\alpha\left(273+t\right)$$

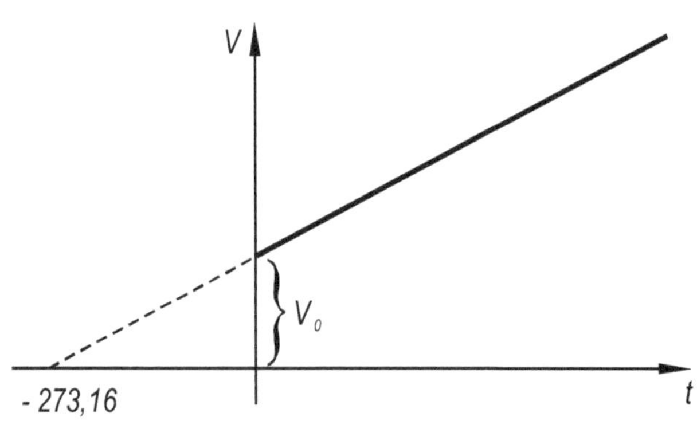

FIGURA 13-20

Hacemos

$$273+t = T$$

$$\boxed{V = V_0\,\alpha\,T \qquad\qquad [13\text{-}46]}$$

de la misma manera podríamos obtener en $P = f(t)$

$$P = P_0\,\beta\,T \qquad\qquad\qquad [13\text{-}47]$$

T = temperatura absoluta en *grados Kelvin*

13.13. ECUACIONES DE TRANSFORMACIÓN

Consideremos una masa de gas que evoluciona desde los estados iniciales P_0 V_0 a $0°$ C de temperatura a los finales P_1 V_1 $t°$ en cada forma tal que se le puede aplicar las leyes conocidas.

$$0 \longrightarrow I \qquad\qquad \text{Isobárica } (P\ cte.)$$
$$0 \longrightarrow II \qquad\qquad \text{Isovolumétrica } (V\ cte.)$$
$$I \longrightarrow 1;\ II \longrightarrow 1 \qquad \text{Isotérmica } (T\ cte.)$$

Pasaremos de P_0 V_0 a $0°$ C a P_1 V_1 $t°$ siguiendo ya sea de

$$a)\ 0 \longrightarrow I \longrightarrow 1$$
$$b)\ 0 \longrightarrow II \longrightarrow 1$$

a) Se tiene planteando la ecuación de *Gay-Lussac* y *Boyle*

$$V_I = V_0\left(1 + \alpha\,t\right) \qquad \text{(entre 0 y I)} \qquad\qquad [13\text{-}48]$$

$$P_0\,V_I = P_1\,V_1 \qquad \text{(entre I y 1)} \qquad\qquad [13\text{-}49]$$

reemplazando en [13-49] la expresión [13-48], tenemos

$$P_0\,V_0\left(1 + \alpha\,t\right) = P_1\,V_1 \qquad\qquad [13\text{-}50]$$

o también

$$P_0\,V_0 = \frac{P_1\,V_1}{1 + \alpha\,t} \qquad\qquad [13\text{-}51]$$

b) También se llega a (4)

$$P_{II} = P_0\left(1 + \alpha\,t\right) \qquad\qquad [13\text{-}52]$$

$$P_{II}\,V_0 = P_1\,V_1 \qquad\qquad [13\text{-}53]$$

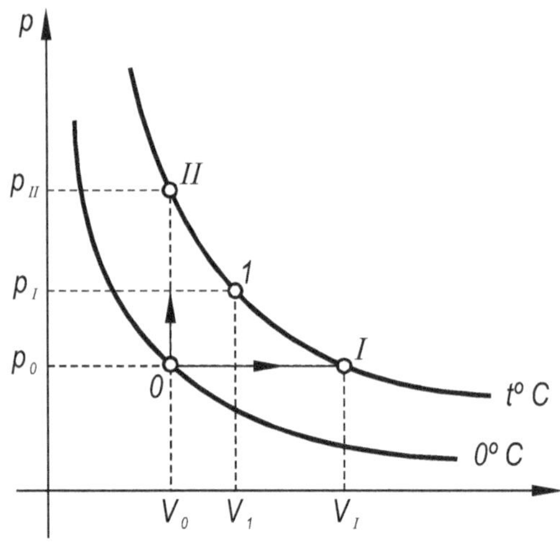

FIGURA 13-21

reemplazando [13-52] en [13-53] se tiene

$$P_0\, V_0\,(1+\alpha t) = P_1\, V_1 \qquad\qquad [13\text{-}54]$$

o también

$$P_0\, V_0 = \frac{P_1\, V_1}{1+\alpha t} \qquad\qquad [13\text{-}55]$$

Generalizando [13-51] y [13-55] podemos escribir

$$P_0\, V_0 = \frac{P_1\, V_1}{1+\alpha t_1} = \frac{P_2\, V_2}{1+\alpha t_2} \qquad\qquad [13\text{-}56]$$

esta última expresión se le denomina **relación de Avogadro**

También se puede escribir un función de la temperatura absoluta

$$P_0\, V_0 = \frac{P_1\, V_1}{\alpha T_1} = \frac{P_2\, V_2}{1-\alpha t_2} \qquad\qquad [13\text{-}57]$$

y finalmente

$$\frac{P_1\, V_1}{T_1} = \frac{P_2\, V_2}{T_2} \qquad\qquad [13\text{-}58]$$

13.13.1. Ecuación general de estado

Sabemos que la relación de Avogadro es

$$P_0\,V_0 = \frac{P\,V}{1+\alpha\,t} = \frac{P\,V}{\alpha\,T} \qquad\qquad [13\text{-}59]$$

de donde tenemos

$$P\,V = \alpha\,P_0\,V_0\,T \qquad\qquad [13\text{-}60]$$

introduciendo la masa del gas será

$$\delta_0 = \frac{m}{V} \qquad \Rightarrow \qquad V_0 = \frac{m}{\delta_0} \qquad \text{para } 0^\circ\,C \text{ y } P_0$$

Luego [13-60] podemos ponerla así

$$P\,V = \frac{P_0}{\delta_0}\,\alpha\,m\,T \qquad\qquad [13\text{-}61]$$

$\dfrac{P_0}{\delta_0}\,\alpha = C$ constante para cada gas, siendo $P_0 = 760$ *mm* de *Hg*. Tenemos entonces

$$\boxed{P\,V = C\,m\,T \qquad\qquad [13\text{-}62]}$$

Que es una de las formas de expresar la ecuación de estado. Para poder llegar a la ecuación general y expresar en las unidades correspondientes consideremos lo siguiente

m = masa gaseosa

M = masa molar

n = número de moles contenido en la masa m

$$n = \frac{m}{M} \qquad \Rightarrow \qquad m = n\,M$$

Para $n = 1$; $m = M$; si el gas está a la presión $P_0 = 1$ *atm.* y $0^\circ\,C$, todos los gases tienen el mismo volumen molar

$$V_0 = 22{,}41 \ \frac{m^3}{k\,mol}$$

y el mismo número de moléculas

$$N_A = 60{,}2 \times 10^{22} \qquad \text{es el número de Avogadro}$$

Para un mol de gas

$$P_0 V_0 \alpha = \dfrac{10330 \ \dfrac{kg}{m^2} \times 22,41 \ \dfrac{m^3}{kmol}}{273,16} = 848 \ \dfrac{kgm}{{}^\circ K \ kmol} = R'\text{-}$$

R' constante universal para todos los gases, y vale:

$$R \simeq 848 \ \dfrac{kgm}{{}^\circ K \ kmol} = 8,312 \ \dfrac{J}{{}^\circ K \ kmol}$$

ya que $1 \ kgm = 9,81 \ Joule$

nuestra fórmula será entonces reemplazando R directamente en [13-62]

$$P \ V' = R' \ T \qquad\qquad \text{para un } kmol$$

$$P \ V = n \ R \ T \qquad\qquad \text{para } n \text{ Moles}$$

Ecuación general de estado llamada también de **Clapeyron.**

13.13.2. Otros valores de *R'*

$$R' = \dfrac{1 \ atm \times 22,41 \ litros}{273^\circ \ K} = \dfrac{0,082 \ atm \cdot litro}{{}^\circ K \cdot mol}$$

$1 \ atm = 76 \ cm$ de $Hg = 760 \ mm$ de Hg

$$R' = 0,082 \times 76 \ \dfrac{cm \ Hg \cdot litro}{{}^\circ K \cdot mol}$$

$$76 \ cm \ Hg = 76 \times 13,56 = 1033 \ \dfrac{gr}{cm^2}$$

$$1033 \ gr = 1033 \times 980 \ dinas = 1,01234 \times 10^6 \ dinas$$

$$R' = 0,082 \times 1,01234 \times 10^6 \ \dfrac{dinas \cdot litros}{cm^2 \cdot {}^\circ K}$$

Como

$$1 \ kcal = 427 \ kgm$$

$$R' = 1,98 \ \dfrac{kcal}{{}^\circ K \ kmol}$$

13.14. TEORÍA CINÉTICA DE LOS GASES

Vamos a considerar en éste capítulo como las ecuaciones, así como otras propiedades de los gases, pueden interpretarse en función de la estructura molecular.

De acuerdo a la teoría de Bernoulli un gas está formado por un gran número de moléculas que se mueven caóticamente a través del espacio en todas direcciones, semejante a lo que nos muestra un enjambre de insectos voladores a través del Sol. El tamaño molecular es pequeño en comparación con la distancia media molecular y éstas no ejercen fuerzas apreciables entre ellas. Sobre la base de esta hipótesis y a las leyes del movimiento de Newton se pueden llegar a deducir las ecuaciones de los gases perfectos y se profundiza el concepto de calor, presión y temperatura. Las hipótesis que relacionan el tamaño de las moléculas y las fuerzas intermoleculares se modifican mediante factores adicionales que conducen a las ecuaciones de los gases de comportamiento real.

Supongamos que un cubo como se muestra en la fig.13-22 contiene N moléculas, cada una de mas μ. Consideremos una de estas moléculas a la cual llamaremos 1. Sea v_{x1} su componente de velocidad paralela al eje x

Admitiendo que las componentes de movimiento en las otras dos direcciones no influyen en el movimiento sobre la dirección x, la molécula 1 se desplaza adelante y atrás golpeando sucesivamente las cara $A\,A'$.

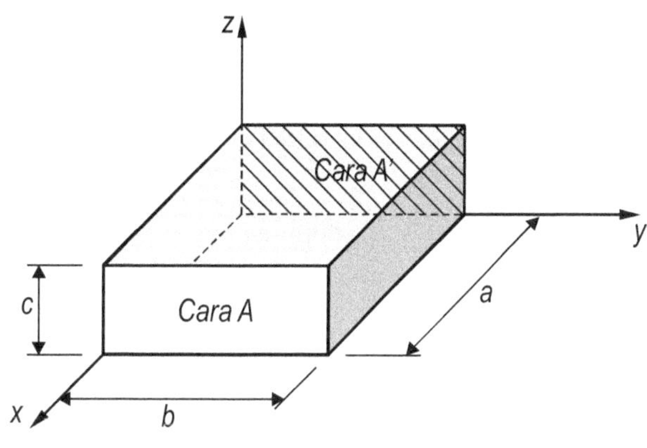

FIGURA 13-22

Supongamos que las colisiones en las paredes son elásticas y que la molécula no choca con otras moléculas. (en estudios posteriores se comprueba que ambas hipótesis no influyen en el resultado final).

Entre choques sucesivos con la cara A la molécula recorre una distancia $2a$ en la dirección x, y el intervalo de tiempo entre colisiones es.

$$\Delta t = \frac{2a}{v_{x1}}$$

[13-63]

Siempre que la molécula no experimente choques con otras moléculas en sus recorridos. En cada choque, la componente de la cantidad de movimiento en dirección normal a la cara A cambia $-\mu\,v_{x1}$ a $\mu\,v_{x1}$ y, por lo tanto, la variación de la cantidad de movimiento será.

$$\Delta\left(\mu\,v_{x1}\right) = 2\,\mu\,v_{x1}$$

[13-64]

Así es que al cabo de un cierto tiempo, la cantidad de movimiento de la molécula en la dirección x tendrá una variación media.

$$f_1 = \frac{\Delta(\mu\, v_{x1})}{\Delta t} = \frac{2\,a v_{x1}}{2\,a \Big/ v_{x1}} = \frac{\mu\, v_{x1}^2}{a} \qquad\qquad [13\text{-}65]$$

De acuerdo a las leyes de Newton del movimiento, la cantidad de movimiento solo puede variar si se ejerce una fuerza, y en éste caso la fuerza media ejercida por la molécula 1 sobre la cara A puede igualarse a la variación de la cantidad de movimiento.

$$\frac{\Delta(\mu\, v_{x1})}{\Delta t} = \frac{\mu\, v_{x1}^2}{a} \qquad\qquad [13\text{-}66]$$

Como el área de la cara A es bc, la molécula 1 ejerce sobre ella una presión.

$$P_1 = \frac{f_1}{bc} \; \frac{\mu\, v_{x1}^2}{abc} \qquad\qquad [13\text{-}67]$$

y como el producto abc es el volumen del cubo resulta.

$$P_1 = \frac{\mu\, v_{x1}^2}{V} \qquad\text{o también}\qquad P_1 V = \mu\, v_{x1}^2$$

Por tratarse de choques elásticos la magnitud $\mu\, v_{x1}^2$ será constante y, por lo tanto.

$$P_1 V = cte. \qquad\qquad [13\text{-}68]$$

que no es otra que la expresión matemática de la ley de Boyle

Si dentro de cubo hubiese una sola molécula, se observaría una sucesión de impulsos sobre la pared, en lugar de una presión constante, y si la masa de la pared fuera M en cada choque experimentaría un incremento de velocidad V en la dirección x, y se cumpliría que $M V = 2\mu\, x_{x1}$ de tal modo que después de N colisiones la pared se movería con una velocidad aproximadamente igual a $N M$, a menos que una fuerza constante igual a f_1, actúe en sentido opuesto.

Como cada una de las restantes moléculas ejerce una presión similar sobre la cara A, podemos escribir que.

$$P = P_1 + P_2 + P_3 + ... + P_N = \sum P_i = \sum \frac{\mu\, v_{x1}^2}{V} = \frac{\mu}{V} \sum v_{xi}^2 \qquad\qquad [13\text{-}69]$$

En la que v_{xi} es la componente de la velocidad de la molécula i según el eje x. El valor de,

$$\overline{v}_x^2 = \frac{\sum v_{xi}^2}{N} \qquad\qquad [13\text{-}70]$$

es el valor medio de la velocidad según x.

Definimos el valor cuadrático medio de esa velocidad por.

$$\overline{\overline{V}}_x^{\,2} = \frac{\sum \overline{v}_{xi}^{\,2}}{N} \tag{13-71}$$

y así resulta que,

$$P = \frac{\mu \, N \overline{\overline{V}}_x^{\,2}}{V} \tag{13-72}$$

Como en cualquier instante la mitad de las moléculas se mueve hacia la cara A y la otra mitad hacia la A', la mitad de los valores de v_{xi} deben ser negativos y la otra mitad positivos y por lo tanto $\overline{v}_x$; debe ser cero, de acuerdo con el hecho de que en conjunto el gas no se mueve. En cambio, todos los términos de $\sum v_{xi}^2$ son positivos, de modo que, $\overline{\overline{V}}^{\,2}$ es muy distinto de cero y es la componente al cuadrado de la velocidad media. Ahora bien, para cada molécula,

$$v_i^2 = v_{xi}^2 + v_{yi}^2 + v_{zi}^2 \tag{13-73}$$

en la que v_i es la velocidad de la molécula i. Por lo tanto,

$$v_1^2 = v_{xi}^2 + v_{yi}^2 + v_{zi}^2$$
$$v_2^2 = v_{x1}^2 + v_{y2}^2 + v_{z2}^2$$
$$\vdots \qquad \vdots \qquad \vdots \qquad \vdots$$
$$v_N^2 = v_{xN}^2 + v_{yN}^2 + v_{zN}^2$$

Si todas estas ecuaciones se suman y el resultado en ambos miembros se divide por N, se obtiene una expresión de la velocidad cuadrática media.

$$\overline{\overline{V}}^{\,2} = \frac{\sum \overline{v}_{xi}^{\,2}}{N} = \frac{\sum \overline{v}_{yi}^{\,2}}{N} = \frac{\sum \overline{v}_{zi}^{\,2}}{N} = \overline{\overline{V}}_x^{\,2} + \overline{\overline{V}}_y^{\,2} + \overline{\overline{V}}_z^{\,2} \tag{13-74}$$

Bajo ésta hipótesis estamos admitiendo que realmente el movimiento molecular es aleatorio y que las tres direcciones $x,\ y,\ z$ son equivalentes por lo que,

$$\overline{\overline{V}}_x^{\,2} = \overline{\overline{V}}_y^{\,2} = \overline{\overline{V}}_z^{\,2} \tag{13-75}$$

Por lo tanto,

$$\overline{\overline{V}}^{\,2} = 3\,\overline{\overline{V}}_x^{\,2} \tag{13-76}$$

ó

$$\overline{\overline{V}}_x^{\,2} = \frac{\overline{\overline{V}}^{\,2}}{3} \qquad\qquad [13\text{-}77]$$

Luego reemplazando en la [13-72] obtenemos que,

$$P\,V = \frac{1}{3}\,N\,\mu\,\overline{\overline{V}}^{\,2} \qquad\qquad [13\text{-}78]$$

El producto de la masa de una molécula por el número de moléculas que contiene el gas no es otra cosa que la masa m del mismo por lo que,

$$P\,V = \frac{1}{3}\,N\,m\,\overline{\overline{V}}^{\,2} \qquad\qquad [13\text{-}79]$$

De la [13-79] podemos tener una interpretación cinética de la presión haciendo,

$$P = \frac{1}{3}\,\frac{m}{V}\,\overline{\overline{V}}^{\,2} = \frac{1}{3}\,\delta\,\overline{\overline{V}}^{\,2} \qquad\qquad [13\text{-}80]$$

con lo que, y de acuerdo a esto, concluimos que la presión del gas es una función velocidad cuadrática media molecular.

Además, si a la ecuación de estado de los gases ideales,

$$P\,V = n\,R'\,T \qquad\qquad [13\text{-}81]$$

La igualamos a la [13-79] obtenemos la importante identidad,

$$\frac{1}{3}\,m\,\overline{\overline{V}}^{\,2} = n\,R'\,T \qquad\qquad [13\text{-}82]$$

que relaciona la temperatura con las velocidades moleculares de un modo consistente con el concepto intuitivo de que las moléculas se mueven más rápidamente cuando los gases se calientan. Así la ecuación [13-82] se la considera realmente como una interpretación molecular de los conceptos de temperatura y calor.

Una estimación de las velocidades medias moleculares se puede hacer mediante un recinto que contenga un mol de gas para el cual el número de moléculas. Según la ley de Avogadro N_A será el número de moléculas contenidas en el mismo. Luego de la [13-78] resulta,

$$\frac{1}{3}\,N_A\,\overline{\overline{V}}^{\,2} = R'\,T \qquad\qquad [13\text{-}83]$$

Como $\mu\,N_A$ es la masa de un mol de gas, que por definición es el peso molecular M, será,

$$\frac{1}{3}\,M\,\overline{\overline{V}}^{\,2} = R'\,T \qquad\qquad [13\text{-}84]$$

o sea,

$$\overline{\overline{V}}^{\,2} = \frac{3\,R'\,T}{M} \qquad\qquad [13\text{-}85]$$

y podemos calcular la velocidad cuadrática media de un gas directamente a partir de magnitudes macroscópicamente observables.

Así, a una temperatura determinada, los gases con más bajos pesos moleculares poseen velocidades moleculares más elevadas. De acuerdo a esto último , el hidrógeno sería uno de los más ligeros.

El número de Avogadro o el de moléculas contenidas en un mol de gas es $60,2 \times 10^{22}$ moléculas. Así si un a muestra contiene N moléculas ,el número de moles será,

$$n = \frac{N}{N_A} \qquad\qquad [13\text{-}86]$$

Introduciendo éste valor en la ecuación de estado se tiene,

$$P\,V = \frac{N}{N_A}\,R'\,T$$

Es conveniente definir una nueva constante,

$$k = \frac{R'}{N_A} \qquad\qquad [13\text{-}87]$$

Constante de Boltzmann cuyo valor numérico es (en unidades *c.g.s*), $1{,}38054 \cdot 10^{-16}$ *erg* / °K molécula. Esta constante aparece frecuentemente en las ecuaciones físico-químicas basada en los modelos moleculares.

CAPÍTULO 14

CALORIMETRÍA

Cuando aumentamos la temperatura de un cuerpo decimos corrientemente que el cuerpo contiene más que antes.

La experiencia nos dice que puestos en contacto dos cuerpos a diferentes temperaturas disminuye la temperatura del cuerpo más caliente y aumenta del más frío, siempre que no haya acciones químicas entre ambas, decimos entonces que el más caliente cede calor y el frío recibe calor.

Entonces, calentar o enfriar un cuerpo significa, aumentar o disminuir su temperatura.

Si se admite en principio que cada adquisición o pérdida de calor por parte de un cuerpo tenga necesariamente que producir una variación de temperatura, debe deducirse que se crea calor en muchos fenómenos.

Así por ejemplo: en el frotamiento, en los cambios de estado; reacciones químicas endotérmicas, etc.

Solamente cuando ningún otro fenómeno acompaña a la propagación del calor, puede asegurarse que si un cuerpo aumenta de temperatura, contiene más calor porque lo ha recibido desde el exterior y que si disminuye de temperatura, si ha perdido calor por haberlo cedido a los cuerpos que lo rodean.

En estas condiciones particulares puede decirse que el calor no se crea ni se destruye, sino que solamente pasa de un cuerpo a otro.

Como el calor no es indestructible, resulta difícil precisar el concepto del mismo y establecer su medida. Es un elemento físico suficientemente definido en cuanto se fije de un modo lógico, experimental y prácticamente conveniente para efectuar su medida.

Las cantidades de calor de los cuerpos se miden mediante los dispositivos llamados calorímetros.

14.1. CANTIDAD DE CALOR. CAPACIDAD CALORÍFICA. CALOR ESPECÍFICO MEDIO Y VERDADERO

La cantidad ΔQ de calor tiene físicamente una dimensión, un trabajo, esa cantidad de calor es proporcional a la temperatura.

Los experimentos calorimétricos indican que para cualquier cuerpo y para pequeños intervalos de temperatura, (algunas decenas de grados) la cantidad de calor dado a un cuerpo es proporcional al calentamiento producido Δt

$$\Delta Q = C \, \Delta t \qquad\qquad [14\text{-}1]$$

ΔQ es la cantidad de calor

C es la constante de proporcionalidad

$\Delta t = t_f - t_i$ salto térmico

La constante de proporcionalidad se le llama capacidad calorífica de la sustancia en estudio y le llamamos todavía ***capacidad calorífica media*** del cuerpo entre las temperaturas t y $t + \Delta t$.

$$C = \frac{\Delta Q}{\Delta t} \qquad\qquad [14\text{-}22]$$

Cuando Δt tiende a cero, o sea cuando el intervalo de temperatura lo hacemos pequeño:

$$C_V = \frac{dQ}{dt} \qquad\qquad [14\text{-}3]$$

es la ***capacidad calorífica verdadera*** del cuerpo a t^0 y representa con buena aproximación el calor que es necesario dar al cuerpo a t^0 para calentarlo en 1° C. Es la definición elemental de capacidad calorífica.

Muy aproximadamente C y C_v coinciden; en general C aumenta con la temperatura.

Si el cuerpo es homogéneo, la capacidad calorífica es proporcional a la masa. A mayor masa, mayor capacidad calorífica.

$$C = c \cdot m \qquad \text{por lo tanto} \qquad c = \frac{C}{m} \qquad\qquad [14\text{-}4]$$

Si el calor específico fuese medio, podríamos poner:

$$c = \frac{C_V}{m}$$

Reemplazando en la expresión [4] el valor de C, tenemos:

$$c = \frac{1}{m} \cdot \frac{\Delta Q}{\Delta t} \qquad\qquad [14\text{-}5]$$

De esta expresión nos sirve para definir que es la cantidad de calor para elevar en 1° C la unidad de masa.

Además nos dice que es el ***calor específico medio*** del cuerpo entre las temperaturas t y $t + \Delta t$. Valor que se determina corrientemente en los calorímetros.

De la fórmula [5] obtenemos

$$\Delta Q = m \cdot c \cdot \Delta t \qquad\qquad [14\text{-}6]$$

Ecuación básica de la calorimetría que puede aplicarse a líquidos, sólidos y gases.

Dimensiones $\dfrac{J}{gr\ ^{\circ}C}$ ó $\dfrac{cal}{gr\ ^{\circ}C}$

En la [5], si $\Delta t \to 0$

$$c = \frac{1}{m}\ \frac{dQ}{dt} \qquad\qquad [14\text{-}7]$$

es el ***calor específico verdadero*** del cuerpo a la temperatura de $1^{\circ}\ C$

La ecuación [7] permite definir la unidad de cantidad de calor; fijando convencionalmente la naturaleza de la masa m.

Se define la ***caloría-gramo*** como la cantidad de calor que es necesario dar a un gramo de agua para elevar su temperatura en $1^{\circ}\ C$ en el intervalo 14,5 a 15,5 $^{a}\ C$.

La unidad para medir cantidad de calor se usa la pequeña caloría y se escribe simplemente *cal*.

En las aplicaciones prácticas cuando es necesario una unidad mayor de calor se usa el *kJ* o la caloría grande o *kilocaloría* (*kcal*).

$$1\ kcal = 1000\ cal$$

Para el agua en particular, según la definición dada de caloría y atendiendo a los resultados experimentales se tiene $c = 1$ exactamente a los $15^{\circ}\ C$ y aproximadamente a los demás temperaturas.

Para los demás cuerpos el calor específico es en general una función creciente de la temperatura.

Para intervalos grandes de temperatura debe escribirse:

$$\Delta Q = \int_{t_1}^{t_2} dQ = m \int_{t_1}^{t_2} c\ dt$$

14.2. MÉTODOS DE MEDICIÓN

Volviendo a repetir diremos que las cantidades de calor de los cuerpos se miden mediante dispositivos llamados calorímetros.

El calorímetro más sencillo es el calorímetro de las mezclas.

14.3. Calor específico de los gases

Si en los gases se mide por lo general directamente el calor específico a presión constante c_p y se deduce el valor del calor específico a volumen constante c_v, de las mediciones del cociente c_p/c_v.

La medida de c_v es imposible de realizarla con exactitud, en cambio para determinar c_p existen varios métodos, a continuación estudiaremos el de *Regnault*.

14.3.1. Determinación del calor específico a presión constante c_p

El aparato de Regnault consiste (fig.31) en un recipiente V de varios litros donde se almacena el gas, se comunica con un tubo largo, hay un robinete especial que sirve para regular la salida de una corriente constante y a continuación un manómetro M que permite mantener constante el flujo; el gas pasa luego a un serpentín que está en un baño de aceite (cuya temperatura se mantiene constante) adquiriendo así el gas la temperatura t del baño de aceite, pasa luego por el serpentín del calorímetro cuya temperatura inicial es t_i (del calorímetro) y al final la temperatura t_f; como cada vez lo hace con mayor temperatura, al final de la experiencia se puede considerar la temperatura promedio entre t_i y t_f.

De acuerdo a la ecuación calorimétrica, el gas ha entregado el calor.

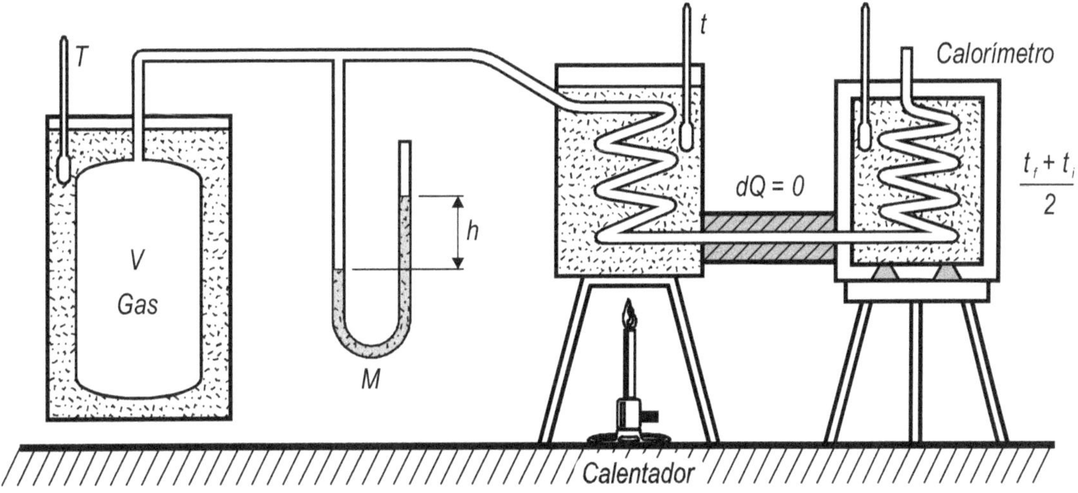

FIGURA 14-1

$$Q = m\, c_p\left(t - \frac{t_f + t_i}{2}\right) \qquad [14\text{-}8]$$

el calorímetro ha recibido

$$Q = (A + M)(t_f - t_i) \qquad [14\text{-}9]$$

igualando [1] y [2] tenemos

$$(A+M)(t_f - t_i) = m\, c_p \left(t - \frac{t_f - t_i}{2}\right)$$

el calor específico será entonces

$$c_p = \frac{(A+M)(t_f - t_i)}{m\left(t - \dfrac{t_f - t_i}{2}\right)} \qquad [14\text{-}10]$$

La masa de gas contenido en el recipiente V que ha evolucionado en la experiencia se calcula aplicando la ecuación de estado antes y después de la experiencia

$$p_i V = \frac{m_i}{M} R'\, T \qquad \Rightarrow \qquad m_i = \frac{p_i\, V\, M}{R\, T} \qquad [14\text{-}11]$$

$$p_f V = \frac{m_f}{M} R'\, T \qquad \Rightarrow \qquad m_f = \frac{p_f\, V\, M}{R\, T} \qquad [14\text{-}12]$$

Pero la masa m es igual

$$m = m_i - m_f$$

reemplazando [4] y [5] nos queda finalmente rodeado de un baño exterior, a una temperatura T mantenida constante.

CAPÍTULO 15

ACÚSTICA

15.1. CONCEPTO DE ONDA

Consideramos dos personas asegurando las extremidades opuestas de una cuerda flexible fig.15-1. Una de las personas agita bruscamente la cuerda para arriba y para abajo provocando en ese punto una *perturbación*. Este movimiento brusco origina una sinusoide que se desplaza a lo largo de la cuerda en el sentido de la otra persona. La cuerda es un *medio elástico* que, sufriendo una modificación, tiende a retornar a su posición inicial. De modo que la persona al agitar la cuerda provoca una modificación en esa extremidad. Más como esta tiende a retornar a su posición inicial, la perturbación vuelve al punto donde fue originada.

En el ejemplo, la perturbación se denomina *pulso* y el movimiento del *pulso* constituye una *onda*.

Luego, se denomina onda a una perturbación que se propaga en un medio.

La mano de la persona, al agitar la extremidad, constituye una *fuente* y la cuerda es el *medio* donde la onda se propaga.

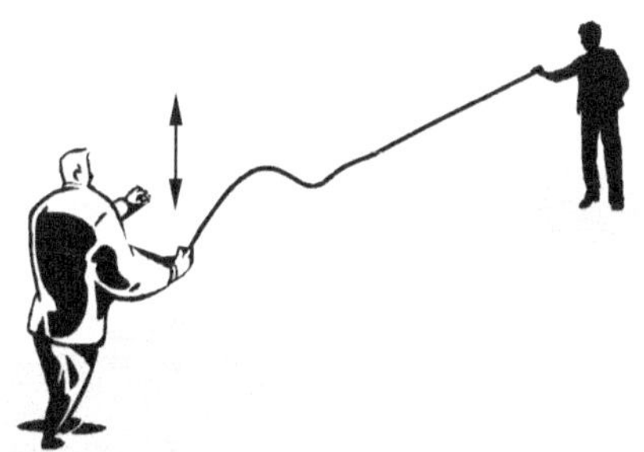

FIGURA 15-1

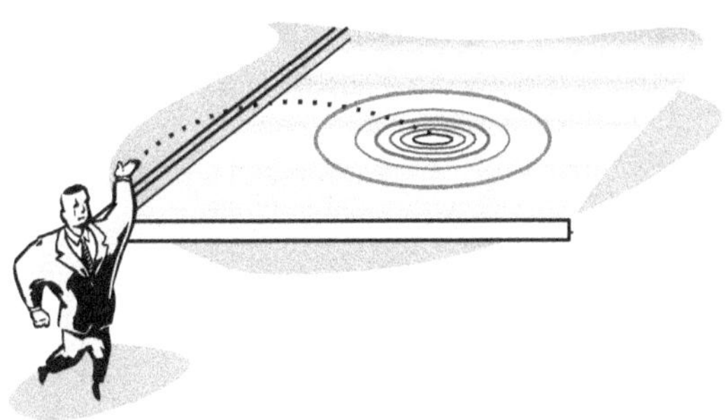

FIGURA 15-2

La cuerda no presenta modificaciones permanentes por el paso del pulso. Cuando una parte de la cuerda es perturbada por el pulso, ella se desplaza hacia arriba y en seguida vuelve hacia abajo.

Si dejamos caer una piedra sobre una superficie de agua contenida en una piscina fig.15-2, el impacto de la piedra contra el agua origina una depresión y una elevación circular en la superficie en torno a esa depresión.

La elevación se denomina *cresta* y la depresión *valle*. Se observará una serie de crestas y valles propagándose sobre la superficie del agua, como circunferencias concéntricas que se alejan del punto de perturbación. La serie de crestas y valles constituyen una *onda* propagándose en la superficie del agua.

Un pedazo de madera flotando en la superficie del agua no será transportado durante el paso de la onda, fig.15-3.

Se verifica que el trozo de madera realiza un movimiento hacia arriba y hacia abajo, hacia el frente y hacia atrás. El caso del trozo de madera indica que *la onda debe ceder energía*. Esta es una característica fundamental de todas las ondas. Luego:

Una onda transfiere energía de un punto a otro sin el transporte de materia entre los puntos.

Con relación a la dirección de propagación de la energía, los medios materiales elásticos son clasificados en:

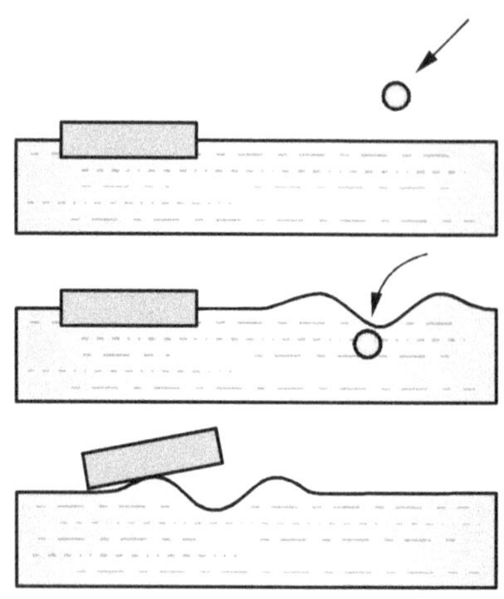

FIGURA 15-3

- *Unidimensionales*: cuando la onda se propaga en un sola dirección, como ocurre en el caso de la cuerda.

- *Bidimensionales:* cuando la onda se propaga a través de un plano, como es el caso de las ondas en el agua.

- *Tridimensionales:* cuando la onda se propaga en todas direcciones, como las ondas sonoras en el aire, ocasionadas por ejemplo, por la explosión de una granada.

15.2. NATURALEZA DE LAS ONDAS

En cuanto a su naturaleza, las ondas se clasifican en *mecánicas y electromagnéticas.*

- *Ondas mecánicas* son aquellas originadas por la deformación de una parte del medio elástico y que, *para propagarse, necesitan de un medio material,* luego:
- *Las ondas mecánicas no se propagan en el vacío.*

Las ondas en las cuerdas o en la superficie del agua, que vimos anteriormente, son ejemplos de ondas mecánicas. Otro ejemplo muy importante es la propagación del *sonido* que se propaga en gases, líquidos y sólidos.

Ondas electromagnéticas son aquellas originadas por cargas eléctricas oscilantes, como los electrones oscilando en una antena transmisora de una estación de radio o televisión.

Estas ondas no necesitan obligadamente de un medio material para que se propaguen y como consecuencia:

Las ondas electromagnéticas se propagan en el vacío y en los medios materiales.

Como un ejemplo de ondas electromagnéticas podemos citar, la radiación solar, las ondas de radio, microondas, la luz, etc.

15.3. Tipos de Ondas

Mediante el uso de un resorte helicoidal fig.15-4 podemos demostrar la existencia de por los menos dos tipos diferentes de ondas.

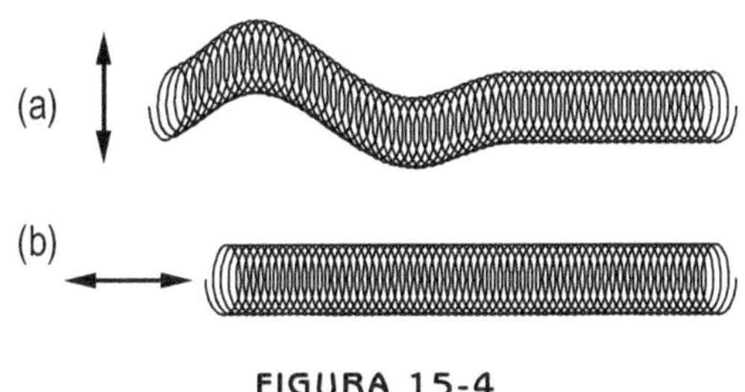

FIGURA 15-4

Si la extremidad del resorte es movido hacia arriba o hacia abajo fig.15-4(a) la onda se propagará a lo largo del mismo. Si la extremidad del resorte fuese movida para el frente y para atrás como en la fig.15-4(b) una onda de compresión se propagará a lo largo del resorte.

Se denominan *ondas transversales* aquellas en las que la dirección de propagación de la onda es perpendicular a la dirección de la vibración fig.15-4(a).

Las ondas que se propagan en una cuerda y las ondas electromagnéticas son ejemplos de ondas transversales.

Denominamos ondas longitudinales, aquellas en las que la dirección de propagación de la onda coincide con la dirección de la vibración fig.15-4(b). El sonido se propaga en los gases y en los líquidos a través de ondas longitudinales.

15.4. Propagación de un Pulso en un Medio Unidimensional

Efectuando un movimiento brusco en la extremidad de una cuerda mantenida tensa, sabemos que la misma es recorrida por un pulso. Siendo la cuerda homogénea y flexible, el pulso mantiene prácticamente la misma forma a medida que él se propaga.

Se puede verificar que la velocidad v del pulso no depende de forma ni de cómo él fue originado. La serie de esquemas de la fig.15-5 representan un pulso propagándose en una cuerda. Excepto en la fuente de perturbación, cada segmento de cuerda ejecuta el mismo movimiento que el segmento a su izquierda, con un atraso que dependerá de su distancia a la fuente.

Consideremos el segmento destacado en la figura. Cuando el pulso avanza la sección de la cuerda exactamente al frente del pulso ejerce en él una fuerza para arriba. A medida que el segmento se mueve para arriba una fuerza restauradora comienza a llevarlo para abajo. Cuanto más arriba está el segmento más grande son las fuerzas restauradoras, hasta el instante en que deja de subir y comienza a descender.

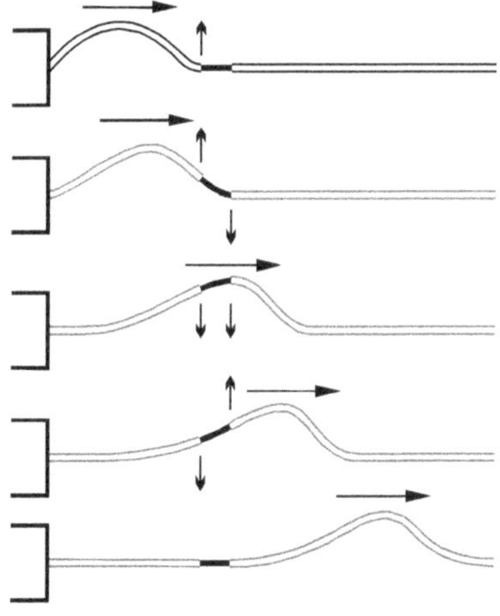

FIGURA 15-5

La parte del frente del segmento ejerce ahora una fuerza restauradora hacia arriba en tanto la parte de atrás ejerce una fuerza hacia abajo. Es así, que el movimiento hacia abajo es idéntico pero opuesto al movimiento hacia arriba. Finalmente, cuando el segmento de cuerda retorna a su posición inicial, dejan de actuar las fuerzas restauradoras.

La velocidad de propagación depende de la *tensión* y de la *densidad del medio*. Luego se verifica que:

> Cuanto más tenso es el medio, esto es, cuando mayor es la fuerza T que tracciona la cuerda, (fig.15-6) mayor será la velocidad de propagación.

Cuanto mayor es la relación entre la masa m y la longitud Δl de la cuerda, llamada densidad lineal ó masa unitaria.

$$\mu = \frac{m}{\Delta l}$$

menor es la velocidad de propagación del pulso.

De acuerdo a esto último, cada pedazo de cuerda que tenga mayor masa, tendrá mayor inercia.

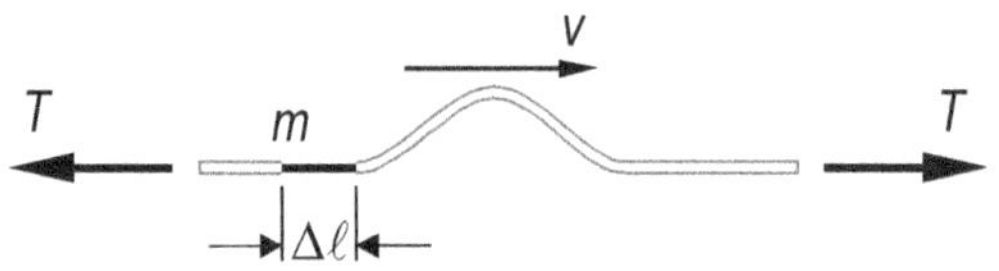

FIGURA 15-6

Como la velocidad de propagación no depende de la forma que toma el arco que se produce en la cuerda, no hay mayor inconveniente en considerar que este sea un arco de circunferencia de radio r, fig.15-7.

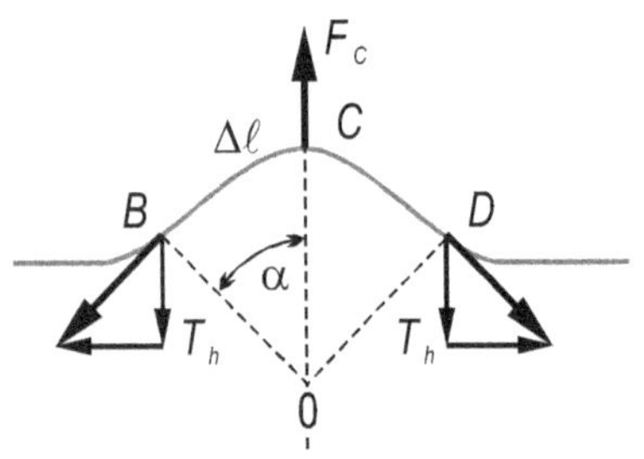

FIGURA 15-7

En este caso será:

$$F_c = m\frac{v^2}{r} = \mu\frac{v^2\Delta l}{r}$$

La condición de equilibrio será por la acción de dos fuerzas iguales y de sentido contrario que actúan en B y D, o sea

$$2T_n = 2T\,\text{sen}\,\alpha$$

y como $F_c = 2T_n$; reemplazando nos queda

$$\mu\frac{v^2\Delta l}{r} = 2T\,\text{sen}\,\alpha$$

Además, siendo

$$\Delta l = 2\alpha r \qquad \therefore \qquad \alpha = \frac{\Delta l}{2r}$$

Como se trata de un ángulo muy pequeño puede sustituirse sen α por α

$$\mu \, \frac{v^2 \, \Delta l}{r} = T \, \frac{\Delta l}{r}$$

simplificando y operando obtenemos

$$v = \sqrt{\frac{T}{\mu}} \qquad\qquad [15\text{-}1]$$

Siendo δ la densidad del material de la cuerda y d el diámetro de su sección transversal y λ la longitud de onda, la frecuencia de vibración será: $f = \dfrac{v}{\lambda}$ y la masa unitaria por unidad de longitud se representará como:

$$\delta = \frac{4m}{\pi d^2 l} \qquad \therefore \qquad \mu = \frac{\pi \delta d^2}{4}$$

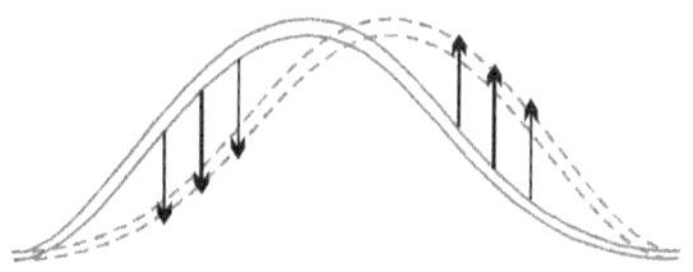

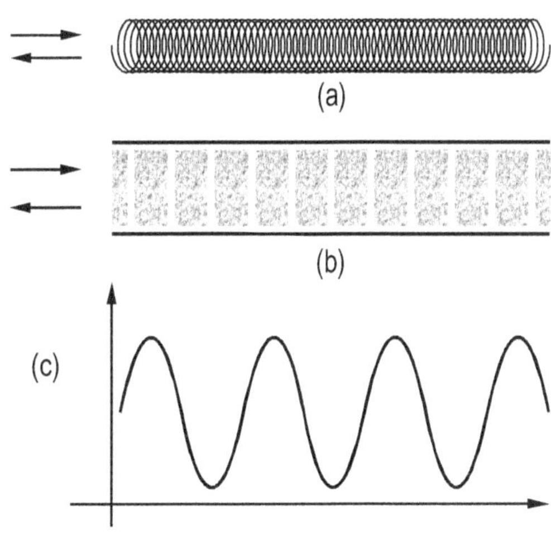

FIGURA 15-8

luego:

$$f = \frac{1}{\lambda}\sqrt{\frac{4T}{\pi d^2 \delta}} = \frac{2}{\lambda d}\sqrt{\frac{T}{\pi \delta}}$$

La energía que se propaga con el pulso es en parte *cinética* y en parte *potencial elástica*. A medida que el pulso se propaga, su parte delantera está siendo movida por encima de la parte trasera que a su vez está hacia abajo, fig.15-8.

Debe considerarse que la masa de la cuerda tiene una energía cinética asociada a este movimiento. Además la energía potencial elástica es debida al trabajo resistente realizado por la fuerza que tracciona la cuerda.

15.5. ONDAS SONORAS

Si nos remitimos al resorte helicoidal visto anteriormente para el caso en que es comprimido y expandido en una de sus extremidades, vemos que una onda longitudinal se propaga a lo largo del resorte. La distancia entre dos regiones de compresión (o expansión) consecutivas fijan el comportamiento de la onda. Una onda de este tipo puede ser establecida en el aire dentro de un tubo, debido al movimiento periódico, hacia adelante y atrás de un émbolo como se muestra en la fig.15-9(b). Las moléculas del aire en el tubo son alternadamente comprimidas. El resultado, es una onda longitudinal que se propaga dentro del tubo.

FIGURA 15-9

La presión del aire varía con la distancia a lo largo del tubo, conforme se ve en el gráfico de la fig.15-9(c). Debe observarse que este gráfico tiene una aspecto transversal a pesar de representar una onda longitudinal; la curva representa el aumento y disminución de la presión del aire dentro del tubo en las distintas zonas. Las ondas longitudinales que se propagan creando zonas de alta y baja presión, tanto en el aire como en otros medios, se denominan ondas sonoras y por lo tanto.

> Las ondas sonoras tiene origen mecánico, pues son producidas por deformaciones en un medio elástico. Por lo tanto, las ondas sonoras no se propagan en el vacío.

El aire como cualquier otro medio en la trayectoria de una onda sonora se torna alternadamente más denso y enrarecido. Las variaciones de presión hacen que los tímpanos de nuestros oídos vibren con la misma frecuencia que la onda y que produzca una sensación fisiológica.

La mayoría de los sonidos son producidos por objetos que vibran.

Cuando un diafragma de un alto parlante, fig15-10(a), se mueve hace afuera, comprime las moléculas del aire al frente, formando una región de alta presión que se propaga en el espacio.

Cuando el diafragma hace un movimiento hacia atrás, se aumenta el volumen disponible para las partículas moleculares del aire en las proximidades. Estas moléculas se mueven en el sentido del diafragma y originan una *región de baja presión*, que se coloca inmediatamente detrás de la región de alta presión.

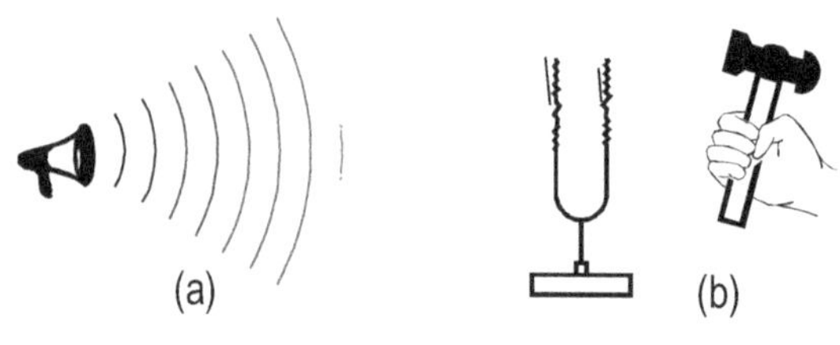

FIGURA 15-10

Las vibraciones periódicas del diafragma envían al medio sucesivas camadas de compresiones. Otro ejemplo de fuente sonora es el diapasón, fig.15-10(b).

En el caso de un oído normal, éste es excitado por ondas sonoras de frecuencia entre aproximadamente 20 Hz y 20000 Hz. Cuando la frecuencia es menor a 20 Hz las ondas se denominan *infrasónicas* y cuando es mayor a 20000 Hz *ultrasónicas*. Las ondas ultrasónicas son audibles para algunos animales cuyo oído es más apto que el de los seres humanos para las altas frecuencias.

15.6. VELOCIDAD DEL SONIDO

Muchas veces hemos observado que durante una tempestad, el trueno es oído varios segundos después de ver el relámpago. También en el caso de un avión al oirlo tratamos de localizarlo mirando en la dirección en la que proviene el sonido y percibimos que la linea de visión cae a una distancia considerable más atrás que el avión.

Lo anterior nos pone en evidencia que el sonido se propaga a través del aire con una velocidad extremadamente pequeña, comparada con la velocidad de la luz.

> La velocidad del sonido depende del medio y de la temperatura y en el caso del aire a 15°C, es de 340 m/s.

La velocidad del sonido en los gases, es relativamente pequeña por el hecho que las moléculas que se mueven deben chocar unas con otras para propagar la onda longitudinal de presión.

En el caso de líquidos y sólidos, donde las moléculas están más próximas unas de otras e interactúan más intensamente, la velocidad del sonido es mucho mayor que en los gases.

> A 0°C, la velocidad del sonido en el agua de mar es de 1450 m/s, en tanto que en el hierro es de 4480 m/s.

Sea el caso de una onda sonora que se propaga en un medio elástico, el cual tiene densidad δ y volumen $V = A \cdot l$ y está sometido a una serie de vibraciones (compresiones y expansiones) las que se transmiten a lo largo de un cilindro, según se muestra en la fig.15-11.

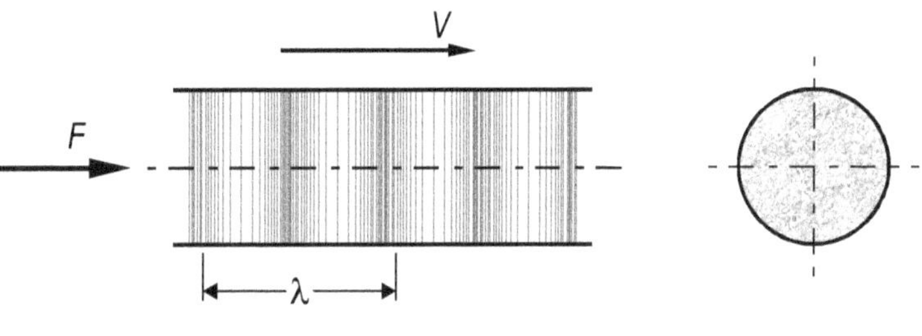

FIGURA 15-11

Si la velocidad de propagación es v, suponiendo que ésta sigue una ley isotérmca ($t = cte$) en la cual se cumple la ley de Boyle – Mariotte, $p \cdot V = cte$, será:

$$p \cdot V = (p + dp) \cdot (V - dV)$$

y desarrollando

$$p \cdot V = pV - p \cdot dV + V \cdot dp - dp \cdot dV$$

despreciando infinitésimos de segundo orden, luego de simplificar tenemos:

$$p \cdot dV = V \cdot dp$$

luego:

$$p = V \frac{dp}{dV} = \frac{dp}{\frac{dV}{V}}$$

La expresión anterior representa el cociente entre la variación de presión y la deformación unitaria que se produce. Lo último no es otra cosa que el *Módulo de Elasticidad E*, por lo que $p = E$ y además como $T = p \cdot A$ reemplazando en [15-1] será:

$$\mu = \frac{m}{l} = \frac{\delta \cdot V}{V} \cdot A = \delta \cdot A$$

de la cual obtenemos.

$$v_s = \sqrt{\frac{E}{\delta}} \qquad\qquad [15\text{-}2]$$

Fórmula de Newton aplicada con buen resultado al caso de sólidos y líquidos.

Para los gases, debido a la rapidez del proceso, se puede admitir que debe considerarse que el mismo es adiabático ($Q=cte$) con variación de temperatura. Luego, según la ecuación de Poissón:

$$p \cdot V^{\gamma} = cte.$$

donde γ es el exponente adiabático

$$\gamma = \frac{c_p}{c_v}$$

Derivando la ecuación de Poissón, será:

$$p \cdot \gamma \cdot V^{\gamma-1} \cdot dV + V^{\gamma} \cdot dp = 0$$

luego operando.

$$p \cdot \gamma = \frac{dp \cdot V^{\gamma}}{V^{\gamma-1} \cdot dV} = \frac{dp}{\dfrac{dV}{V}}$$

En este caso, $E = \gamma \cdot p$ por lo que al reemplazar en la expresión de la velocidad quedará:

$$v = \sqrt{\gamma \cdot \frac{E}{\delta}} \qquad\qquad [15\text{-}3]$$

teniendo en cuenta que el volúmen específico $v = 1/\delta$; reemplazándo en [15-3] será:

$$v_S = \sqrt{\gamma\, p\, v}$$

y como según la ecuación de estado: $p \cdot v = R \cdot T$

$$v_s = \sqrt{\gamma \cdot R \cdot T} = c\sqrt{T} \qquad siendo \qquad c = \sqrt{\gamma \cdot R} \qquad [15\text{-}4]$$

Como puede apreciarse *el sonido en un medio es función de la temperatura y su naturaleza.*

15.7. CUALIDADES DEL SONIDO

El oído humano distingue en el sonido ciertas características denominadas *cualidades* y que son: *altura, intensidad* y *timbre*.

15.7.1. Altura

Es la cualidad que permite al oído diferenciar entre *sonidos graves y agudos*. La altura depende solamente de la frecuencia del sonido. Los sonidos de menor frecuencia son *graves* y los de mayor *agudos*.

Denominándose *intervalo* entre dos sonidos de frecuencia f_2 y f_1, siendo $f_2 > f_1$, a la relación:

$$i = \frac{f_2}{f_1}$$

Cuando $i = 1$; $f_2 = f_1$ y los sonidos están en *unísono*; cuando $i = 2$ y $f_2 = 2f_1$ el intervalo se denomina *octava*.

15.7.2. Intensidad

Es la cualidad que permite al oído diferenciar los *sonidos débiles de los sonidos fuertes*.

La intensidad física I de una onda es el cociente entre la energía ΔW que atraviesa una superficie perpendicular a la dirección de propagación por el área A de la superficie en la unidad de tiempo, fig.15-12.

$$I = \frac{\Delta W}{A \cdot \Delta t}\left[\frac{W}{m^2}\right]$$

$$I = Lim\frac{\Delta W}{A\Delta t} = \frac{dW}{Adt}$$

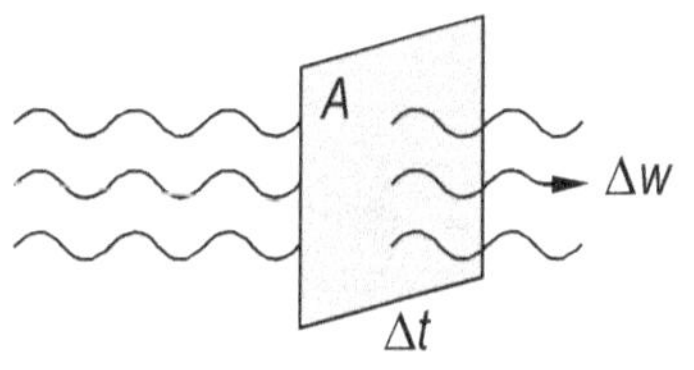

FIGURA 15-12

La mínima intensidad física que una onda sonora debe tener para ser audible es aproximadamente $10^{-12} W/m^2$. Además si la intensidad física excede aproximadamente $1\ W/m^2$ provoca efectos dolorosos.

El oído humano no es excitado linealmente por la intensidad física del sonido. Es por eso que si se duplica la intensidad física de un determinado sonido el oído distingue un sonido más fuerte, pero no es dos veces más intenso.

Experiencias realizadas muestran que el oído considera un sonido de la misma frecuencia, dos veces más fuerte que otro, cuando su intensidad física es diez veces mayor que la del otro. Es por eso que para medir la *intensidad auditiva* también denominada *nivel sonoro* se utiliza una escala logarítmica.

Considerando I_0 la menor intensidad física del sonido audible (generalmente 10^{-12} W/ m²) e I a la intensidad del sonido que se quiere medir, la intensidad auditiva o nivel sonoro β de un sonido es el exponente a que se debe elevar el número 10 para obtener la relación $\dfrac{I}{I_0}$. Entonces

$$10^{\beta} = \frac{I}{I_0}$$

y por definición de logaritmo decimal podemos escribir

$$\beta = \log \frac{I}{I_0} \qquad\qquad [15\text{-}5]$$

donde β se mide en *bel* (símbolo *B*), nombre dado en homenaje a Alexander Graham Bell, inventor del teléfono.

Generalmente en la práctica expresamos a β en una unidad menor, o *decibel* (*dB*), siendo:

$$1 \, dB = \frac{1}{10} \, B$$

El sonido del tráfico en la ciudad es de aproximadamente *90 dB*, un conjunto de rock usando amplificador, produce intensidades audibles de *125 dB* y el sonido de un avión o jet aterrizando es de aproximadamente *140 dB*.

Está comprobado que una exposición prolongada a niveles sonoros por encima de *85 dB* generalmente ocasiona un daño permanente en el oído.

15.7.3. Timbre

Es la cualidad que permite al oído diferenciar sonidos de la misma altura e intensidad emitidos por fuentes diferentes.

Una misma nota musical tocada por un violín o por un piano produce sensaciones diferentes, fig.15-13. Esto es debido a la forma de la onda que es emitida por el instrumento. Esta forma depende del sonido fundamental y de las *armónicas* que lo acompañan.

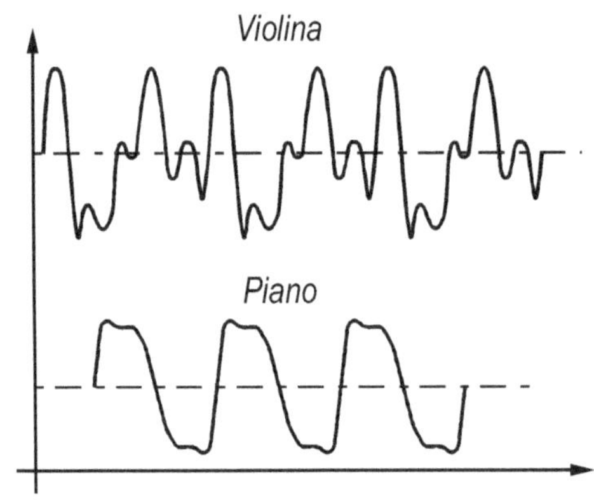

FIGURA 15-13

15.8. PROPIEDADES DE LAS ONDAS SONORAS

Las ondas sonoras presentan las propiedades características de los demás tipos de ondas, reflexión, refracción, difracción, e interferencia. No pueden ser polarizadas, porque no son ondas transversales.

La *reflexión del sonido* puede provocar el fenómeno de *eco*. El oído humano solo consigue distinguir dos sonidos que llegan a él si lo hacen con un intervalo de tiempo superior a *0,1 s*. El *eco* ocurre cuando una persona emite un sonido y oye, el directo y el reflejado con una diferencia de tiempo igual o superior a *0,1 s*. Considerando la velocidad del sonido en el aire igual a *340 m/s*, en *0,1 s* el sonido recorre *34m*. Por lo tanto la menor distancia entre el oyente y un muro para que se produzca el eco debe ser de *17m*.

Además si el sonido reflejado llega a la persona cuando el sonido directo se está extinguiendo, eso ocasiona un aumento de la sensación auditiva. Este fenómeno, se conoce como r*everberación*.

La *refracción* ocurre cuando una onda sonora producida en un medio pasa a otro en el cual su velocidad es diferente. En este caso, la *frecuencia se mantiene constante, modificándose solo el comportamiento de la onda.*

La *difracción* del sonido permite contornear obstáculos con dimensiones hasta de 20m.Como la velocidad del sonido en el aire, en determinadas condiciones es *v = 340 m/s* el oído humano distingue sonidos de frecuencias *f₁ = 20 Hz* hasta *f₂ = 20000 Hz* y la longitud de la onda sonora puede variar entre

$$\lambda_1 = \frac{v}{f_1} = \frac{340}{20} = 17\ m \qquad y \qquad \lambda_2 = \frac{v}{f_2} = \frac{340}{20000} = 0,017\ m$$

La interferencia del sonido puede ocurrir cuando en el punto medio se reciben dos o más sonidos originados por varias fuentes o por la reflexión en obstáculos.

Un fenómeno importante, denominado *batido* ocurre cuando las ondas sonoras de frecuencia ligeramente diferentes se interfieren.

15.9. EFECTO DOPPLER

Consideremos un observador parado en la calzada de una calle cuando una ambulancia pasa con la sirena encendida. El observador nota que, la altura del sonido de la sirena disminuye repentinamente después que la ambulancia pasa.

Una información más detallada, revela que la *altura sonora* de la sirena es *mayor cuando la ambulancia se aproxima* al observador y *menor cuando la ambulancia se aleja*. Este fenómeno junto a otras situaciones físicas en las cuales ello ocurre, se denomina *efecto Doppler*.

En la fig.15-14 considere el observador parado en la calzada y la sirena (*fuente sonora*) aproximándose al mismo, con una velocidad v_t. En el instante $t = 0$ la fuente emite un frente de onda (1). Considere que este frente de onda, llega al observador en un intervalo de tiempo T igual al período de ondas sonoras emitidas por la fuente. El frente de onda recorrerá en ese intervalo de tiempo una distancia $x = v \cdot T$ en dirección y sentido del observador; a su vez, en ese tiempo la fuente recorre una distancia $v_F \cdot T$ en la misma dirección y sentido y ahora estará emitiendo el frente de onda (2). La distancia entre los frentes de onda (1) y (2) será la longitud λ' de las ondas sonoras recibidas por el observador.

Luego:

$$\lambda' = v \cdot T - v_F \cdot T = (v - v_F) \cdot T$$

y para el observador las ondas sonoras tendrán una *frecuencia aparente*.

$$f' = \frac{v}{\lambda'} = \frac{v}{(v - v_F) \cdot T} = \frac{v}{(v - v_F)} \cdot f \qquad [15\text{-}6]$$

Entonces *la frecuencia aparente f' del sonido, que llega al observador partiendo de una fuente en movimiento que se aproxima a él es mayor que la frecuencia del sonido f real.*

Si la ambulancia estuviese alejándose del observador, seguimos el mismo razonamiento anterior y concluimos que:

FIGURA 15-14

$$f' = f \cdot \frac{v}{v + v_F} \qquad [15\text{-}7]$$

Nótese que en este caso la frecuencia aparente f' del sonido oído desde una fuente que se aleja del observador es menor que la frecuencia f del sonido real.

Obsérvese también un cambio en la altura del sonido si la fuente está en reposo y el observador es el que se está moviendo. En este caso la *frecuencia aparente f'* del sonido que llega al observador y a la frecuencia real f del sonido emitido por la fuente

$$f' = f \cdot \frac{(v \pm v_0)}{v \pm v_F} \qquad [15\text{-}8]$$

Donde, v es la velocidad del sonido, v_F la velocidad de la fuente y v_0 la velocidad del observador.

El signo que precede a v_0 o v_F es definido en relación a, un eje orientado del observador hacia la fuente, fig.15-15.

FIGURA 15-15

Evidentemente si el observador está parado $v_0 = 0$, en cuanto al caso de que la fuente esté detenida $v_F = 0$.

BIBLIOGRAFÍA CONSULTADA

- FÍSICA. *Sears y Zemansky*. Ed. Aguilar.

- FÍSICA. *Alonso Finn*. F. Vol I. De Cult. Interamericano.

- FÍSICA. *Resnick y Holliday*. CECSA.

- CALOR. *Sears* – Ed. Aguilar.

- FISICA EXPERIMENTAL. Vol. I y Vol. II. Ed. Nigar S.R.L.

- MECÁNICA TÉCNICA. *Timoshenko Young*. Lib. Hachette S.A.

Mantenimiento Industrial. C. Boero.

Introducción a la Logística. C. Boero.

Gestión de Mantenimiento. L. Torres.

Mercadotecnia. M. Gómez - G. Gimenez.

Costos Industriales. F. Antón - O. Giovannini.

Recursos Humanos. M. Gomez - G. Gimenez.

Planificación y Control de la Producción. F. Antón - O. Giovannini.

ELECTRONICA Y COMUNICACIONES

Análisis Conjunto Tiempo-Frecuencia. E. Vera de Payer.

Análisis de Sistemas Lineales mediante Gráficos de Flujo de Señal. Eduardo Díaz.

Dispositivos Electrónicos. Carlos Chaer.

Elementos de Diseño Electrónico en Radiofreciencias. Gustavo Carranza.

Elementos de Prog. en C++ para Electrónicos. E. Destéfanis.

Fibras Ópticas. Hugo Grazzini.

Fuentes Conmutadas. Juan Carlos Floriani.

Mediciones Electrónicas. Hugo Grazzini.

Sistemas de Control Digitales. V. Sauchelli.

Sistemas de Control No Lineales. V. Sauchelli.

Teoría de la Información y Codificación. V. Sauchelli.

Teoría de las Comunicaciones. Pedro Danizio.

Teoría de Señales y Sistemas Lineales. V. Sauchelli.

Teoría de Señales. E. Vera de Payer.

Teoría Moderna de Filtros con Matlab. Walter Monsberger.

AERONAUTICA

El Avión. Calidad del equilibrio, control y estabilidad dinámica. José A. Sirena.

Dinámica de los Gases. J. Tamagno - 2008.

MECANICA - ELECTRICIDAD

Sistemas de Puesta a Tierra. Juan Carlos Arcioni.

Mediciones en Alta Tensión. Alberto Torresi.

Sobretensiones. Alberto Torresi.

El Campo Eléctrico en Alta Tensión. Alberto Torresi.

Las descargas atmosféficas en las Líneas de Transmisión Eléctrica. Alberto Torresi – 2008.

INGENIERIA CIVIL

Estabilidad. Saleme - Weber.

Introducción a la Teoría de la Elasticidad. Godoy-Pratto-Flores.

Estructuras Metálicas. Gabriel Troglia.

Proyectos, Dirección de Obras y Valuaciones. A. Armesto.

Ejercicios de Sistemas Planos de Alma Llena. Juan Weber

Lluvias de Diseño. G. Caamaño Nelli - C. Dasso.

Proyecto y Arq. de las Instalaciones Eléctricas. R. Levy.

Gestión, regulación y Control de Servicios Públicos. FCEFyN-UNC.

Congreso Internacional de Servicios Públicos. FCEFyN-UNC.

BIOINGENIERIA

Seguridad y Normalización en Instalaciones Eléctricas Hospitalarias. R. Taborda.

Diagnóstico por Imágenes. M. Malamud.

La presente edición de FÍSICA
UNIVERSITARIA – se terminó de
imprimir en Universitas en el mes
de marzo de 2020.

Impreso en Argentina

www.ingramcontent.com/pod-product-compliance
Lightning Source LLC
Chambersburg PA
CBHW080816170726
48000CB00021B/3129